军队"双重"建设项目重点规划教材
陕西省"精品资源共享课"配套教材
高等学校"十三五"规划教材

精确制导技术与应用

杨小冈　王雪梅　王宏力　姚志成

席建祥　许　哲　杨　波　杨　剑　编著

西北工业大学出版社

西安

【内容简介】 本书面向飞行器精确导航与制导领域专业教学需求,系统论述了导弹武器各类精确制导技术的基本原理、关键技术与应用概况,内容包括精确制导武器与技术总体介绍与分析、惯性制导技术与方法、天文导航与星光制导技术、卫星与无线电制导技术、地球物理特征匹配制导技术、景像匹配与目标识别制导技术、光电与雷达探测制导技术、组合导航与复合制导技术以及编队控制与协同制导技术等。

本书可作为飞行器控制工程、探测识别与制导和航天自动化等专业的本科生,控制科学与工程、兵器科学与技术、人工智能科学与技术等学科的研究生,精确打击技术、装备前沿技术、装备信息化等领域任职培训人才的课程教材或教学参考书,也可供从事精确导航与制导、先进飞行器控制系统设计和智能无人系统研究等相关领域的科研人员参考。

图书在版编目(CIP)数据

精确制导技术与应用/杨小冈等编著.—西安:
西北工业大学出版社,2020.5(2021.7重印)
ISBN 978 - 7 - 5612 - 6807 - 0

Ⅰ.①精⋯ Ⅱ.①杨⋯ Ⅲ.① 制导武器 Ⅳ.
①TJ765.3

中国版本图书馆 CIP 数据核字(2020)第 055846 号

JINGQUE ZHIDAO JISHU YU YINGYONG

精 确 制 导 技 术 与 应 用

责任编辑:朱辰浩		策划编辑:杨 军	
责任校对:孙 倩		装帧设计:李 飞	
出版发行:西北工业大学出版社			
通信地址:西安市友谊西路 127 号		邮编:710072	
电 话:(029)88491757,88493844			
网 址:www.nwpup.com			
印 刷 者:陕西向阳印务有限公司			
开 本:787 mm×1 092 mm		1/16	
印 张:21.625			
字 数:567 千字			
版 次:2020 年 5 月第 1 版		2021 年 7 月第 3 次印刷	
定 价:69.00 元			

如有印装问题请与出版社联系调换

前　言

　　海湾战争以来的历次局部战争表明,精确制导武器以其具备远距离、大纵深、快抵达、强突防和高精度的作战效能,必将成为未来高科技战争的主宰。强烈的军事需求牵引和有力的高技术推动,促使各国竞相发展精确制导武器,改进制导方式,提高制导精度,增强打击效能,以适应未来信息化条件下高科技战争的需要。作为现代精确制导武器的核心技术支撑,精确制导技术的研究受到各军事强国的倍加重视与推崇,成为各类新型主战武器装备研制过程中的热点问题,体现出重要而广泛的应用前景。

　　结合新时期导弹控制专业各层次人才培养需求,笔者组织专业力量进行本书的规划设计,确定本书的内容体系、结构模式与深浅程度,以确保其实用性、启发性与拓展性。本书内容以精确制导武器特别是远程地地导弹武器系统为背景,围绕精确制导技术研究与发展的热点领域与关键问题,系统论述典型精确制导方式的基本概念、基本原理、基本方法、主要特点、应用意义及发展趋势等核心基础知识点,突出强调基础性、知识性、专业性、前瞻性与权威性。本书综合集成了相关领域权威专家的最新专著、论文、报告等文献的精彩专业论述,对典型精确制导技术的原理与应用进行了图文并茂、形象生动的论述说明,总结归纳了精确制导技术发展中的前沿性问题,并试图通过对特定问题的拓展、引申与分析,进一步启发读者对相关内容的深入思考和调研实践,增强教学内容的针对性与有效性。

　　本书结构采用新颖实用的专题模式,由9个相对独立的教学专题组成,便于结合培养对象进行内容取舍和教学组织。每个教学专题均提供了教学方案,为课程教学组织及自主学习提供参考指导。专题教学内容由教学方案、引言、正文、专题小结与思考习题组成,引言说明了该专题所讨论制导技术的发展背景与意义、最具代表性的应用案例以及主要内容设置等;正文包括相关制导技术的发展历程、基本概念、基本原理、基本方法、典型应用以及关键技术等;专题小结主要是对该专题重点内容的总结、当前还存在的问题说明以及后续发展方向的展望等;思考习题是结合专题内容要点设计的典型问题案例,以启发学生系统总结与深入思考。

　　本书由杨小冈教授统稿。主体内容是在火箭军工程大学测控工程专业核心课程"精确制导技术"配套教材《精确制导技术与应用》基础上修订充实完善而成的。课程"精确制导技术"于2014年被评为"陕西省精品资源共享课",杨小冈教授是课程教学团队负责人,参与本书编写任务的所有人员均长期从事精确制导技术领域的教学科研工作,并在具体分支方向取得了具有一定创新性和影响力的研究成果。本书的第一专题由杨小冈教授编写,包括精确制导武器与精确制导技术的概念、类型、发展趋势等基础内容,是全书的总揽概括;第二专题由王雪梅教授编写,重点介绍惯性制导的基本原理,惯性制导中的四元数法,经典的摄动制导与显式制导方法,惯性制导精度分析等基础实用内容,王雪梅教授长期从事导弹武器测发控与作战运用工作,在惯性制导系统的测试应用方面具有丰富的实践经验;第三专题由王宏力教授编写,包括天文导航基础,星敏感器基本原理,星光制导技术原理与应用等内容,融合了王宏力教授多年从事导弹武器星光制导技术研究的创新性成果;第四专题由姚志成教授编写,重点论述卫星导航的概念、组成及工作原理,针对性介绍北斗卫星导航系统和陆基无线电导航系统,姚志成教授是卫星导航系统测试与信号仿真领域的专家,研制的多模卫星信号模拟器及相关测试设备大量装备部队,有力保障了多型导弹的装备训练与作战运用;第五、六专题由杨小冈教授编写,主要包括地形匹配制导、地磁匹配制导、重力梯度匹配制导和景像匹配制导等,杨小冈教授长期从事匹配制导技术研究,特别是在飞行器景像匹配制导方面取得了一系列实用性、创新性的研究成果,专题内容正是其研究成果的总结梳理;第七专题由许哲副教授和杨剑副教授编写,包含目标探测技术、光电制导技术、雷达制导技术及制导律相关概念与原理,针对性分析了目标防护、光电对抗、雷达对抗的基础内容,体现了许哲副教授从事制导律研究与杨剑副教授从事雷达制导技术研究的一些思考;第八专题由杨波副教授编写,包括组合导航与复合制导的基本概念与主要类型,卡尔曼滤波基本原理,基于卡尔曼滤波的组合导航原理等,本专题组合导航模型及实验验证等内容是杨波副教授多年从事组合导航技术领域研究工作的提炼总结;第九专题由席建祥副教授编写,包含编队控制与协同制导的基本概念、主要类型及原理方法,席建祥副教授从攻读博士学位到当前教学科研实践,坚持从事多智能体协同制导与控制领域的研究工作,书中的模型方法及仿真试验是其研究工作的总结体现。

在编写本书的过程中参考了大量教材、专著、报告论文、网评及其他相关资料,但由于本书专业性强、涉及面广、编写人员多、统稿时间紧,难以在参考文献中将引用原始出处面面俱到、全部注明,在参考文献中仅列出了其中的一部分,书中适当位置也进行了引用说明。在此向相关内容的原创作者致以崇高的敬意和衷心的感谢!

由于水平有限,书中难免有不妥之处,恳请读者批评指正。

编著者

2020 年 2 月

目　录

第一专题　精确制导概述

教　学　方　案

1.教学目的

(1)掌握精确制导武器的基本概念与主要类型；

(2)了解精确制导武器的主要特点及发展趋势；

(3)掌握精确制导系统的基本组成及功能；

(4)熟悉常用的精确制导方式的概念与分类；

(5)了解常用制导方式的典型应用；

(6)了解精确制导技术的发展趋势。

2.教学内容

(1)精确制导武器的基本概念、主要类型及发展趋势；

(2)精确制导系统的组成、功能；

(3)常用精确制导方式的主要分类与典型应用；

(4)精确制导技术的发展趋势。

3.教学重点

(1)精确制导武器的基本概念与主要类型；

(2)精确制导系统的基本组成与功能；

(3)常用制导系统的分类及基本原理。

4.教学方法

专题理论教学、多媒体教学、案例分析与研讨交流。

5.学习方法

应用实例分析、分类比较。

6.学时要求

4~6 学时。

引　　言

　　现代战争中,精确制导武器占据着十分重要的地位,它的应用极大地改变了战争的模式、进程、形态和格局,成为决定战争胜负的关键因素。自 20 世纪 90 年代以来,美军在四次主要局部战争,即 1991 年海湾战争、1999 年科索沃战争、2001 年阿富汗战争和 2003 年伊拉克战争中,精确制导武器的使用比例与 90 年代之前相比增加了近 9 倍,使"不接触作战""外科手术式"打击成为了现实。直到近几年的利比亚战争、叙利亚战争,战争局势及进程更加真切地表明,精确制导武器的使用在现代战争中占据主导地位,成为高技术战场的主战兵器,并将成为未来信息化战争的重要支柱。精确制导技术是推动精确制导武器向"百发百中"方向发展的关键技术手段,也因此受到各军事强国的格外重视与倍加推崇,成为武器系统研制过程中的核心技术与热点问题。

本专题主要对精确制导武器与精确制导技术的基本含义及主要研究内容进行论述。以导弹武器为背景,重点介绍基本概念、主要分类、特点功能及典型应用等。掌握本专题内容将有助于从整体上把握精确制导技术在导弹武器中的地位与作用,对于学习理解后续各专题内容具有基础性和总体性的统揽与启发作用。

第一节 精确制导武器

众所周知,导弹的打击精度是其最重要的性能指标之一,也是确保打击效果最有效的手段。对点目标而言,一般导弹杀伤力 K(杀伤概率)与打击精度 CEP(Circular Error Probability,圆概率偏差)、弹头威力 Y(当量)及发射导弹发数 n 之间的关系为

$$K \propto \frac{nY^{2/3}}{CEP^2} \qquad (1-1)$$

由式(1-1)可知,K 正比于 $Y^{2/3}$,反比于 CEP^2。显然,若精度不变,发射同样数量的导弹,弹头当量增加为原来的 10 倍,杀伤概率可增加为原来的 4.64 倍;而当弹头当量不变,同样数量的导弹,精度提高为原来的 10 倍,导弹杀伤力则提高为原来的 100 倍!另外,通过分析还表明,对于同一目标,相同导弹威力情况下,提高导弹射击精度可大幅度减少为摧毁目标所需的发射导弹数量。事实上,随着军事目标防护与抗打击能力的不断提高和导弹武器的常规化、小型化和智能化,单纯依靠增加导弹弹头威力或增加导弹发射数量已经难以取得理想的作战效能。而且冲突多发生在局部地区,使用精确制导武器可避免导弹的打击危及目标附近的设施,并因此引发不必要的人道主义灾难、生态性灾难,或与周边地区的国际争端。由此可见,提高导弹武器的命中精度,即发展精确制导导弹,是提高导弹武器的摧毁能力、增强武器系统作战效能的关键所在。

一、精确制导基本概念

在世界军事理论界,对"精确制导武器"这个概念始终没有一个统一的定义,有关它的解释也多种多样。比如,在西方国家的文献中,精确制导武器常常用来指安装了导引系统、一次发射命中目标概率不低于 0.5 的武器。而在俄罗斯的文献中,精确制导武器则是指使用常规装药、在各种战斗使用条件下命中目标概率接近于 1 的武器。总之,精确制导武器的显著特点就是其战斗部能够直接击中目标的"软肋"。

较为权威的定义:精确制导武器(Precision Guidance Weapon)是采用精确制导技术,直接命中目标的概率超过 50% 的制导武器。直接命中是指武器战斗部爆炸后形成的破片能够命中目标并将其击毁。

也可从制导武器的概念引申理解,制导武器(Guidance Weapon)是按照特定的基准选择

飞行路线,导引和控制对目标进行攻击的武器。命中目标的圆概率偏差 CEP(又称圆公算偏差)小于该武器弹头的杀伤半径的制导武器称为精确制导武器。

　　对于战术导弹武器系统,通常认为精确制导武器是采用高精度探测、控制及制导技术,能够进行实时探测、捕获、识别、跟踪、命中及有效摧毁目标的武器装备。

　　精确制导技术(Precision Guidance Technique)是发展精确制导武器的核心技术,是以微电子、计算机和光电探测技术为核心,以自动控制技术为基础发展起来的高新技术。精确制导技术的基本含义可以理解为以高性能光电探测为主要手段获取被攻击目标及背景的相关信息,采用数据处理、信息融合、状态估计、目标识别、鲁棒跟踪等新技术、新方法,按照一定规律控制武器的飞行方向、姿态、高度和速度,导引和控制武器系统战斗部准确攻击目标的军事技术。

　　在战术武器如地空导弹、空空导弹等领域,精确制导技术通常是指以高性能的光电探测器为基础,采用目标探测、智能识别、精确定位和鲁棒跟踪等方法,导引和控制武器准确命中目标的制导技术,通常主要包括红外制导、激光制导、电视制导、微波制导和毫米波制导等方式,也包括各类采用新型敏感探测、高性能计算与先进鲁棒控制,实现武器系统打击精度大幅跃升的各类传统的制导技术,如惯性制导技术、星光制导技术和复合制导技术等。

　　为了更好地理解书中的相关内容,这里首先分析明确导航、制导与控制(Navigation, Guidance and Control)三个基本概念的内在联系与区别。

　　关于导航与制导,"导航"就是正确地沿着预定的航线在规定时间内到达目的地。为了完成这个任务,需要测量载体的瞬时地理位置、航行速度和载体姿态等导航参数,导航系统只提供各种导航参数,而不直接参与对载体的控制,因此它是一个开环系统,也可看成是一个信号采集与处理系统。若驾驶员根据提供的导航信息引导飞机沿预定的航线到达目的地,则称这样的导航系统工作于指示状态;若提供的导航信息通过飞行自动控制系统,自动控制飞机沿预定航线飞行,这时驾驶员只进行监控,不直接参与飞机的控制,则称这样的导航系统工作于自动导航状态。从制导系统功能看出,它与导航系统工作于自动导航状态相同,将诸如弹道导弹、运载火箭等的自动导航系统称为制导系统,而将其导航系统工作于指示状态的部分称为导航系统,这时的导航系统相当于一个测量系统。导航的实质是确定载体在初始条件下及飞行过程中的状态(我现在在哪儿? 或我现在是什么状态?),而制导则是选择使载体从瞬时状态到要求状态的机动程序(我该怎么办?),是依据导弹与目标的状态,结合各类约束条件,形成导弹弹道飞行的指令信息,制导强调的是导引指令的生成。

　　导弹武器中的"控制",广义上讲,包括控制导弹飞行中质心运动和绕质心运动两部分(不包括其他弹上辅助控制系统,如安全自毁、干扰突防等),只有对导弹的质心运动和绕质心运动同时进行控制,才能保证导弹准确地飞行到目标。实现这两种对应功能的便是常说的制导控制系统与姿态控制系统。狭义上讲,控制就是导弹姿态控制系统,在导弹接收到导引指令后,如何通过执行装置稳定、快速、准确地实现理想的姿态修正,就是控制的核心任务。

二、精确制导武器主要类型

精确制导武器是导弹和精确制导弹药的总称。

1. 导弹

导弹是一种具有战斗部、动力装置和制导装置,能控制飞行弹道,将弹体导向目标,并毁伤目标的武器。还可认为,导弹是一种依靠自身的动力装置推进并由制导系统探测、处理、导引和控制其命中目标的武器。自从第二次世界大战(以下简称"二战")时期地地巡航导弹V1、弹道导弹V2诞生以来(见图1-1,V1外形像一架无人驾驶飞机,长7.6 m,翼展5.5 m,射程370 km,采用自主式磁陀螺飞行控制系统。V2长14 m,翼展1.6 m,射程240~370 km,采用惯性制导),导弹已成为精确制导武器中类别最多、使用量最大的一种现代化武器。

导弹通常由推进系统、控制系统、弹头和弹体结构系统等四部分组成。

(1)导弹推进系统是为导弹飞行提供推力的整套装置,又称导弹动力装置(系统)。它主要由发动机和推进剂供应系统两大部分组成,其核心是发动机。导弹发动机通常分为火箭发动机和空气喷气发动机两大类。火箭发动机按其推进剂的物理状态可分为液体火箭发动机、固体火箭发动机和固-液混合火箭发动机;空气喷气发动机又可分为涡轮喷气发动机、涡轮风扇喷气发动机以及冲压喷气发动机。此外,还有由火箭发动机和空气喷气发动机组合而成的组合发动机。发动机的选择要根据导弹的作战使用条件而定。传统战略弹道导弹只在弹道主动段靠发动机推力推进,发动机工作时间短,且需在大气层外飞行,应选择固体或液体火箭发动机;战略巡航导弹因其在大气层内飞行,发动机工作时间长,应选择燃料消耗低的涡轮风扇喷气发动机;战术导弹要求机动性能好和快速反应能力强,大都选择固体火箭发动机。近年来,在高超声速、长航时导弹武器系统发展需求的牵引下,超燃冲压发动机、组合动力发动机、脉冲爆震发动机,以及小型核动力发动机均成为导弹武器研究的新热点。

图1-1 最早的地地巡航导弹与弹道导弹V1与V2

(a)V1地地巡航导弹;(b)V2弹道导弹

(2)导弹控制系统,又称制导控制系统,是按一定导引规律将导弹导向目标,控制其质心运动和绕质心运动以及飞行时间程序、指令信号、供电和配电等的各种装置的总称。其作用是适时测量导弹相对目标的位置,确定导弹的飞行轨迹,控制导弹的飞行轨迹和飞行姿态,保证弹头(战斗部)准确命中目标。导弹制导精度是导弹制导系统的主要性能指标之一,也是决定导弹命中精度的主要因素。打击固定目标时,导弹命中精度用圆概率偏差CEP描述。它是一个长度的统计量,即向一个目标发射多发导弹,要求有50%的导弹落在以平均弹着点为圆心,以圆概率偏差为半径的圆内。打击活动目标时,导弹的命中精度用脱靶距离表示,即导弹相对于目标运动轨迹至目标中心的最短距离。制导控制系统及其关键技术是本书重点讲述的内容。

(3)导弹弹头是导弹毁伤目标的专用装置,亦称导弹战斗部。它由弹头壳体、战斗装药和引爆系统等组成。有的弹头还装有控制、突防装置。战斗装药是导弹毁伤目标的能源,可分为核装药、普通装药、化学战剂和生物战剂等。引爆系统用于适时引爆战斗部,同时还保证弹头在运输、储存、发射和飞行时的安全。弹头按战斗装药的不同可分为导弹常规弹头、导弹特种弹头和导弹核弹头,战术导弹多用常规弹头,战略导弹多用核弹头。核弹头的威力用 TNT 当量表示。每枚导弹所携带的弹头可以是单弹头或多弹头,多弹头又可分为集束式、分导式和机动式。战略导弹多采用多弹头,以提高导弹的突防能力和攻击多目标的能力。

(4)导弹弹体结构系统是指用于构成导弹外形,连接和安装弹上各分系统且能承受各种载荷的整体结构。为了提高导弹的运载能力,弹体结构质量应尽量减轻。因此,应采用高比强度的材料和先进的结构形式。导弹外形是影响导弹性能的主要因素之一。具有良好的气动外形,对于巡航导弹以及在大气层内飞行速度快、机动能力强的战术导弹,要求更为突出。

具体来讲,导弹可按以下形式进行分类。

(1)按射程分:以地地导弹为例有近程(1 000 km 以内)、中程(1 000～3 000 km)、远程(3 000～8 000 km)和洲际(8 000 km 以上)。近程导弹又称为战术导弹,中程导弹、远程导弹和洲际导弹都称为战略导弹。

(2)按弹道特性分:弹道导弹、飞航式导弹(距离超过 300 km 又称为巡航导弹)。

(3)按发射点和目标位置分:通常按发射点和目标位置分为四种:地面、空中、舰艇(水面)和潜艇(水下)。因此,导弹又可分为地对地、地对空、岸对舰、空对地、空对空和空对舰导弹等。

(4)按作战任务分:战术与战略。

(5)按攻击目标分:反坦克、反舰、反潜、反辐射、反导、反临和反卫星等。

(6)按推进剂种类分:液体、固体和混合。

(7)按战斗部特性分:核与常规。

(8)按发射平台分:机载、舰载、车载和单兵便携式。

20 世纪 80 年代末以来,世界形势发生了巨大变化。新的国际形势、新的军事科学理论(包括新的战争理论)和新的军事技术与工业技术成就,必将为导弹武器的发展开辟新的途径。未来的战场将具有高度立体化、信息化、网络化及智能化的特点,新武器也将投入战场。为了适应这种形势的需要,导弹武器正向精确制导化、机动化、隐形化和智能化的更高层次发展。

战略导弹中的洲际弹道导弹的发展趋势是采用车载机动(公路和铁路)随机无依托快速发射技术,以提高生存能力;提高命中精度及可靠性,以直接摧毁坚固的点目标;核弹头小型化、战术化,能够对点目标或战术目标实施高效打击;采用高性能的推进剂和先进的复合材料,以提高"推进-结构"水平,实现超远程、高超声速打击;寻求反拦截对策,并在导弹上采取相应的主动突防措施。

战术导弹的发展趋势是采用先进精确制导技术,提高命中精度;携带多种弹头,包括核弹头和多种常规弹头(如子母弹头等),提高作战灵活性和杀伤效果;既能攻击固定目标也能攻击活动目标;提高机动能力与快速反应能力;采用智能目标识别技术,具备待机攻击能力;采用智能任务规划与决策支持技术,具备集群作战协同攻击能力;采用微电子技术,电路功能集成化、小型化,提高可靠性;实现导弹武器系统的系列化、模块化和标准化,提高武器系统的通用性、可扩展性和可维修性;简化发射设备,实现侦察、指挥、通信、发射控制和毁伤评估数据处理一体化。

在政策制度层面,同时诞生于 1987 年的《导弹及其技术控制制度》(Missile Technology Control Regime,MTCR)和《苏联和美国消除两国中程和中近程导弹条约》(Treaty Between the United States of America and the Union of Soviet Socialist Republics on the Elimination of Their Intermediate-Range and Shorter-Range Missile，TIRM，简称中导条约)对导弹武器系统发展产生了深刻影响。

MTCR 是以美国为首的"七国集团"(美国、英国、法国、德国、意大利、加拿大和日本)达成的协议共识,试图通过对导弹技术、导弹部件和完整导弹体系使用和发展的限制,缓解全球导弹开发和扩散的速度。截至 2017 年 12 月,MTCR 已拥有 35 个成员国。虽然中国未直接参与 MTCR 的原始协商,且目前也并非 MTCR 的成员国,但由于美国的外部压力、MTCR 的发展完善,以及中国国家利益格局变化和大国地位增长,中国对 MTCR 的政策由开始的拒绝逐渐变为调整适应,再到目前的积极寻求加入。

《中导条约》禁止美、俄持有、成产或试飞射程为 500～5 500 km 的地地弹道、巡航导弹及其发射装置和有关保障设施,双方至今销毁了近 3 000 枚相关导弹。2008 年初,俄罗斯在联合国裁军谈判会议上同美国发表联合声明,要求将《中导条约》由美俄双边扩展到全球多边;2012 年,兰德公司发布报告,建议美国政府以威胁部署陆基中程导弹等手段迫使中国等国加入《中导条约》;2014 年 7 月,美国国务院发布年度军控履约报告,公开指责俄罗斯违反《中导条约》;2018 年 10 月 20 日,美国指责俄罗斯近四年多次违反条约规定,并以此为由宣称拟退出《中导条约》;2019 年 2 月 2 日,美国宣布暂停履行条约相关义务,正式启动为期 180 天的退约进程,同时,俄罗斯回应宣布暂停履行条约相关义务。《中导条约》的未来扑朔迷离,但无论结果怎样,必将对世界导弹武器家族的发展产生重大影响。

2. 精确制导弹药

精确制导弹药可分为末制导弹药和末敏弹药。末制导弹药通常分为制导炸弹、制导炮弹和制导鱼雷三种。末敏弹药主要包括制导地雷等。

(1)末制导弹药(Terminal Guided Ammunition)。装有寻的制导装置的弹药称为末制导弹药。其弹道的初始、中间段由火炮或飞机投掷,在接近目标的弹道末段,弹药上的寻的装置和制导系统能根据目标和弹药本身的位置,自己修正或改变弹道,直至命中目标,如各种激光或电视制导的炸弹、炮弹等。

1)制导炸弹(Guided Bomb),是投放后能对其弹道进行控制并导向目标的航空炸弹,西方亦称"灵巧炸弹"。制导炸弹本身没有动力,靠飞机投掷时给予的初速滑翔飞行。它是在普通航弹上加装制导系统而成的,结构简单、造价低、效能高。如曾大量使用于海湾战争的美军"宝石路"激光制导炸弹,命中率高达 85% 以上〔见图 1-2,"宝石路"(Paveway,又称"铺路")激光制导炸弹是目前世界上生产数量最大的精确制导炸弹系列,已发展出 Ⅰ,Ⅱ,Ⅲ 三代,其编号 GBU 表示"制导炸弹"(Guided Bomb Unit),图 1-2(b)所示为海湾战争中 F-15E 投射 GBU-12 激光制导炸弹〕。还有我国的"雷石-6"、美国的卫星制导炸弹联合直接攻击弹药(Joint Direct Attack Munition，JDAM)等都属于制导炸弹。

2)制导炮弹(Guided Projectile),是用普通火炮发射,利用炮弹自身的制导装置,在弹道末段实施导引、控制的炮弹。它是点状目标的"克星",主要用于摧毁坦克、装甲车辆和舰艇等活动和硬质固定目标。制导炮弹由于在普通炮弹弹丸上装有制导系统和可供驱动的弹翼或尾舵等空气动力装置,在末段弹道上进行测控与修正,从而使命中率较一般炮弹大幅提高。制导炮弹多采用半主动寻的制导方式。使用时,由配置在阵地前沿的目标指示器用激光照射目标,产生的反射信号被弹上的制导系统接收后,经过测控形成制导信号引导弹丸攻击目标。第一代制导炮弹以 20 世纪 80 年代美军的"铜斑蛇"和苏联的"红土地"为代表。

图 1-2　"宝石路"激光制导炸弹

3)制导鱼雷(Guided Torpedo),是进攻性的水中兵器,通常由水面舰艇、反潜机或潜艇等发射,执行反潜和反舰任务,是各国海军发展的重点对象。现代制导鱼雷是在二战末期比较落后的被动声波制导和有线制导两种制导鱼雷的基础上发展起来的。战后的科技发展与应用,使这种落后兵器焕发了新的青春活力,由被动声波制导系统发展成为主动声波和被动声波复合制导。20 世纪 70 年代以来,制导鱼雷的制导系统多采用多频制,并采用编码和时空分析技术,使鱼雷具有很强的抗干扰和识别能力。如美国 20 世纪 90 年代海军主力鱼雷之一的"MK48-5"型鱼雷采用的是线导加复合声导,航速 55 kn(1 kn=1.852 km/h),航程 46 km,最大航深 1 200 m,可对付潜艇和各类舰艇。

(2)末敏弹药(Terminal Sensed Ammunition)。装有敏感器的弹药称为末敏弹药。末敏弹药在目标上空被撒布或释放出来后,用本身的探测器在一个只有末制导弹药的 1/10 的探测范围内探测目标,并进行攻击。因为敏感器不能控制弹药的飞行弹道,所以末敏弹药本不属于制导武器,但因为其敏感器能在飞行末段通过与战斗部的巧妙配合,使之达到很高的命中精度,所以习惯上也把末敏弹药归为精确制导武器一类。

制导地雷(Guided Landmine),是具有自动辨认目标能力,能主动攻击一定范围内活动目标的新型地雷。它是集自毁破片技术、遥感技术和微处理技术等高技术于一身的智能性武器。虽然世界上禁雷呼声颇高,但是各国都在"明知故犯"地暗自发展地雷,尤其是制导地雷。美国国防部把研制制导地雷列入其"常规防御倡议"的一部分,并持续开展这项工作。反坦克制导地雷装有无源音响传感器,能发现 300 m 外的装甲目标,并待其接近至 100 m 时自行引爆;反直升机地雷布设在地面,装有音响传感器、光电传感器和微处理机,能自动寻的,待直升机飞临传感器警戒范围内,传感器便引爆地雷,利用自动抛射药将雷体抛向目标,以破片摧毁目标。

三、精确制导武器作用意义

简言之,精确制导武器具有精度高、威力大、射程远、自主攻击能力强和攻击目标类型多等特点。从战场应用的角度而言,精确制导武器主要有以下几方面作用。

1. 全面提升综合作战效能

精确制导武器的命中概率一般在 50% 以上,有的可达 80% 以上,如美国的"战斧"巡航导弹,射程为 2 500 km,但精度可达 30 m;激光制导炸弹和制导炮弹的理论命中误差仅为 1 m。比如轰炸一个目标,二战时期,B-17 轰炸机投弹误差是 1 000 m 左右;越南战争中,F-105D 轰炸机投弹误差为 100 m 左右;而海湾战争中,F-117 投掷激光制导炸弹误差仅为 1～2 m;车臣战争中,精确制导炸弹的误差仅为 1 m 左右,而导弹的精度则可以达到 0.5 m。再如,英、阿马岛战争中,阿根廷空军使用一枚价格 20 万美元的"飞鱼"反舰导弹(也称小精灵)击沉了英军造价为 2 亿美元的"谢菲尔德"号导弹驱逐舰,价格交换比达到 1:1 000;海湾战争中,多国部队飞机发射 71 枚"麻雀"空空导弹,击落了伊拉克 24 架固定翼飞机,价格交换比为 1:29,用 22 枚"响尾蛇"空空导弹,击落了伊拉克 9 架固定翼飞机,价格交换比为 1:94;科索沃战争中,南联盟防空军使用一枚"萨姆-3"地空导弹,就击落了一架价值 1 亿多美元的 F-117 隐身战斗轰炸机。

2.深刻影响作战形态变化

精确制导武器的使用改变了战场形态,使战场的空间更加广阔、作战进程更加快速以及毁伤效果更加直接。

(1)使远距离、超视距、多模式和多目标精确打击成为可能;

(2)旷日持久的局部战争将被速战速决取代;

(3)传统的重型兵器受到严重的威胁。

更形象地讲,精确制导武器的使用,模糊了"兵种观",淡化了"远近观",改变了"数量观",更新了"时间观",强化了"效益观"。正所谓"无军不备导、无导不成战"。信息时代孕育了精确制导武器,也进一步推动了它的发展。进攻性精确制导武器逐步趋向于自主式和智能化,抗干扰能力得到增强,制导精度不断提高;防御性精确制导武器则更加注重全方位保护和分层拦截。

3.促使战场对抗更趋激烈

精确制导武器的发展使信息对抗、电子对抗更趋激烈复杂,主要由以下原因造成。

(1)制导系统组成复杂,易受干扰。现代精确制导武器的制导系统都是由较为复杂的多个分系统组合而成的复合制导体制,任何一个部分出现故障或某一个环节配合出现差错,都将影响整个武器效能的发挥。同时,系统与外界环境密切的信息交互性,也导致精确制导武器易被发现和干扰。如果敌方一旦掌握了它的主要技术参数,并对其实施干扰,武器的作战效能将大打折扣。

(2)系统信息依赖强,技术保障要求高。精确制导武器通过对目标的探测、识别与跟踪实现目标的精确打击,对目标与环境信息具有很强的依赖性,需要高分辨率的卫星影像、高质量的目标情报,以及快速、可靠的目标环境信息作为保障,否则会严重影响武器系统的打击精度。

(3)易受战场环境和气候条件的影响。多数精确制导武器采用了精确末制导技术,不管是红外制导武器还是激光制导武器,都存在全天候、全天时作战能力差的问题,易受烟雾、水雾的影响,尤其是在阴雨、云、雾不良天候下,其作用距离大大缩短,甚至难以正常工作。

4.推进武器装备更新换代

新型精确制导武器的研发是以现代传感器技术、计算机技术、控制技术、通信技术和智能技术等热点领域的发展为技术基础的。相关领域技术近年来蓬勃发展,世界军事格局日趋复杂。有力的技术推动和强烈的军事需求牵引必将加速推进精确制导武器乃至各类武器装备的更新换代,智能武器与无人战场成为未来高技术条件下战争冲突的主要特征之一。同时,精确制导武器的发展也必将推进相关领域核心关键技术的发展完善,有力促进人类信息科学技术的整体发展水平。

　　未来信息化战场具有远距离、宽正面、大纵深、多梯次及全空域、全天候、全时域、全频域的整体作战特点,战争规模已发展为武器装备体系与体系之间的激烈对抗。作为典型信息化兵器的精确制导武器,已成为现代高技术战场的主战兵器,并将成为未来信息化战争的重要支柱。

四、精确制导武器发展趋势

　　精确制导武器发展和使用情况表明,精确制导武器正朝着精确化、系列化、多用途和低成本方向等发展。这就要求精确制导技术也要围绕着更精确、更稳定和更低廉的方向开展进一步的开发和研究工作。

　　美国前陆军参谋长沙利文将军说:"信息时代的出现就像一个半世纪前工业时代的出现一样,将从根本上改变战争的进行方式。"信息时代孕育了精确制导武器,也进一步推动了它的发展。进攻性精确制导武器逐步趋向于自主式和智能化,抗电磁干扰能力得到增强,制导精度不断提高;防御性精确制导武器则更加注重全方位保护和分层拦截。在"矛"与"盾"的反复较量中,精确制导武器正在向着"五化"方面发展。

　　(1)"智能化",提高打击精度。其实,目前的精确制导武器的命中率仍不如想象的高,只有50％～60％的命中率,而提高其智能化水平后情况便大不相同了。主要做法是:①采用复合制导技术,多种方式互补增强,提高制导系统适应性;②采用成像制导方式,提高目标与环境的智能感知能力;③采用模块化导引头,以适应打击不同目标的需要;④信号处理电路实现高性能并行处理功能,适应智能运算技术发展;⑤具备多弹在线组网、智能决策与协同攻击能力。

　　(2)"远程化",扩大作用范围。目前,国外市场正在发展各种远射程的精确制导武器,目的之一便是实现防区外精确打击,提高发射平台的生存概率。如美军正在研制"联合防区外发射武器",并计划将现有的"陆军战术导弹系统"(Army TACtical Missile System,ATACMS)的射程提高到150～250 km,同时改进现有的"战斧"巡航导弹,增加射程,并采用 GPS 辅助制导等。其他国家正在研制的防区外发射武器有以色列的 RAFACPOPERY(HAVENAP)导弹,射程超过 100 km;法国的 APACHE 子弹药散布器射程为 150 km;印度的"布拉莫斯"导弹射程为 300 km;等等。同时,通过提高武器的作用距离或巡航能力,还可实现区域巡视与待机攻击能力。

　　(3)"高速化",提高突防能力。为提高精确制导武器的突防能力,传统方法是通过隐身化设计来实现的,如美国研制的"联合直接攻击弹药"(JDAM)和"三军防区外攻击导弹"(Tri-Service Stand-off Attack Missile,TSSAM)等,在提高打击精度的同时,也充分考虑了武器系统的隐身性能的设计。然而,法国专家等认为,提高精确制导武器突防能力,与其花很大力量研究隐身措施,还不如采用现有的超声速攻击,使对方防御系统来不及反应,同样可以达到提高突防能力的目的。因此,提高精确制导武器攻击速度也成为一大发展方向,高超声速武器成为当前发展的热点领域。

　　(4)"模块化",拓展通用性能。武器系统采用模块化设计,有利于实现系列化、通用化。系列化,其一是精确制导使用上的系列化,如反坦克导弹形成了近程单兵携带型和中、远程车载式及机载型体系。美军"空地一体"的空中反装甲作战中安排了三个梯次的火力;4 km 以内用

AH-IS"眼镜蛇"直升机发射陶式导弹;5 km 左右用 AH-64"阿帕奇"直升机发射"海尔法"导弹;距离远时由空军的 A-10 攻击机发射"小牛"导弹。其二是同类精确制导武器的系列化,如防空导弹已经形成了便携式、低空近程和中高空远程的系列。其三是精确制导武器自身形成了不同型号的家族系列,如美军"宝石路"空地炸弹的导引头已经发展了三代,空军的"响尾蛇"导弹发展改进了 11 个型号,"小牛"导弹发展了 7 个型号,并广泛采用了电视、激光和红外三种制导技术。通用化,是对一种导弹进行改进,使其适应其他各种作战任务需要。当前通用化的渠道至少有三种:将精确制导某个分子系统改装成按模块化制导,如美国 ATACMS 为攻击不同目标,可以携带反装甲、攻击硬目标、反跑道弹头、地雷和反软目标弹药等几种弹头中的任何一种;将一种导弹经过改造满足另一种作战任务要求,如美国"麻雀"空空导弹,经过加装高度表,改造弹翼,重新设计发射装置,就成了"海麻雀"航空导弹;同一种导弹经改进后可由不同平台搭载,但仍完成同一种任务,例如"飞鱼"导弹和"战斧"巡航导弹均可航载,也可以由潜艇发射。目前,大批导弹经改进后,战斗力水平均产生了新的飞跃。

(5)"体系化",提升作战效能。随着新战争理论的出现和不断完善,武器装备的改进、提高的方向有了重大的改变,由竭力提升与机械化大工业生产有关的性能指标,如射程、速度、高度、摧毁威力、外形尺寸和发射运载能力等,转向提高与信息技术有关的指标,如命中精度、目标探测能力、指挥控制能力、生存能力、快速反应能力和突防能力等。这一现象或趋势值得我们思考。美国的新军事革命强调"以能力为基础"战胜任何对手,军队装备转型的重点是导弹防御、信息作战、全球信息力量投送、打击有保护措施的隐匿敌人、空间系统、可操作的 C^4ISR (Command、Control、Communication、Computer、Information、Surveillance、Reconnaissance,指挥、控制、通信、计算机、情报、监视与侦察)系统等六大领域。其核心是利用信息技术建设信息化装备,其中建设可操作的 C^4ISR 系统是建设其他领域的前提。一体化 C^4ISR 系统的发展和运用将使战场全透明,指挥近实时,行动更敏捷,夜间变"明亮",陆海空天作战行动一体化。

应该说,精确制导武器的发展几乎融入了当今信息时代所有最新的科学技术,特别是以信息技术为核心的高技术发展成果。精确制导武器作为时代产物已成为未来武器发展的重要趋势,以其射程远、速度快、精度高、威力大而成为高技术战争中的主战兵器,正将人类战争推向一个新的历史阶段,对未来战争的战术战法和战争理论将产生深远影响。

第二节　精确制导技术

精确制导技术是发展精确制导武器的关键技术,是以微电子、电子计算机和光电转换技术为核心,以自动控制技术为基础发展起来的高新技术。其基本含义可以理解为以高性能光电探测为主要手段获取被攻击目标及背景的相关信息,采用数据处理、信息融合、状态估计、目标识别和鲁棒跟踪等新技术、新方法,按照一定规律控制武器的飞行方向、姿态、高度和速度,引导武器系统战斗部准确攻击目标的军事技术。本节从制导、制导技术和制导系统等基础概念出发,详细介绍精确制导系统的组成与功能、主要类型等。

一、精确制导系统组成与功能

结合制导技术在导弹武器系统中的应用,先明确几个基础性概念:

(1)制导(Guidance):根据导弹和目标的运动信息及各种约束条件,按照选定的规律对导弹进行导引和控制,调整其运动轨迹,使其准确命中目标的过程。

(2)制导技术(Guidance Technique):按照特定基准选择飞行路线,引导和控制导弹武器对目标进行攻击的综合性技术。

(3)制导系统(Guidance System):导引和控制导弹按照预定的规律调整飞行路线并导向目标的全部装置,亦称导弹导引和控制系统。其功能是测量、计算导弹实际飞行路线和理论飞行路线的差别,形成制导指令,经过放大和转换,由弹上执行机构调整导弹的发动机推力方向或舵面偏转角,控制导弹的飞行路线,以允许的误差(脱靶距离)靠近或命中目标。

(4)制导体制(Guidance Mode):它又称制导方式,是指实现导引和控制飞行器按照特定基准(规律),选择飞行路线去寻找和攻击目标的运动过程中所采用的手段和方法。

对照以上定义可知,传统的各种制导技术或系统若能导引和控制导弹准确命中目标,且直接命中概率在 50% 以上,均属于精确制导技术或系统。随着传感器技术、计算机技术的飞速发展,新的制导方式(体制)不断形成,而各种传统制导方式也不断焕发出新的活力。

1.精确制导系统组成

导弹制导系统(Missile Guidance System)是指导引和控制导弹按预定的制导规律飞向目标的整套装置。其功用是测量导弹相对目标的运动参数,按预定的规律计算和处理形成制导指令,通过执行装置调整导弹发动机推力方向或舵面偏转角等,控制导弹的飞行路线,以允许的误差命中目标。

导弹的种类和战术技术性能要求不同,其制导系统的具体设备、结构形式和工作原理等有很大差异。制导系统按功能通常可以分为测量装置、计算装置和执行装置三个部分,如图1-3所示。

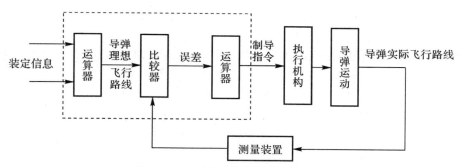

图 1-3　典型导弹制导系统组成框图

(1)测量装置:又称敏感装置,用于测量导弹或目标的相对位置或速度(包括角度、角速度等)。攻击地面固定目标时,通常用加速度计、陀螺仪等组成的惯性测量装置、卫星或无线电接收装置,确定载体自身的运动状态;攻击运动目标时,通常用雷达或可见光、红外、激光探测器,也可采用电视或光学等测量仪器。

(2)计算装置:对测量数据进行参数变换与状态估计,基于预先装定数据,进行导引律解算,以形成制导指令信号。

(3)执行装置:用于放大制导指令信号,并通过执行机构产生控制力和控制力矩,使导弹按照制导指令的要求飞行,同时对导弹的姿态进行稳定,以消除外界干扰对导弹飞行的影响。

制导系统的各组成部分可以全部安装在弹上,也可以将控制执行部分安装在弹上,而将测量与计算部分安装在地面或其他载体上。

2.精确制导系统功能

结合制导系统结构,总结可知一般制导系统具有以下基本功能:

(1)建立飞行参考数据,诸如发射点、目标点等参考坐标基准,各类导航飞控参数,各类制导系统的初始参数,导航基准图与目标模板等参考数据;

(2)测量载体或目标的实际运动,主要是测量飞行器质心运动和绕质心运动参数,或者感知飞行器与目标的相对运动参数、目标的相关数据;

(3)进行导航计算与状态估计,主要是确定载体或目标的位置、速度和方位等实际状态参数,或者完成弹目相对状态参数估计,目标自动识别与跟踪等功能;

(4)导引计算,给出控制校正指令,主要是结合已知飞控参数与弹道约束条件,解算飞行导引与修正指令;

(5)执行校正指令,控制载体运动,通过执行装置完成导弹航迹修正或目标的鲁棒跟踪与精确打击。

二、精确制导系统主要类型

导弹制导系统种类很多,按照不同的分类标准有不同的分类结果。通常的分类方法有以下几种。

1.按导弹飞行段分类

(1)初制导(Launching Phase Guidance),亦称发射段制导或主动段制导。从导弹发动机点火开始到燃料耗尽或按程序发动机关机为止,即由导弹发射到进入正常轨道(主动段结束)这一阶段所进行的制导,如主动段制导、末速修正段制导。

(2)中制导(Mid-course Phase Guidance),即中段制导,亦称中途制导。它是指导弹由主动段终点到弹道末端之间进行的制导。

(3)末制导(Terminal Phase Guidance,Final Guidance),即末段制导,亦称再入制导。它通常指导弹飞行末端可以探测到目标时的制导。

弹道导弹通常在自由飞行段采用中制导与末制导,修正主动段积累的误差,削除再入误差,这样不仅可以大幅提高命中精度,而且可以有效降低对主动段的飞行控制精度要求。巡航导弹制导段的划分可参考其不同的飞行段的划分来区别。

2.按制导系统的工作特点分类

(1)自主式制导系统(Self-contained/ Autonomous Guidance System)。在制导过程中不需要提供目标的直接信息,也不需要导弹以外的设备配合,导引指令信号仅由弹上制导设备敏感地球或宇宙空间物质的物理特性而产生,能自行操纵导弹飞向目标。自主式制导系统主要用于弹道导弹、巡航导弹和一些战术导弹的初制导或中制导。

导弹发射后,弹上制导系统的敏感元件不断测量导弹飞行或天文、地理参数如导弹的加速度、导弹的姿态、天体位置和地貌特征。这些参数在弹上经适当处理,与预定的弹道运动参数进行比较,一旦出现偏差,便产生引导指令,使导弹飞向预定的目标。

自主式制导系统通常有惯性制导系统、天文制导系统、图像匹配制导系统和多普勒雷达制导系统等。

1)惯性制导系统(Inertial Navigation/Guidance System,INS)。惯性制导是基于惯性导航系统的制导方式,是指利用惯性器件来测定导弹运动参数,经计算形成制导指令,控制导弹飞向目标的自主式制导方式。本书第二专题将重点围绕惯性制导技术基本问题进行分析介绍。

2）天文制导系统（Celestial Navigation/Guidance System，CNS）。天文制导是基于天文导航系统的制导方式，天文导航是指利用星敏感器观测天体，进而测定飞行器运动参量的导航技术，天文制导在导弹中的应用模式通常称为星光制导。本书第三专题重点论述天文制导技术。

3）图像匹配制导系统（Image Matching Navigation/Guidance System，IMNS）。图像匹配制导系统是通过实时图像与基准图像进行匹配，得到导航参数，形成制导指令，进而导引并控制导弹准确攻击目标的制导系统。通常辅助惯性导航系统构成 INS/IMNS 复合制导体制。

自主式制导系统的突出特点是不需任何弹外的设备配合，隐蔽性好，抗干扰能力较强。采用这种制导系统的导弹，一经发射后，就不再接受地面指令，命中目标的准确度完全取决于弹上设备；而且这种制导方式，不论是利用内部或外部数据，导弹都必须知道自身和目标的坐标，只能用于打击固定目标或已知其飞行轨道的目标。

（2）半自主式制导系统（Semi-Autonomous Guidance System）。近年来，卫星制导技术蓬勃发展，其基本原理是将传统的无线电导航基站从地面移至太空，载体（用户）通过接收空间导航卫星的广播电文，解算自身导航状态信息，实现弹道修正与精确制导。对于用户而言，系统使用过程中不与其他外界设备通信，也无须获取目标信息，感觉比较自主，实际上导航功能间接受制于卫星系统的地面控制站，容易被干扰控制，所以并不自主，因此称这一类型的基于无线电导航的制导技术为半自主式。

经典导航理论中，无线电导航（Radio Navigation）是利用无线电测量技术引导飞行器沿规定航线、在规定时间到达目的地的导航技术。利用无线电波的传播特性可测定飞行器的导航参量（方位、距离和速度），算出与规定航线的偏差，由驾驶员或自动驾驶仪操纵飞行器消除偏差，以保持航线。目前无线电导航所使用的设备或系统有无线电罗盘、伏尔导航系统、塔康导航系统、罗兰 C 导航系统、奥米加导航系统、多普勒导航系统和卫星导航系统等。根据所测电气参数的不同，无线电导航系统可分为振幅式、频率式、时间式（脉冲式）和相位式四种；根据要测定的导航参量，无线电导航系统可分为测角（方位角或高低角）、测距、测距差和测速四种。现代无线电导航系统还根据设备的主要安装基地分为地基（设备主要安装在地面或海面）、空基（设备主要安装在飞行的飞机上）和卫星基（设备主要安装在导航卫星上）三种，根据作用距离分为近程、远程、超远程和全球定位四种。本书在第四专题重点介绍几种卫星导航系统和陆基无线电导航（Land-Based Navigation）原理。

以上制导方式在地地导弹中具有重要而广泛的应用，是本书的重点，在后续专题中有详细论述。

（3）遥控式制导系统（Remote Guidance System）。由导弹外的指挥站测定导弹和目标的相对位置，并给导弹发出制导指令，通过弹上控制装置操纵导弹飞向目标。其制导设备，只有一部分安装在导弹上，主要的部分则安装在制导站（指控点），而指控点可以设在地面、飞机或舰船上。遥控式制导系统多用于反坦克导弹、空地导弹、防空导弹、空空导弹和反弹道导弹。其特点是制导精度较高，弹上制导设备简单，但易被发现和干扰。按照导引信号形成的不同，遥控式制导系统可分为指令制导系统和波束制导系统。

1）指令制导系统（Command Guidance System），导弹运动规律由指控点决定。指令制导可应用于导弹的整个飞行段上,也可以只在弹道起始上应用,然后再与其他制导方式结合起来。按照目标的探测方式不同,指令制导系统可以采用雷达指令制导,也可以采用图像指令制导;按照指令传输的方式不同,指令制导系统又可分为有线指令制导和无线指令制导。其基本原理过程如图 1－4(a)所示。

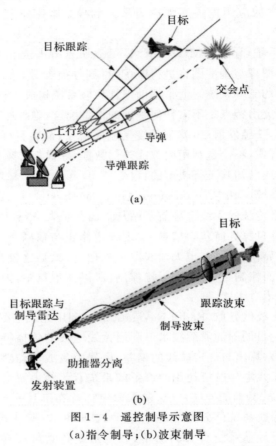

(a)

图 1－4　遥控制导示意图
(a)指令制导;(b)波束制导

如美国的"陆军战术导弹系统"(ATACMS),采用环形激光陀螺数字捷联惯性制导加雷达指令修正制导,使导弹的 CEP 达到 50 m。在海湾战争中,"陆军战术导弹系统"可以接收机载联合警戒和目标攻击雷达系统(JSTARS)提供的目标动态信息。这种雷达可准确发现与跟踪敌后方 150 km 以内行进中的坦克和装甲纵队。这些目标信息经过陆军战术导弹营的"塔克法"射击指挥系统及各发射架上的火控系统的处理,更进一步提高了目标诸元及制导指令的精度及武器系统的快速反应能力。

2)波束制导系统(Beam Rider Guidance System),利用无线电(或激光)波束引导导弹飞向目标的遥控制导系统,由弹上导引装置和弹外制导站组成。由制导站发出跟踪目标的旋转波束,由弹上导引装置自动测定导弹偏离波束旋转轴的位置(角度),形成制导指令。这种波束兼有跟踪目标和导引导弹的作用,弹上执行机构根据制导指令来调整导弹的飞行路线,使导弹始终沿着波束旋转轴飞行直至命中目标。根据波束的性质,波束制导系统分为无线电波束制导系统、激光或红外波束制导系统;按照波束制导方式,波束制导系统可以分为单波束制导系统和双波束制导系统。波束制导系统如图 1－4(b)所示。

　　(4)寻的式制导系统(Homing Guidance System)。利用目标辐射或反射的能量(如微波、红外线、激光和可见光等),依靠安装在弹上的测量装置(导引头)测量目标和导弹的相对运动参数,按照确定的关系在弹上直接形成制导指令,操纵导弹飞向目标。寻的制导又称自导引制导,它与自主制导的区别是导弹与目标间有联系。根据目标信息来源不同,寻的制导系统主要包括以下三种类型。

　　1)主动式(Active Homing Guidance)。照射目标的能源位于导弹上,并由导引头接收来自目标的反射能量,主动式寻的有雷达(Radar Homing Guidance)和声呐(Sonar Homing Guidance)两种,如图1-5(a)所示。法国的亚声速近程掠海飞行的"飞鱼 EXOCET"反舰导弹,末段采用单脉冲雷达寻的制导;美国的 RGM-84A 捕鲸叉(又称鱼叉 Harpoon),采用 INS+主动雷达导引头;爱国者反巡航导弹(PACM)系统的研制已进行了几年,具备了实战能力。PACM 在原爱国者拦截弹的基础上采用新的双模导引头,即 TVM+高频主动雷达系统。

　　2)半主动式(Semi-Active Homing Guidance)。照射目标的能源不在导弹上,可设在导弹发射点或其他地点,包括地面、水面及空中。半主动式寻的有雷达和激光(Laser Homing Guidance)两种,如图1-5(b)所示。美国的"霍克"地空导弹,中国的 HQ-61 中、低空地空导弹均采用连续波雷达半主动制导。大功率连续波照射雷达,安放在导弹发射点。

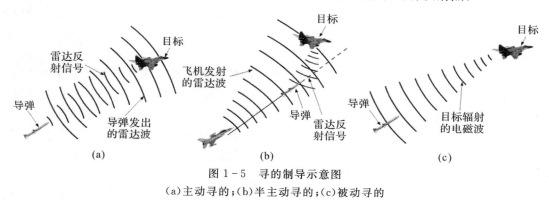

图1-5　寻的制导示意图

(a)主动寻的;(b)半主动寻的;(c)被动寻的

　　3)被动式(Passive Homing Guidance)。由弹上导引头直接感受目标辐射能量,将目标的不同物理特征作为制导跟踪的信息来源。被动寻的有雷达(Radar)、红外(Infrared)、声呐(Sonar)和光学(Optics)四种,如图1-5(c)所示。该制导方式似"顺藤摸瓜",直取目标。如美国的"响尾蛇 AIM-9B"系列空空导弹、中国的"前卫一号"便携式防空导弹,采用被动红外寻的制导,接收敌机的热辐射;美国的"高速反辐射导弹"(High Anti-Radiation Missile,HARM)则是利用被动雷达寻的制导;还有 FT-2000、SLAM、米卡等均采用被动雷达寻的制导。

　　(5)复合制导系统(Compound/Composite/Intergrated Guidance System)。复合制导是指在导弹飞行的同一阶段或不同阶段,采用两种或两种以上制导方式组合成的制导体制。随着光电干扰技术、隐身技术的迅猛发展,未来战场环境将变得十分恶劣。为了提高导弹在复杂环境中的可靠性和精度,克服单一制导体制存在的缺点,复合制导技术已成为精确制导技术发展的一个重要方向。复合制导使各制导模式交替串接工作或并行运行,互相取长补短,弥补单一制导模式的不足,形成制导系统寻的的综合优势,实现高精度、高突防的制导与控制。详细内容将在第八专题论述。

　　(6)协同制导系统(Cooperative Guidance System)。现代高科技信息化条件下,战争的特点、规律和制胜机理发生了深刻变化。信息主导成为制胜关键,精确打击成为主要形式,体系对抗成为基本形态,协同作战成为必备能力。多飞行器协同制导是指多飞行器为形成或保持特定队形模式,采用一定的方法或策略,导引和控制个体飞行轨迹,实现群体协作任务的过程。本书将在第九专题进行详细论述。

3. 按制导系统所用物理量的性质分类

(1)雷达(Radar)制导。雷达的含义是无线电侦察与测距(Radio Detection and Ranging)。通常有多种雷达制导方式:雷达指令制导,由地面雷达探测导弹与目标的运动参数,形成制导指令,发送给导弹,实现对目标的精确打击,包含有线指令制导和无线指令制导两种类型;雷达波束制导,由载机上的雷达、弹上接收装置的自动驾驶仪等组成制导系统,载机上的雷达向目标发射无线电波束并跟踪目标,导弹发射后进入雷达波束,导弹尾部天线接受雷达波束的射频信号,确定导弹相对波束旋转轴(等强线)偏离的方向,形成俯仰和航向的控制信号,通过自动驾驶仪控制导弹沿指向目标的波束等强线飞行(详见前面遥控制导部分论述)。

雷达寻的制导,又称雷达自动导引,分为主动式、半主动式和被动式三种。主动式雷达导引系统由主动式雷达导引头(寻的头)、计算机和自动驾驶仪等组成,载机上雷达发射电磁波并跟踪目标,导引头接收目标反射的回波,并根据回波信号跟踪目标和形成控制导弹的信号,通过自动驾驶仪控制导弹飞向目标。被动式雷达导引系统由导弹上的导引头和自动驾驶仪组成,导引头接收和处理目标辐射的无线电信号,根据这个信号跟踪目标并控制导弹飞向目标。本书将在第七专题系统介绍关于雷达制导的详细内容。

(2)红外(IR,Infrared)制导。它是指利用红外跟踪和测量的方法控制和导引导弹飞向目标的技术。导弹上的红外导引头(位标器)接收目标辐射的红外线,经光学调试和信息处理后得出目标的位置参数信号,再经信号变换,输出给执行机构用于跟踪和控制导弹飞向目标。红外制导较多用于被动寻的制导,整个系统由红外导引头、计算机和执行机构等组成。红外导引头用于跟踪测量,由光学系统、调制盘和红外探测器(光敏感器)组成。红外制导的优点是光学系统的结构简单、体积小、成本低,但受目标背景特性和气象条件的影响较大。

(3)电视(Television)制导。电视制导属于被动式制导,是光电制导的一种。它是利用目标反射的可见光信息,由电视捕获、定位和跟踪目标并导引武器命中目标的制导系统。电视制导有两种方式,一种是电视指令制导,另一种是电视寻的制导。电视指令制导系统,借助人工完成识别和跟踪目标的任务,它是由装在导弹上的电视摄像头、电视发射机、计算机、指令接收机、指令接收天线、自动驾驶仪以及装在载机上的电视接收天线、电视发射机、计算机、指令发射机和发射天线等组成。电视寻的制导系统,它与红外自动寻的制导系统相似,制导设备全部装在导弹上,导弹从载机上发射后,就完全依靠自身的电子光学系统自动跟踪目标,并通过导弹自动驾驶仪控制导弹飞向目标。电视制导武器的代表产品是美国研制的"幼畜"AGM-65A/B 和 AGM-65H 空地导弹,是世界空地导弹中最大的一个家族。

目前,电视寻的末制导技术已成为电视精确制导的发展热点。主要理由是其制导精度高,可对付超低空目标或低辐射能量目标,可以用在广泛的光谱波段,可抗无线电视干扰等。但由于其对气候条件要求高、在雨雾天气和夜间不能用等不可避免的缺陷,所以电视制导正朝着复合制导、自主寻的、高精度以及智能化方向发展。

(4)激光(Laser)制导。激光的含义是受激辐射放大(Light Amplifiction by Stimulated Emission of Radiation)。激光制导是利用激光跟踪、测量和传输手段控制和导引导弹飞向目标的技术。激光发射装置发射照射目标的激光波束,激光接收装置接收目标反射的光波,经光电转换和信息处理,得出目标的位置参数信号(或导弹与目标的相对位置参数信号),经信号变换用以跟踪目标和控制导弹飞行。激光制导分为激光指令、激光波束(驾束)和激光寻的制导系统三种,应用广泛的是后两种。激光制导已在空地导弹中得到应用。在目前研制和装备的激光制导武器中,主要采用的是激光半主动制导技术。美国研制并已装备部队的"宝石路"(Guided Bomb Unit,GBU)第一、二、三代系列激光制导炸弹就是其典型代表。

尽管激光半主动制导具有很大优势,但其最大缺点是不能实现"发射后不管",并且受天气和战场条件的影响较大,特别是在大雪、浓雾情况下,传输能量损失大,大大降低了作战效果。另外,由于激光光束狭窄、搜索能力差,用激光照射时容易暴露己方的目标。正因为如此,激光制导往往与其他制导相结合,组成复合多模制导方式。美国研制的"铜斑蛇"制导炸弹以及"宝石路Ⅲ"型系列分别采用了激光-红外成像双模寻的和激光惯性导航制导模式,大大提高了作战效果。

激光制导技术发展方向是研制激光主动寻的,增大作用距离,发展激光成像寻的技术以及激光与红外、激光与毫米波复合制导技术等,实现高精度、多功能、全天候、智能化。

(5)毫米波(Millimeter Wave,MMW)制导。毫米波制导技术的研究始于 20 世纪 70 年代。目前,毫米波制导技术在频段上已覆盖整个毫米波段,制导体系由非相参发展到高分辨率一维成像,已在国外各种导弹和弹药中得到应用,如"爱国者"PAC - 3 防空导弹、"海尔法"与"硫磺石"反坦克导弹及"阿帕奇"空地导弹等。

毫米波波长处于红外与微波之间,具有它们两者的优势。与红外相比,毫米波更能适应复杂的战场环境和恶劣的气象条件,与微波相比抗干扰能力更强,探测目标精度更高。它由于具有精度高、体积小、波束窄、旁瓣低、低空性能及全天候工作性能好等优势,所以在精确制导技术中占据重要地位,并与红外成像制导技术一起成为精确制导技术发展中的两个主要分支。

中国空空导弹研究院在 21 世纪初就完成两发毫米波导引头系统集成,并分别在洛阳机场对"运七"飞机和在沧州空军飞行试验训练中心对"歼八Ⅱ"飞机完成了外场地面绕飞试验,其中对"歼八Ⅱ"飞机最远探测距离为 14.2 km,最远稳定跟踪距离为 8.2 km。由于试验中导引头样机采用额定功率为 15 W 的行波管发射机,若换装大功率发射机将有效提高截获和跟踪距离。目前已完成相关型号的工程研制,成为空军的杀手锏武器。

(6)合成孔径雷达制导(Synthetic Aperture Radar,SAR)。SAR 是一种主动式微波成像雷达,它发射宽带信号并对回波信号进行压缩,获得距离向高分辨率图像,利用雷达平台的运动形成大的天线合成孔径,获得方位或横向距离高分辨率。其由于具有在任何时间、对任何地域高分辨率成像的能力,且作用距离远,工作不受气象条件和太阳照射的限制,所以受到广泛关注,并随着微电子技术、微波技术及计算机技术的发展而得到快速发展。

与电视成像及红外成像相比,其优点是可以在各种不利气候条件下成像,既可用于地面固定目标、伪装和隐藏目标及集群运动目标的检测识别与跟踪,也可用于海上目标群的检测、识别与跟踪,还可以用于巡航导弹的景像匹配制导。美国雷锡恩公司研制的 Ka(频率 35 GHz)波段的合成孔径雷达导引头的图像分辨率已达到 3 m×3 m。法国在研究多种成像传感器和目标特性数据进行匹配末制导,达索公司和汤姆逊- CSF 公司分别研制了 35 GHz 和 94 GHz 的成像雷达传感器的地图匹配制导系统。随着合成孔径雷达在战略和战术侦察方面贡献的突出体现,各国都在进行其先进技术的研究,以获得更高分辨率、更多目标特征信息的图像,从而准确地识别目标,同时也致力于其小型化、低成本和高可靠性等使用性能的提高。

总体上讲,人们习惯用系统的工作特点进行制导技术(系统)的分类命名,其中自然涵盖了各类依据物理信息量的描述方式,表1-1将制导技术按工作特点进行了系统总结梳理,说明了与本书对应的专题内容。

表1-1 制导技术分类表

主类名称	大类名称	子类名称	所属专题
自主式制导	惯性制导	平台惯性制导 捷联惯性制导	第二专题
	天文制导	捷联星光制导 脉冲星制导	第三专题
	图像匹配制导	地形匹配制导 地磁匹配制导 重力梯度匹配制导	第五专题
		景像匹配制导(下视)	第六专题
	多普勒雷达制导	脉冲多普勒雷达制导	第一专题
半自主式制导	卫星制导	GPS GLONASS GALILEO BDS	第四专题
	陆基无线电导航制导	奥米伽导航系统 罗兰导航系统 塔康导航系统 倒北斗系统 伪卫星系统	第四专题
遥控式制导	指令制导	有线指令制导 无线指令制导	第一、七专题
	波束制导	雷达波束制导 激光波束制导	第一、七专题
寻的式制导	主动寻的制导	雷达主动寻的制导 毫米波雷达寻的制导 SAR 成像寻的制导 激光主动成像制导	第一、七专题
	半主动寻的制导	雷达半主动寻的制导 激光半主动寻的制导	第一、七专题
	被动寻的制导	红外点源制导 光学寻的制导 前视红外成像制导	第一、六专题

续表

主类名称	大类名称	子类名称	所属专题
复合制导	串联式复合制导	INS+TERCOM+DSMAC INS+寻的末制导	第八专题
	并联式复合制导	INS/GPS，INS/CNS INS/GPS/Doppler 多模复合寻的制导	第八专题
	融合式复合制导	主被动雷达切换制导 前下视红外成像制导 TVM制导	第八专题
	混合式复合制导	INS/CNS+成像末制导 INS/GPS+寻的末制导	第八专题
协同制导	集中式协同制导	雷达指令协同制导 视觉指令协同制导	第九专题
	分布式协同制导	无领弹弹群协同制导 领弹-从弹协同制导	

三、精确制导技术发展趋势

在现代信息化条件下的高技术战争中,战场环境日益复杂,体系对抗更趋激烈,精确制导技术已不再是传统短距离战术制导武器的专利,各类远程地地弹道式导弹(包括近、中程战术导弹和远程、超远程战略导弹)、巡航导弹同样对精确制导提出了更高的要求。同时,随着战区深度的不断加深(战区深度3 000 km,高度1 500 km),防御系统的更加完善,不仅要求地地导弹的命中精度高,还要求不断增加射程,提高生存能力,增强突防能力,以满足防区外多样化目标的有效打击的使用要求。在现代传感器技术、计算机技术、信息处理技术、自动控制技术与人工智能技术发展驱动下,导弹制导技术总体上向复合化、信息化、智能化和协同化方向发展。

1.复合化,采用全程制导模式

随着精确制导技术的迅猛发展和日趋完善,导弹逐渐向制导精度与射程无关的方向发展。无论是射程几十千米的战术导弹,还是射程在万千米以上的超远程战略导弹,命中目标时的CEP都将下降到米级一位数或更小。要达到如此高的命中精度,特别是要在超远射程下达到如此高的命中精度,仅靠传统的惯性制导是无法实现的,必须在原来主动段惯性制导的基础上增加被动段中制导,甚至在再入大气层后的末段增加末制导。因此全程复合制导成为地地导弹大幅度提高命中精度,实现精确制导的根本技术途径,是精确制导技术发展的必然趋势,也是全面增强地地导弹作战效能的必由之路。重点需要基于各单一制导方式特点,研究全程容错制导系统的组合机制、体系结构及理论方法,包括全程复合制导系统的误差源与误差特性分析、误差传播和误差互补机理,复合制导系统的组合深度和冗余度配置,自适应联邦信息融合系统新体系研究,复合制导系统的故障检测与诊断技术研究,复合制导系统的重构/重组理论与方法。比如,将GPS,GLONASS,BDS等系统与INS组合,充分利用其互补优点,使新的INS/SNS组合系统的精度、抗干扰能力和跟踪能力等性能大大提高,因此构成的复合制导技术多用于中远程精确制导武器的中制导。将 CNS 与 INS 复合,对于随机、机动和快速发射具有诱人的应用前景。而将地形匹配制导、地磁匹配制导与 INS 复合则非常有利于武器系统的低空突防,可用于巡航导弹的中制导。本书第八专题将对相关问题进行详细论述。

2. 信息化,具备多模感知能力

重点是发展高性能传感器技术,使导弹具备多模感知能力,既能精确敏感载体自身的运动参量,又能感知环境信息与目标信息,各分系统采用模块化结构,采用总线技术形成网络化架构,实现信息体系的闭环集成。

首先是发展新型惯性器件技术,如微机电系统(Micro-Electro-Mechanical System,MEMS)陀螺技术、半球谐振陀螺技术、激光陀螺技术、光纤陀螺技术、原子陀螺技术,以及谐振加速度计、静电加速度计、光纤加速度计、原子加速度计等。本书第二专题将对部分新型惯性器件进行详细介绍。

其次是发展复杂环境条件下目标及环境信息的探测处理技术,重点包括红外成像技术、毫米波雷达技术、激光雷达技术、合成孔径雷达成像技术,以及多模复合探测技术,从而为导弹有效感知战场环境、实时敏感目标状态提供技术支撑。本书第七专题将重点介绍光电与雷达制导技术的相关内容。

3. 智能化,提升综合打击效能

智能化是导弹武器发展的最高状态,导弹武器智能化的重点是发展具备智能感知、智能计算、智能决策、智能控制与智能协同等先进功能的新型导弹武器作战体系,关键是基于大数据、物联网、云计算、机器视觉、深度学习和人机融合等现代人工智能技术的最新发展成果,具体内容包括导弹武器设备智能化、导弹武器系统智能化、导弹作战体系智能化以及联合作战条件下与其他军兵种、其他要素的无缝连接、高效合成。导弹武器设备智能化主要包括智能隐身材料、智能变形弹体、智能计算装置、智能控制器、智能突防装置、智能导引头和智能战斗部等方面,注重"察通扰打"一体化设计、智能化升级、实战化应用;导弹武器系统智能化,主要包括指挥通信系统、机动发射系统、技术支援系统和野战防护系统等主战平台同步进行智能化完善;导弹作战体系智能化,通过"网云端",支撑"侦控打",形成信息化条件下的体系闭环。发展重点包括智能导引头、智能无人作战系统、多弹智能协同打击系统、智能规划与决策支持系统等。

4. 协同化,实现多弹集群攻击

协同化主要体现在多系统协同作战运用方面,包括弹群作战,如巡航导弹群、常规弹道导弹群、弹道导弹子弹群、巡航-弹道导弹群、常规-核导弹群和核导弹群;机群作战,以导弹为投送平台,在预定区域精确投送无人机群,实现协同探测侦察、目标识别、信息中继和全维攻击;蜂群作战,以导弹为投送平台,在预定区域精确投送微小型智能无人作战系统,具备在线规划、自主飞行、智能识别、协同攻击和精确杀伤等能力,还有弹-星一体、弹-机一体等多模异质平台协同作战模式。智能优化、集群协同,使武器系统具备可编程、可组网、可重构,自学习、自组织、自适应,高可靠、高精度、高效能等突出优势。实现协同探测侦察、目标智能识别、在线任务规划、临机变轨突防、全维多模攻击,具备饱和攻击、协同攻击、待机攻击等智能精确杀伤能力。

总之,现代高技术战争条件下,地地导弹需具备远距离、大纵深、高精度、全天候、超视角的打击效能,具有较强的机动性能、突防能力、打击精度、抗电磁干扰能力及战场适应能力。在这些目标的需求牵引下,导弹的制导系统必定综合集成各种制导方式优点,向复合化、协同化、智能化方向发展,具备多弹协同作战能力。一是需要单一制导方式本身技术不断改进完善,确保形成制导系统的精度基础；二是需要研究新的复合理论与技术，提高导弹武器制导系统的可靠性、适应性与精确性；三是需要研究多弹协同制导技术，通过多弹集群组网协同，实现感知、对抗、突防及毁伤效能的全面提升。

专 题 小 结

本专题是本书的概述，从总体上介绍了精确制导武器及精确制导技术的基本概念、主要分类。结合精确制导技术在导弹中的应用，简要论述了其系统组成、主要功能、常见类型及基本工作原理。本书后续各专题将详细介绍在地地导弹武器系统中具有成功应用价值或重要发展前景的各类精确制导方式，包括惯性制导技术与方法、天文导航与星光制导技术、卫星与无线电制导技术、地球物理特征匹配制导技术、景像匹配与目标识别制导技术、光电与雷达探测制导技术、组合导航与复合制导技术以及编队控制与协同制导技术等内容。

思 考 习 题

1. 简述精确制导武器的主要类型。
2. 思考分析精确制导武器对现代战争的影响。
3. 简述精确制导武器的发展趋势。
4. 简述精确制导技术的基本含义。
5. 论述导弹武器中导航、制导与控制三个概念的联系与区别。
6. 画出典型制导系统结构图，描述其工作过程。
7. 简述导弹制导系统的主要功能。
8. 按工作特点进行分类，简述制导系统的主要类型。
9. 简述自主式制导的基本含义并举例说明。
10. 简述半自主式制导的基本含义并举例说明。
11. 简述遥控式制导的基本含义并举例说明。
12. 简述寻的式制导的基本含义并举例说明。
13. 简述复合制导的基本含义并举例说明。
14. 简述协同制导的基本含义并举例说明。
15. 按照采用的物理信息量进行分类，简述制导系统的主要类型。
16. 设想一种智能化的精确制导武器，描述其工作过程，论述其关键技术。

第二专题　惯性制导技术与方法

教　学　方　案

1. 教学目的
(1) 掌握惯性制导的基本概念、原理及分类;
(2) 掌握惯性制导的主要优点及误差来源;
(3) 掌握四元数法的基本概念及运算方法;
(4) 了解四元数在惯性制导中的应用原理;
(5) 理解摄动制导与显式制导的原理与区别;
(6) 熟悉影响打击精度的主要因素及应对策略。

2. 教学内容
(1) 惯性制导原理;
(2) 速率捷联惯导中的四元数法;
(3) 摄动制导与显式制导;
(4) 弹道导弹惯性制导精度分析。

3. 教学重点
(1) 惯性制导基本原理;
(2) 捷联惯性制导中的四元数法;
(3) 摄动制导与显式制导方法原理;
(4) 影响惯性制导精度的主要因素。

4. 教学方法
专题理论授课、多媒体教学、原理演示验证与主题研讨交流。

5. 学习方法
理论学习、实物对照、仿真实验分析与动手实践操作。

6. 学时要求
4~6 学时。

引　　言

　　惯性制导技术是基于惯性导航系统(Inertial Navigation System，INS)的制导方式,是指利用惯性器件来测定导弹运动参数,经计算形成制导指令,控制导弹飞向目标的自主式制导方式。INS 具有全空域、全天候、全时域和全频域的工作能力,以及自主性、实时性、高分辨率、短时精度高和提供信息全等优良特性,这是其他导航制导方式不可比拟的,这些优点决定了 INS 在导航制导领域中的基础地位,使其成为各类智能无人系统如导弹、飞机、舰船和车辆等平台实现自主导航的首选方式,特别是在精确打击武器如远程地地导弹制导中得到了最广泛的应用。从最早的德国地地巡航导弹与弹道导弹 V1 与 V2,到目前国际知名的美国"和平卫士""民兵""战斧"系列、中国"东风""长剑""巨浪"系列、俄罗斯"白杨""萨尔马特""布拉瓦"系列、印度"烈火"系列、巴基斯坦"沙欣"系列、伊朗"流星"系列、朝鲜"劳动"系列,均是以惯性制导为基础〔见图 2 - 1,Peacekeeper LGM - 118A/MX"和平卫士"1986 年开始服役,射程 11 100 km,CEP 110 m,弹长 21.8 m,弹径 2.34 m,弹重 87 750 kg,弹头重 2 578 kg,子弹头重 194 kg,核当量 10×50 万吨,单价为 7 000 万美元,是纯惯性制导中最精确、最有效的洲际导弹之一。它被认为有足够的能力摧毁任何加固军事目标,包括特别加固的陆基洲际弹道导弹掩体及领导指挥所。Minuteman"民兵"一共有 3 型,其中"民兵Ⅲ"型是当前美国陆基核力量的主力,是美国第一种采用分导式多弹头的洲际弹道导弹。导弹采用 MK12A 分导式多弹头(可替换),子弹头是全惯性制导,射程 9 800~13 000 km,圆公算偏差 185~227 m(MA12A),反应时间 4 min,弹长 18.26 m,弹径 1.67 m,弹重 35 400 kg,弹头重 995 kg(MK12A),核弹头当量 3×33.5 万吨(MK12A)。美国非常重视提高"民兵Ⅲ"的性能,决定延长其服役期限至 2020 年。"民兵Ⅲ"导弹改进计划在不断进行,包括改进发射控制中心,配备现代化的指挥控制系统即快速执行和作战瞄准系统,更换"民兵Ⅲ"导弹制导系统,更新后的制导装置将使"民兵Ⅲ"导弹的精度提高,达到 MX 导弹的精度——CEP 为 90~120 m,能摧毁有很强防护能力的点目标,这将弥补由于削减洲际弹道导弹数量带来的导弹核武器作战效能损失〕。特别是在防区外精确打击及远程防空反导作战需求的牵引下,精确制导武器作用距离不断拓展,传统战术武器需要逐渐实现防区外远距离、大纵深精确打击。由此,惯性制导技术也成为各类战术精确打击武器初始段的首选方式。

图 2 - 1　美国"和平卫士"及"民兵Ⅲ"弹道导弹发射瞬间

　有关惯性制导技术的文献资料详尽完备、多不胜举,本专题择其重点,突出导弹武器应用特色,浓缩介绍导弹武器惯性制导的几个关键实用内容,包括基本的制导原理、主要类型、四元数法、摄动制导和显式制导方法等。考虑到当前绝大多数远程地地弹道导弹采用以惯性制导为基础的制导控制方式,专题中还将分析影响打击精度的各种误差源,给出提高导弹命中精度的对策方案。

第一节　惯性制导基本原理

从最早的 V1,V2 导弹到现如今的各类远程精确制导武器系统,惯性制导已成为应用最广泛、最成功的制导技术。随着惯性技术的发展,惯性导航技术也成为各类运动载体长航时精确导航的基础技术。本节针对导弹武器精确制导应用,重点介绍一些新型惯性器件的概念、惯性制导基本原理及特点,目的是让读者认识到,惯性技术的发展完善将有效提高远程精确制导武器的打击精度。

一、惯性制导基本概念

1. 惯性制导系统

惯性制导系统是指利用惯性器件测量和确定导弹运动参数,经计算形成制导指令,控制导弹飞向目标的自主式制导系统。惯性制导系统(Inertial Guidance System)是在惯性导航系统(Inertial Navigation System,INS,简称惯导系统)基础之上,形成的闭环控制系统,其制导装置由惯性测量装置(惯导系统)、计算装置和执行装置组成(典型的制导系统组成)。一个完整的惯导系统主要包括以下几部分。

(1)加速度计。其用于测量载体的运动加速度。通常采用 2~3 个以上加速度计,安装在相互垂直的三个坐标轴上。

(2)陀螺稳定平台。其用于测定载体相对于初始状态的姿态变化,为加速度计提供一个准确的坐标基准,以保持加速度计始终沿三个轴向测定加速度,使测量元件与载体运动相隔离。

(3)计算控制器。其用于进行导航参数解算及显示,进行必要的控制操作,如初始参数装定等。

(4)电源及必要的附件等。

惯性制导中使用的敏感元件陀螺仪和加速度计,都是根据牛顿定律工作的,陀螺仪测量相对惯性空间的角运动,加速度计测量相对惯性空间的线运动。将这两种惯性元件安装在导弹上,它们测得的角运动和线运动的合成,便是导弹相对惯性空间的运动。这样,导弹相对惯性空间的运动和位置便可得知。把加速度计和陀螺仪组合起来所构成的组合件,称为惯性测量组合(Inertial Measurement Unit,IMU,简称惯组)。

1942 年德国在 V2 导弹上首先应用了惯性制导原理。1954 年,惯性导航系统在飞机上试飞成功。1958 年,惯性导航首次应用于潜艇,使之在北极冰下航行 21 天。我国于 1956 年开始研制惯性导航系统,自 1970 年以来,已成功应用于人造卫星、火箭、导弹、飞机、车辆和舰船等各种设备与系统的导航与制导。

2. 牛顿定律

17 世纪,牛顿建立的三条运动定律是惯性导航的力学基础。牛顿第一定律可以陈述为"任何物体都要保持匀速直线运动或静止状态,直到外力迫使它改变运动状态为止。"牛顿第二

定律是说,一个力作用在一个物体上,这个力就使物体沿着力的方向产生加速度,加速度的大小和物体的质量成反比,即

$$F = ma \qquad (2-1)$$

式中,F 表示外作用力;m 是物体的质量;a 表示物体产生的加速度。

牛顿第三定律对作用力的性质进行了进一步的说明:"对于每一个作用力,总存在一等值反向的反作用力;或两个物体之间的互相作用力总是大小相等方向相反。"

牛顿第一定律表明了物体的惯性,是牛顿第二定律的特殊情况。牛顿第二定律则表明了对物体的惯性量度。牛顿第三定律表明了作用力和反作用力是同时发生的。

通过对上述牛顿三个定律的分析可知,任何运动体的运动状态都可以用加速度来表征。如当加速度 $a=0$ 时,表示运动体保持原来的速度。用 V_0 表示物体的初始速度,那么,当 $a=0,V_0=0$ 时,表示物体不动;当 $a=0,V_0=$ const 时,表示运动体仍以原来的速度运动;当 $a>0$ 时,表示运动体加速运动;当 $a<0$ 时,表示运动体减速运动。在掌握了加速度这个概念后,就掌握了运动体的运动状态的特点。

3. 加速度计

加速度计(Accelerometer)是一种利用检测质量的惯性力来测量线加速度或角加速度的装置,又称比力计、加速度表。

加速度计通常按以下方式分类。

(1)按检测质量的运动方式,加速度计分为线加速度计(Linear Accelerometer)与摆式加速度计(Pendulous Accelerometer)。

(2)按测量系统的形式,加速度计分为开环加速度计(Open-loop)与闭环加速度计(Closed-loop)。

(3)按结构形式(支承方式),加速度计分为宝石轴承支承摆式加速度计(Jewelled Bearing)、气浮线加速度计(Gas-Floated Linear)、液浮摆式加速度计(Liquid-Floated Pendulous)、挠性摆式加速度计(Flexible Pendulous)、谐振式加速度计(Resonant)、静电加速度计(Electrostatic)、压电加速度计(Piezoelectric)、硅微型加速度计(Silicon Miniature)、原子加速度计(Atomic)和磁悬浮加速度计(Magnetic Suspended)。

加速度计有个缺点,就是不能区分惯性力与引力。如图 2-2 所示,当载体静止,而加速度计相对水平面有一安装倾斜角 $\Delta\alpha$,作用在惯性质量上的重力分量将引起加速度计的输出,就好像载体有了加速度 $g\Delta\alpha$ 一样。这是虚假信号,由此而产生的定位误差还随时间而积累。当 $\Delta\alpha=1'$ 时,1 h 的定位误差达 18 km,这是绝对不能允许的,所以加速度计一般不直接安装在载体上,而要安装在一个高精度的水平平台上(捷联惯导系统中,加速度计直接装在载体上,但要经过复杂的计算将引力分量补偿掉)。

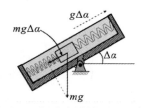

图 2-2 加速度测量原理示意图

4. 陀螺仪

广义上讲,凡是能够测量运动物体相对于惯性空间角运动(角度或角速度)的装置统称为陀螺仪(Gyroscope,简称 gyro)。能够保持给定的方位,并敏感载体角运动的功能称为陀螺效应。

传统的由刚体转子构成的陀螺仪称为常规的框架式转子陀螺仪,这种陀螺仪的显著特点是具有刚体陀螺转子,从而具有角动量,用于测量运动物体的角运动(角度、角速度),或利用动量矩敏感壳体相对惯性空间绕正交于自转轴的一个或两个轴的角运动。陀螺仪有两个最重要的基本特性:定轴性和进动性,这两种特性都是建立在角动量守恒定律的框架下的。

随着科学技术的发展,人们发现有很多其他的物理现象同样具有陀螺效应,从而出现了其他类型的陀螺,如激光陀螺、光纤陀螺和振动陀螺等。这类陀螺虽无刚体转子(称之为非转子陀螺仪),却同样能产生陀螺效应,从而也能测量物体惯性空间的角运动。因此,凡能产生陀螺效应的装置都统称为陀螺仪,即产生陀螺效应不一定要有高速旋转的转子。

陀螺仪可按以下方式分类。

(1)按陀螺仪的功能,陀螺仪分为位置陀螺仪(Displacement Gyroscope)、速率陀螺仪(Rate Gyroscope)和积分陀螺仪(Rate-Integrating Gyroscope)等。

(2)按产生陀螺效应的原理不同,陀螺仪分为转子陀螺仪(Rotor)、激光陀螺仪(Laser)、光纤陀螺仪(Fiber-Optic)、振动陀螺仪(Vibrating)、半球谐振陀螺仪(Hemispherical Resonator)、压电陀螺仪(Piezoelectric)、粒子陀螺仪(Particle)和超导陀螺仪(Superconductive)等。

(3)按自转轴相对于其底座的转动自由度数目,陀螺仪分为单自由度陀螺仪(Single Degree of Freedom)与二自由度陀螺仪(Two Degree of Freedom)等。

(4)按对陀螺转子支承方式的不同,陀螺仪分为滚珠轴承陀螺仪(Ball bearing)、气浮陀螺仪(Gas-floated)、液浮陀螺仪(Liquid-Floated)、挠性支承陀螺仪(Flexible,又称动力调谐陀螺仪,Dynamic Turned Gyroscope)、磁悬浮支承陀螺仪(Magnetic Suspension)、静电支承陀螺仪(Electrostatic Suspension),以及 MEMS 陀螺仪等。

关于现代加速度计与陀螺仪的详细原理,读者可以参考文献[8][11－13]。

二、基本原理与主要形式

惯性导航系统是利用陀螺仪测量载体相对于基准坐标系的姿态,加速度计测量相对于基准坐标系的运动加速度,进而计算得到载体的速度、位置等导航信息。按照这些仪器设备的安装方式不同,选用的基准坐标系不同,进而需要进行的导航计算过程也不同。

1. 惯性导航计算

惯性导航是以测量运动体的加速度为基础的导航定位方法,测量到的加速度经过一次积分可以得到运动速度,经过二次积分得到运动距离,从而给出运动体的瞬时速度和位置数据。它们三者之间的关系可用公式表示为

$$a = \frac{\mathrm{d}V}{\mathrm{d}t} = \frac{\mathrm{d}^2 S}{\mathrm{d}t^2} \tag{2-2}$$

$$V = V_0 + \int_0^t a \mathrm{d}t \tag{2-3}$$

$$S = S_0 + \int_0^t V \mathrm{d}t = S_0 + V_0 t + \int_0^t \int_0^t a \mathrm{d}t^2 \tag{2-4}$$

式中,a—— 表示运动体加速度;

V—— 表示运动体速度；

S—— 表示运动体移动距离。

设 $t=0$ 时，$V_0=0$，$S_0=0$，当 $a=\text{const}$ 时，则有

$$V=at \tag{2-5}$$

$$S=\frac{1}{2}at^2 \tag{2-6}$$

从以上所列写公式可以看出一个沿直线运动的载体，只要借助于加速度计测出它的加速度，那么，载体在任何时刻的速度和相对出发点的距离就可以实时地计算出来。这种不依赖外界信息，只靠对载体本身的惯性测量来完成导航任务正体现了惯性导航的自主性特点。

这里举一个简化的二维导航例子。考虑载体在平面上运动，平面用坐标系 Oxy 表示。为简单计算，设 $t=0$ 时，载体在坐标系原点 O 处。载体上放置一个平台，平台上放置两个加速度计 a_x 和 a_y，它们的敏感轴分别平行于 Ox 和 Oy 轴。在载体各种机动运动状态下，平台也能保持加速度计 a_x 和 a_y 的敏感轴方向始终分别平行于 Ox 和 Oy 轴方向。这样就可以实时计算出载体在坐标系中的位置和瞬时速度。图 2－3 给出了简化二维导航系统的框图。

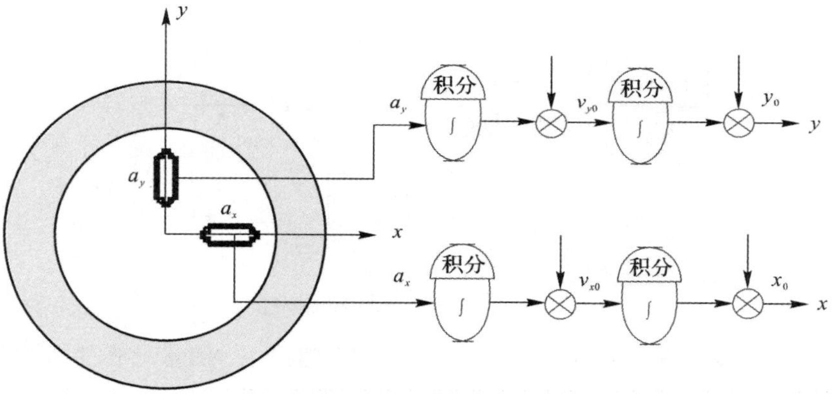

图 2－3　简化的二维导航系统框图

由上所述，可以看出平台在整个导航系统过程中，始终模拟平面坐标系 Oxy。在工程上是通过陀螺稳定平台来实现的。

总之，惯性导航系统的基本原理是利用惯性测量装置测量导弹运动的视加速度 w，按公式 $a=w+g$ 进行导航计算，在选定的坐标系中，求得导弹运动的加速度 a，进行二次积分测得瞬时位置参数 $s(t)$，再由计算装置按制导方程进行计算，形成制导指令，经过执行装置控制导弹的运动，使导弹命中目标。g 是地球重力加速度，是导弹位置的函数，可按预先确定的重力场模型计算。

按惯性测量装置在弹体上的安装方式，分为平台式惯性导航系统(Platform/ Gimbaled Inertial Navigation System，PINS)和捷联式惯性导航系统(Strapdown Inertial Navigation System，SINS)。

2. 平台惯性导航系统

PINS 是将惯性测量器件安装在惯性平台(物理平台)台体上，一般由平台台体、电源箱和电路箱等构成。如图 2－4 所示，平台 P 水平。当有干扰力 F 作用时，陀螺主轴以 $\dot{\beta}$ 角速度进动，产生 β 角后，稳定电机发出稳定力矩与干扰力矩平衡，因而平台 P 永保水平。

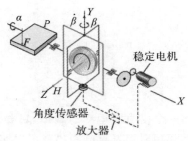

图 2-4 陀螺稳定平台示意图

根据平台所关联的坐标系不同,PINS 又分为空间稳定惯性导航系统和当地水平面惯性导航系统。前者的平台台体相对惯性空间稳定,用来模拟建立惯性空间坐标系,重力加速度的分离和其他不需要的加速度的补偿全依靠计算机来完成,这种系统多用于运载火箭和弹道导弹主动段的控制。后者的平台台体始终跟踪当地地理水平坐标系,即保证两个水平加速度计敏感轴线所构成的基准平面始终跟踪当地水平面,这种系统多用于地表附近运动的飞行器,如飞机和巡航导弹等。PINS 的基本原理如图 2-5 所示。

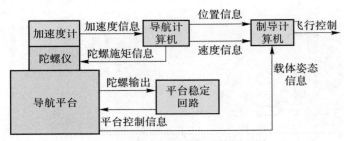

图 2-5 平台惯性导航系统原理图

PINS 的功能主要有在飞行过程中为导弹提供基准坐标系,测量导弹的运动角速度,测量导弹运动的视加速度,为导弹发射前进行初始对准提供方位基准等。

3. 捷联惯性导航系统

SINS 是将惯性元件(主要是加速计和陀螺)直接安装在载体上,没有实体物理平台,惯性器件的敏感轴与载体坐标系的三轴方向一致。它用存储在计算机中的"数学平台"代替平台式惯性导航系统中的物理平台。在运动过程中,陀螺测定载体相对于惯性参考系的运动角速度,并由此计算载体坐标系至导航坐标系的坐标变换矩阵,通过此矩阵,将加速度计测得的加速度信息变换至导航坐标系,然后进行导航计算,得到所需的导航参数,详细原理可参阅文献[13]。捷联惯性导航系统的原理如图 2-6 所示。

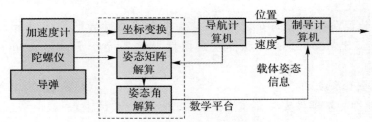

图 2-6 捷联惯性导航系统原理框图

在捷联惯性导航系统中,加速度计和陀螺直接安装在载体上,用陀螺测量的角速度信号减去导航计算机计算的导航坐标系(用平台系 P 表示)相对惯性空间的角速度,得到机体坐标系相对导航坐标系的角速度,并利用该信号进行姿态矩阵 C_b^p 的计算。在得到姿态矩阵 C_b^p 之后,就可以把加速度计测量的沿机体坐标系轴向的加速度信号变换为沿导航坐标系轴向的加速度信号,然后由导航计算机进行导航计算,得到导航位置和速度信息。同时,利用姿态矩阵中的元素,还可提取姿态和航向信息。所以,姿态矩阵的计算、加速度信号的坐标变换以及姿态航向角的计算,这三项功能实际上就代替了机械平台的功能。

由捷联惯性导航基本原理可以看出,该惯性导航系统具有以下特点。

(1)惯性元件直接安装在机体上,便于安装、维护和更换。

(2)惯性元件可直接给出线加速度和角加速度信息,而这些信息又是飞行控制系统所必需的。

(3)由于取消了机械平台,减少了惯性系统中的机械零件,加之惯性元件体积小、质量轻(只有机械平台质量的 1/7),便于采用更多的惯性元件来实现余度,从而大大地提高系统的可靠性。

(4)惯性元件的工作环境比平台式惯导中的惯性元件要差,惯性元件误差对系统误差的影响要比平台式惯导大。因此,捷联惯导系统对惯性元件的要求比平台式惯导系统的要高,要求惯性元件在机体的振动、冲击、温度等环境条件下工作,相应的参数和性能要有较高的稳定性。同时由于机体的角运动干扰直接作用在惯性元件上,将产生严重的动态误差,因此系统中必须采取误差补偿措施。捷联惯导系统的陀螺,其测量角速度的范围从 $0.1°/h\sim400°/h$。这就需要陀螺有大力矩的力矩器和高性能的再平衡回路,使陀螺工作在闭环状态。

(5)用数学平台取代机械平台,增加了导航计算机的工作量;同时,机体姿态角的变化速率很快,可高达 $400°/s$,故相应的姿态计算就需要高速计算机。这就是说,捷联惯导系统对导航计算机的性能提出了更高要求。随着高速、大容量计算机的出现和应用,导航计算机已经不是捷联惯导系统发展的主要障碍。

总结 PINS 与 SINS 可知:在平台式惯性制导系统中,陀螺仪及加速度计安装在平台台体上,平台体被稳定在惯性空间,在制导过程中,加速度计组合与惯性参考系间的角度关系保持不变,不需要进行坐标转换,因而制导计算简单。平台环架隔离了导弹的角运动和振动,使加速度计工作在较好的环境里,并具有初始对准度高等优点。但平台式惯性制导系统体积质量大,加工制造困难,系统成本十分昂贵。

在捷联式惯性制导方式中,惯性测量组合直接与弹体固连,以数学平台取代机电平台,采用陀螺仪测量或计算出加速度计组合相对惯性参考系方向的角度,再经过计算机完成加速度计测量的坐标转换,然后积分得到速度和位置。因而,制导计算复杂,仪表受弹体振动影响较大,但具有设备简单、可靠性高、采用冗余技术容易等优点。随着惯性器件性能的提高及计算机技术的发展,其应用范围也在逐步扩大。

与平台惯导相比,捷联式惯性制导系统具有体积小、质量轻、功耗低、易于实现元器件级冗余配置、可靠性高以及易于维护等优点。捷联式敏感元件同稳定平台敏感元件承受角速率的动态范围截然不同,平台惯导中,机械平台隔离了载体的姿态角运动,使陀螺测量范围减小;而捷联式陀螺仪由于捆绑在载体上而直接敏感载体的角速度,动态测量范围很大。但在大测量范围条件下,捷联陀螺的精度要保持类同平台陀螺元件的精度是一项很艰巨的任务。

三、主要优点及误差来源

INS 的主要优点及误差来源总结如下。

1. 主要优点总结

INS 是一种不依赖于任何外部信息、也不向外部辐射能量的自主式导航系统,这就决定了 INS 具有以下优异特性。

(1)自主性强。INS 不受外界电磁干扰影响,不向外界发射电磁信号,也不需要载体以外的设备配合,具有很好的隐蔽性。

(2)作用范围广。INS 工作环境不受区域物理条件限制,不仅包括空中、地面,还可以在水下,这对军事应用来说有很重要的意义。

(3)提供信息全。INS 除了能够提供载体的位置和速度数据外,还能给出航向和姿态角数据,因此所提供的导航与制导数据十分完备。

(4)INS 还具有数据更新率高、短期精度和稳定性好的优点。

正是因为 INS 具有全空域、全天候、全时域和全频域的工作能力,以及自主性、实时性、高分辨率、提供的信息种类齐全的优良特性,决定了 INS 在远距离精确打击武器中的基础地位,这是其他制导方式不可比拟的,但其他制导方式在特定条件下可提供时段或瞬时高精度状态信息,可以用来弥补 INS 的不足。这正是以 INS 为基础的复合制导体制设计的原因所在。

当然,INS 使用过程中还存着一些突出问题,比如误差随时间积累、加温时间较长、使用维护不方便、系统复杂和成本较高等,这也是惯性系统需要不断改进优化完善的重要原因。

2. INS 误差来源分析

(1)惯性敏感元件误差。惯性敏感元件的误差源很多,其中主要有加速度计零偏、加速度计比例因素误差、加速度计非线性、加速度计敏感轴的非互垂真度、平台伺服回路误差、陀螺固定漂移、陀螺质量不平衡和振动引起的陀螺漂移等。

(2)制导方程和计算误差。随着计算机技术与信息处理技术的迅速发展,这一类误差与其他误差源相比可以忽略不计。

(3)重力异常误差。重力异常是指实际重力加速度和用分析法从参考椭球导得的重力加速度之差,重力异常对低空飞行的导弹影响最大,随着距地面距离的增加,影响逐渐减小。

为提高导弹惯性制导精度,通常需要不断改进加工工艺,采用新材料,研制新型陀螺仪及加速度计,减少惯性器件的误差;进行惯性器件的误差分离和补偿研究,建立精确的地球引力场模型,完善制导方案;或者应用惯性制导和其他制导方式结合的复合制导等。后面第四节将进行详细的误差来源分析。

第二节　惯性制导中的四元数法

四元数(Quaternion)的基本概念早在 1843 年 B. P. 哈密顿就提出来了,但一直停留在理论概念探讨阶段,没有得到广泛实际的应用。20 世纪 70 年代以后,尤其近年来,航天技术、数字计算机技术的发展,才促进了四元数理论和技术的应用。

在研究航天飞机器的姿态控制问题时,常遇到坐标转换运算问题。传统的解决方法有三参数法、六参数法和九参数法。在应用三参数法解欧拉角方程时常遇到两个问题:一是方程组为非线性变系数微分方程,这只能用数值积分方法求解,且工作量大;二是在大姿态角情况下(如 $\psi \to \dfrac{\pi}{2}$),会引起较大的计算误差,当 $\psi = \dfrac{\pi}{2}$ 时,方程又是奇异的。用六参数法或九参数法解欧拉角关系方程时,则需要六个非线性约束方程,计算起来也十分不便。导弹飞行中的四元数姿态表达式的基本思想是通过一个定义在参考坐标系中的向量的单次转动来实现一个坐标系到另一个坐标系的变换。用四元数法解决上述坐标变换问题时,有以下三个优点。

(1)四元数方程是线性微分方程,只有一个约束条件,而且便于计算,其计算工作量仅是解欧拉方程的 35% 左右。

(2)在进行模拟和数字计算时,精度高于欧拉方程,且不会出现奇异现象。

(3)可直接用四元数作为捷联系统的控制量,便于系统分析和讨论。

一、四元数的定义与性质

设有一复数

$$Q = q_0 + iq$$

式中,q_0 为 Q 的实数部分;iq 为 Q 的虚数部分。

如果将 iq 扩展到三维空间,即

$$Q = q_0 + iq_1 + jq_2 + kq_3 \qquad (2-7)$$

则称 Q 为四元数,或称超复数;i,j,k 为单位矢量;q_0,q_1,q_2,q_3 均为实数。换句话说,四元数是由一个实数单位和三个虚数单位组成的数。

有时可将四元数 Q 表示成

$$Q = q_0 + q \qquad (2-8)$$

或

$$Q = [q_0, q_1, q_2, q_3]^{\mathrm{T}} \qquad (2-9)$$

四元数有如下运算法则。

(1)加法运算。加法运算适合交换率和结合率。设有两个四元数

$$Q = q_0 + q$$
$$P = p_0 + p$$

则

$$Q + P = P + Q$$

(2)乘法运算。乘法运算适合结合率、分配率,但不适合交换率。为了求出四元数的乘积,先给出乘法规则:顺时针相乘为正,逆时针相乘为负,即

$$\begin{cases} ij = k = -ji \\ jk = i = -kj \\ ki = j = -ik \\ i^2 = j^2 = k^2 = -1 \end{cases}$$

注意四元数的乘法规则不同于矢量代数中的点积和矢积:

$$\begin{cases} i \times i = j \times j = k \times k = 0 \\ i^2 = j^2 = k^2 = -1 \end{cases}$$

这是必须予以区别的,否则就会出错。

若有两个四元数

$$Q = q_0 + iq_1 + jq_2 + kq_3 = q_0 + q$$
$$P = p_0 + ip_1 + jp_2 + kp_3 = p_0 + p$$

则

$$Q \circ P = (q_0 + iq_1 + jq_2 + kq_3)^\circ (p_0 + ip_1 + jp_2 + kp_3)$$

展开并整理,得

$$Q \circ P = (q_0 p_0 - q_1 p_1 - q_2 p_2 - q_3 p_3) + i(q_0 p_1 + q_1 p_0 + q_2 p_3 - q_3 p_2) +$$
$$j(q_0 p_2 + q_2 p_0 + q_3 p_1 - q_1 p_3) + k(q_0 p_3 + q_3 p_0 + q_1 p_2 - q_2 p_1) =$$
$$q_0 p_0 + q_0 p + q p_0 - (q \circ p) + (q \times p)$$

而

$$P \circ Q = p_0 q_0 + p_0 q + p q_0 - (p \circ q) + (p \times q)$$

由于

$$p \times q \neq q \times p$$

所以

$$Q \circ P \neq P \circ Q$$

四元数乘积的矩阵形式表示法为

$$Q \circ P = \begin{bmatrix} q_0 & -q_1 & -q_2 & -q_3 \\ q_1 & q_0 & -q_3 & q_2 \\ q_2 & q_3 & q_0 & -q_1 \\ q_3 & -q_2 & q_1 & q_0 \end{bmatrix} \begin{bmatrix} p_0 \\ p_1 \\ p_2 \\ p_3 \end{bmatrix} \tag{2-10}$$

其中矩阵

$$V(q) = \begin{bmatrix} q_0 & -q_3 & q_2 \\ q_3 & q_0 & -q_1 \\ -q_2 & q_1 & q_0 \end{bmatrix} \tag{2-11}$$

称为核矩阵。由式(2-11)看出,用矩阵形式进行乘法运算时,如将四元数次序颠倒,则需将核矩阵转置。

四元数连乘可以直接写成矩阵形式,如

$$Q \circ P \circ R = \begin{bmatrix} q_0 & -q_1 & -q_2 & -q_3 \\ q_1 & q_0 & -q_3 & q_2 \\ q_2 & q_3 & q_0 & -q_1 \\ q_3 & -q_2 & q_1 & q_0 \end{bmatrix} \begin{bmatrix} p_0 & -p_1 & -p_2 & -p_3 \\ p_1 & p_0 & -p_3 & p_2 \\ p_2 & p_3 & p_0 & -p_1 \\ p_3 & -p_2 & p_1 & p_0 \end{bmatrix} \begin{bmatrix} r_0 \\ r_1 \\ r_2 \\ r_3 \end{bmatrix} \tag{2-12}$$

四元数乘法的几个特例:

1)四元数和它的共轭四元数的乘积,有

$$Q \circ Q^* = q_0^2 + q_1^2 + q_2^2 + q_3^2 = \| Q \|$$

对于规范化四元数 $\| Q \| = 1$,则 $Q \circ Q^* = 1$。

2)具有零标量的四元数的乘积,有

$$\boldsymbol{Q} \circ \boldsymbol{P} = \begin{bmatrix} 0 & -q_1 & -q_2 & -q_3 \\ q_1 & 0 & -q_3 & q_2 \\ q_2 & q_3 & 0 & -q_1 \\ q_3 & -q_2 & q_1 & 0 \end{bmatrix} \begin{bmatrix} 0 \\ p_1 \\ p_2 \\ p_3 \end{bmatrix} = -\boldsymbol{q} \circ \boldsymbol{p} + \boldsymbol{q} \times \boldsymbol{p} \qquad (2-13)$$

3）单元、零元和负四元数，有

四元数单元：$\boldsymbol{I} = 1 + i0 + j0 + k0$；

四元数零元：$\boldsymbol{0} = 0 + i0 + j0 + k0$；

四元数负元：$-\boldsymbol{Q} = -q_0 - iq_1 - jq_2 - kq_3$。

（3）逆元。四元数逆元以 $\boldsymbol{Q}^{-1}$ 表示，即

$$\boldsymbol{Q}^{-1} = \frac{1}{q_0 + iq_1 + jq_2 + kq_3} = \frac{\boldsymbol{Q}^*}{N^2(\boldsymbol{Q})} \qquad (2-14)$$

式中：
$$\boldsymbol{Q}^* = q_0 - iq_1 - jq_2 - kq_3$$
$$N(\boldsymbol{Q}) = \sqrt{q_0^2 + q_1^2 + q_2^2 + q_3^2}$$

$\boldsymbol{Q}^*$ 称为四元数 $\boldsymbol{Q}$ 的共轭四元数，$N(\boldsymbol{Q})$ 称为四元数的范数。

若 $N(\boldsymbol{Q}) = 1$，则

$$\boldsymbol{Q}^{-1} = \boldsymbol{Q}^*$$

即逆元数等于它的共轭元数。这时四元数 $\boldsymbol{Q}$ 是正则的，即称为规范四元数。

（4）除法。由于乘法是不可交换的，所以除法分左除和右除。

例如，$\boldsymbol{Q},\boldsymbol{P},\boldsymbol{X}$ 为 3 个四元数，若

$$\boldsymbol{Q} \circ \boldsymbol{X} = \boldsymbol{P}$$

左乘以 $\boldsymbol{Q}^{-1}$

$$\boldsymbol{X} = \boldsymbol{Q}^{-1} \circ \boldsymbol{P}$$

若

$$\boldsymbol{X} \circ \boldsymbol{Q} = \boldsymbol{P}$$

右乘以 $\boldsymbol{Q}^{-1}$

$$\boldsymbol{X} = \boldsymbol{P} \circ \boldsymbol{Q}^{-1}$$

因 $\boldsymbol{Q}^{-1} \circ \boldsymbol{P} \neq \boldsymbol{P} \circ \boldsymbol{Q}^{-1}$，故两 $\boldsymbol{X}$ 不相等。

（5）四元数的主要性质。

1）四元数之和的共轭四元数等于共轭四元数之和，有

$$(\boldsymbol{Q} + \boldsymbol{P} + \boldsymbol{I})^* = \boldsymbol{P}^* + \boldsymbol{Q}^* + \boldsymbol{I}^* \qquad (2-15)$$

2）四元数之积的共轭四元数等于共轭四元数以相反顺序相乘之积，有

$$(\boldsymbol{Q} \circ \boldsymbol{P} \circ \boldsymbol{I})^* = \boldsymbol{I}^* \circ \boldsymbol{P}^* \circ \boldsymbol{Q}^* \qquad (2-16)$$

3）四元数之积的逆等于其四元数之逆以相反顺序相乘之积，有

$$(\boldsymbol{Q} \circ \boldsymbol{P} \circ \boldsymbol{I})^{-1} = \boldsymbol{I}^{-1} \circ \boldsymbol{P}^{-1} \circ \boldsymbol{Q}^{-1} \qquad (2-17)$$

4）四元数之积的范数等于其因子范数之积，有

$$\| \boldsymbol{I}_1 \circ \boldsymbol{I}_2 \circ \cdots \circ \boldsymbol{I}_n \| = \boldsymbol{I}_1 \circ \boldsymbol{I}_2 \circ \cdots \circ \boldsymbol{I}_n \qquad (2-18)$$

5）仅在因子中的一个等于零时，两四元数之积才等于零。

二、基于四元数变换的空间定点旋转

由欧拉定理知，空间矢量绕定点旋转，在瞬间必须是绕一欧拉轴旋转一角度，如图 2-7 所

示。图中矢量 r 绕定点 O 旋转至 r'，设 E 为矢量 r 绕定点 O 旋转的瞬时欧拉轴，其转角为 α，α 在垂直于 E 轴的平面 Q 上，P 为 E 轴在平面 Q 上的交点，图中 $\overrightarrow{OM}=r$，作 $KN \perp MP$，则

$$r' = \overrightarrow{ON} = \overrightarrow{OM} + \overrightarrow{MK} + \overrightarrow{KN} \qquad (2-19)$$

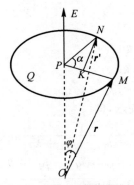

图 2-7　空间矢量旋转关系图

而

$$|\overrightarrow{MK}| = |\overrightarrow{MP}| - |\overrightarrow{KP}| = |\overrightarrow{MP}| - |\overrightarrow{NP}|\cos\alpha = |\overrightarrow{MP}|(1-\cos\alpha)$$

则

$$\overrightarrow{MK} = (1-\cos\alpha)(\overrightarrow{OP} - \overrightarrow{OM}) \qquad (2-20)$$

由于

$$\overrightarrow{OP} = \left(r \circ \frac{\overrightarrow{OE}}{|\overrightarrow{OE}|}\right)\frac{\overrightarrow{OE}}{|\overrightarrow{OE}|} = (r \circ \overrightarrow{OE})\frac{\overrightarrow{OE}}{|\overrightarrow{OE}|^2} \qquad (2-21)$$

$\overrightarrow{KN}$ 矢量方向与 $(\overrightarrow{OP} \times \overrightarrow{OM})$ 方向相同，其长度为

$$|\overrightarrow{KN}| = |\overrightarrow{MP}|\sin\alpha = |r|\sin\varphi\cos\alpha$$

故

$$\overrightarrow{KN} = \left(\frac{\overrightarrow{OE}}{|\overrightarrow{OE}|} \times r\right)\sin\alpha$$

所以

$$r' = r\cos\alpha + (1-\cos\alpha)(r \circ \overrightarrow{OE})\frac{\overrightarrow{OE}}{|\overrightarrow{OE}|^2} + \left(\frac{\overrightarrow{OE}}{|\overrightarrow{OE}|} \times r\right)\sin\alpha \qquad (2-22)$$

再根据矢量 $\overrightarrow{OE}$ 和角 α 定义一个四元数

$$Q = |\overrightarrow{OE}|\left(\cos\frac{\alpha}{2} + \frac{\overrightarrow{OE}}{|\overrightarrow{OE}|}\sin\frac{\alpha}{2}\right) \qquad (2-23)$$

研究四元数变换，有

$$Q \circ r \circ Q^{-1} = \left[|\overrightarrow{OE}|\left(\cos\frac{\alpha}{2} + \frac{\overrightarrow{OE}}{|\overrightarrow{OE}|}\sin\frac{\alpha}{2}\right)\right] \circ r \circ \left[|\overrightarrow{OE}|\left(\cos\frac{\alpha}{2} + \frac{\overrightarrow{OE}}{|\overrightarrow{OE}|}\sin\frac{\alpha}{2}\right)\frac{1}{|\overrightarrow{OE}|^2}\right]$$

经过推导，得

$$Q \circ r \circ Q^{-1} = r\cos\alpha + (1-\cos\alpha)(r \circ \overrightarrow{OE})\frac{\overrightarrow{OE}}{|\overrightarrow{OE}|^2} + \left(\frac{\overrightarrow{OE}}{|\overrightarrow{OE}|} \times r\right)\sin\alpha \qquad (2-24)$$

比较式(2-22)和式(2-24)，两者完全相同，可得

$$r' = Q \circ r \circ Q^{-1} \qquad (2-25)$$

即 r 与其绕 E 轴旋转 α 角后的 r' 之间的关系可用式(2-25)表示,Q 叫作 r' 对 r 的四元数。

反之,r' 绕 $-E$ 轴旋转角 α 必然得 r,则同理得

$$r = Q^{-1} \circ r' \circ Q$$

Q^{-1} 叫作 r 对 r' 的四元数。

当旋转四元数 Q 为规范化四元数,即

$$Q^{-1} = Q^*$$

时,则有

$$r' = Q \circ r \circ Q^* \tag{2-26}$$

若 r 绕 E 轴旋转 α 角后得 r',r 对 r' 的规范化四元数为 Q,r' 再绕 N 轴旋转 β 角后得 r'',r' 对 r'' 的规范化四元数为 P,r'' 对 r 的规范化四元数为 R,则

$$r'' = P \circ r' \circ P^* = P \circ Q \circ r \circ Q^* \circ P^* = P \circ Q \circ r \circ (P \circ Q)^* = R \circ r \circ R^* \tag{2-27}$$

式中,$R = P \circ Q$。

设矢量 r 与弹体坐标系 $Ox_1y_1z_1$ 固连,坐标为 (x_1, y_1, z_1)。$Oxyz$ 为惯性坐标系,矢量 r' 与它固连,其坐标为 (x, y, z)。当 $Oxyz$ 转到与 $Ox_1y_1z_1$ 重合时,r' 与 r 相重合,那么,由式 $r' = Q \circ r \circ Q^*$ 得

$$r' = Q \circ r \circ Q^* = (q_0 + iq_1 + jq_2 + kq_3) \circ (0 + ix_1 + jy_2 + kz_3) \circ (q_0 - iq_1 - jq_2 - kq_3)$$

$$\begin{bmatrix} 0 \\ x \\ y \\ z \end{bmatrix} = \begin{bmatrix} q_0 & -q_1 & -q_2 & -q_3 \\ q_1 & q_0 & -q_3 & q_2 \\ q_2 & q_3 & q_0 & -q_1 \\ q_3 & -q_2 & q_1 & q_0 \end{bmatrix} \begin{bmatrix} 0 & -x_1 & -y_1 & -z_1 \\ x_1 & 0 & -z_1 & y_1 \\ y_1 & z_1 & 0 & -x_1 \\ z_1 & -y_1 & x_1 & 0 \end{bmatrix} \begin{bmatrix} q_0 \\ -q_1 \\ -q_2 \\ -q_3 \end{bmatrix}$$

经展开整理,其矩阵表达式可写成

$$\begin{bmatrix} x \\ y \\ z \end{bmatrix} = a \begin{bmatrix} x_1 \\ y_1 \\ z_1 \end{bmatrix} \tag{2-28}$$

$$a = \begin{bmatrix} q_0^2 + q_1^2 - q_2^2 - q_3^2 & 2(q_1q_2 - q_0q_3) & 2(q_0q_2 + q_1q_3) \\ 2(q_1q_2 + q_0q_3) & q_0^2 + q_2^2 - q_1^2 - q_3^2 & 2(q_2q_3 - q_0q_1) \\ 2(q_1q_3 - q_0q_2) & 2(q_2q_3 + q_0q_1) & q_0^2 + q_3^2 - q_1^2 - q_2^2 \end{bmatrix} \tag{2-29}$$

a 为用四元数表示的弹体坐标系与惯性坐标系间的关系矩阵。

如果 ΔW_x,ΔW_y,ΔW_z 为导弹相对惯性坐标系各轴视加速度增量,ΔW_{x_1},ΔW_{y_1},ΔW_{z_1} 为导弹相对弹体坐标系各轴的视加速度增量,则由式(2-29)可得

$$\begin{bmatrix} \Delta W_x \\ \Delta W_y \\ \Delta W_z \end{bmatrix} = a \begin{bmatrix} \Delta W_{x_1} \\ \Delta W_{y_1} \\ \Delta W_{z_1} \end{bmatrix} \tag{2-30}$$

反过来可得

$$\begin{bmatrix} \Delta W_{x_1} \\ \Delta W_{y_1} \\ \Delta W_{z_1} \end{bmatrix} = a^{\mathrm{T}} \begin{bmatrix} \Delta W_x \\ \Delta W_y \\ \Delta W_z \end{bmatrix} \tag{2-31}$$

a^T 为 a 矩阵的转置矩阵。有关四元数的微分方程，这里略去，有兴趣的读者可参阅相关文献。

三、四元数在速率捷联制导中的应用

速率捷联惯性制导系统主要由惯性测量组合、弹载计算机、执行机构以及相应的控制软件组成（见图 2－8）。

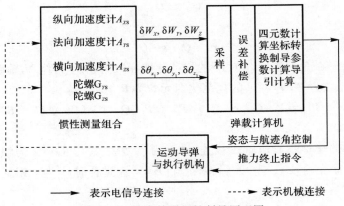

图 2－8　速率捷联惯性制导原理图

惯性测量组合是制导系统中的敏感元件，固连于弹体，由 2 个自由度速率陀螺仪、3 个加速度计及台体组件组成（见图 2－9）。二自由度速率陀螺仪的动量矩矢 $\boldsymbol{H}$ 方向跟随弹体运动，输出沿弹体轴的转动角速度，其中一个陀螺仪的 $\boldsymbol{H}$ 方向沿弹体 y_1 轴负方向，其敏感轴分别测量输出弹体绕 z_1 轴、x_1 轴的转动角速度增量 $\delta \dot{\theta}_{z_1}$，$\delta \dot{\theta}_{x_1}$，而另一个陀螺仪的 $\boldsymbol{H}$ 沿弹体 z_1 轴正方向反装，它的敏感轴分别测量绕 x_1 轴和 y_1 轴的转动角速度增量 $\delta \dot{\theta}_{x_1}$，$\delta \dot{\theta}_{y_1}$，并以与其成比例的脉冲数输入弹载计算机。3 个加速度计的敏感轴分别沿弹体 x_1 轴、y_1 轴、z_1 轴安装，用来测量 3 个坐标轴上的视加速度增量 $\delta \dot{W}_{x_1}$，$\delta \dot{W}_{y_1}$，$\delta \dot{W}_{z_1}$，输出与其成比例的电脉冲数至弹载计算机。

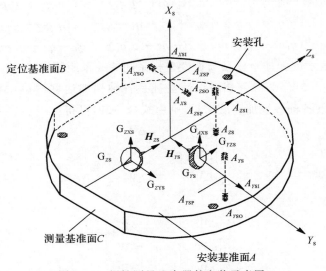

图 2－9　惯性测量组合器件安装示意图

弹载计算机是整个制导系统的核心，主要功能包括以下几方面：

(1)实时采集惯性组合输出信息，按制导、姿态控制方案进行实时计算，完成关机、导引和姿态控制；

(2)完成整弹的实时运算和控制；

(3)进行坐标转换，建立数学平台，求解导弹相对惯性数学平台的飞行参数，实时对导弹进行控制；

(4)完成弹体通信和诸元参数装定；

(5)参与导弹起飞前控制系统的各种测试和检查。

制导系统进行射程控制和横法向导引。利用惯性测量组合敏感元件，测量出导弹相对弹体坐标系各轴的视加速度信号和姿态角速率信号，经 I/F 变换进入弹载计算机，用四元数公式解算出弹体相对惯性空间的实时速度、位置和姿态角，并将其记入计算机中，从而建立与惯性平台不同的"数学平台"，再以此为基础，按关机方程解算关机特征量，按横法向导引方程解出导引信号，并将导引信号送往姿态稳定系统修正导弹质心运动方向和位置偏差，同时与标准参数进行比较和校正。

可以看出，捷联惯性制导系统中最复杂的是要在飞行中实时解算捷联矩阵，也就是上面所说的"数学平台"。捷联矩阵的计算正是采用了前面讲过的四元数法。其中，四元数表示弹体坐标系相对于地理坐标系的转动，即描述导弹的姿态运动。

1.惯性组合模型

(1)速率陀螺输出信息模型。飞行中的导弹绕弹体坐标系 3 个轴的转动角速度 $\dot\theta_{x_1}$，$\dot\theta_{y_1}$，$\dot\theta_{z_1}$ 是用安装在它上面的 2 个双轴速率陀螺仪测量的。由于仪器的制造和安装误差，其输出值并不是真正的导弹运动角速度。陀螺仪输出值与导弹运动角速度和视加速度之间的关系式为

$$\left.\begin{array}{l}
NB_{x_1}=D_{0x}+D_{1x}\dot W_{x_1}+D_{2x}\dot W_{y_1}+D_{3x}\dot W_{z_1}+K_{1x}\dot\theta_{x_1}+E_{1x}\dot\theta_{y_1}+E_{2x}\dot\theta_{z_1}\\
NB_{y_1}=D_{0y}+D_{1y}\dot W_{x_1}+D_{2y}\dot W_{y_1}+D_{3y}\dot W_{z_1}+E_{1y}\dot\theta_{x_1}+K_{1y}\dot\theta_{y_1}+E_{2y}\dot\theta_{z_1}\\
NB_{z_1}=D_{0z}+D_{1z}\dot W_{x_1}+D_{2z}\dot W_{y_1}+D_{3z}\dot W_{z_1}+E_{1z}\dot\theta_{x_1}+E_{2z}\dot\theta_{y_1}+K_{1z}\dot\theta_{z_1}
\end{array}\right\}\qquad(2-32)$$

式中，NB_{x_1}，NB_{y_1}，NB_{z_1}——各陀螺仪输出的脉冲速率；

D_{0x}，D_{0y}，D_{0z}——各陀螺仪零次项漂移项值；

K_{1x}，K_{1y}，K_{1z}——各陀螺仪的比例系数；

E_{1x}，E_{2x}，E_{1y}，E_{2y}，E_{1z}，E_{2z}——安装误差系数；

D_{1x}，D_{2x}，D_{3x}，D_{1y}，D_{2y}，D_{3y}，D_{1z}，D_{2z}，D_{3z}——导弹飞行过载引起的陀螺漂移系数。

以上零次项漂移和各误差系数均由测试、试验确定，D_{1x}，D_{2x}，D_{3x}，D_{1y}，D_{2y}，D_{3y}，D_{1z}，D_{2z}，D_{3z} 因过载引起的漂移系数由在标定点 g_0 作用下测得，当 $\dot W_{x_1}$，$\dot W_{y_1}$，$\dot W_{z_1}$ 用单位"m/s^2"表示时，应分别除以 g_0。

由式(2-32)解出的 $\dot\theta_{x_1}$，$\dot\theta_{y_1}$，$\dot\theta_{z_1}$ 可表示为

$$
\left.\begin{aligned}
\dot{\theta}_{x_1} &= \frac{1}{K_{1x}}NB_{x_1} - \frac{E_{1x}}{K_{1x}}\dot{\theta}_{y_1} - \frac{E_{2x}}{K_{1x}}\dot{\theta}_{z_1} - \frac{D_{1x}}{K_{1x}g_0}\dot{W}_{x_1} - \frac{D_{2x}}{K_{1x}g_0}\dot{W}_{y_1} - \frac{D_{3x}}{K_{1x}g_0}\dot{W}_{z_1} - \frac{D_{0x}}{K_{1x}} \\
\dot{\theta}_{y_1} &= \frac{1}{K_{1y}}NB_{y_1} - \frac{E_{1y}}{K_{1y}}\dot{\theta}_{x_1} - \frac{E_{2y}}{K_{1y}}\dot{\theta}_{z_1} - \frac{D_{1y}}{K_{1y}g_0}\dot{W}_{x_1} - \frac{D_{2y}}{K_{1y}g_0}\dot{W}_{y_1} - \frac{D_{3y}}{K_{1y}g_0}\dot{W}_{z_1} - \frac{D_{0y}}{K_{1y}} \\
\dot{\theta}_{z_1} &= \frac{1}{K_{1z}}NB_{z_1} - \frac{E_{1z}}{K_{1z}}\dot{\theta}_{x_1} - \frac{E_{2z}}{K_{1z}}\dot{\theta}_{y_1} - \frac{D_{1z}}{K_{1z}g_0}\dot{W}_{x_1} - \frac{D_{2z}}{K_{1z}g_0}\dot{W}_{y_1} - \frac{D_{3z}}{K_{1z}g_0}\dot{W}_{z_1} - \frac{D_{0z}}{K_{1z}}
\end{aligned}\right\}
\tag{2-33}
$$

因等式右端含 E, D 的各项都是小量, 故近似可得

$$
\left\{
\begin{aligned}
\dot{\theta}_{x_1} &\approx \frac{1}{K_{1x}}NB_{x_1} \\
\dot{\theta}_{y_1} &\approx \frac{1}{K_{1y}}NB_{y_1} \\
\dot{\theta}_{z_1} &\approx \frac{1}{K_{1z}}NB_{z_1}
\end{aligned}
\right.
$$

将其代入式(2-33), 且令 T_{11}, T_{12}, $\cdots$, R_{11}, $\cdots$, b_{30} 为相应的量, 其矩阵形式为

$$
\begin{bmatrix} \dot{\theta}_{x_1} \\ \dot{\theta}_{y_1} \\ \dot{\theta}_{z_1} \end{bmatrix}
=
\begin{bmatrix} T_{11} & T_{12} & T_{13} \\ T_{21} & T_{22} & T_{23} \\ T_{31} & T_{32} & T_{33} \end{bmatrix}
\begin{bmatrix} NB_{x_1} \\ NB_{y_1} \\ NB_{z_1} \end{bmatrix}
-
\begin{bmatrix} R_{11} & R_{12} & R_{13} \\ R_{21} & R_{22} & R_{23} \\ R_{31} & R_{32} & R_{33} \end{bmatrix}
\begin{bmatrix} \dot{W}_{x_1} \\ \dot{W}_{y_1} \\ \dot{W}_{z_1} \end{bmatrix}
-
\begin{bmatrix} b_{10} \\ b_{20} \\ b_{30} \end{bmatrix}
\tag{2-34}
$$

式(2-34)中各矩阵系数可根据导弹资料和测试记录结果获得。对式(2-34)两端进行积分, 便得到 $t \sim t + \Delta t$ 区间内姿态角增量 $\delta\theta_{x_1}$, $\delta\theta_{y_1}$, $\delta\theta_{z_1}$, 即

$$
\begin{bmatrix} \delta\theta_{x_1} \\ \delta\theta_{y_1} \\ \delta\theta_{z_1} \end{bmatrix}
=
\begin{bmatrix} T_{11} & T_{12} & T_{13} \\ T_{21} & T_{22} & T_{23} \\ T_{31} & T_{32} & T_{33} \end{bmatrix}
\begin{bmatrix} N_{\omega x_1} \\ N_{\omega y_1} \\ N_{\omega z_1} \end{bmatrix}
-
\begin{bmatrix} R_{11} & R_{12} & R_{13} \\ R_{21} & R_{22} & R_{23} \\ R_{31} & R_{32} & R_{33} \end{bmatrix}
\begin{bmatrix} \delta W_{x_1} \\ \delta W_{y_1} \\ \delta W_{z_1} \end{bmatrix}
-
\begin{bmatrix} b_{10x} \\ b_{20y} \\ b_{30z} \end{bmatrix}
\tag{2-35}
$$

式中, $b_{10x} = b_{10}\Delta t$; $b_{20y} = b_{20}\Delta t$; $b_{30z} = b_{30}\Delta t$。

从式(2-35)看出, 只要计算时间 $t \sim t + \Delta t$ 内各姿态通道获得的脉冲数, 并测得弹体坐标系 3 轴向视加速度增量 δW_{x_1}, δW_{y_1}, δW_{z_1}, 弹载计算机便可轻而易举地计算出角速度增量 $\delta\theta_{x_1}$, $\delta\theta_{y_1}$, $\delta\theta_{z_1}$。

(2)加速度计输出信息模型。速率捷联制导方案中的 3 只加速度计沿弹体坐标系 3 坐标轴安装, 测量沿 3 轴方向的视加速度分量。因加速度计制造和安装误差, 故其输出值并非完全是导弹飞行时的真实视加速度值, 输出值与测量值之间的关系式为

$$
\left.\begin{aligned}
N_{x_1} &= K_{0x} + K_{1x}\dot{W}_{x_1} + E_{1x}^{a}\dot{W}_{y_1} + E_{2x}^{a}\dot{W}_{z_1} + K_{2x}\dot{W}_{x_1}^{2} \\
N_{y_1} &= K_{0y} + E_{1y}^{a}\dot{W}_{x_1} + K_{1y}\dot{W}_{y_1} + E_{2y}^{a}\dot{W}_{z_1} + K_{2y}\dot{W}_{y_1}^{2} \\
N_{z_1} &= K_{0z} + E_{1z}^{a}\dot{W}_{x_1} + E_{2z}^{a}\dot{W}_{y_1} + K_{1z}\dot{W}_{z_1} + K_{2z}\dot{W}_{z_1}^{2}
\end{aligned}\right\}
\tag{2-36}
$$

式中, N_{x_1}, N_{y_1}, N_{z_1}——各表输出的脉冲速率;

K_{0x}, K_{0y}, K_{0z}——各表的零次项漂移项值;

K_{1x}, K_{1y}, K_{1z}——各表的比例系数;

$E_{1x}^a, E_{2x}^a, E_{1y}^a, E_{2y}^a, E_{1z}^a, E_{2z}^a$ ——各表的安装误差系数;

K_{2x}, K_{2y}, K_{2z} ——各表的二次项漂移项系数;

$\dot{W}_{x_1}, \dot{W}_{y_1}, \dot{W}_{z_1}$ ——各表的输出实测视加速度。

采用式(2-32)的类似推导方法,且令 $G_{11}, G_{12}, \cdots, K_{2x}'', K_{2y}'', K_{2z}'', \dot{W}_{x0}, \dot{W}_{y0}, \dot{W}_{z0}$ 为相应量,则得

$$
\begin{bmatrix} \dot{W}_{x_1} \\ \dot{W}_{y_1} \\ \dot{W}_{z_1} \end{bmatrix} = \begin{bmatrix} G_{11} & G_{12} & G_{13} \\ G_{21} & G_{22} & G_{23} \\ G_{31} & G_{32} & G_{33} \end{bmatrix} \begin{bmatrix} N_{x_1} \\ N_{y_1} \\ N_{z_1} \end{bmatrix} + \begin{bmatrix} \dot{W}_{x0} \\ \dot{W}_{y0} \\ \dot{W}_{z0} \end{bmatrix} - \begin{bmatrix} K_{2x}'' \\ K_{2y}'' \\ K_{2z}'' \end{bmatrix} \begin{bmatrix} \dot{W}_{x_1}^2 \\ \dot{W}_{y_1}^2 \\ \dot{W}_{z_1}^2 \end{bmatrix} \tag{2-37}
$$

从 $t \sim t + \Delta t$ 积分得视加速度增量矩阵表达式为

$$
\begin{bmatrix} \delta W_{x_1} \\ \delta W_{y_1} \\ \delta W_{z_1} \end{bmatrix} = \begin{bmatrix} G_{11} & G_{12} & G_{13} \\ G_{21} & G_{22} & G_{23} \\ G_{31} & G_{32} & G_{33} \end{bmatrix} \begin{bmatrix} \delta N_{x_1} \\ \delta N_{y_1} \\ \delta N_{z_1} \end{bmatrix} + \begin{bmatrix} \delta W_{x0} \\ \delta W_{y0} \\ \delta W_{z0} \end{bmatrix} - \begin{bmatrix} K_{2x}' \\ K_{2y}' \\ K_{2z}' \end{bmatrix} \begin{bmatrix} \delta W_{x_1}^2 \\ \delta W_{y_1}^2 \\ \delta W_{z_1}^2 \end{bmatrix} \tag{2-38}
$$

式中, $K_{2x}' = \dfrac{K_{2x}''}{\Delta t}$; $K_{2y}' = \dfrac{K_{2y}''}{\Delta t}$; $K_{2z}' = \dfrac{K_{2z}''}{\Delta t}$。

根据需要式(2-38)还可作进一步化简(如略去二次项的影响),得

$$
\begin{bmatrix} \delta W_{x_1} \\ \delta W_{y_1} \\ \delta W_{z_1} \end{bmatrix} = \begin{bmatrix} G_{11} & G_{12} & G_{13} \\ G_{21} & G_{22} & G_{23} \\ G_{31} & G_{32} & G_{33} \end{bmatrix} \begin{bmatrix} \delta N_{x_1} \\ \delta N_{y_1} \\ \delta N_{z_1} \end{bmatrix} + \begin{bmatrix} \delta W_{x0} \\ \delta W_{y0} \\ \delta W_{z0} \end{bmatrix} \tag{2-39}
$$

(3)数学平台模型。数学平台模型是指惯性坐标系与弹体坐标系间的坐标变换矩阵式,即

$$
\begin{bmatrix} x_a \\ y_a \\ z_a \end{bmatrix} = \boldsymbol{a} \begin{bmatrix} x_1 \\ y_1 \\ z_1 \end{bmatrix} \tag{2-40}
$$

式中

$$
\boldsymbol{a} = \begin{bmatrix} q_0^2 + q_1^2 - q_2^2 - q_3^2 & 2(q_1 q_2 - q_0 q_3) & 2(q_0 q_2 + q_1 q_3) \\ 2(q_1 q_2 + q_0 q_3) & q_0^2 + q_2^2 - q_1^2 - q_3^2 & 2(q_2 q_3 - q_0 q_1) \\ 2(q_1 q_3 - q_0 q_2) & 2(q_2 q_3 + q_0 q_1) & q_0^2 + q_3^2 - q_1^2 - q_2^2 \end{bmatrix}
$$

式中, q_0, q_1, q_2, q_3 ——四元数,依据四元数的定义、微分性质及其与弹体坐标系的关系,其计算式为

$$
\begin{bmatrix} q_0 \\ q_1 \\ q_2 \\ q_3 \end{bmatrix}_j = \begin{bmatrix} q_0 & -q_1 & -q_2 & -q_3 \\ q_1 & q_0 & -q_3 & q_2 \\ q_2 & q_3 & q_0 & -q_1 \\ q_3 & -q_2 & q_1 & q_0 \end{bmatrix}_{j-1} \begin{bmatrix} 1 - \dfrac{1}{8}\Delta\theta_j^2 \\ \left(\dfrac{1}{2} - \dfrac{1}{48}\Delta\theta_j^2\right)\Delta\theta_{x_1} \\ \left(\dfrac{1}{2} - \dfrac{1}{48}\Delta\theta_j^2\right)\Delta\theta_{y_1} \\ \left(\dfrac{1}{2} - \dfrac{1}{48}\Delta\theta_j^2\right)\Delta\theta_{z_1} \end{bmatrix}_j
$$

或

$$[\boldsymbol{Q}]_j = [\boldsymbol{Q}]_{j-1} \begin{bmatrix} 1 - \dfrac{1}{8}\Delta\theta_j^2 \\ \left(\dfrac{1}{2} - \dfrac{1}{48}\Delta\theta_j^2\right)\Delta\theta_{x_1} \\ \left(\dfrac{1}{2} - \dfrac{1}{48}\Delta\theta_j^2\right)\Delta\theta_{y_1} \\ \left(\dfrac{1}{2} - \dfrac{1}{48}\Delta\theta_j^2\right)\Delta\theta_{z_1} \end{bmatrix}_j$$

（4）视加速度增量计算式为

$$\begin{bmatrix} \delta W_{x_a} \\ \delta W_{y_a} \\ \delta W_{z_a} \end{bmatrix}_i = \boldsymbol{a} \begin{bmatrix} \delta W_{x_1} \\ \delta W_{y_1} \\ \delta W_{z_1} \end{bmatrix}_i \tag{2-41}$$

$$\begin{bmatrix} \Delta W_{x_a} \\ \Delta W_{y_a} \\ \Delta W_{z_a} \end{bmatrix}_i = \boldsymbol{a} \begin{bmatrix} \Delta W_{x_a} \\ \Delta W_{y_a} \\ \Delta W_{z_a} \end{bmatrix}_{i-1} + \begin{bmatrix} \delta W_{x_a} \\ \delta W_{y_a} \\ \delta W_{z_a} \end{bmatrix}_i \tag{2-42}$$

$$\begin{bmatrix} \Delta W_{x_1} \\ \Delta W_{y_1} \\ \Delta W_{z_1} \end{bmatrix}_i = \boldsymbol{a} \begin{bmatrix} \Delta W_{x_1} \\ \Delta W_{y_1} \\ \Delta W_{z_1} \end{bmatrix}_{i-1} + \begin{bmatrix} \delta W_{x_1} \\ \delta W_{y_1} \\ \delta W_{z_1} \end{bmatrix}_i \tag{2-43}$$

$$W_{x_1}^i = W_{x_1}^{i-1} + \delta W_{x_1}^i$$

2. 质心运动方程

惯性坐标系内的导弹质心运动学和动力学方程为

$$\left.\begin{aligned} \dot{V}_{x_a} &= \dot{W}_{x_a} + g_{x_a} \\ \dot{V}_{y_a} &= \dot{W}_{y_a} + g_{y_a} \\ \dot{V}_{z_a} &= \dot{W}_{z_a} + g_{z_a} \\ \dot{x}_a &= V_{x_a} \\ \dot{y}_a &= V_{y_a} \\ \dot{z}_a &= V_{z_a} \end{aligned}\right\} \tag{2-44}$$

其递推解为

$$\begin{bmatrix} V_{x_a} \\ V_{y_a} \\ V_{z_a} \end{bmatrix}_j = \begin{bmatrix} V_{x_a} \\ V_{y_a} \\ V_{z_a} \end{bmatrix}_{j-1} + \begin{bmatrix} \Delta W_{x_a} \\ \Delta W_{y_a} \\ \Delta W_{z_a} \end{bmatrix}_j + \frac{T}{2}\left\{ \begin{bmatrix} g_{x_a} \\ g_{y_a} \\ g_{z_a} \end{bmatrix}_{j-1} + \begin{bmatrix} g_{x_a} \\ g_{y_a} \\ g_{z_a} \end{bmatrix}_j \right\} \tag{2-45}$$

$$\begin{bmatrix} x_a \\ y_a \\ z_a \end{bmatrix}_j = \begin{bmatrix} x_a \\ y_a \\ z_a \end{bmatrix}_{j-1} + T \begin{bmatrix} V_{x_a} \\ V_{y_a} \\ V_{z_a} \end{bmatrix}_{j-1} + \frac{1}{2} \begin{bmatrix} \Delta W_{x_a} \\ \Delta W_{y_a} \\ \Delta W_{z_a} \end{bmatrix}_j + \frac{T}{2} \begin{bmatrix} g_{x_a} \\ g_{y_a} \\ g_{z_a} \end{bmatrix}_{j-1} \qquad (2-46)$$

地球引力矢在发射坐标系和惯性坐标系各轴上的分量为

$$\begin{bmatrix} g_x \\ g_y \\ g_z \end{bmatrix} = \frac{g_r}{r} \begin{bmatrix} r_x \\ r_y \\ r_z \end{bmatrix} + \frac{g_\omega}{\omega} \begin{bmatrix} \omega_x \\ \omega_y \\ \omega_z \end{bmatrix} \qquad (2-47)$$

和

$$\begin{bmatrix} g_{x_a} \\ g_{y_a} \\ g_{z_a} \end{bmatrix} = \boldsymbol{A} \begin{bmatrix} g_x \\ g_y \\ g_z \end{bmatrix} \qquad (2-48)$$

地球引力矢在地心矢径 r 及地球自转角速度矢 $\boldsymbol{\omega}$ 方向上的分量式和地心纬度 φ_d 为

$$\left. \begin{aligned} g_r &= -\frac{fM}{r^2} + \frac{\mu}{r^4}(5\sin^2\varphi_d - 1) \\ g_\omega &= -\frac{2\mu}{r^4}\sin\varphi_d \\ \varphi_d &= \arcsin\left(\frac{r_x\omega_x + r_y\omega_y + r_z\omega_z}{\omega r}\right) \end{aligned} \right\} \qquad (2-49)$$

$$\begin{bmatrix} r_x \\ r_y \\ r_z \end{bmatrix} = \begin{bmatrix} R_{0x} + x \\ R_{0y} + y \\ R_{0z} + z \end{bmatrix} \qquad (2-50)$$

式中, r ——导弹质心至地心的距离;

　　　$\omega_x , \omega_y , \omega_z$ —— $\boldsymbol{\omega}$ 在发射坐标系各轴上的分量;

　　　r_x , r_y , r_z —— r 在发射坐标系各轴上的分量;

　　　R_{0x} , R_{0y} , R_{0z} ——发射点地心矢 $\boldsymbol{R}_0$ 在发射坐标系各轴上的分量。

3. 关机方程和导引方程

(1)关机方程。从前面有关章节知,射程可表示为关机点运动参数的函数,即

$$L = L(V_{xk}, V_{yk}, V_{zk}, x_k, y_k, z_k, t_k)$$

当将标准弹道条件下的标准射程表示为

$$\tilde{L} = L(\tilde{V}_{xk}, \tilde{V}_{yk}, \tilde{V}_{zk}, \tilde{x}_k, \tilde{y}_k, \tilde{z}_k, \tilde{t}_k)$$

将实际射程表示为

$$L = L(V_{xk}, V_{yk}, V_{zk}, x_k, y_k, z_k, t_k)$$

时,射程偏差的一阶线性展开式为

$$\Delta L = L - \tilde{L} = \frac{\partial L}{\partial V_x}\Delta V_x + \frac{\partial L}{\partial V_y}\Delta V_y + \frac{\partial L}{\partial V_z}\Delta V_z + \frac{\partial L}{\partial x}\Delta x_k + \frac{\partial L}{\partial y}\Delta y_k + \frac{\partial L}{\partial z}\Delta z_k + \frac{\partial L}{\partial t}\Delta t_k$$

$$(2-51)$$

令 $\Delta L = 0$ 时,有

$$\tilde{W} = \frac{\partial L}{\partial V_x}\tilde{V}_{xk} + \frac{\partial L}{\partial V_y}\tilde{V}_{yk} + \frac{\partial L}{\partial V_z}\tilde{V}_{zk} + \frac{\partial L}{\partial x}\tilde{x}_k + \frac{\partial L}{\partial y}\tilde{y}_k + \frac{\partial L}{\partial z}\tilde{z}_k + \frac{\partial L}{\partial t}\tilde{t}_k$$

$$W = \frac{\partial L}{\partial V_x}V_{xk} + \frac{\partial L}{\partial V_y}V_{yk} + \frac{\partial L}{\partial V_z}V_{zk} + \frac{\partial L}{\partial x}x_k + \frac{\partial L}{\partial y}y_k + \frac{\partial L}{\partial z}z_k + \frac{\partial L}{\partial t}t_k \qquad (2-52)$$

则得显式制导关机方程为

$$\widetilde{W} = W \qquad (2-53)$$

当 $\widetilde{W} = W$ 时导弹控制系统发出关机指令,控制发动机关机,以便达到控制射程的目的。

$\widetilde{W}$ 称为标准关机装定值,由诸元计算人员通过解算弹道求得,W 称为实际关机装定值,由弹载计算机通过解算导航方程求得。

(2)法向导引方程。导引一般分为法向导引和横向导引。法向导引控制导弹纵向运动参数 θ,使关机点弹道倾角 θ_k 接近于标准值,保证其射程偏差的泰勒级数展开式中二阶以上各高阶项和 ΔL^R 小到可忽略的程度。横向导引则控制横向运动参数,使关机运动参数满足落点横向偏差值在允许值范围内的要求。

在不计横向运动时,导弹切向和法向加速度可表示为

$$\left. \begin{array}{l} \dot{V} = \dot{V}_x\cos\theta + \dot{V}_y\sin\theta \\ V\dot{\theta} = -\dot{V}_x\sin\theta + \dot{V}_y\cos\theta \end{array} \right\} \qquad (2-54)$$

式中,$\dot{V}$ —— 导弹切向加速度;

$\quad V\dot{\theta}$ —— 导弹法向加速度;

$\quad \dot{V}_x, \dot{V}_y$ —— $\dot{V}$ 在发射点惯性坐标系 x 轴和 y 轴上的分量;

$\quad \theta, \dot{\theta}$ —— 弹道倾角及其角速度。

对式(2-54)进行等时变分,有

$$\delta\dot{V} = \delta\dot{V}_x\cos\theta + \delta\dot{V}_y\sin\theta + V\dot{\theta}\delta\theta \qquad (2-55)$$

及

$$\frac{\mathrm{d}(V\delta\theta)}{\mathrm{d}t} = -\delta\dot{V}_x\sin\theta + \delta\dot{V}_y\cos\theta - \delta V\dot{\theta} \qquad (2-56)$$

将式(2-56)变分,有

$$\left. \begin{array}{l} \delta\dot{V}_x = \delta\dot{W}_{x_1}\cos\varphi - \delta\dot{W}_{y_1}\sin\varphi - (\dot{W}_{x_1}\sin\varphi + \dot{W}_{y_1}\cos\varphi)\delta\varphi \\ \delta\dot{V}_y = \delta\dot{W}_{x_1}\sin\varphi + \delta\dot{W}_{y_1}\cos\varphi + (\dot{W}_{x_1}\cos\varphi - \dot{W}_{y_1}\sin\varphi)\delta\varphi \end{array} \right\} \qquad (2-57)$$

分别代入式(2-55)及式(2-56),且近似认为

$$\left. \begin{array}{l} \sin(\varphi - \theta) = \sin\alpha = \alpha \\ \cos(\varphi - \theta) = \cos\alpha = 1 - \dfrac{1}{2}\alpha^2 \end{array} \right\} \qquad (2-58)$$

则有

$$\left. \begin{array}{l} V\delta\theta = \displaystyle\int_0^t (\dot{W}_{x_1}\delta\theta + \delta\dot{W}_{y_1})\mathrm{d}t + \int_0^t (\delta\dot{W}_{x_1}\alpha + \delta V\dot{\theta})\mathrm{d}t \\ \delta V = \delta W_{x_1} \end{array} \right\} \qquad (2-59)$$

再将 $\delta V = \delta W_{x_1}$ 及 $\dot{\theta} = \dot{\varphi} - \dot{\alpha}$ 代入式(2-59),于是有

$$V\delta\theta = \int_0^t (\dot{W}_{x_1}\delta\theta + \delta\dot{W}_{y_1} - \delta W_{x_1}\dot{\varphi})\mathrm{d}t + \alpha\delta W_{x_1} \qquad (2-60)$$

由于 $\dot{W}_{y_1} \ll 1$，$\delta\varphi$ 是小量和 $\dot{\varphi}$ 接近于 $\dot{\varphi}_{cx}$，所以可用 $\dot{W}_{y_1}$ 代替 $\delta\dot{W}_{y_1}$，$\Delta\varphi$ 代替 $\delta\varphi$ 和 $\dot{\varphi}_{cx}$ 代替 $\dot{\varphi}$。当略去二阶小量 $\alpha\delta W_{x_1}$，且令 $\dot{y}_1 = V\delta\theta$ 时，则式(2-60)又可表示为

$$\dot{y}_1 = \int_0^t \left[\dot{W}_{x_1}\Delta\varphi + \dot{W}_{y_1} - \dot{\varphi}_{cx}(W_{x_1} - \tilde{W}_{x_1}) \right]\mathrm{d}t \qquad (2-61)$$

或

$$\frac{\mathrm{d}\dot{y}_1}{\mathrm{d}t} = \dot{W}_{x_1}\Delta\varphi + \dot{W}_{y_1} - \dot{\varphi}_{cx}(W_{x_1} - \tilde{W}_{x_1})$$

式(2-61)称为法向导引方程。

(3)横向导引方程。由横向偏差线性展开，有

$$\Delta H = \frac{\partial H}{\partial V_x}\Delta V_x + \frac{\partial H}{\partial V_y}\Delta V_y + \frac{\partial H}{\partial V_z}\Delta V_z + \frac{\partial H}{\partial x}\Delta x + \frac{\partial H}{\partial y}\Delta y + \frac{\partial H}{\partial z}\Delta z + \frac{\partial H}{\partial t}\Delta t_k$$

可知，当速度倾角偏差很小时，影响横向偏差的主要因素是横向速度偏差 ΔV_z 和横向坐标偏差 Δz。因此控制 ΔV_z 及 Δz 的值在允许值范围内，则是横向导引的主要任务。

只考虑 ΔV_z 及 Δz，而忽略其他参数偏差对横向影响时的横向线性偏差方程式为

$$\Delta H = \frac{\partial H}{\partial V_z}\Delta V_z + \frac{\partial H}{\partial z}\Delta z$$

因为 $\Delta V_z = V_z - \tilde{V}_z$，$\Delta z = z - \tilde{z}$，$V_z$ 及 z 均为小量，ΔV_z 及 Δz 也为小量，所以可以用 V_z 代替 ΔV_z，用 z 代替 Δz，于是有

$$\Delta H = \frac{\partial H}{\partial V_z}V_z + \frac{\partial H}{\partial z}z$$

等式两边同除以 $\dfrac{\partial H}{\partial V_z}$，且令 $u_\psi = \Delta H / \dfrac{\partial H}{\partial V_z}$，$C_\psi = \dfrac{\partial H}{\partial z} / \dfrac{\partial H}{\partial V_z}$，则有

$$u_\psi = V_z + C_\psi z \qquad (2-62)$$

因为

$$\dot{V}_z = \dot{W}_z + g_z$$

当忽略 g_z 对 V_z 的影响时，上式积分为

$$\left. \begin{aligned} V_z &= W_z \\ z &= W_{\dot{z}} \end{aligned} \right\} \qquad (2-63)$$

将式(2-63)代入式(2-62)，则得横向导引方程为

$$u_\psi = W_z + C_\psi W_{\dot{z}} \qquad (2-64)$$

或者

$$\dot{u}_\psi = \dot{W}_z + C_\psi W_z \qquad (2-65)$$

为了达到横向导引的要求，式(2-65)应该等于0，从而需要连续控制横向质心运动参数包括速度 V_z 和位置 $z(t)$，这就要求按反馈控制原理构成横向导引系统，原理类似于法向导引系统，需要结合导弹的测量速度、位置信息，计算横向控制参数，并产生与之成比例的横向导引信号，此信号送至偏航姿态控制系统，实现对横向质心运动的控制。

第三节　摄动制导与显式制导

导弹制导系统的核心功能是依据导弹与目标的状态信息,结合各类约束条件,形成制导指令,从而导引和控制导弹精确命中目标。因此要实现制导功能,除了必须采用一些合适的制导技术(与敏感器件密切相关,包括相关的状态估计与目标识别算法)外,还需要研究设计有效的制导方法(与导弹约束条件相关,包括制导理论与方法,以及导引律与控制律等)。本节重点介绍弹道导弹主动段的制导理论与方法,归纳起来主要是摄动制导方法(Perturbation Guidance)和显式制导方法(Explicit Guidance)。

一、摄动理论概述

摄动理论(亦称小偏差理论)是弹道导弹摄动制导的理论基础。基于摄动理论提出的摄动制导方法是目前弹道导弹制导中广泛应用的方法之一。

根据弹道学理论,导弹弹道描述了导弹质心运动的轨迹,通常采用一组运动微分方程描述,在给定发射点与目标点位置、飞行环境、导弹结构特征、发动机推力等参数后,通过对该运动微分方程组的弹道解算,可获得唯一的弹道参数。但这仅仅是理论上解算的计算弹道。实际上,导弹实际飞行中的运动远没有如此简单,比如:环境气象条件无法预先确定;由于制造的问题,每发导弹弹体特性参数都不是完全相同的,而又无法对每发导弹的所有特征参数现场测量;也不可能每发导弹都进行风洞吹风获取空气动力系数;导弹计算给定的发动机推力曲线也是根据试车台实验和理论计算的结果,与每个发动机实际值相比也有偏差;不同的导弹其运动微分方程模型也不尽相同;等等。

因此,所能够确定的只是相对给定的发射条件,计算出所谓的导弹"实际弹道"。但该计算"实际弹道"的确有其作为实际弹道的合理性。因为虽然无法完全精确地给定每发导弹的初始参数条件,但可以给出最能够与某类导弹对应的实际初始条件最接近的"平均条件"。与平均条件类似,也可建立最能反映导弹实际运动的"平均导弹方程"。有理由相信,利用该平均条件解算平均弹道方程得到的弹道,就是所要求的最能够反映实际飞行弹道的"平均弹道"。

该"平均条件"称为标准条件或标称条件;"平均导弹方程"称为标准弹道方程。利用标准弹道方程在标准条件下计算出来的"平均弹道"称为标准弹道或标称弹道。

显然,标准弹道反映了导弹质心运动的"平均"运动规律,实际弹道应在该标准弹道附近作小振幅的"摆动"。

显然如何选择标准条件和标准弹道方程直接决定了标准弹道。标准条件和标准弹道方程随着研究问题的内容和性质不同而有所不同,但原则是应能保证实际运动弹道对标准弹道保持小偏差。

一般标准条件选取可以从以下三个主要方面考虑。

(1)地球物理条件。

1)地球形状(认为地球为圆球还是均质椭球体);

2)地球旋转角速度(可以认为不旋转,或认为以常角速度旋转);

3)重力加速度。

一般地球模型给定后,这些因素相应也就确定。目前常采用的有 1975 年国际第 16 届大地测量与地球物理联合会推荐的 IAG－75 椭球体、美国国防部提供的 WGS－84 椭球体等。

（2）气象条件。它包括风速大小；标准大气模型；地面气温、地面大气压力、地面空气密度等。

目前标准大气模型一般采用我国国家标准大气或美国 1976 年发布的国际标准大气模型。

（3）导弹自身条件。它包括导弹几何尺寸、空气动力系数、导弹质量、发动机系统的推力和秒流量、发动机安装角、控制系统的放大系数、压心和质心位置等。

这些值一般通过做导弹定型实验，选取实验的平均值获得。

标准弹道方程组是在标准条件下建立的描述导弹质心运动的导弹运动微分方程组。规定了标准条件之后，还需根据研究问题的内容和性质，选择某些方程组作为标准弹道方程。不同型号的导弹，其标准方程组的选取方法也不相同。例如，对于近程导弹的标准弹道计算，通常可以不考虑地球旋转和扁率的影响，而对于远程导弹来说，则必须考虑它们的影响。

所谓"摄动"又称"扰动"指实际弹道飞行条件和标准弹道飞行条件的偏差。如果以 $\tilde{\lambda}_i$ 表示标准飞行条件，λ_i 表示实际飞行条件，则

$$\delta\lambda_i = \lambda_i - \tilde{\lambda}_i \qquad\qquad (2-66)$$

即为"扰动"或"摄动"。

扰动是通过改变作用在弹上的力和力矩来影响弹的运动的。以发动机安装偏差所引起的扰动为例，由于发动机安装偏差存在，发动机有效推力矢量会偏离弹体轴，进而引起推力矢量在偏离轴向产生干扰力和由此干扰力产生干扰力矩。在干扰力和干扰力矩作用下，首先引起作用在弹上的线加速度和角加速度发生变化，然后引起弹道位置和速度发生变化，产生弹道偏差。弹的位置和速度的变化，反过来又会改变作用在弹上的力和力矩。此种作用称为回输作用，它是一种综合作用的结果，使实际弹道偏离理想弹道。

与其他偏差一样，弹道扰动也可分为两大类：一类是事先可以预测且可通过一定方法加以修正的扰动，称为常值扰动或系统扰动，系统扰动产生系统偏差；另一类扰动是事先无法预测的扰动，如实际飞行中的阵风、仪表测量随机偏差等，这类扰动称为随机扰动。摄动理论主要研究的是系统扰动对导弹的影响。

如果标准条件和标准弹道方程选择比较适当，便可控制这些扰动为小量，在此基础上，利用小偏差理论来研究这些偏差对导弹的运动特性的影响，这种方法称为弹道摄动理论。

即使通过适当的标准条件和标准弹道运动方程的选择，可使偏差较小，但这些偏差仍然会导致导弹的落点偏离打击目标，造成脱靶。如果该脱靶量大于导弹战斗部杀伤半径，则达不到摧毁目标的目的。因此，研究由这些偏差所引起的射程偏差，通过制导律设计设法消除或控制这些偏差对导弹落点散布的影响，便是摄动制导律设计所必须考虑的问题。

二、摄动制导方法

基于摄动理论建立的摄动制导方法是目前惯导中应用较为广泛和成熟的制导方法。在讨论摄动制导理论之前，首先明确一下弹道导弹落点偏差的概念，并给出描述落点散布的精度指标。

1. 落点偏差及落点散布度

对于弹道导弹，制导精度常用满足其他条件下的命中点位置误差来描述。导弹运动中受

各种内外干扰作用,使得实际飞行弹道偏离标准弹道,偏离结果即是落点偏差。

如图 2-10 所示,M_t 为实际弹道落点,M_b 为标准弹道落点,由该两点经纬度便可确定导弹落点纵向偏差 ΔL(实际落点与目标间圆弧在射面方向的分量)和落点横向偏差 ΔH(实际落点与目标间圆弧在垂直射面方向的分量)。

导弹的运动受多种干扰因素作用,而干扰有常值干扰和不确定的随机干扰,对于常值干扰的影响一般可根据其规律进行修正或补偿,所以,导弹的误差大部分是随机误差,即不同次发射的导弹的落点和制导系统的误差范围的中心点是有差别的,因此,描述导弹的落点散布须以概率为基础。一般情况下,实际落点相对标准值的偏差不大,多发导弹的实际落点将分布在标准落点周围附近,而且离标准点越近则越密集。

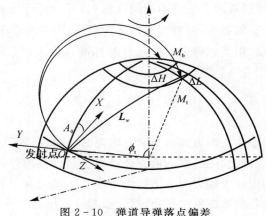

图 2-10　弹道导弹落点偏差

落点的随机散布可用概率分布函数来描述,即采用导弹命中目标点的概率大小来表示落点精度。根据概率论的中心极限定理,从统计角度考虑,可以认为落点偏差的概率分布是正态分布。

地地导弹攻击地面目标的射击误差可用在目标二维平面内的双变量分布概率密度函数描述,如图 2-11 所示,设 O 点为假想目标区的中心,落点在 Ox 轴的分布称为纵向散布即射程偏差;落点在 Oz 轴的分布称为横向散布即横向偏差。

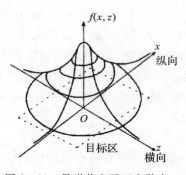

图 2-11　导弹落点平面内散步

根据概率论,射程误差概率密度函数为

$$f(x) = \frac{1}{\sqrt{2\pi}\,\sigma_x} \mathrm{e}^{\frac{(x-m_L)^2}{2\sigma_x^2}}$$

式中，m_L——射程分布相对目标中心的期望值。

当射程与横程方向误差独立，且相对目标中心期望值都为零时，概率密度函数为

$$f(x,z) = \frac{1}{\sqrt{2\pi}\,\sigma_x\sigma_z}\mathrm{e}^{\frac{1}{2}\left(\frac{x^2}{\sigma_x^2}+\frac{z^2}{\sigma_z^2}\right)} \tag{2-67}$$

式中，σ_x 和 σ_z 分别表示落点沿射程和横程方向的散布程度，该值越小，实际落点越靠近目标。

落点散布度常用公算偏差（亦称概率偏差）表示。

公算偏差的定义为有 50% 落点在某一范围的边界值。即对于一维分布，概率分布值

$$P(x) = \int_{-B_L}^{B_L} f(x)\mathrm{d}x = 0.5$$

时，变量 B_L 称为公算偏差。

另一个更常用来表示导弹落点散布度的概念是圆概率偏差即 CEP。圆概率偏差的定义为有 50% 的导弹落在以目标中心为圆心、半径为 R 的圆内，则 R 称为圆概率偏差，即

$$P(R) = \int_0^x \int_0^z f(x)\mathrm{d}x\mathrm{d}z = 0.5$$

实际应用中，圆概率偏差可通过标准偏差求取。令 $\sigma_x = \sigma_z = \sigma$，即落点分布为圆形，且假设 σ_x 与 σ_z 相互独立，将上式表示为极坐标形式为

$$f(x,z) = \frac{1}{\sqrt{2\pi}\,\sigma^2}\mathrm{e}^{-\frac{R^2}{2\sigma^2}}$$

$$P(R) = \frac{\sqrt{2\pi}}{\sigma^2}\int_0^R \int_0^{2\pi} \mathrm{e}^{-\frac{R^2}{2\sigma^2}} R\mathrm{d}R\mathrm{d}\theta \tag{2-68}$$

式中

$$R^2 = x^2 + z^2; \quad x = R\cos\theta; \quad z = R\sin\theta$$

对式（2-68）积分，得圆概率偏差，有

$$P(0.5) = 1 - \mathrm{e}^{-\frac{R^2}{2\sigma^2}} = 0.5$$

由此可得

$$\frac{R^2}{\sigma^2} = 1.386\,29$$

进而得到

$$\mathrm{CEP} = R = 1.177\,4\sigma \tag{2-69}$$

在导弹精度表示中，还习惯用最大偏差（射程最大偏差 $\Delta L_{\max}$ 和横程最大偏差 $\Delta H_{\max}$）衡量导弹落点散布度。最大偏差的意义为有 99.3% 的导弹落在由最大偏差作为半长轴（$\Delta L_{\max} = 4\sim 7\sigma_L$）和半短轴（$\Delta H_{\max} = 4\sim 7\sigma_H$）构成的椭圆中。计算各随机干扰造成的落点最大偏差一般采用"合成法"，即首先计算各干扰（$i = 1,\cdots,n$）因素造成的各最大偏差（$\Delta L_{i\max}, \Delta H_{i\max}$），然后利用下式"合成"，有

$$\Delta L_{\max} = \sqrt{\sum_{i=1}^n \Delta L_{i\max}^2} \tag{2-70}$$

$$\Delta H_{\max} = \sqrt{\sum_{i=1}^n \Delta H_{i\max}^2} \tag{2-71}$$

实际中，最大偏差与公算偏差、圆概率偏差之间的换算关系为

$$\begin{cases} \text{最大偏差} = 4 \times \text{公算偏差} \\ \text{标准偏差} = 1.482\ 6 \times \text{公算偏差} \\ \text{CEP} = 1.177\ 4 \times \text{标准偏差} = 1.746 \times \text{公算偏差} \end{cases}$$

以上偏差对应的概率值分别为

$$P(\mid x \mid \leqslant \sigma) = \int_{-\sigma}^{\sigma} f(x)\mathrm{d}x = 0.674\ 5$$

$$P(\mid x \mid \leqslant 2.7\sigma) = \int_{-2.7\sigma}^{2.7\sigma} f(x)\mathrm{d}x = 0.993$$

$$P(\mid x \mid \leqslant 3\sigma) = \int_{-3\sigma}^{3\sigma} f(x)\mathrm{d}x = 0.997\ 3$$

通常工程设计中将 $\pm 3\sigma$ 称为极限偏差。

考虑到一般情况下，落点散布是椭圆形，可以近似折算为圆概率偏差，有

$$\left. \begin{aligned} \text{CEP} &= 0.568\sigma_L + 0.609\sigma_H, \quad \text{当} \ \sigma_H > 0.348\sigma_L \\ \text{CEP} &= 0.676\sigma_L + 0.84\frac{\sigma_H^2}{\sigma_L}, \quad \text{当} \ \sigma_H < 0.348\sigma_L \end{aligned} \right\} \tag{2-72}$$

或者近似为

$$\text{CEP} \approx \frac{3}{5}(\sigma_L + \sigma_H) \tag{2-73}$$

在国外有些文献和资料中，也采用球概率偏差（Spherical Error Probable，SEP）的概念描述导弹的命中精度。球概率偏差 SEP 的定义为有 50% 的导弹落在以目标中心为球心、半径为 R 的圆球内，则 R 称为球概率偏差，即

$$P(R) = \int_0^x \int_0^y \int_0^z f(x)\mathrm{d}x\mathrm{d}z = 0.5$$

如果地地导弹打击的是地面上一定高度的目标（高大建筑或低空目标），利用 SEP 可更客观地描述命中效果。

2. 落点偏差控制的任务

导弹制导的主要任务之一便是确保导弹能以所要求的精度命中在目标一定范围之内。当在发射点对目标进行射击时，为了能命中目标，在发射之前，必须根据发射点和目标点，给出导弹的射击方位角 A_0 和射程 $\boldsymbol{L}_w$。射击方位角 A_0 在导弹发射瞄准时给定，而射程 $\boldsymbol{L}_w$ 则是由射程控制器进行控制的。

对于弹道导弹，射程控制器应能够利用发射前装定的参数，根据所选定的制导方法进行射程控制，以保证导弹射程与发射点到目标之间的距离相等，即导弹落点偏差为零。

根据弹道学理论，知道仅引入主动段制导的弹道导弹的射程可以由发动机关机时刻即主动段终点时刻（t_k）对应的导弹运动参量来确定。设在 t_k 瞬间导弹相对于发射坐标系 $Oxyz$（随地球旋转的相对坐标系）的运动参量为

$$\left. \begin{aligned} \boldsymbol{r}_k &= \boldsymbol{r}(t_k) = (x_k, y_k, z_k)^{\mathrm{T}} \\ \dot{\boldsymbol{r}}_k &= \dot{\boldsymbol{r}}(t_k) = (v_{xk}, v_{yk}, v_{zk})^{\mathrm{T}} \end{aligned} \right\} \tag{2-74}$$

则

$$\boldsymbol{L}_w = \boldsymbol{L}_w(\boldsymbol{r}_k, \dot{\boldsymbol{r}}_k) \tag{2-75}$$

如果用 $Ox_a y_a z_a$ 表示发射惯性坐标系，t_k 瞬间导弹的运动参量在惯性坐标系中可表示为

$$\left.\begin{array}{l} \boldsymbol{r}_{ak} = \boldsymbol{r}_a(t_k) = (x_{ak}, y_{ak}, z_{ak})^{\mathrm{T}} \\ \dot{\boldsymbol{r}}_{ak} = \dot{\boldsymbol{r}}_a(t_k) = (v_{axk}, v_{ayk}, v_{azk})^{\mathrm{T}} \end{array}\right\} \qquad (2-76)$$

由于目标随地球旋转，所以用绝对坐标系表示导弹在地球上飞行的全射程，不仅与绝对参数 $\boldsymbol{r}_{ak}$、$\dot{\boldsymbol{r}}_{ak}$ 有关，且与主动段关机时间 t_k 有关，故

$$\boldsymbol{L}_w = \boldsymbol{L}_w(\boldsymbol{r}_{ak}, \dot{\boldsymbol{r}}_{ak}, t_k) \qquad (2-77)$$

如果在发射坐标系内进行标准弹道计算，设发动机关机时间为 $\tilde{t}_k$，其运动参量为 $\tilde{\boldsymbol{r}}_k$、$\dot{\tilde{\boldsymbol{r}}}_k$，则由此而确定的标准弹道的射程 $\tilde{\boldsymbol{L}}_w$ 为

$$\tilde{\boldsymbol{L}}_w = \tilde{\boldsymbol{L}}_w(\tilde{\boldsymbol{r}}_k, \dot{\tilde{\boldsymbol{r}}}_k) \qquad (2-78)$$

在发射惯性坐标系内则可表示为

$$\tilde{\boldsymbol{L}}_w = \tilde{\boldsymbol{L}}_w(\tilde{\boldsymbol{r}}_{ak}, \dot{\tilde{\boldsymbol{r}}}_{ak}, \tilde{t}_k) \qquad (2-79)$$

标准弹道射程 $\tilde{\boldsymbol{L}}_w$ 即是对目标进行射击时所要求的射程。

所谓射程控制问题，即

$$\boldsymbol{L}_w(\boldsymbol{r}_k, \dot{\boldsymbol{r}}_k) = \tilde{\boldsymbol{L}}_w(\tilde{\boldsymbol{r}}_k, \dot{\tilde{\boldsymbol{r}}}_k) \text{（在发射坐标系中描述）}$$

或

$$\boldsymbol{L}_w(\boldsymbol{r}_{ak}, \dot{\boldsymbol{r}}_{ak}, t_k) = \tilde{\boldsymbol{L}}_w(\tilde{\boldsymbol{r}}_{ak}, \dot{\tilde{\boldsymbol{r}}}_{ak}, \tilde{t}_k) \text{（在发射惯性坐标系中描述）} \qquad (2-80)$$

如下式

$$\left.\begin{array}{l} \Delta L = L(\boldsymbol{r}_k, \dot{\boldsymbol{r}}_k) - L(\tilde{\boldsymbol{r}}_k, \dot{\tilde{\boldsymbol{r}}}_k) \\ \Delta H = H(\boldsymbol{r}_k, \dot{\boldsymbol{r}}_k) - H(\tilde{\boldsymbol{r}}_k, \dot{\tilde{\boldsymbol{r}}}_k) \end{array}\right\} \qquad (2-81)$$

在发射惯性坐标系中，也可写出类似的式子，有

$$\left.\begin{array}{l} \Delta L = L(\boldsymbol{r}_{ak}, \dot{\boldsymbol{r}}_{ak}, t_k) - L(\tilde{\boldsymbol{r}}_{ak}, \dot{\tilde{\boldsymbol{r}}}_{ak}, \tilde{t}_k) \\ \Delta H = H(\boldsymbol{r}_{ak}, \dot{\boldsymbol{r}}_{ak}, t_k) - H(\tilde{\boldsymbol{r}}_{ak}, \dot{\tilde{\boldsymbol{r}}}_{ak}, \tilde{t}_k) \end{array}\right\} \qquad (2-82)$$

3. 摄动制导方法

根据现代控制理论，弹道导弹制导的任务即根据已知的控制对象的数学模型、初值和终端条件以及给定的各种干扰，确定控制算法，以确保导弹在实际飞行条件下达到所要求的终端条件并得到某种性能指标意义下的最优控制性能。

这里，控制对象包括主动段和被动段在内的全部受控质心运动。而被动段的终端条件即为满足飞行任务所要求的条件，即命中条件；主动段的终端应满足关机方程，该方程实质上是确定关机时导弹运动参数和命中条件之间联系的关系式。若主动段制导能够严格满足该关系式，可基本确保被动段终端满足命中条件。

因此，弹道导弹制导方程设计考虑的主要因素是制导的精度指标。即选择正确的关机点，使得 ΔL 和 ΔH 满足导弹打击精度要求，尽量接近零。当然，随着最优控制的发展，制导设计中有时也综合考虑燃料最省、被动段攻防对抗中的突防、落速最大等指标。

另外，虽然从理论上可把导弹制导方程设计作为最优控制问题来解决，实际上，具体的制导方程设计仍应考虑工程实现中的许多实际具体问题，如可提供的惯性器件性能、计算机性

能等。

从上述给出的落点控制任务看,即设计制导方法使得 $\Delta L \to 0, \Delta H \to 0$。

引起导弹落点偏差的扰动因素可分为随机扰动和系统扰动两大类。对于随机扰动和系统扰动,目前处理方法是不同的。随机扰动是随机量,应采用随机过程、数理统计和最优估计等方法,研究其统计规律、散布特性,并加以补偿。如组合制导方法中可利用辅助信息,通过建立惯导仪表如陀螺漂移随机误差模型,利用估计理论加以跟踪补偿。

这里重点研究的是系统扰动的大小对落点偏差的影响。系统扰动的大小与所选标准条件密切相关,当选取的标准条件与实际条件接近时,该扰动量便是小量,根据前面摄动理论知道,此时便可用摄动法研究。

摄动制导方法(Perturbation Guidance)的实质是线性化方法。它采用线性函数来逼近非线性函数,或者采用线性微分方程来逼近非线性微分方程。当导弹在飞行中受到小干扰时,导弹在关机点运动参数的偏差也比较小,可以运用摄动法将射程控制、导引等方程在标准弹道关机点附近展开成泰勒级数式,从而简化射程控制与导引的计算。

摄动制导方法的具体实现是通过对 ΔL 控制的关机方程和对 ΔH 控制的横向导引方程完成。在制导精度要求较高时,还需要加上法向导引。法向导引主要是通过控制弹道倾角的偏差,进一步保证射程控制的精度要求,即减小弹头落点的纵向偏差。

法向导引控制与横向导引控制分别送入姿态控制系统的俯仰通道与偏航通道。通过姿态角的控制实现导弹质心运动的控制,原理过程可参考第二节相关内容。

三、显式制导方法

通过对摄动制导的讨论,我们知道摄动制导实施方便,对制导计算装置要求低,许多大量的计算工作如装定量解算、偏差系数计算等都可放在设计阶段和发射之前确定,因此,摄动制导在弹道导弹制导中获得广泛应用。但摄动制导是基于摄动思想给出的,其前提是实际弹道飞行条件相对标准条件之差应是小量。其制导方程也只有在此条件下,才能够略去二阶以上的高阶项。尽管线性化处理可减小弹上计算量,简化制导方程的设计,但这种简化无疑会产生制导设计误差,而且,这种误差会随着导弹射程的增大而增加。

另外,除这种制导设计产生的方法误差外,由于摄动制导依赖于标准弹道,限制了导弹打击任务的选择。大量的射前装定参数,也限制了导弹的机动性能,而机动性能是目前影响导弹打击能力和生存能力的重要因素。

为了克服摄动制导的局限,同时随着大规模集成电路及弹上计算机性能的不断提高,在弹上实现高速制导计算不再是障碍的前提下,显式制导(Explicit Guidance)应运而生。

所谓显式制导指根据目标数据和导弹的现时运动参数,按控制泛函的显函数进行实时计算的制导方法。

显式制导的思想即是利用弹上测量装置实时地解算出导弹现时的位置 $r(t)$ 和速度 $v(t)$ 矢量,并利用 $r(t)$ 和 $v(t)$ 作为起始条件,实时地算出对所要求的终端条件的偏差,并据此构成制导命令,对导弹实时控制,消除对终端条件的偏差。当终端偏差满足制导任务要求时,发出指令关闭发动机。

因此,从更一般意义上看,显式制导的问题可看成为多维的、非线性的两点边值问题。而解算两点边值问题对弹上计算机的性能要求非常高,所以,一般工程中要根据任务要求进行必要的简化。这里以基于需要速度的闭路制导方法为例,讨论显式制导思想及其方法。

一般来说,显式制导应解决下述两方面的问题。

(1)导航解算问题,即实时给出导弹飞行中的位置和速度值。有些导航系统可以直接测量给出导弹实时飞行位置和速度,如卫星导航系统。对于惯导系统而言,由于无法实时测量给出导弹飞行速度,所以需进行必要的导航计算。导航计算即根据惯导测量装置测量值即视加速度求得导弹运动参数——速度和位置。

(2)设计制导方案。根据实时位置和速度值,结合终端条件和其他约束,给出控制命令,通过相应的控制装置按制导要求控制导弹飞行,确保导弹命中目标。

值得指出的是,若通过导航解算得到实时导弹的速度和位置,便可利用摄动理论给出的射程和横程控制方案,对导弹进行制导,此时,也可称为显式制导,因为此时制导利用的是导航参数的"显函数"。实际上,更恰当的分类是将摄动制导分为"隐式"摄动制导和"显式"摄动制导:利用导弹实时速度、位置导航参数组合进行的摄动制导为"显式"摄动制导;而直接利用测量装置得到的视加速度、视速度、视位置组合进行的摄动制导称为"隐式"摄动制导。这里讨论的显式制导是在更一般意义上的利用导航参数的显函数实施的制导方法。

基于需要速度的概念和思想提出的显式制导方法是显式制导中最常见的方法。所谓需要速度指飞行器在当前时刻 t、位置 r 处,应该以什么样的速度 v 关机,才能完成制导任务。

设导弹在飞行时刻 t 的位置为 r_m,假如导弹在该点关机,并保证命中目标,此时导弹应具有的速度即称为"需要速度",记为 v_r,对应该时刻的实际速度 v_m 与需要速度 v_r 之差为 v_g,称为控制速度或待增速度。导弹显式制导只需控制导弹的推力方向,不断消除 v_g。当 $v_g=0$ 时关机,根据需要速度定义,此时关机,导弹将命中目标。

因此,根据需要速度进行的显式制导方法便是不断确定飞行中任意时刻的需要速度,并据此给出控制命令,制导导弹通过目标,完成制导任务。

由上面闭路制导的关机可以看出,不同于摄动制导中的开路关机方案,闭路制导的关机是与闭路导引同时进行的,这也是该显式制导方法称为闭路制导的主要原因。

显式制导相对摄动制导具有更大的灵活性,容许实际飞行弹道对预定飞行轨道有较大的偏离,因此在大干扰飞行情况下有较高的制导精度。由于显式制导方法设计一般是基于最优控制理论,在一定的约束条件下,寻求满足特定性能指标最优的解,所以,在工程实现中,对弹上计算机性能以及伺服执行机构要求比较苛刻。如何在设计最优性和工程可行性之间平衡,求得易于工程应用的方案,是显式制导从理论走向实际应用的关键。

四、两类制导方法的比较

(1)制导误差。摄动制导由于采用泰勒级数展开式的一阶项,忽略了二阶以上高阶项,线性化展开的前提是导弹受到的是小干扰,它的运动参数相对标准弹道的变化是小偏差。对于远程固体弹道导弹,它的发动机秒耗量偏差要比液体弹道导弹的大,在大干扰的情况下,作线性化处理,必然产生较大的方法误差,不宜采用摄动制导方法。显式制导没有作线性化处理,它的制导方法误差比摄动制导要小得多。随着弹道导弹的发展,制导精度的要求越来越高,势必采用显式制导。

(2)弹上计算量。摄动制导的最大优点是制导方程简单,弹上计算量不大,对弹载计算机的计算速度和计算容量要求不高,相反,显式制导的制导方程复杂,需要进行实时导航计算等工作,弹上计算量比较大,因而对弹载计算机的计算速度和容量要求高,这也就是实现显式制导的困难,过去受弹载计算机技术制约,显式制导并没有充分应用,但在计算机技术飞速发展的今天,采用显式制导的条件已经成熟。

(3)制导诸元准备。摄动制导的弹上设备简单,但发射之前在地面诸元准备复杂,摄动制导关机方程和导引方程中各项方程系数都必须在装定之前进行计算,然后再装定到弹载计算机内,显式制导不需要事先在地面进行大量计算,射前装定工作比较简单。摄动制导射前诸元准备复杂,对于作战任务临时变更等紧急情况的适应能力远不如显式制导,因而随着导弹武器系统机动性要求越来越高,采用显式制导更为适宜。

第四节 导弹惯性制导精度分析

惯性制导精度是决定导弹打击精度的关键因素。本节以弹道导弹惯性制导应用为背景,分析影响制导精度的主要误差因素,研究给出提高制导精度的对策方法,对于其他惯性制导技术应用的平台也具有重要参考价值。

一、影响制导精度的误差源分析

对于弹道导弹,从作战运用与飞行过程来看,通常包括发射前准备阶段、主动段、后效段和被动段等四个阶段。现在分别针对这四个阶段存在的误差源分析造成导弹制导精度的主要因素。

(1)导弹发射前的误差——初始误差。导弹发射前准备阶段的误差主要包括三部分:初始定位误差、初始对准误差和参数装定误差。

1)初始定位误差。导弹发射前的初始定位误差,又称初始条件误差,主要包括发射点的初始位置误差、初始速度误差、发射时间误差。惯性制导系统的坐标是建立在以发射瞬间的初始发射坐标系为基础上的,惯性空间的速度(v_x, v_y, v_z)、位置(x, y, z)及发射时间$t(t$是以发射瞬间为零计算的)这7个参数就是惯性制导系统的导航计算的初始条件,若给出的7个参数不准就会造成导航计算误差,进而影响到落点的命中精度。

2)初始对准误差。导弹的初始对准包括调平和瞄准两个方面。导弹在发射前,用专门的方法进行调平和瞄准,实现惯性坐标系各轴相对于发射坐标系各轴间的定向。无论是调平或瞄准,当有偏差时都会引起落点的偏差。

3)参数装定误差。发射前,对制导方程的系数、关机特征量和飞控常量等参数要进行装定。这些装定的量值本身存在的误差及装定错误造成的误差会造成导弹落点的误差称为装定误差。当然,相关的装定参数是依据导弹模型及飞行任务约束,通过任务规划、诸元计算而得到的,这其中也有部分模型及计算误差。

(2)导弹主动段的误差。导弹主动段的误差主要来源于制导误差,制导误差主要包括制导工具误差、引力模型误差和制导方法误差。制导工具误差主要包括惯性仪表测量误差和计算装置计算误差。

1)惯性仪表测量误差。惯性仪表测量误差是指由导弹的测量装置的测量误差所造成的导弹落点的偏差。对于纯惯性制导系统,制导工具误差主要来自于陀螺和加速度表的测量误差,造成惯性仪表测量误差的原因有外因和内因两个方面。内因主要包括由惯性仪表装配工艺、制造工艺、材料稳定性等决定的仪表本身存在的误差。外因主要有温度、气压、振动和噪声等影响惯性器件工作特性的外在因素。这是因为惯性仪表要在发动机工作时进行测量，而发动机燃烧的不均匀性产生强烈的振动、噪声等外干扰，弹体克服外干扰会产生角运动，同时，随发射条件及高度的变化，环境温度及气压有较大的变化。

2）计算机计算误差。计算机（或计算装置）的误差主要包括量化误差，如加速度、姿态角等模拟量数字采样后产生的量化误差；舍入误差，因计算机有限字长导致的截断舍入误差；计算方法误差，如计算三角函数、按泰勒级数展开取其一阶近似而导致的近似误差。

3）地球形状及引力异常引起的误差。导弹制导计算时通常假定地球为一匀质圆球或椭球体（标准模型），而实际上地球表面有山、水、陆地，即地球质量分布不均匀，地形有起伏，使得地球实际引力异常偏离标准模型，称为引力异常。引力异常对导航计算的影响主要有两方面：一是引起平台调平误差，另一是整个主动段的引力偏差，如图 2-12 所示。

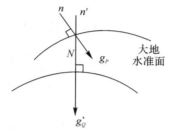

图 2-12　地球引力异常示意图

图 2-12 中实际大地水准面上 P 点投影到参考椭球面上的 Q 点，$N=PQ$ 为高程误差，g_P 为 P 点的实际引力，g_Q^* 是把地球当作椭圆时 Q 点的引力。$\Delta g=g_P-g_P^*$ 为两个引力矢量之差，即引力异常。P 点的垂线 n 与椭球面法线 n' 有一偏差称为垂线偏差，假定该垂线偏差在南北向和东西向的分量为 η,ε，则 $\Delta g,\eta,\varepsilon$ 这三个偏差称为引力异常。

4）制导方法误差。制导方法误差是由于制导方案的不完善而产生的误差，如关机方程、导引方程中忽略高阶项导致的截断误差，制导系统以外的干扰作用产生的误差。引起制导方法误差的主要干扰有起飞质量偏差、秒耗量误差、比冲偏差、风干扰、高度特征系数偏差、阻力系数偏差、发动机推力偏差和重心偏移等。

（3）后效段误差。弹道导弹的后效段误差主要包括导弹关机以后的后效冲量误差和关机时延两部分。发动机关机后，推力消失有一个过程，因而对导弹附加一定的冲量，附加的冲量形成附加的速度，附加速度的偏差 $\delta(\Delta v)=\dfrac{\Delta J}{m_k}-\dfrac{J}{m_k^2}\Delta m_k$，$\Delta m_k$ 为关机点导弹的质量偏差，$\overline{m}_k$ 为关机点质量的标准值，J 为后效冲量，ΔJ 为后效冲量的偏差。显然后效速度偏差 $\delta(\Delta v)$ 取决于后效冲量偏差 ΔJ 和关机质量偏差 Δm_k，Δm_k 取决于起飞质量偏差、发动机的流量及比冲、阻力偏差等因素。

导弹从发出关机指令到真正实现关机存在一定的时延，该时延主要是指从发出关机信号，到发动机活门或电爆管真正动作的时延，这必然导致关机点特征参数控制误差。许多新型导弹增加末修动力系统，通过高压气瓶、冷喷系统或脉冲火箭调整优化导弹飞行弹道，提高制导精度。

（4）被动段误差。被动段包括飞行中段与再入段。不考虑中制导与末制导，导弹飞行中段通常在大气层外,又称为自由飞行段,受环境干扰极小,可以忽略新的飞行误差。导弹再入大气层时受到大气环境扰动,会导致再入体(弹头)飞行弹道变化,造成落点误差,这部分误差为再入误差。导致再入误差的因素主要包括以下几部分:①大气扰动误差,如大气密度、温度及风的变化而形成的干扰;②再入体几何外形和质量特性的误差,如再入体的重心不在纵轴的轴线上,形成一个附加攻角——配平角;③再入体烧蚀后的不对称性,造成气动力受力变化,影响预定惯性弹道;④作用在再入体上的空气动力系数数据的不准确。

二、提高导弹制导精度的对策

(1)研究高精度快速大地测量与定位定向技术。为了解决发射点初始信息的精度与可靠性,应加快精密快速大地测量技术研究,设计高精度快速定位定向系统,减少导弹发射前误差(初始误差)。对于固定阵地发射或有依托的机动发射导弹,通过精密快速的大地测量技术和瞄准技术,把导弹发射的初始条件误差降到可以接受的程度。对于无依托的机动发射导弹,高精度快速定位定向设备或系统是减少或消除导弹初始条件误差,保证命中精度的重要保证。

(2)提高惯性仪表的精度,减小制导工具误差。纵观国内外各类远程导弹武器,惯性制导是其实现稳定控制与精确制导的基础与关键,惯性仪表的误差对导弹命中精度的影响最大。提高惯性仪表的精度能有效地提高导弹武器的命中精度。从影响惯性仪表精度的主要原因分析,提高惯性仪表精度的主要途径有如下几种。

1)改善仪表的工作环境。采用振动消除或抑制技术,减小线振动对惯性仪表的影响;采取温控、压控技术解决气温、气压对仪表测量的影响;把惯性仪表放在平台上,将弹体的运动通过平台隔离起来。

2)采用新的原理、新的制造技术、新的装配技术、新的工艺以及新材料,研制新型高品质惯性仪表。近年来成功使用的激光陀螺、光纤陀螺、半球谐振陀螺就是应用新的原理和新的材料及加工制造装配技术形成的性能独特、精度和稳定性较好、有良好发展前景的新型惯性仪表元件。

3)研究惯性仪表误差分离补偿技术。研究对惯性仪表误差进行分离的方法和误差的事前补偿(装定)和实时补偿技术,是一条投资少、成效大的提高精度的途径。它包括采用惯性净空补偿技术、天地一致性模型校准技术等方案。

(3)增加末速修正技术,减少后效冲量误差。对于纯惯性制导的远程弹道导弹,后效冲量在非制导误差中占有较大的比例。研究并采用先进的末速调节方案,不仅可以减小后效偏差对落点的影响,而且末修级还可以进行姿态调整,实现一弹多头、多头分导,对于导弹突防也具有重要意义。

(4)研究再入体综合控制技术,减少再入误差。考虑在弹头上增加脉冲火箭,通过头部慢旋控制,使不对称的量在旋转中互相抵消。调姿控制,使再入体具有较小的攻角,可有效地降低再入误差对命中精度的影响。

(5)采用先进的制导方案,提高目标命中精度。研究先进的制导方案,如采用二阶或高阶的摄动制导、现代多约束最优制导律等,减少导引方程中因忽略高阶项产生的截尾误差和干扰项的影响。

采用复合制导和全程制导技术,也是减小导弹制导误差的重要技术途径。目前广泛研究并有成功应用的复合制导和全程制导技术有①惯性/星光制导;②惯性/星光制导＋GPS/

GLONASS/北斗制导＋雷达寻的制导;③惯性＋GPS/GLONASS/北斗制导＋景像匹配制导;④惯性＋主/被动(激光/红外)雷达寻的制导等。本书在第八专题将会详细分析复合制导的相关原理过程。

(6)加强地球物理模型研究,提高任务规划能力。通过建立精确的地球物理模型,可实现不同弹道引力异常的装定补偿,减少引力异常对命中精度的影响。同时,能够依据准确的目标物理特性,结合导弹机动突防、变轨控制、多约束攻击等任务要求,快速规划导弹打击策略,实现最优诸元参数计算,为制导控制系统提供有效的基础保证。

专 题 小 结

本专题论述了惯性制导中的几个基本问题,包括基本原理与主要类型、弹道导弹摄动制导与显式制导方法,以及弹道导弹惯性制导精度分析等内容。有关惯性制导的详细原理读者可参阅文献[11－13]。由于惯性制导是所有远程制导武器采用的最经典、最基础、最广泛的制导模式,很多专家学者并不认同将其归入精确制导技术领域。之所以将惯性制导编入本书有两点考虑,一是随着近年来传感器技术、信息处理技术的飞速发展,惯性系统的可靠性与精度有很大提高,使用与维护的成本也逐渐降低,成为各类精确制导武器的首选基础制导方式;二是考虑现代导弹武器制导系统的完整性,首先让读者明确惯性制导的原理及特点,建立起学习理解其他制导方式的需求基础,有助于后续各专题的讲解,形成教学内容的体系性。对于特定教学对象,结合其已有知识结构,教学过程中可根据课程内容体系设置适当取舍。

思 考 习 题

1. 简述惯性制导的基本原理。

2. 简述惯性制导的主要类型及工作特点。

3. 画出平台式惯性制导的原理框图,描述其工作过程。

4. 画出捷联式惯性制导的原理框图,描述其工作过程。

5. 简述加速度计与陀螺仪的工作原理。

6. 简述加速度计的主要类型。

7. 简述陀螺仪的主要类型。

8. 简述四元数的定义与性质。

9. 结合空间矢量旋转关系示意图(见图 2－7),利用四元法推导空间定点旋转变换。

10. 简述四元数在捷联惯性制导中的应用原理。

11. 简述摄动制导与显示制导的基本原理。

12. 比较分析摄动制导与显示制导的优缺点。

13. 总结分析影响惯性制导的主要因素,有针对性地给出对策方案。

第三专题　天文导航与星光制导技术

教 学 方 案

1.教学目的

(1)了解天文导航的发展历程与主要特点；

(2)掌握天文导航的基本概念与基本原理；

(3)了解天体敏感器的主要分类；

(4)掌握恒星敏感器的工作原理；

(5)掌握星光制导的基本原理；

(6)了解星光制导的应用现状与发展趋势。

2.教学内容

(1)天文导航发展历程及特点；

(2)天文导航坐标系与导航位置面；

(3)恒星敏感器功能、组成与工作原理；

(4)星光制导基本原理及应用。

3.教学重点

(1)天文导航的基本概念及原理；

(2)恒星敏感器的工作原理；

(3)星光制导技术原理。

4.教学方法

专题理论授课、多媒体教学、原理演示验证与主题研讨交流。

5.学习方法

理论学习、实物对照、仿真实验分析与动手实践操作。

6.学时要求

4～6学时。

引 言

　　天文导航(Celestial Navigation System,CNS)是一种利用光学敏感器测量天体(月球、地球、太阳、其他行星和恒星)信息进行载体位姿计算的导航方法。天文导航和惯性导航同属自主导航技术。天文导航对于深空探测、载人航天、空间飞行和远洋航行等领域具有重要应用意义,为人造卫星、远程导弹、运载火箭和高空无人机等航空航天平台提供了有效的辅助导航手段。天文制导常用来特指天文导航在远程导弹制导控制中的应用模式,习惯上也称之为星光制导(Stellar Guidance,SG)。星光制导通常用于辅助惯性制导,形成惯性/星光复合制导模式。根据远程战略弹道导弹的特点,美国、俄罗斯(苏联)等军事强国在战略导弹型号上采用以平台式惯性系统为基础制导系统,以天文制导为辅助手段的INS/CNS组合制导系统,取得了良好的效果。如美国海军将惯性/天文组合制导成功地用于两代"三叉戟"弹道导弹,使命中精度与采用造价昂贵的浮球平台的"MX"导弹并列世界榜首(见图3-1)。美国的"三叉戟"型潜射战略导弹均采用惯性星光制导方式,"三叉戟Ⅱ"D-5型潜射导弹 是"三叉戟Ⅰ" C-4型导弹的改进型号,1990年服役,主要装备"俄亥俄"级核潜艇,每艇载弹24枚。该型导弹弹长13.42 m,弹径2.1 m,发射质量59 t,射程11 000 km。可携带两种分导式多弹头,一种是8个爆炸威力各为10×10^4 t TNT 当量的子弹头,另一种是8个爆炸威力各为47.5×10^4 t TNT当量的子弹头,命中精度为90 m,是目前世界上最先进的潜射弹道导弹。由于其打击诸如地下导弹发射井、加固的地下指挥所等坚固目标的能力要比"三叉戟Ⅰ"导弹提高3~4倍,因而,该导弹被誉为美海军战略核力量的"骄子"。图3-1(a)所示为"三叉戟Ⅰ"C-4型,图3-1(b)所示为"三叉戟Ⅱ"D-5型。

传统的大部分战略弹道导弹全部采用平台惯性制导系统,导致制导系统结构复杂、体积庞大、制造难度大、成本高、反应时间长、使用维护复杂。就目前的惯性制导技术水平看,单靠惯性器件及其惯性系统已越来越难以满足战略武器对精度、可靠性及反应速度的要求。因此,开展INS/CNS组合制导技术的研究,对提高远程战略弹道导弹及其武器系统的快速反应能力、精确打击能力、机动能力、突防能力、可靠性和生存能力等,以及进一步增强远程战略弹道导弹的威慑力量具有重要意义。

(a)　　　　　　　　　　　　　　　　　(b)

图3-1 Trident "三叉戟"型潜射战略导弹
(a)"三叉戟Ⅰ"C-4型;(b)"三叉戟Ⅱ"D-5型

本专题首先介绍天文导航的基础知识,包括其发展历程、主要特点及应用模式,天文导航的天体敏感器,以及天文导航位置面与应用;然后,以导弹武器应用为背景,重点介绍恒星敏感器的主要类型、基本功能、系统组成与工作原理;之后针对星光制导技术应用问题,论述星敏感器标定、星图模拟、导航星表构建、星提取、星图识别和测姿解算等关键内容。

第一节 天文导航基础

天文导航可以说是人类社会最古老的导航方式之一。人们通过观察已知天体的方位,确定船体航行位置方向,不至于在浩瀚的大海中迷航。发展至今,通过采用星体敏感设备对各类天体进行精确观测实现载体定位(测姿),已成为应用广泛的的自主导航技术。

一、天文导航技术发展历程

天文导航最早从航海发展而来,起源于中国。天文航海技术主要是指在海上通过观测天体来测定船舶位置的各种方法。在中国古代航海史上,人们很早就知道通过观看天体来辨明方向。西汉《淮南子·齐俗训》中记载:"夫乘舟而惑者,不知东西,见北极则寤矣。"意思是在大海中乘船可利用北极星确定方向。东晋法显从印度搭船回国的时候说,当时在海上见"大海弥漫,无边无际,不知东西,只有观看太阳、月亮和星辰而进。"明末郑和船队把航海天文定位与导向仪器罗盘结合起来应用,大大提高了测定船位和航向的精度。在七下西洋中,郑和船队以"过洋牵星图"为依据,"惟观日月升坠,以辨东西,星斗高低,度量远近。"

清朝时期,欧洲资本主义兴起,列强各国纷纷争夺海外殖民地,客观上极大地促进了天文航海技术的发展。1731年,英国人哈德利发明了反射象限仪。1757年,坎贝尔船长把象限仪弧度扩大,用来量120°的夹角,这样象限仪便变成了六分仪,可以方便地测量角度并计算出该船所处的纬度,以保证船舶沿正确的航线行驶。约翰·哈里森于18世纪发明了航海天文钟,为后世的航海者们提供了精密的计时器。测纬度的六分仪和测经度的天文钟发明之后,极大地促进了天文导航的发展。1837年美国船长沙姆那发现了等高线,可同时测量经纬度。1875年法国人圣西勒尔发明了高度差法,成为现代天文航海的重要基础。

20世纪中叶,载人航天技术极大地促进了天文导航技术在航天领域的发展,"阿波罗"登月和苏联空间站都使用了天文导航技术。早在20世纪60年代,国外就开始研究基于天体敏感器的航天器天文导航技术。与此同时,各国还不断发展与天文导航系统相适应的各种敏感器,包括地球敏感器、太阳敏感器、星敏感器和自动空间六分仪等。例如美国的"林肯"试验卫星-6、"阿波罗"登月飞船,苏联"和平号"空间站以及与飞船的交会对接等航天任务都成功地应用了天文导航技术。

近年来,航天器自主天文导航技术的发展方向主要包括新颖的直接敏感地平技术和通过星光折射间接敏感地平技术。基于直接敏感地平的天文导航方法的第一种方案是采用红外地平仪、星敏感器和惯性测量单元构成天文定位导航系统,这种常用的天文导航系统成本较低、技术成熟、可靠性好,但定位精度不高,原因是地平敏感精度较低。研究表明当地平敏感精度为 $0.02°(1\sigma)$,星敏感器的精度为 $2''(1\sigma)$ 时,定位精度为 $500\sim1\,000$ m,显然在有些场合这一定位精度不能满足要求。直接敏感地平进行空间站定位的第二种方案是自动空间六分仪(自主导航和姿态基准系统,Space Sextant-Autonomous Navigation and Attitude Reference System,SS/ANARS),美国自20世纪70年代初开始研究,1985年利用航天飞机进行空间试验,于20世纪80年代末投入使用。由于采用了精密而复杂的测角机构,利用天文望远镜可以精确测量恒星与月球明亮边缘、恒星与地球边缘之间的夹角,经过实时数据处理后三轴姿态测量精度达 $1''$(RMS),位置精度达 $200\sim300$ m(1σ),但仪器结构复杂且成本很高、研制周期长。这种方案定位精度较高的原因,是提高了地平的敏感精度。

基于星光折射间接敏感地平的天文导航方法是20世纪80年代初发展起来的一种航天器低成本天文导航定位方案。这一方案完全利用高精度的CCD星敏感器,以及大气对星光折射的数学模型及误差补偿方法,精确敏感地平,从而实现航天器的精确定位。研究结果表明这种天文导航系统结构简单、成本低廉,并能达到较高的定位精度,是一种很有前途的天文导航定位方案。美国于 20 世纪 80 年代初开始研制,1989 年进行空间试验,20 世纪 90 年代投入使用的 MADAN 导航系统(多任务姿态确定和自主导航系统,Multi-task Autonomous Navigation System)便利用了星光折射敏感地平原理。试验研究结果表明,通过星光折射间接敏感地平进行航天器自主定位,精度可达 100 m(1σ)。

美国 Microcosm 公司还研制了麦氏自主导航系统(Microcosm Autonomous Navigation System,MANS)。MANS 利用专用的麦氏自主导航敏感器测量地球、月球、太阳的在轨数据,实时确定航天器的轨道,同时确定航天器的三轴姿态,该系统是完全意义上的自主导航系统。1994 年 3 月,美国空军在范登堡空军基地发射"空间试验平台-零号"航天器,其有效载荷为"TAOS(Technology for Autonomous Operational Survivability,自主运行生存技术)"飞行试验设备。通过飞行试验对 MANS 天文导航系统及其关键技术进行了检验,验证结果公布的导航精度为位置精度 100 m(3σ),速度精度 0.1 m/s(3σ)。

20 世纪 90 年代,美国、法国、日本等国又重新掀起深空探测的热潮,随着抗空间辐射能力强、便于集成的 CMOS 器件的出现和 CMOS 敏感器技术的发展,基于 CMOS 天体敏感器的深空探测器自主定位导航技术正在被深入研究和广泛应用。表 3-1 给出了国际上航天器自主天文导航系统的发展过程。

表 3-1　自主天文导航系统发展过程

时间	系统名称	测量类型	测量仪器	最高定位精度/m (1σ)
1977—1981 年	空间六分仪自主导航和姿态基准系统(SS/ANARS)	恒星方向,月球(地球)边缘	空间六分仪	224
1979—1985 年	多任务姿态确定和自主导航系统(MADAN)	恒星方向,地平方向	星敏感器与地平仪	100
1988—1994 年	麦氏自主导航系统(MANS)	对地距离(用光学敏感器测量),对地、对月及对日的方向	MANS 天体敏感器	30

我国也一直在进行航天器自主天文导航技术的研究和探索。李勇、魏春岭等学者对当前的几种自主导航系统进行了深入的分析研究,对比了它们的性能和优缺点,指出天文导航技术是自主定位导航技术的一个重要研究方向。北京航空航天大学、西北工业大学、哈尔滨工业大学、中国空间技术研究院和中国科学院等单位都对自主天文定位导航技术进行了研究,其中周凤岐、荆武兴、解永春、孙辉先、王国权、薛申芳、金声震和房建成等学者对地球卫星的自主天文导航技术进行了深入研究,林玉荣、邓正隆研究了地球卫星的自主天文定姿技术,崔平远、崔祜涛等针对小行星探测,研究了一种使用星上光学相机和激光雷达的自主导航方法。中国空间技术研究院502所在 20 世纪 90 年代初就曾跟踪探索过利用星光折射间接敏感地平的自主天文定位导航问题,并分析了美国 MANS 系统的精度。火箭军工程大学王宏力教授团队围绕天文导航在远程弹道导弹中的应用问题,在大视场星敏感器星光制导技术研究方面开展了卓有成效的工作。但总的说来,国内天文导航技术及应用研究与国外先进水平相比还存在着较大差距。

随着光学探测技术、计算机处理技术和信息融合理论的飞速发展,天文导航成为航海、航空和航天领域的一种重要的基础导航手段。由于天文导航的特点决定了其存在的价值,所以即使拥有卫星导航自主权且惯导技术领先的国家仍致力不断发展天文导航技术。在航海领域为美国海军制定舰艇导航技术发展政策的主要成员 J. Bangert 和 P. M. Tanjczek 博士认为，舰艇必须有两种独立、可靠的导航手段。除惯性导航之外，天文导航在战时是一种可靠的导航手段，应作为 GPS 的备用手段使用。而在航天领域，空间探测的发展也为天文导航的发展提供了更为广阔的应用领域。天文导航技术将在未来航天运输系统的自主导航、大型对地观测卫星的高精度、高稳定度导航控制、载人飞船的自主导航、空间站的交会对接以及深空探测等领域发挥重要作用。可见，天文导航技术未来发展潜力巨大，应用前景广阔。

二、天文导航技术特点

在当今航海中，无线电导航、全球定位系统 GPS 的出现使导航定位翻开了崭新的一页，同时也对其他导航定位方法的改进提供了可靠的保证和有效的手段。虽然天文导航在导航定位方法中是比较古老的方法，但是天文导航的自主性决定了它的不可替代性，即便是在无线电导航系统高度发展、舰船定位的准确性和及时性都得到较好解决的今天，其导航地位依然不容动摇。在 STCW78/95 公约中仍要求航海人员必须具有利用天体确定船位和最终获得船位精度的能力以及利用天体确定罗经差的能力。目前一些装备现代化的舰船也非常重视天文导航的作用，以 GPS 定位为值班系统，用天文定位为常备系统的趋势已在欧美兴起。俄罗斯"德尔塔"级弹道导弹核潜艇采用惯性/天文组合导航系统，定位精度为 0.463 km；法国"胜利"级弹道导弹核潜艇上装有 M92 光电天文导航潜望镜潜望镜；德国 212 型潜艇上也装备了具有天文导航功能的潜望镜。美国和俄罗斯的远洋测量船和航空母舰上也装备有天文导航系统。

天文导航系统由于受地面大气的影响较大，因此其应用平台更适合于包括导弹在内的各种高空、远程飞行器。目前，美国的 B522，FB2111，B21B，B22A 中远程轰炸机，C2141A 大型运输机，SR271 和 EP23 高空侦察机等都装备有天文导航设备。俄罗斯的 TU216，TU295，TU2160 等轰炸机上也都装有天文导航设备。国外早在 20 世纪 50 年代就采用天文/惯性组合导航系统，利用天文导航设备得到的精确位置和航向数据来校正惯性导航系统或进行初始对准，尤其适用于修正机动发射的远程导弹。美国在 20 世纪 50 年代开始研制弹载天文/惯性组合制导系统，早期在空-地弹"空中弩箭"和地-地弹"娜伐霍"上得到应用；70 年代在"三叉戟 I"型水下远程弹道导弹中采用了惯性/天文组合制导系统，射程达 7 400 km，命中精度为 370 m；90 年代研制的"三叉戟 II"型弹道导弹的射程达 11 100 km，命中精度为 240 m。苏联在弹载天文/惯性制导系统方面的发展也很快，SS2N28 导弹射程达 7 950 km，命中精度为 930 m；SS2N218 导弹射程达 9 200 km，命中精度为 370 m，这两型导弹都采用了天文/惯性组合制导方式。上述弹载天文导航设备仍为小视场系统，采用"高度差法"导航原理，也只能作为惯导的校准设备使用，不能作为一种独立导航手段使用。近年来，基于星光折射的高精度自主水平基准的出现，使天文导航技术再度成为弹载导航系统研究的热点。

天基平台是天文导航技术的最佳应用环境，国外从 20 世纪 80 年代开始研制，以美国、德国、英国和丹麦等国较为突出，至今已有多种产品在卫星、飞船和空间站上得到应用。日月星辰构成的惯性参考系，具有无可比拟的精确性和可靠性。将导航方法建立在恒星和行星参考系基础上，具有直接、自然、可靠和精确的优点。天文导航系统依靠天体测量仪器测得的天体方位、高度等信息进行定位导航。总体而言，天文导航具有以下优势。

（1）被动式测量、自主式导航。天文导航以天体为导航信标，不依赖于其他外部信息，也不向外部辐射能量，被动接收天体辐射或反射的光，进而获取导航信息，是一种完全自主的导航方式，工作安全隐蔽。

（2）导航精度较高。虽然天文导航与其他导航方法相比精度并不是最高的，短时间内的导航精度低于惯性导航的精度，但是其导航误差不随时间积累，这一特点对长期运行的载体来说非常重要。天文导航的定位精度主要取决于天体敏感器的精度。

（3）抗干扰能力强、可靠性高。天体辐射覆盖了 X 射线、紫外线、可见光和红外线整个电磁波段，具有极强的抗干扰能力。此外，天体的空间运动不受人为干扰，保证了以天体的导航信标为标准的天文导航信息的完全和可靠。

（4）可提供位置和姿态信息。天文导航不仅可以提供载体的位置、速度信息，还可以提供姿态信息，且通常不需要增加硬件成本。

（5）设备简单、成本低廉。天文导航系统主要由天体测量仪器组成，设备简单、经济，成本相对低廉。

（6）导航误差不随时间积累。由于从地球到恒星的方位基本保持不变，所以天体测量仪器就相当于惯导系统中没有漂移的陀螺仪，虽有像差、视差和地球极轴的章动等，但这些因素造成的定位导航误差极小，因此，天文导航非常适合长时间自主运行和导航定位精度要求较高的领域，如航空领域中的远程侦察机、运输机和轰炸机等；航天领域中的卫星、飞船、空间站、深空探测器和远程导弹等；航海领域中的舰船、潜艇等。

虽然天文导航具有上述特点，但是也存在不足之处，如输出信息不连续；在某些情况下会受到外界环境的影响，如在航空、航海领域的应用容易受到气候条件的影响等。将天文导航应用于载体的自主控制时常称为星光制导，因其任务功能与使用环境条件不同，星光制导有其突出特点，后续第二节将专门介绍。

三、天体敏感器

天文导航系统由天体测量部分和导航解算部分组成。天体测量部分一般由天体敏感器和相应的接口电路组成。按不同的分类规则，天体敏感器可有针对性地进行分类。

（1）按敏感天体的不同，天体敏感器分为地球敏感器、太阳敏感器、月球敏感器、恒星敏感器和行星敏感器等。

（2）按所敏感光谱的不同，天体敏感器分为可见光敏感器、红外敏感器和紫外敏感器。其中紫外敏感器是近年发展起来的一种新型敏感器，它不仅可以敏感恒星，还可以敏感地球、月球和太阳，且抗干扰能力强。

（3）按光电敏感器件的不同，天体敏感器分为 CCD(Charge Coupled Device)天体敏感器和 CMOS APS(Complementary Metal-Oxide-Semiconductor Active Pixel Sensor)天体敏感器。光电敏感器件是天体敏感器的核心。其中 CMOS 敏感器与 CCD 敏感器相比具有抗辐射能力强、动态范围大、便于和外围电路以及信号处理电路大规模集成、低功耗和低成本等优点，是敏感器的发展方向之一。

根据不同的任务和飞行区域，可以采用的天体敏感器有恒星敏感器、太阳敏感器、地球敏感器、天文望远镜及行星照相仪等。下面进行详细介绍。

1.恒星敏感器

恒星敏感器(简称星敏感器)是当前广泛应用的天体敏感器，它是天文导航系统中一个很重要的组成部分。它以恒星作为姿态测量的参考源,可输出恒星在星敏感器坐标下的矢量方向,为航天器的姿态控制和天文导航系统提供高精度测量数据。

随着科学技术的发展,为适应航天器定姿及导航精度的要求,对恒星敏感器的性能要求也越来越高,通常对新型星敏感器的要求如下。

(1)能够敏感微弱星光。恒星敏感器的测量对象是恒星,天空中大部分的恒星星光都比较微弱,为了满足星体识别和导航精度的要求,恒星敏感器应能够敏感弱光信息。

(2)高精度。恒星敏感器通常作为一种高精度的姿态确定设备,应用于飞机、导弹等高精度制导武器的天文导航系统中,目前国外的定姿精度已达到 $1''(1\sigma)$ 以内。

(3)实时性强。为实现航天器的姿态确定,需对敏感到的恒星进行实时的星体识别。自主星图匹配识别算法作为恒星敏感器的核心,不但要能实现姿态的快速获取,当由于某种原因造成姿态丢失时,还能实现快速重建。因此,识别的实时性问题就成为衡量恒星敏感器的关键指标。

(4)抗干扰、抗空间辐射能力强。恒星敏感器敏感微弱星光信息,杂散光的干扰不但对成像质量影响很大,甚至会使星敏感器无法正常工作,因此必须采用遮光罩来抑制杂散光,增强抗干扰能力。通常面向空间应用的仪器必须具有抗辐射能力,恒星敏感器也不例外。

(5)体积小、质量轻、功耗低。为了实时、准确地获取航天器的姿态信息,常在航天器上安装两个或两个以上的恒星敏感器,因而低成本、小体积和低功耗就显得尤为重要。

2. 太阳敏感器

太阳敏感器通过对太阳辐射的敏感来测量太阳光线同航天器某一预定体轴或坐标面之间的夹角,以获得航天器相对于太阳的方位,是最早用于姿态测量的光学敏感器。由于太阳是一个非常明亮的光源,辐射强、易于敏感和识别,这给敏感器的设计和姿态确定算法带来了极大的方便,所以太阳敏感器尤为航天器首选的姿态敏感器,它应用最为普遍,几乎任一航天器都将其作为有效载荷。太阳敏感器的视场可达 $128° \times 128°$。目前大视场阵列式数字太阳敏感器的分辨率可达角秒级。

太阳敏感器具有结构简单、工作可靠、功耗低、质量小和视场范围大等特点。太阳敏感器还可用来保证高灵敏度(如星敏感器)和对太阳帆板翼定位。太阳敏感器通常包括光学系统、探测器和信号处理电路三个部分。一般把光学系统和光电转换器件的组合称为光学敏感头。

3. 地球敏感器

地球敏感器是一种借助于光学手段获取航天器相对于地球姿态信息的光学姿态敏感器,在天文导航系统中得到广泛的应用。它主要用于确定航天器与地球球心连线的矢量方向。目前主要有地平扫描敏感方式和地平热辐射平衡敏感方式两种。

地球敏感器在发展初期,由于其在工作原理和光学波段方面的不同,呈现出了多样化的状况。直到 20 世纪 70 年代初,地平跟踪式的局限性,使光学波段统一到了 $14\sim16~\mu m$ 范围内。从科学研究的实际情况考虑,以地球作为面参考源限制了地球敏感器的测量精度。随后地地球敏感器的研究工作中,有较大部分集中于完善地球的红外辐射模型,力图使更多源于参考源非几何点的误差成为可预知的系统误差,并且可被补偿掉,这些研究工作已经取得了较大的进展。

4. 天文望远镜

天文望远镜是人类对浩瀚宇宙、广袤星空进行探索的主要天体敏感器。它分为光学望远镜和射电望远镜。

光学望远镜采用光学原理,通过透镜的反射、折射,利用光电转换器敏感被测天体,经处理电路对敏感图像进行处理来实现对天体的观测。它一般由物镜、目镜和光电转换器件组成,物镜用来收集来自天体的光线,目镜将光线中杂散光去除后引入光电转换器完成对天体的敏感、成像和处理。

射电望远镜采用电磁学技术,利用天体本身发出的不同电磁波来敏感天体。它和光学望远镜相比最大的优点是它具有全天候敏感天体的特点。

天文望远镜一般在航天器天文导航系统中为航天器的位置确定提供部分观测信息,同时还可以辅助主导航系统完成精确定姿修正的任务。

5. 行星照相仪

行星照相仪实际上是一种在太空中能够直接观测遥远行星的巨型针孔照相机。在天文导航系统中,一般用来观测行星整体成像,用其观测的信息可计算出航天器本体到被观测行星中心的方位。

四、天球坐标系与导航位置面

天球坐标系在天文导航中起着重要作用,是观测天体的基础,坐标系的选取直接影响天文导航的计算精度和复杂程度。

1. 天球基本概念

天文导航中,地球被视为一个球体。虽然这只是一个近似,但是将球面几何应用于天文导航中还是很成功的,而且由地球的扁平所引起的误差通常是可以忽略的。经过地心的平面与地球表面相交形成的圆周称为一个大圆。大圆的直径是地球表面上的所有圆中最大的。任意一个不经过地心的平面与地球表面相交形成的圆周称为一个小圆。赤道是唯一与地轴垂直的大圆,同时也是纬度圈中唯一的大圆,任何其他与赤道平行的纬度圈都是小圆。子午圈是经过地极的大圆,子午线中经过给定点(如测者位置)的半个大圆称为上子午圈,另外的那半个大圆称为下子午圈。

天球是以地球球心为中心,半径无限大的想象球体。所有天体不管其距离地球远近,一律把它们投影到天球的球面上。确定天体的位置,就是确定天体在天球上的位置。

虽然天球并不是宇宙的准确模型,但却很有用,一方面它给出了不同天体方位的一个方便、直观的表达方式,另一方面可以使用球面几何来进行相关的计算。

天球上基本点、线、圆是由地球上的基本点、线、圆扩展到天球上去而形成的。如图 3-2 所示,将地轴无限延长与天球相交所得的天球直径,叫作天轴。天轴与天球面相交的两点,叫作天极(天南极 P_S、天北极 P_N)。将赤道平面无限扩展与天球球面相交的大圆,叫作天赤道。将测者(D)的铅垂线无限延长与天球相交的两点,在测者头顶正上方的一点,叫作天顶点(Z),在测者正下方的一点,叫做天底点(n),这两者的连线叫作测者垂直线(Z_n)。

在地球上,过测者和地球两极的大圆叫作测者子午圈。子午圈中经过测者位置的半个大圆称为上子午圈,另外的那半个大圆称为下子午圈。过地球中心垂直于测者垂直线的平面扩展与天球球面相交的大圆,叫作测者真地平圈。测者真地平圈把天球等分为两个半球,包含天顶的半球称为上天半球,上天半球的天极叫作高极;天底点所在的半球称为下天半球,下天半球的天极叫作低极。测者真地平圈与测者子午圈相交于两点,靠近天北极的一点为天北点;靠近天南极的一点为正南点。真地平圈与天赤道相交于两点,测者面向正北,则右手方向的一点为正东点（E）；左手方向的一点为正西点（W）。

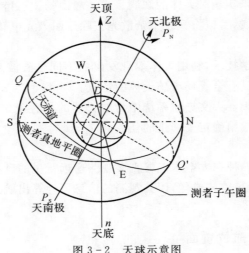

图 3-2　天球示意图

2. 赤道坐标系

天球坐标系由基本大圆、基本点和天体坐标度量方式组成。所选择的基本大圆和基本点不同，可得到不同的天球坐标系。赤道坐标系是以天赤道作为基本大圆构造的天球坐标系，如图 3-3 所示。根据坐标原点的不同，又可分为第一赤道坐标系和第二赤道坐标系。

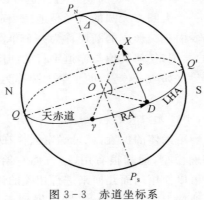

图 3-3　赤道坐标系

（1）第一赤道坐标系。

1）坐标系的组成。

A. 基本大圆：天赤道。

B. 坐标原点：天赤道和测者子午圈在午半圆的交点（Q'）。

2）坐标。

A. 天体地方时角（LHA）。测者午半圆到天体时圆在天赤道上顺时针所夹的弧距，用"LHA"表示，天体时圆为过天体和南北极的半个大圆。从原点 Q' 开始顺时针度量的弧长 $Q'D$，即过天子午圈与过天体的赤经圈所夹的角，叫时角 t，范围为 0°～360°。

B. 天体赤纬（δ）和天体极距（Δ）。天体赤纬是从天赤道到天体在天体时圆上所夹的弧距，用"δ"表示；天体极距是从高极到天体在天体时圆上所夹的弧距，用"Δ"表示。天体赤纬和天体极距的代数和为90°。

　　C. 天体位置和该天体投影点位置关系。在天球上表示天体位置的天体格林时角（GHA）和天体赤纬（δ），与该天体在地球上投影点的位置——经度（Longitude）、纬度（Latitude）相对应。天体的格林时角即天体投影点的经度；天体的赤纬即天体投影点的纬度。天体的格林时角，即0°经线处的地方时角。与地球地理坐标系关联，第一赤道坐标系按图3-4进行描述，原点是地心 O，OXY 平面为赤道面，X 轴指向春分点，Z 轴指向北天极。

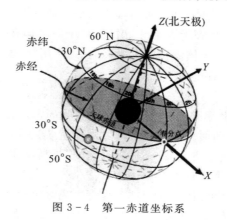

图 3-4　第一赤道坐标系

　　(2)第二赤道坐标系。

　　1)坐标系的组成。

　　A. 基本大圆：天赤道。

　　B. 坐标原点：春分点。

　　2)坐标。

　　A. 天体赤经（RA）。从春分点向东到天体时圆在天赤道上所夹的弧距，用"RA"表示，范围为 $0°\sim360°$。

　　B. 天体赤纬（δ）和天体极距（Δ）。同第一赤道坐标系。

　　3. 地平坐标系

　　建立地平坐标系的目的是确定观测者与天体之间的相对位置关系，如图3-5所示。

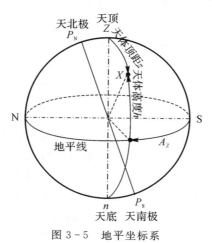

图 3-5　地平坐标系

(1)坐标系的组成。

1)基本大圆:测者真地平圈。

2)坐标原点:正北点或正南点。

(2)坐标。

1)天体方位。从测者子午圈到天体方位圆在真地平圈上所夹的弧距,用"A_z"表示。过天顶和天底的半个大圆叫作方位圆,过天体的方位圆即天体方位圆。

2)天体高度和天体顶距。天体高度:从测者真地平圈到天体在天体方位圆上所夹的弧距,用"h"表示,范围为 $0°\sim90°$,天体在上天半球,高度为"$+$";天体在下天半球,高度为"$-$"。天体顶距:从测者天顶点到天体在天体方位圆上所夹的弧距,用"z"表示,范围为 $0°\sim180°$。关于黄道坐标系等定义有兴趣的读者可参阅文献[17-18]。

4.天文导航位置面

导航问题中的一个基本概念是位置面(Surface of Position)。位置面是当被测参数为常值时,飞行器可能位置形成的曲面。在任一时刻要由测量装置提供足够的位置面才能进行空间定位。几个位置面的交点就是飞行器所处的位置。根据所测量的位置面即可建立模型,通过变换求解,确定飞行器的位置实现导航。

(1)概念与假设。在天文导航中,根据天体与地球距离分为近天体与远天体,太阳系中的天体(太阳、行星、地球、月球)称为近天体,并认为近天体是半径已知的圆球,而恒星则称为远天体。忽略光速以及恒星与飞行器之间距离的有限性,认为光速和飞行器与恒星的距离为无穷大。

星体在地球表面的投影点称为星下点。由地球表面某位置观测星体可得星体的高度角。高度角相同的所有位置构成以"星下点"为中心的圆周,称为等高圈或等高圆。等高圆实质上是两个位置面的交线,一个是地球表面,一个是以地球中心 O 为顶点,以高度角 h 为约束的圆锥面,如图 3-6 所示。在地球表面通过敏感已知恒星状态,结合确定的星下点及高度角信息,便可实现地理位置测量。

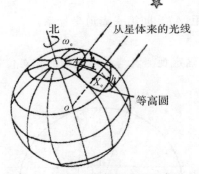

图 3-6 星下点与等高圆示意图

(2)典型天文导航位置面。空间探测过程中,通过测量近天体、远天体的相关角度信息,可以获得一些典型的导航位置面,有了多个位置面,即可实现载体的导航定位。

1)近天体/飞行器/远天体夹角测量。载体飞行过程中测量地球(月球)与远天体形成的夹角 A,与图 3-6 所不同的是,飞行器处于空中,夹角 A 是本质上是恒星的平行光与飞行器与近天体中心连线的夹角。所以此位置面为一圆锥面,圆锥顶点在近天体上,圆锥轴线为近天体到恒星的视线方向,圆锥顶角为 $180°-A$。

2)近天体/飞行器/近天体夹角测量的位置面。载体飞行过程中测量行星之间相对夹角，如探月过程中测量地球与月球之间的夹角 A，如图 3-7(a)所示。可以得到 $R=r_P/(2\sin A)$，$L=R\cos A$。显然，此位置面是以两近天体连线为轴线，旋转通过两点的一段圆弧而获得的超环面。

3)飞行器到近天体视角测量的位置面。载体飞行到近天体附近时，如各类行星探测着陆过程中，可以测到与近天体形成的夹角 A，如图 3-7(b)所示。可以得到 $Z=D/[2\sin(A/2)]$，相当于确定了飞行器与近天体的高度，这样形成的位置面是以近天体中心为球心，以 Z 为半径的圆球面。

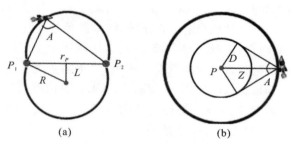

(a)   (b)

图 3-7 典型位置面

(a)近天体/飞行器/近天体形成位置面；(b)飞行器/近天体形成位置面

第二节 星敏感器基本原理

天文导航在远程导弹制导控制中的应用模式常称为天文制导，亦称星光制导（Stellar Guidance，SG）。星光制导通常用于辅助惯性制导，形成惯性/星光复合制导模式，它利用恒星作为固定参考点，飞行中采用恒星敏感器观测星体的方位来校正惯性基准随时间的漂移，从而提高制导精度。参考天文导航的特点，星光制导的主要优点有自主性强、精度高、反应快、成本低和可靠性高等。

一、星敏感器发展历程

恒星敏感器简称星敏感器，是以恒星为测量目标，以天空为工作环境的高精度空间姿态测量装置，通过探测天球上不同方位的恒星并进行结算，为导弹、火箭、卫星及其他各类航天器提供准确的空间方位和基准。

星敏感器的雏形最早出现在 1946 年左右，主要由望远镜、扫描机构和光敏感器组成，装置简单，不能直接应用于空间环境，早期主要用于大型天文望远镜指向控制、航天器发射前标定等。1960 年左右，苏联"Geofizika"研制了用于航天器姿态控制的星敏感器，其系列产品先后应用于月球、火星探测等任务，实践表明空间杂光对其干扰很大。随后，"Geofizika"改进了设计，到 1970 年左右，改进型星敏感器已可在较大杂光环境下工作。这一时期，主要使用光电倍增管（Photomultipler Detector）和图像析像管（Image Dissector Tube）敏感星光，它们具有体积大、功耗高、机械结构不稳定和需要高电压等缺点，随着固态图像器件 CCD（Charge Coupled Device）和 CID（Charge Injection Device）的出现，已逐渐被淘汰。

1975 年，美国喷气推进实验室（Jet Propulsion Laboratory，JPL）的 Goss 首先展示了基于

固态图像器件 CCD 的星敏感器,并验证了其在分辨率、抗辐射性和几何光学线性等方面优于一般的析像管星敏感器。大约只用了 10 年时间,CCD 就被星敏感器广泛采用了。

截至 1980 年,星敏感器的姿态精度一般都能达到 10 角秒左右,有的甚至更高,但此时典型的星敏感器都需要将星图传输到地面进行后处理,包括校准修正、星图识别和姿态解算等。这类星敏感器被称为第一代 CCD 星敏感器。该类星敏感器的实际性能有限,因为星图传输到地面进行后处理,导致姿态测量结果存在较大延时,而且星图传输占用卫星通信带宽,这些都影响了星敏感器的实际使用性能。

20 世纪 90 年代,随着新的航天任务的开展,如 Clementine 任务等,对星敏感器实时在线完成姿态测量的要求逐渐提升,第二代 CCD 星敏感器诞生了。与第一代 CCD 星敏感器相比,第二代 CCD 星敏感器集成了高性能信息处理系统,将星图预处理、星像质心提取、星图识别和姿态解算等功能封装在其内部,出现了很多新优势:①实现了自主星图识别和自主姿态解算,使航天器具备了初始姿态捕获、快速故障恢复的能力;②不需要地面人为干预,不需要其他姿态敏感器配合,所有补偿和校正均由仪器自动完成;③从星图拍摄到姿态输出,整个过程由星敏感器内部处理器完成,减轻了卫星中央处理器的负担。第二代 CCD 星敏感器真正实现了"星光入,姿态出",成为一种独立的姿态敏感器。

同时期,美国喷气推进实验室研制成功了 APS(Active Pixel Sensor)图像传感器,其具有成本低、接口简单、抗空间辐射能力强和数据读出方式灵活等特点,比 CCD 更适合星敏感器应用,开辟了星敏感器发展的新方向。比较典型的星敏感器有①1998 年 Liebe 考察了 APS 的灵敏度和亚像素精度,指出 APS 是星敏感器的理想材料,2001 年 Hancock 等也深入研究了 APS 噪声对星敏感器精度的影响,并给出了实验数据与分析;②德国耶拿光电公司(Jena-Optronik GmbH)设计的 ASTRO APS 星敏感器,采用 20°圆形视场,俯仰/偏航轴＜1 角秒(1σ),滚动轴＜8 角秒(1σ),质量＜2 kg,功耗＜10 W,尺寸为 154 mm×154 mm×231 mm(含 26°遮光罩);③法国 SODERN 公司设计的 HYDRA 星敏感器,是一款典型的多视场星敏感器,其俯仰/偏航轴为 1.4 角秒(1σ),滚动轴为 9.8 角秒(1σ),质量为 2.2 kg,功耗为 12 W,尺寸为 153.5 mm(直径)×283 mm(含 30°遮光罩);④美国波尔宇航技术公司(Ball Aerospace & Technologies Corp.)设计的 FSC-701,是一款多用途空间成像敏感器,除可作为星敏感器应用外,还可用于空间目标跟踪、航天器交会对接等,视场为 22°×22°,俯仰/偏航轴为 8.7 角秒(3σ),滚动轴为 89.2 角秒(3σ),质量为 1.6 kg,功耗为 0.85 W,尺寸为 153.5 mm(直径)×283 mm(含 30°遮光罩)。图 3-8 所示为两种使用成熟的星敏感器。

(a)   (b)

图 3-8　典型星敏感器

(a)ASTRO 15 星敏感器;(b) 哈尔滨工业大学研制的星敏感器

国内星敏感器研究工作起步较晚,始于 20 世纪 80 年代,主要研究机构有哈尔滨工业大学、北京航空航天大学、清华大学、国防科技大学、华中科技大学、长春光机所、中国科学院西安光学精密机械研究所、北京控制工程研究所、中国科学院光电技术研究所、中国科学院北京国家天文台、中国气象科学研究院和火箭军工程大学等。目前,国内在第二代 CCD 星敏感器和 APS 星敏感器研制方面已取得较大进展。特别是北京航空航天大学,已研发多款星敏感器,如 YK010,SS2K 等,视场为 $20°×20°$,全天识别时间为 0.5 s,功耗为 1.5 W,质量为 1.5 kg,代表了国内先进水平。

星敏感器不是标准产品,它由制造商根据用户具体任务要求来定制。不同的应用平台对应于不同的星敏感器,在成本、功耗、质量、体积和精度方面差别各异。总体上,星敏感器的发展趋势是自主化、小型化、通用化和智能化。

二、星敏感器组成与功能

1.星敏感器组成

星敏感器是以恒星为测量目标,以光敏感元件为核心的光电转换电子测量系统。典型的星敏感器结构如图 3-9 所示。其中图像传感器电路一般包括 CCD 焦平面组件、驱动电路、时序信号发生器和视频信号处理器;控制与数据处理电路包括数字信号处理器(星像存储器、星像地址发生器、程序存储器、星表存储器、CPU)与接口电路等硬件和连通性分析、细分算法、星识别、姿态角计算及坐标转换等软件。

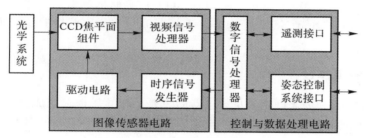

图 3-9 星敏感器硬件结构框图

光学系统由一系列光学透镜和机械支架组成,主要用来汇聚进入视场的光线,将星空成像在光学焦平面上;探测器置于光学焦平面上,完成光电转换,将星像转变成视频电信号输出;视频处理器完成视频处理,包括降噪处理(相关双采样)、偏置、增益调节;最后进行 A/D 转换,输出数字图像;时序信号发生器与驱动电路给出控制 CCD 探测器和视频信号处理器的工作时序。

输出的数字图像传送到数字信号处理器进行判星、单星定位、星识别、星敏感器姿态角和航天器姿态角的计算等处理工作。确定星敏感器光轴相对于惯性坐标系的指向,即给出惯性坐标系下的姿态四元数。软件算法主要包括星点提取、星识别和姿态计算等。

2.星敏感器功能

随着星敏感器技术的发展和其基本功能的强大,星敏感器的应用领域越来越广泛,各类星敏感器所具有的功能主要包括以下几项。

(1)星图获取:能够扫描整个视场,并能定位和输出视场内的星像点位置。

(2)星跟踪:定位探测设备上的星像点,输出星像点在像面坐标系的坐标,并能在一段时间内,对更新的星图重复进行该星像点定位和相应的坐标输出。

（3）自动星跟踪：在一段时间内,能够无需辅助进行星跟踪,并且在所跟踪的星像点离开敏感器视场时,自动选择新的星并跟踪。

（4）自动姿态测量：在没有已知或外部的姿态、角速率、角加速度的情况下,能够测定在惯性坐标系下的敏感器方位。

（5）自动姿态跟踪：在一段时间内,随着敏感器在天球内的位置移动,对视场内的星像点进行自动选择和跟踪,并进行自动姿态测量。

（6）自主角速率测量：在不依靠绝对姿态信息的情况下,自主测定敏感器的转动角速率。

（7）图像下载：对探测设备整个视场的瞬时信号进行捕获,并向使用者输出所有图像信息。

（8）星体坐标系导航：以某一星体（例如地球、太阳）定义的外部参考坐标系为基准,测定敏感器的位置。

（9）惯性坐标系导航：以惯性坐标系为基准,测定敏感器的位置。

依据具有上述功能的不同,星敏感器被分成以下五类。

（1）星扫描器（Star Scanner）：星扫描器的典型应用是在自旋卫星上,通过检测狭缝检测扫过天球时的星光脉冲信号,获得卫星的自旋信息。星扫描器曾在过去的多年中被使用,现已被现代敏感器所取代。

（2）星相机（Star Camera）：以获取星图为基本功能。

（3）星跟踪器（Star Tracker）：能够获取星图并进行星跟踪。

（4）自主星跟踪器（Autonomous Star Tracker）：能够获取星图并进行自动星跟踪。

（5）星导航敏感器（Star Navigation Sensor）：具有自主星跟踪器的基本功能,并能进行星体坐标系导航。

三、星敏感器工作过程

星提取、星图识别和姿态确定是星敏感器的主要工作。星提取完成星图中恒星星像的确定和星像中心坐标的计算工作。提取时,应剔除星敏感器噪声引起的虚假星像,否则易导致星图误识别。星图识别就是确定观测星与导航星的一一对应关系,其过程为基于星提取结果建立匹配模式,与导航特征库中的匹配模式进行匹配,得到观测星和导航星的唯一匹配结果。姿态确定完成星敏感器姿态信息解算,其过程为基于匹配的导航星和观测星的单位矢量,解算出星敏感器像空间坐标系和惯性坐标系的转换矩阵,这样就得到了星敏感器相对于惯性空间的姿态信息。工作原理如图 3 - 10 所示。

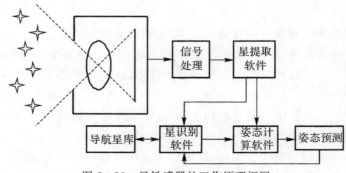

图 3 - 10　星敏感器的工作原理框图

星敏感器工作模式通常有 4 种：自检工作模式、捕获工作模式、跟踪工作模式和成像工作模式。自检工作模式下，利用放在 CCD（或 CMOS）像面前的发光二极管发出的光来检查星敏感器的工作正常与否；捕获工作模式下，对视场内的星象进行处理，剔除太空碎片和大目标，选取最亮的 2～5 颗星作为导航星，确定导航星窗口；跟踪工作模式下，处理导航星窗口内的星象数据，计算导航星的精确位置，计算和输出 3 轴姿态角，同时更新导航星窗口的位置；成像工作模式下，星敏感器被作为一台相机使用，可以拍摄和存储视场内的星象，需要时可以将存储的星空图像传至地面。

四、星敏感器主要参数

星敏感器的主要技术参数包括视场、天空覆盖率、星等灵敏度、测量精度以及星表尺寸、更新速率等，这些技术参数既相互关联，又相互制约，它们共同决定了星敏感器的性能水平。

1. 视场

视场是星敏感器最重要技术参数之一，星敏感器视场对角线方向通常从几度到 30 多度，视场的大小决定了星敏感器采集星图的大小，影响着星敏感器的各项性能。

设探测器芯片的每一条边对应的天空视场角度为 A，则

$$\tan \frac{A}{2} = \frac{s}{2f} \tag{3-1}$$

式中，s 是芯片有效边长；f 是系统焦距。

对于小视场光学系统，为保证视场内有足够的星数目，光学系统的镜头孔径直径需要加大，因为口径加大能使系统探测到更多的暗星。而大的孔径导致光学系统体积和质量变大。视场小、孔径大、探测暗星多，导致相应需要的星表包含星数目增加，星表尺寸变大，这意味着星识别算法随着星表包含导航星数目的增加而急剧变得复杂，计算量也急剧变大。

2. 天空覆盖

天空覆盖，是指星敏感器的星识别算法能够成功运行，正确识别星图，给出星敏感器姿态信息的天球区域所占整个天球的百分比。第二代星敏感器具有很高的星等探测灵敏度，因而在视场内能够探测到大量的星。在跟踪阶段，基本不存在视场内探测不到星的情况，初始姿态捕获阶段比星跟踪阶段的星识别过程困难得多。视场内星体数目较少时，算法可能会对许多星图不识别，因而一帧星图中最少的星数目允许降到一个小的天空覆盖百分比所要进行初始捕获所必需的数目。

理论上，星敏感器视场内有两颗星就能够为星识别提供足够信息，实际上两颗星很难保证不发生误识别，传统的星敏感器姿态测量软件要求至少 3 颗星，理想的导航星数目为 3～5 颗。对于新一代的星敏感器，为了达到自主导航的目的，天空覆盖通常设计为 100%，这就需要具有较大的视场，保证在恶劣的条件下，视场内仍然有足够的导航星数目。

3. 星等灵敏度

星等探测灵敏度说明了星敏感器在视场内能够探测到最暗星的能力，它是表征星敏感器探测能力的最重要指标。

在视场一定的情况下，为了增加视场内的有效星数目，就必须提高系统的星等灵敏度，同时，星等灵敏度的提高会改善单星测量精度。

4. 测量精度

星敏感器测量精度是指星敏感器最后输出的姿态角测量精度,它是星敏感器最重要的技术参数和性能指标。

对于具有式(3-1)描述的视场的星敏感器,其相应的单个像元对应的空间角分辨率为

$$\zeta = \frac{A}{N_{\text{pix}}} \tag{3-2}$$

式中,N_{pix}——CCD芯片一个方向上的有效像元数目。

星敏感器的基本测量精度是由单个像元对应的空间角分辨率决定的,当采用内插细分技术时,系统可达到亚像元甚至更高的测量精度。

5. 星表尺寸

在利用星识别算法进行星识别时,存储导航星特征的星表是必不可少的。内部星表主要用来实现初始姿态捕获和计算姿态四元数。由于星识别中一般采用星的相对位置作为星识别的主要特征,而使用星等作为辅助特征,所以星表中主要存储这两种信息。

星敏感器需要的星表尺寸依赖于系统的星等探测灵敏度。如果系统星等探测灵敏度高(如大孔径、长积分时间等),相应就需要大的星表。同时,随着星数目增加,系统处理能力要求急剧提高。所以,一般不希望使用大的星表。

星表中除了存储每颗星的坐标、星等等参数外,还应事先将星对的特征存入星表中。当星表的星数为2 000颗时,星对数为40 000个。可见星表的选择和组织对星识别的效率将产生很大的影响。

星表的选择首先应根据星敏感器的视场角和星等探测灵敏度来选择,保证视场内可探测到足够的星。在保证测量精度的前提下,大幅度地扩大视场,可以为降低探测星等、缩小星表、减少星识别计算时间、快速给出姿态测量数据创造有利条件。

6. 处理器要求

CCD星敏感器或CMOS APS星敏感器计算量很大,初始姿态捕获定位、计算图像数据的四元数,所有计算在高速帧频下进行,实现星识别一般少于2 s,处理器通常要求10~15 MIPS。

7. 模-数转换分辨率

探测到的最暗星与最亮星之间的亮度差别很大,为了尽可能多地保存信息,应该使用高分辨率的模数转换器,如12位模数转换器。但对于包含很多星(>50)的星图,其中只有一小部分亮星,量化等级要求8位以上的分辨率。如果只用8位分辨率,对于计算有很大好处,同时极少数特别亮的星可以被剔除不用,因为它们对总体精度贡献很小。

8. 更新速率

更新速率取决于两方面:曝光时间和图像处理时间。这两个过程可以是流水线方式。曝光时间长,图像传感器获得的光子数多,系统信噪比高。然而,整个姿态控制系统的精确度要求整个操作必须在特定时间内完成。所以,对于一个稳定平台,曝光时间与精度是互为制约的,它们的关系要靠飞行器本身要求综合考虑。对于CCD星敏感器,更新过程中大量的计算是制约更新速率的重要限制因素。跟踪时的更新频率取决于CCD处理是否处于"窗口模式",微计算机是否数字化整幅图像以及是否依靠自己处理全部图像。

9. 体积与质量

随着微小卫星应用领域的迅速发展,对星敏感器的体积与质量的要求越来越严格。星敏

感器的体积与质量主要由两方面决定：电子学系统和光学系统。电子学系统体积与质量由图像传感器与电子学处理电路决定，随着微电子技术的不断发展，星敏感器电子学电路有可能集成为几块集成电路，光学系统的体积与质量将占支配地位。这样，如前所述，具有大视场的新型光学系统的设计，将具有明显优势。

第三节　星光制导技术原理

星光制导技术是融合光学、天文学、电子学、计算机和自动控制等多门学科知识的综合性应用技术。星光制导实际应用过程中的关键技术问题主要包括光学系统参数确定、星图模拟、导航星优选、星提取、星图识别和姿态解算等。

一、星敏感器标定

星敏感器的参数标定是指对其不同的物理参数（如光学镜头的焦距、主点偏移）进行估计。星敏感器标定分为在轨标定和地面标定。在轨标定方法分为两类：一是根据外部的姿态信息校准；二是根据星间角距不变原理校准。第一类方法需要提供一个已知的精确姿态，若提供的姿态信息存在一定误差，则该误差会引入校准过程中；第二类方法是基于星间角距不变的原理，检测在轨飞行期间星间角距测量值和真实值的偏差，利用相关的优化算法估计出标定参数。

由于导弹技术的特殊性，星敏感器的在轨标定存在时间段、环境因素等很多限制条件。采用地面测试、星图模拟等方法，对星敏感器的安装误差、光学参数误差（如 CCD 平面倾斜角、旋转角、镜头畸变、主点偏差等）、加工装配误差、电子线路误差等进行标定，这就是地面标定方法。地面标定方法根据实施过程不同分为两大类——非设备式标定方法和采用地面标定设备方法。按照工作方式的不同，一般又把星模拟器分为两大类——标定型星模拟器和功能检测型星模拟器。

星敏感器在使用中由于工作环境的改变以及长期工作带来的老化和机械变形都会造成系统内部的参数变化，从而各种误差因素会对星敏感器测量精度带来影响。星敏感器的光学系统是影响姿态测量的主要误差因素，这里的误差分析只考虑星敏感器光学系统误差对姿态精度的影响。光学系统误差因素主要有以下几项。

（1）视轴交点的不准确，也就是视轴的指向发生偏移，这里称为主点偏差，记为 $(\Delta x, \Delta y)$；

（2）焦距 f 的不确定，假设焦距偏移量为 Δf；

（3）CCD 焦平面倾斜，假设焦平面相对理想情况 x 轴正向转动了 φ_x、绕 y 轴正向转动了 φ_y；

（4）CCD 焦平面绕视轴旋转了 β 角，记为旋转角 β；

（5）光学镜头的畸变。镜头畸变包括径向和切向畸变，径向畸变会引起图像点沿径向移动，离中心点越远其变形越大；切向畸变引起的误差比较小，可以忽略不计，因此只考虑径向畸变。

对于以上的光学系统误差影响可以用图 3-11 来表述误差传递关系。

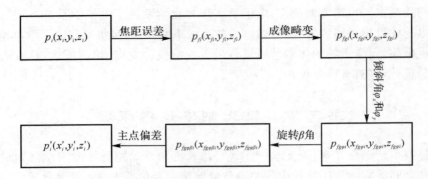

图 3 - 11　星敏感器误差传递图

1. 焦距误差对星点质心位置的影响

在工程应用中,星敏感器的焦距误差一方面是因为镜头焦距在工作过程中受到热变形,而引起星敏感器镜头焦距发生变化;另一方面由于实际工程需要,星敏感器为了达到亚像元的定位精度,其光学系统采取了"轻微离焦"的成像方式;同时,星敏感器光学系统还会受到一些机械震动和机械变形的影响,使星敏感器镜头焦距偏离标准值;星敏感器在系统装配时存在系统装配误差,会导致实际图像传感器的感光面不能精确安装在光学系统的焦点处。以上的影响因素会导致实际星敏感器光学系统中的镜头焦距偏离标准值,这里定义焦距误差为 Δf,如图 3 - 12 所示,建立星敏感器测量实际模型。图中 O_p 为星敏感器光轴与焦平面的交点(主点);$O_p x_p y_p z_p$ 为 CCD 焦平面坐标系,$O_s x_s y_s z_s$ 为星敏感器坐标系,O_s 为光学系统的光心,z_s 轴为光轴方向,垂直于焦平面,O_s' 为光轴发生偏移 Δf 后的实际主点;在 CCD 焦平面上,$p_{fi}(x_{fi}, y_{fi})$ 为理想模型中恒星成像点坐标,$p(x_i, y_i)$ 为实际模型上的成像点坐标。

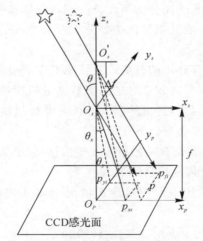

图 3 - 12　焦距误差对星像位置的影响

此时实际的星点坐标 $p(x_i, y_i)$ 和理想星点坐标 $p_{fi}(x_{fi}, y_{fi})$,根据比例关系则此时实际星点坐标为

$$\left.\begin{array}{l} x_i = fx_{fi}/(f + \Delta f) \\ y_i = fy_{fi}/(f + \Delta f) \end{array}\right\} \tag{3-3}$$

式中,f 为焦距的理想值;Δf 为焦距误差。

2. 光学镜头的畸变

由于镜头设计和加工工艺水平的限制,镜头实际成像过程并不能一直保持线性变换,总存在着一定的非线性畸变,使得实际成像点偏离理想成像点。这些畸变包括径向畸变、切向畸变以及薄棱镜畸变,如图 3-13 所示,图中 d_r 表示径向畸变,d_t 表示切向畸变。

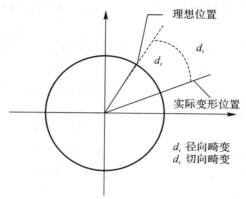

图 3-13　镜头畸变示意图

径向畸变是由于星敏感器的镜头形状加工精度不够,从而引入的星像位置偏差,径向畸变以镜头中心为中心点,沿着径向作用在星像位置上;切向畸变是由于镜头组件的光学中心没有完全共轴引起的;薄棱镜畸变是由于星敏感器的镜头在使用中安装不当引起的。在工程实践发现,切向畸变和薄棱镜畸变对星像坐标的影响较小,近似可以忽略,因而一般只考虑径向畸变对星敏感器光学系统的影响。

3. CCD 平面倾斜及旋转误差

CCD 平面倾斜角对星敏感器星像位置的影响主要包括 CCD 平面绕 y 轴和 CCD 平面绕 x 轴对星像位置的影响。同时,CCD 平面在安装时会产生绕 z 轴的旋转角 β,都会对星像点位置产生影响。星像点的位置变化可以通过欧拉角坐标变换的方式实现,《导弹应用力学基础》等书籍对此有较为详尽的论述,读者可以参考。

4. 主点偏差对星点质心位置的影响

影响星敏感器主点定位的因素概括起来主要有以下几种。

(1)像素空间误差。由探测器空间不均匀性及星点定位算法带来的测量误差,探测器空间不均匀性包括 PRNU、DSNU、暗电流尖峰和 FPN 等。通过星敏感器角速度的作用,像素空间误差也转化为时域误差。对于高精度 CCD 探测器而言,不均匀性表现为空间白噪声特性。CMOS 器件由于成像机制的原因,可能产生 FPN 噪声,即系统性的不均匀性,在采取明场/暗场校正措施后也基本表现为空间白噪声特性。星点定位算法误差是指采用的亚像元定位算法带来的误差,其空间周期为 1 像素。

(2)点扩散函数随视场位置的变化。越接近边缘视场,像差越大,星点扩散函数越偏离理想形状,引入星点定位误差。在以上误差因素影响下,实际上,不能精确定位主点(图像传感器感光面与光轴的交点)在图像传感器感光面的位置,只能规定一个位置。以上因素最终造成星点质心位置偏差 $(\Delta x, \Delta y)$。

综合各类影响因素,可以建立星敏感器的误差校正模型,同时也是星敏感器光学系统误差对星像位置误差的影响。

二、星图模拟与导航星表构建

星图模拟就是利用星表中存储的恒星位置与星等数据,通过一系列计算得到某参数星敏感器在给定姿态条件下观测到的恒星的位置、灰度值及灰度分布——恒星图像,并与背景图像叠加,生成图像数据的过程。星图模拟是星敏感器标定、星光制导仿真的重要技术基础。

1. 星敏感器星图模拟

恒星的位置通常采用天球坐标系描述,坐标系定义:原点是地心 O,Oxy 平面为赤道面,x 轴指向春分点,z 轴指向北天极。天球是一个假想球面,其以观测者为中心,以任意长为半径,如图 3-14 所示。天球上某点的位置可由两个球面坐标——赤经和赤纬描述,其与地球上的经度、纬度相似。每颗恒星即可抽象为天球上的一个点。但由于岁差影响——一种沿着地轴方向的缓慢运动,春分点的位置在缓慢发生变化,导致恒星的天球坐标也发生变化。天文学家通过长期观察,得到了恒星在历元时刻对应的赤经、赤纬坐标——恒星平位置,并给出了用于估计观测时刻恒星位置的修正量。某观测时刻恒星的瞬时位置可由历元时刻的恒星平位置加上修正量得到。

大部分恒星距离地球都非常遥远,如距离地球最近的恒星(比邻星)距太阳 4.2 光年,因此可近似认为人们观测到的恒星星光是平行光。对于同一颗恒星,人们观测到的星光矢量应具有同一方向,不随观测地点的改变而改变。所以,某观测时刻恒星在天球坐标系下的星光矢量与星敏感器观测到的星光矢量只存在一个坐标转换关系,假设转换矩阵为 M,恒星在天球坐标系下的星光矢量为 S,星敏感器观测到的星光矢量为 S',则存在关系:$S'=M\times S$。

恒星在天球坐标系下的星光矢量 S 可以用其天球坐标(赤经和赤纬)的三角函数表示,如假设恒星的天球坐标为 (α,δ),则星光矢量可表示为 $(\cos\alpha\cdot\cos\delta,\sin\alpha\cdot\cos\delta,\sin\delta)^T$。星敏感器观测到的星光矢量 S' 是与矢量 $(x_s,y_s,-f)^T$ 平行的单位矢量,其中 x_s,y_s 表示某恒星在星敏感器焦平面上的坐标,f 表示星敏感器光学系统的焦距。

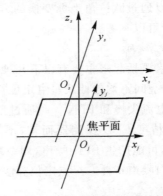

图 3-14　星敏感器像空间坐标系

星敏感器焦平面坐标系定义:原点为 CCD 芯片中心,记为 O_j;O_jx_j,O_jy_j 分别平行于 CCD 芯片两边。星敏感器像空间坐标系定义:原点为星敏感器光学系统中心,记为 O_s;O_sx_s,O_sy_s 的方向与星敏感器焦平面坐标系定义一致,O_sz_s 与星敏感器光轴指向一致。

因此,星图模拟本质上是一个坐标转换的过程。其原理可描述为:首先,搜索星表确定星敏感器观测到的星体;其次,通过坐标转换矩阵得到观测星在星图中的坐标;再次,基于星光成像原理进行成像仿真;最后,将星像与星图背景叠加得到模拟星图。显然,星图模拟需要解决空间坐标变换、星等与光电子数的变换、星像能量分布模拟、星图噪声生成等重要问题,目前均有较为成熟的方法,这里不再赘述。

2.导航星表构建

影响星敏感器观星测姿能力的主要因素为是否构建一个均匀完备的导航星表。因此,构建导航星表是星光制导的关键技术,其影响着星图识别的成功率和识别效率。

(1)星等滤波法。星等滤波法是最常用的导航星表构建方法。该方法直接将原始星表中亮度大于等于某一亮度值的星选出来组成导航星表。这种方法应用简单,也能提供与观测星匹配良好的导航星表,但是由于恒星分布具有不均匀性,对星敏感器的性能会产生一些不良的影响,如有的方位星数太多导致星图识别的准确度下降,而在另外一些方位星数太少,有视场空洞存在,造成星图识别不成功,以及姿态测量精度的不一致性等。如果要通过减小视场来提高姿态的测量精度,消除空洞,必然要提高星敏感器的星光敏感度和星等过滤算法中的星等阈值,这会使得导航星的数量迅速增加进而导致导航星表的大小发生指数级增加,大大地增加存储成本和搜索时间。

(2)球矩形法。球矩形法是将天球按照赤经赤纬剖分成多个网格单元,并在每个网格单元内选取最亮的恒星作为导航星。该方法相比于星等滤波法在均匀性上有一定提高,但在不同赤纬上,剖分的网格单元面积并不相同,这点在两极与赤道处最为明显,这对导航星表的构建仍存在较大影响。

(3)三角剖分法。三角剖分法是对天球进行三角剖分,该剖分方法避免了球矩形法中网格单元面积随赤纬的变化而变化的问题,通过三角剖分,得到比较均匀的网格单元,具体剖分步骤如下。

1)通过0°~180°首子午圈和与之垂直的东西经90°子午圈及赤道把球面分为等面积的8个球面三角形。

2)对每个球面三角形分别取3边的中点,并用大圆弧连接,形成4个二级的球面三角形。

3)依据步骤2),依此对此后各级的球面三角形进行递归剖分,直到满足应用为止(递归的层次数为n)。

通过上述步骤获得的三角网格称为四元三角网(Quaternary Triangular Mesh,QTM),其一级剖分和二级剖分如图3-15所示。

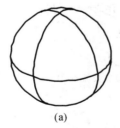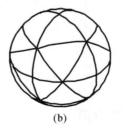

(a)   (b)

图3-15 球面QTM剖分过程

(a)一级剖分;(b)二级剖分

在获取的网格单元里选取最亮星作为导航星,其均匀性较好,但该方法与球矩形法存在同样一个问题,那便是无法避免相邻网格单元之间选取导航星局部密集的问题。

(4)三角剖分"距离-星等"加权法。该方法在三角剖分的基础上,对网格单元里的候选星进行"距离-星等"加权,通过选取权值大的恒星作为导航星,可以兼顾导航星的均匀性和亮度两个指标。基本思想如下。

1)在每一个三角网格中,选取其内切圆圆心作为基准点,可以保证该基准点在其三角网格内,且基准点到三边的距离相等,使基准点的分布具有较好的均匀性。

2)计算网格内恒星与基准点的角距,与恒星仪器星等一起,得到恒星权值。

3)选取权值最大的恒星作为该三角网格的导航星。

综上所述,该方法首先对天球进行三角剖分,使网格单元近似相等,其次引入"距离-星等"加权,进一步提高导航星表的均匀性,该方法的具体流程如图 3-16 所示。

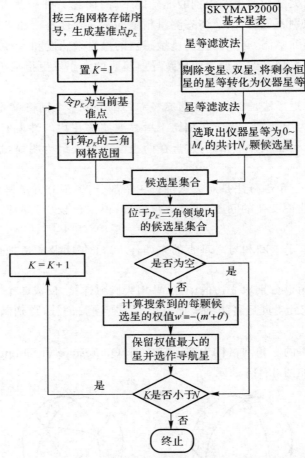

图 3-16　导航星选取方法流程图

三、星提取与星图识别

从星图中提取星像并估计其质心位置的过程被称为星提取。星提取是星敏感器工作的基础,其提取精度是星敏感器测量精度的决定性因素。由于 CCD 像素数目多达几十万甚至上百万个,所以星提取的显著特点是数据处理量大、处理过程耗时。星提取不仅影响到星图识别的效率,更关系到姿态解算的精度,因此,如何快速准确地从星图中提取星像十分重要。

1.星提取

星提取分为两个子过程:星像粗提取和星像细分定位。星像粗提取主要完成星图分割和提取单星像;星像细分定位完成星像质心位置的估计。

(1)星图的特点。作为星敏感器的观测目标,恒星可以看作为无穷远的、微弱的、具有一定光谱特性的点光源。星图具有显著的特点,可近似看成由大量黑暗背景和若干个灰度不一的孤立点状光斑组成的图像,其中的点状光斑就是星像,如图3-17所示。星像是灰度值大于背景阈值的一定数量的邻近像素的集合,灰度值近似成高斯分布,直径一般为3~5个像素,且星像中心为灰度值最大的像素。

图3-17　某型星敏感器获得的实际星图

星敏感器在工作过程中,不可避免地要受到噪声等各种干扰因素的影响,其中主要包括:①图像传感器的噪声,如光子散粒噪声、暗电流散粒噪声、固定模式噪声、光响应非均匀性;②电子线路噪声,如芯片放大器噪声、片外放大器噪声;③量化噪声。这些噪声会导致星图背景的灰度值发生变化,所以实际的星图中还包括由这些噪声形成的伪星像,因此在星提取时必须考虑噪声对星图的影响。

(2)星像粗提取。星图背景的灰度值一般较低,且变化平缓,像素之间有很强的相关性,星像的灰度值一般较高,且变化剧烈,因此可以采用设置阈值的方法来分离背景和星像目标。阈值的设定是否合理对星提取算法的性能影响很大,设定得过小,会提取出很多非星像目标,设定得过大,可能丢失星像目标或导致星像目标提取不全。常用的设定阈值的方法有固定阈值法和自适应阈值法。

固定阈值法采用单一阈值进行星图分割,其阈值通常由实验标定得到,主要包含两方面内容:①由于暗电流受工作温度的影响很大,所以通过在标定温度范围内拍摄多幅黑图像,然后计算每个像素的灰度平均值来估计暗电流对图像灰度的影响,通常5~7幅图像就可以充分估计每个像素由暗电流引起的灰度平均值;②通过地面拍摄夜空实验,在标称情况下对星敏感器的信噪比进行确定,以获得图像灰度平均值。完成两个标定内容后,阈值可由下式计算,有

$$V_{th} = E_1 + E_2 + 3\delta \tag{3-4}$$

式中,V_{th}表示固定阈值;E_1,E_2分别表示工作温度条件下暗电流引起的图像灰度平均值和地面拍摄夜空实验获得的图像灰度平均值;δ表示图像灰度值的均方差。

由于地面实验环境与空间实际应用环境有较大差别,因此通过实验标定得到的固定阈值

并不是最优的。自适应阈值法是根据实时星图数据进行阈值计算的方法,有很强的灵活性,可以提高星图分割的性能,所以这里采用该算法分割星图,其表达式为

$$V_{th} = E + \alpha\sigma \tag{3-5}$$

式中,E 为星图的灰度均值,即星图所有像素灰度值(P_{xy})的加和平均,表达式为

$$E = \frac{\sum_{x=1}^{m}\sum_{y=1}^{n}P_{xy}}{mn} \tag{3-6}$$

σ 为星图的方差,表达式为

$$\sigma = \sqrt{\frac{\sum_{x=1}^{m}\sum_{y=1}^{n}(P_{xy}-E)^2}{mn-1}} \tag{3-7}$$

α 为一个与噪声有关的常值系数,经验上,根据参数(镜头焦距、曝光时间)的不同,α 的数值取为 $3 \sim 5$。

计算出阈值后,即可进行星图分割,根据不同的图像处理目的,可以采用不同的分割方法。考虑在后续处理过程中要使用灰度差值信息,这里采用下式来分离星图背景和目标,即

$$\Delta P_{ij} = \begin{cases} P_{ij} - V_{th}, & P_{ij} - V_{th} \geqslant T \\ 0, & P_{ij} - V_{th} < T \end{cases} \tag{3-8}$$

式中,ΔP_{ij} 为计算的目标像素的灰度差值;T 为灰度阈值,可以根据所选的星等范围进行确定,这样,可以很好地抑制噪声。

(3)星像细分定位。星像细分定位技术是提高星敏感器测量精度很重要的方法。受光学系统和 CCD 制造工艺的限制,图像的分辨率不可能无限制地提高,因此通过提高图像分辨率来提高定位精度的方法受到了一定的局限。然而,通过软件算法对图像进行处理却是一个行之有效的途径。如果聚焦正确,恒星在星敏感器 CCD 感光面上的成像将只占一个像素,但是这样会造成较大的定位误差,如星敏感器的视场角为 $12° \times 12°$,分辨率为 $1\ 024 \times 1\ 024$,则其角分辨率近似为 $42.4''$,即提取恒星质心位置时会有 $42.4''$ 的误差,这将对后续的星图识别造成较大的影响。所以常采用离焦(弥散)的方式,使恒星成像到较多的像素上,然后进行细分定位,如图 3-18 所示。

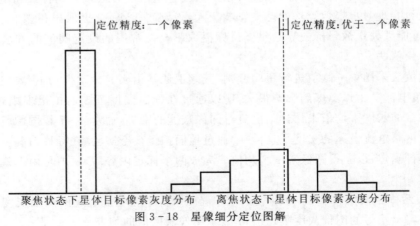

图 3-18 星像细分定位图解

　　星像细分定位算法归纳起来主要是质心法和高斯曲面拟合法。质心法设恒星星像分布在一个矩形窗口内,称为质心窗,质心窗左上角像素坐标为$(1,1)$,右下角像素坐标为(m,n),质心窗内灰度分布为$p(x,y)$,背景阈值为E,x_c,y_c为星体细分定位坐标。将质心窗看作是一平面薄片,灰度值看作点质量,可以利用传统质心计算公式计算星点坐标(x_c,y_c),也可利用带阈值的质心法、平方加权质心法、高斯曲面拟合法进行精确星点提取。

　　质心法可看作一种对灰度进行加权运算以求得星像质心位置的方法,该类算法计算量小且易于实现,其中,带阈值的质心法计算精度最高,抗噪声干扰能力最强。从质心法的计算公式可以看出,权值的绝对值随像素离星像中心的距离增加而变大,由星像灰度分布的特点可知,灰度值较大且信噪比较高的信号集中于星像中心附近,所以该类算法过多依赖灰度峰值两侧的弱信号,使得其抗噪声干扰能力较弱,当星像灰度值较小时,细分定位精度将严重下降。高斯曲面拟合法充分利用了星像灰度分布的特点,因而计算精度较高,抗噪声干扰能力也较强,但需要进行较多复杂的对数运算,计算量较大。

　　2.星图识别

　　星图识别(Star Map Recogintion)就是将星敏感器实时拍摄的星图与由导航星组成的星图,根据几何特征进行匹配以确定观测星与导航星的对应关系,其本质是模式识别。星图识别是星敏感器工作的关键,其算法的优劣直接关系到星敏感器的性能。对星图识别算法的研究主要包括导航星的选取、导航特征库的构建以及匹配识别算法。

　　(1)恒星分布规律。SKY2000主星表记录了亮度在$-2\sim13$星等之间的恒星。恒星的星等分布极不均匀,图$3-19$所示为恒星数量与星等门限之间的关系,从图中可以看出,星等很低时,恒星的数量很少,随着星等门限的增加,恒星数量大致成指数关系递增。

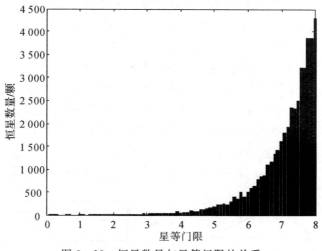

图$3-19$　恒星数量与星等门限的关系

　　此外,恒星在天球上的分布也不均匀,这一点可以由图$3-20$充分体现。从图中可以看出:恒星在天球赤道面附近分布较为密集,在天球两极较为稀疏,南半球总的星数少于北半球。

　　(2)导航星的选取原则。导航星表来自于基本星表,由于基本星表中信息量大,如果把所有的恒星都作为识别对象不但要占用很大的存储空间,而且在星图识别过程中会产生庞大的计算量及增加失配的概率,因此,在建立导航星表之前,必须从基本星表中选出真正用来匹配

的导航星。为满足星敏感器全天自主导航的需要,导航星的选取应遵循以下原则:

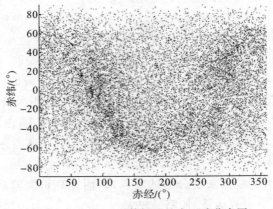

图 3-20   0~7 星等恒星的全天球分布图

1)导航星不包括变星和双星;

2)导航星亮度越大越好;

3)视场中的星数满足星图识别所需最少星数要求;

4)导航星在天球上的分布尽可能均匀;

5)导航星之间的角距要大于一定门限。

提取出导航星后,构建导航星表还需要对导航星数据进行进一步处理。由于 SKY2000 主星表中记录了恒星的几十种数据,而星图识别算法的识别特征主要为恒星星等和恒星间几何关系(包括星对角距以及星几何分布),所以导航星表中只保留了恒星的星号、赤经、赤纬和星等数据。当然,如果星敏感器的设计寿命较长,还需要保留恒星的自行信息,以便对恒星位置进行校正。

(3)典型星图识别算法。目前出现了很多星图识别算法,比较经典的主要有三角形算法、栅格算法、匹配组算法、奇异值分解算法、基于神经网络的算法和基于遗传的算法。

1)三角形算法。三角形算法在众多星图识别算法中是最直观的,也是在工程实践中使用最广泛的一种算法,其核心思想是试图使一个由观测星构成的三角形唯一地与导航星同构三角形匹配。三角形识别算法有两种模式,其一是"边-角-边",其二是"边-边-边",由于前一种模式需要两个匹配门限,所以通常采用的是第二种模式,其实现过程如图 3-21 所示。

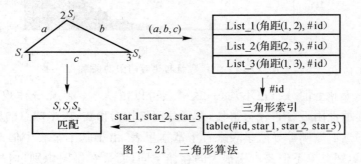

图 3-21   三角形算法

该算法的实现步骤如下。

A. 选取星敏感器实时观测星图中最亮的 k 颗星。

B. 把由这 k 颗星构成的待识别的 C_k^3 个星三角形组成一个列表。

C. 对每一个三角形,标记其顶点;对三条边所对应的星对角距进行升序排列,与导航星数据库中的星对角距进行比较,找出差值在 $\pm\varepsilon_d$ 范围内的星对。

D. 对于步骤 C 得到的每一个星对,如果被标识的顶点星与其对应得导航星的星等误差在 $\pm\varepsilon_b$ 范围内,则把该该导航星对放入匹配表中。

E. 如果匹配表为空,则识别失败;否则,检查是否所有的导航星对在同样的星敏感器视场角范围内。如果不是,认为在同样的视场角内存在的最大导航星组为识别结果星组,如果不存在最大星组,则识别失败。

2)栅格算法。栅格算法是一种典型的采用模式匹配策略的星图识别算法,基本原理如图3-22 所示。

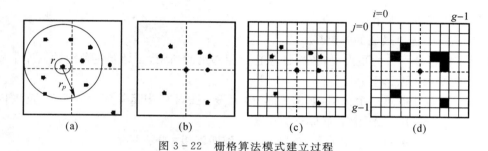

图 3 - 22　栅格算法模式建立过程

其模式建立过程如下:

A. 在视场内找出一颗亮星并将其移至视场中心,在以 r 为半径的圆周外找一颗最近的星作为方位星,以该亮星为原点,以其与方位星的连线为 x 轴正方向确定一个直角坐标系;

B. 在该坐标系内划分网格,每个网格的大小为 $g \times g$,一般情况下其分辨率比星敏感器分辨率小得多;

C. 投影所有在半径 r_p 范围内的观测星,有观测星的网格值是 1,没有观测星的网格值是 0,从而构成了一个由 0 和 1 组成的模式,即为该亮星的特征。

该算法实现步骤如下:

A. 从星图中选出最亮的 k 颗星;

B. 对每一颗星,找出半径 r 外最近的一颗星,确定网格指向,然后将所有在半径 r_p 范围内的观测星都投影到这个坐标系上,从而形成一个模式;

C. 在导航模式库中找出与该模式最相近的匹配模式,如果匹配数超过 m ,将观测星与模式相关联的导航星配对;

D. 进行与三角形算法类似的一致性检测,寻找视场范围内最大识别星组。如果星组数目大于 1 则返回该配对结果,如果不存在最大识别星组,或者不能进行识别,则识别失败。

3)匹配组算法。匹配组算法是一种比较通用的星图识别算法,其原理是在导航星数据库中寻找一个同态子图,当与星敏感器实时星图的特定星结构在一定的约束条件下一致时,则认为匹配成功。原理过程如图 3 - 23 所示。

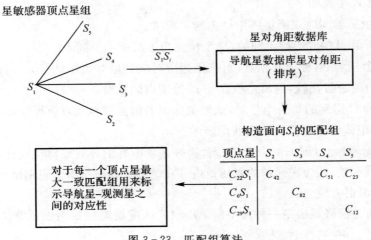

图 3-23 匹配组算法

该算法实现步骤如下：

A. 从星图中选出最亮的 k 颗星；

B. 将 k 颗星分别作为顶点星，依次计算它与相邻星的角距，在导航星角距数据库中找到误差在 $\pm\varepsilon_d$ 范围内的片段；

C. 对于星敏感器每一个星组，如果可能，标记每一个片段中星等误差在 $\pm\varepsilon_d$ 范围内的所有导航星，在适当的匹配组中记录每一个片段；

D. 通过确认匹配组中角距关系，找出最大一致匹配组，如果不存在最大一致匹配组，或者最大匹配组不充分满足条件，则算法失败，否则匹配组给出了导航星和观测星之间正确的对应关系。

4）其他识别算法。奇异值分解算法（Singular Value Decomposition，SVD）是一种非直观的星图识别算法，其原理是通过利用矩阵奇异值在坐标转换时的不变性，根据观测单位列矢量矩阵的奇异值及其相应的参考单位列矢量矩阵的奇异值来进行星图识别。

用神经网络方法解决候选系统的模式识别问题很久以前就获得了显著的成功。神经网络只要经过恰当的训练，就能够处理输入数据并基于已经学习的被识别的模式输出对数据的分类。基于神经网络算法的基本思路是，通过选择星图中最亮的一颗恒星，把星图识别问题转换成在导航星数据库中找出一个与观测星模式一致的导航星模式。该算法的关键是获取特征矢量，通过选择合适的星数量，结合星距及角度信息即可构建相应的特征向量。

遗传算法源于生物进化以及群体遗传学，是基于模拟生物进化过程的自适应全局优化概率搜索算法。基于遗传的星图识别算法，是将星图识别视为一种组合优化问题，并用遗传算法来求解。此类算法的基本思路是根据视场内各个观测星得到的角距向量初始化种群，选择控制参数；根据个体所包含的角距信息搜索导航星数据库并计算个体适应度值；判断是否匹配成功，匹配成功或已经达到最大遗传代数则退出；按照遗传算法原理产生新的种群，重复之前步骤。

金字塔算法识别的基本思路如下：

A. 基于某种准则选取三个观测星组成观测星三角形，简称为观测三角形，作为基三角形；

B. 对该三角形进行匹配识别；

C.选取除基三角形外任意某颗观测星,与基三角形构成类四面体结构,对基三角形的识别结果进行验证,同时识别该星;

D.若验证成功,则依次选取剩余观测星与基三角形组成类四面体结构,识别选取的观测星,当所有观测星都完成识别后,程序结束,否则继续进行步骤 C;

E.若遍历所有观测星后,基三角形的识别结果仍未通过验证,则说明选取的基三角形中包含伪星(噪声),程序返回步骤 A 执行,当所有观测三角形组合都完成了上述识别过程,则程序结束。

四、星敏感器的测姿原理

星敏感器成像测量原理如图 3-24 所示。$O_s x_s y_s z_s$ 表示星敏感器坐标系,$Ouvw$ 表示 CCD 成像平面坐标系。y_s 与 w 重合并与光轴 $O_s O$ 方向一致,$O_s O$ 之间的距离 f 为光学透镜的焦距;第 i 颗星在 CCD 阵列上成像的中心位置为 $p_i(u_i, v_i)$,高度为 I_i;光线 $p_i O_s$ 在 CCD 面阵的 Ouw 平面的投影为 $p_{ui} O_s$,$p_{ui} O_s$ 与 $O_s O$ 之间的夹角为 α_i,$p_{ui} O_s$ 与 $p_i O_s$ 之间的夹角为 δ_i。

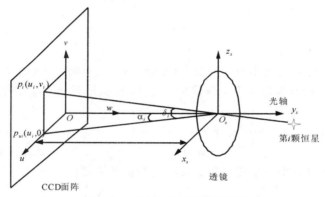

图 3-24　星敏感器测量原理图

由图中的几何关系可得

$$\tan\alpha_i = \frac{u_i}{f}, \quad \tan\delta_i = \frac{v_i}{f/\cos\alpha_i} \tag{3-9}$$

$p_i O_s$ 的单位矢量 $\boldsymbol{po}$ 在星敏感器坐标系中表示为

$$\boldsymbol{po} = \begin{bmatrix} x_{s1} \\ y_{s1} \\ z_{s1} \end{bmatrix} = \begin{bmatrix} -\sin\alpha_i \cos\delta_i \\ \cos\alpha_i \cos\delta_i \\ -\sin\delta_i \end{bmatrix} + \boldsymbol{V}_s \tag{3-10}$$

式中,$\boldsymbol{V}_s$ 为星敏感器测量误差矢量,单位矢量也可表示为

$$\boldsymbol{po} = \frac{1}{\sqrt{u_i^2 + v_i^2 + f_i^2}} \begin{bmatrix} -u_i \\ f \\ -v_i \end{bmatrix} + \boldsymbol{V}_s \tag{3-11}$$

恒星单位矢量在惯性坐标系中表示为 $\boldsymbol{S}_I$。假设星敏感器对准某一天区成像,捕获 n 颗恒星。这些恒星在惯性空间中的坐标为 $(x_{s1}, y_{s1}, z_{s1})(x_{s2}, y_{s2}, z_{s2})\cdots(x_{sn}, y_{sn}, z_{sn})$,在星敏感器坐标系中的坐标为 $(x_{L1}, y_{L1}, z_{L1})(x_{L2}, y_{L2}, z_{L2})\cdots(x_{Ln}, y_{Ln}, z_{Ln})$。星敏感器坐标系的 x_s, y_s, z_{s1} 三轴在地心惯性空间的指向分别为 $(X_x, Y_x, Z_x)(X_y, Y_y, Z_y)(X_z, Y_z, Z_z)$,有以下关系:

$$\begin{bmatrix} x_{s1} & y_{s1} & z_{s1} \\ x_{s2} & y_{s2} & z_{s2} \\ \vdots & \vdots & \vdots \\ x_{sn} & y_{sn} & z_{sn} \end{bmatrix} = \begin{bmatrix} X_{L1} & Y_{L1} & Z_{L1} \\ X_{L2} & Y_{L2} & Z_{L2} \\ \vdots & \vdots & \vdots \\ X_{Ln} & Y_{Ln} & Z_{Ln} \end{bmatrix} \cdot \begin{bmatrix} X_x & X_y & X_z \\ Y_x & Y_y & Y_z \\ Z_x & Z_y & Z_z \end{bmatrix} \tag{3-12}$$

令

$$\boldsymbol{S} = \begin{bmatrix} x_{s1} & y_{s1} & z_{s1} \\ x_{s2} & y_{s2} & z_{s2} \\ \vdots & \vdots & \vdots \\ x_{sn} & y_{sn} & z_{sn} \end{bmatrix}, \quad \boldsymbol{G} = \begin{bmatrix} X_{L1} & Y_{L1} & Z_{L1} \\ X_{L2} & Y_{L2} & Z_{L2} \\ \vdots & \vdots & \vdots \\ X_{Ln} & Y_{Ln} & Z_{Ln} \end{bmatrix}, \quad \boldsymbol{A} = \begin{bmatrix} X_x & X_y & X_z \\ Y_x & Y_y & Y_z \\ Z_x & Z_y & Z_z \end{bmatrix}$$

则上式可简写为

$$\boldsymbol{S} = \boldsymbol{GA}$$

当 $n=3$ 时,有

$$\boldsymbol{A} = \boldsymbol{G}^{-1}\boldsymbol{S}$$

当 $n>3$ 时,采用最小二乘法求解,有

$$\boldsymbol{A} = (\boldsymbol{G}^{\mathrm{T}}\boldsymbol{G})^{-1}(\boldsymbol{G}^{\mathrm{T}}\boldsymbol{S}) \tag{3-13}$$

式中,$\boldsymbol{A}$ 为星敏感器的姿态矩阵。

假设星敏感器坐标系同载体坐标系重合,$\boldsymbol{A}$ 即为载体坐标系在地心惯性坐标系的姿态矩阵 $\boldsymbol{C}_b^i$。载体三次转动的欧拉角顺序是俯仰角 φ、偏航角 ψ、滚动角 γ,姿态矩阵 $\boldsymbol{C}_b^i$ 为

$$\boldsymbol{A} = \boldsymbol{C}_b^i = \begin{bmatrix} \cos\varphi\cos\psi & -\sin\varphi\cos\gamma + \sin\gamma\sin\psi\cos\varphi & \sin\varphi\sin\gamma + \cos\varphi\sin\psi\cos\gamma \\ \sin\varphi\cos\psi & \cos\varphi\cos\gamma + \sin\gamma\sin\psi\sin\varphi & -\cos\varphi\sin\gamma + \cos\gamma\sin\psi\sin\varphi \\ -\sin\psi & \cos\psi\sin\gamma & \cos\psi\cos\gamma \end{bmatrix}$$

由于载体在飞行过程中三个姿态角 φ, ψ, γ 的取值范围都在 $[-90°, 90°]$,则三个姿态角 φ, ψ, γ 的求解公式为

$$\varphi = \arctan\left(\frac{T_{21}}{T_{11}}\right), \psi = -\arcsin(T_{31}), \gamma = \arctan\left(\frac{T_{32}}{T_{33}}\right) \tag{3-14}$$

式中,T_{21} 等为矩阵 $\boldsymbol{A}$ 中相应位置的元素。按照以上思路即可完成载体姿态角的解算。

最后,以导弹武器星光制导为例,简要介绍星光制导技术的工作过程。

(1)导弹发射前,在水平方向利用加速度计将平台相对于地垂线调平,用陀螺罗盘定出平台的大致方位,向计算机装定必要的的制导参数,再从计算机存储的星历表中选择一组合适的导航星(通常选两颗)。对于每组预选的导航星,必须根据的射击方位和发生时间,精确计算出每颗星相对发射坐标系的方位角与高低角。由于地球的旋转,恒星相对发射坐标的方向不断变化,恒星预期的方位角和高低角必须在发射瞬时间计算出来并存入计算机,并把星敏感器指向第一颗星的预期方向。

(2)导弹飞行中,在飞行的初始阶段,系统的工作完全和纯惯导系统一样,待导弹飞行至适当高度(约 20 km),计算机发指令启动星敏感器对第一颗星进行观测,测量这颗星相对于平台的方位角与高低角。之后,再观测第二颗星,测量它相对于平台的高低角。根据测到的三个角度,与预期计算值比较,即可定出平台角误差。计算机利用这些误差值作为修正量,进行导航修正,将导弹纠正至标准的弹道上。从观测到修正这一过程都在发动机末级关机之前完成。

基于以上原理,利用星光制导技术还可以反推确定发射场的位置,基本过程是,发射前用

加速度计将平台调平,发射后利用星光测量平台相对恒星的方向,则平台沿垂线相对恒星的方向就是发射场地垂线相对恒星的方向值,如与发射时间联系起来,即可确定发射场的经纬度。需要说明的是,星敏感器在助推段末段确定惯性系统姿态误差。这一信息可用于修正同姿态有关的所有误差,这些误差来自发射前的位置、调平或瞄准误差,以及助推段的陀螺漂移。

专 题 小 结

本专题论述了天文导航与卫星制导技术发展历程、基本概念及关键技术原理,指出了该技术在远洋航海、深空探测、卫星导航、导弹制导等领域的重要应用意义。首先介绍了天文导航的一些基础知识,包括其发展历程、技术特点、天体敏感器、天文坐标系和天文导航位置面;其次针对天文导航在战略导弹中的应用模式,详细论述了恒星敏感器的发展历程、组成与功能、工作原理过程及主要指标参数;最后结合星光制导实际应用问题,论述了星敏感器的标定原理过程、星图模拟、导航星表构建、星提取、星图识别及星敏感器测姿原理等重要内容。关于INS/CNS复合模式的相关内容将在第八专题有详细论述,读者可以对照学习。

思 考 习 题

1. 简述天文导航技术的主要特点。
2. 简述天体敏感器的主要类型。
3. 简述天球坐标系的定义与类型。
4. 依据近天体、飞行器与远天体相对关系,分析建立飞行器导航位置面。
5. 简述星敏感器的基本组成与主要功能。
6. 简述星敏感器的工作过程。
7. 简述星敏感器标定的主要内容及方法。
8. 试总结分析影响星图模拟真实度的主要因素。
9. 简述导航星表构建的关键因素。
10. 简述导航星表制备主要方法及过程。
11. 试分析影响星敏感器星提取精度的原因有哪些?
12. 举例说明质心法进行星提取的基本原理。
13. 试分析影响星敏感器星图识别准确率的原因有哪些?
14. 简述星敏感器测姿的原理过程。
15. 简要介绍星光制导技术的工作过程。

第四专题 卫星与无线电制导技术

1.教学目的

(1)熟悉 SNS 的发展历程、主要类型及应用领域;

(2)熟悉 SNS 的基本组成与主要功能;

(3)掌握 GPS 的导航原理;

(4)掌握 BDS 的导航原理;

(5)了解陆基导航的基本原理;

(6)了解 GPS 导航电文结构;

(7)了解影响 SNS 制导精度的主要误差源。

2.教学内容

(1)卫星导航技术概述;

(2)GPS 导航原理;

(3)BDS 导航原理;

(4)LNS 导航原理。

3.教学重点

(1)卫星导航的发展现状及主要类型;

(2)卫星导航绝对定位、差分定位及测速原理;

(3)BDS 定位与测速原理。

4.教学方法

专题理论授课、多媒体教学、原理演示验证与主题研讨交流。

5.学习方法

理论学习、实物对照、仿真实验分析与动手实践操作。

6.学时要求

6~8 学时。

引　言

　　伊拉克战争是在信息化环境下进行的一场高科技战争,美英联军充分利用高科技手段,运用先进的信息技术在伊拉克上空编织起"天网",从而迅速达成了战争目的。在这场战争中,先进卫星导航技术的运用十分引人注目,它使美军的精确打击能力进一步增强,由于 GPS 精确制导弹药占整个投弹量的 80%,精度达 85%～90%,从而降低了平民的伤亡。

其实,卫星导航系统(Satellite Navigation System,SNS)早在海湾战争时就已登场了,如今这一技术更加成熟,在信息化战争中具有十分重要的战略意义。SNS 在多种导弹武器中具有成功的应用案例〔见图 4-1,SLAM(AGM-84E)斯拉姆导弹中段采用 GPS 辅助 INS 制导,末段采用红外成像制导,在 1991 年初爆发的海湾战争中,以其很高的命中精度取得引人注目的战绩。其单发命中率达 95%,是命中率最高的空射巡航导弹。海湾战争之后该弹的改进——"增敏斯拉姆"(SLAM-ER)AGM-84H 和"大斯拉姆"(Grand SLAM)空舰导弹,中段制导均采用 INS/GPS 组合制导〕,也是目前各类精确制导武器应用领域研究的热点课题之一。

通过近 20 年的研究积累,我国已逐步建成 BDS 北斗卫星导航系统,从可为我国及周边地区的军民用户提供陆、海、空导航定位服务,到如今实现全球卫星导航功能,有力地促进了卫星定位、导航、授时服务技术的发展应用,既为航天用户提供定位和轨道测定手段,又满足各类武器精确导航与制导需求,显示出了巨大的应用前景及发展潜力。

图 4-1　SLAM 导弹及其精确命中目标瞬间

本专题重点学习 GPS,BDS 卫星导航技术,同时对 GLONASS,GALILEO 等系统也将进行介绍,包括其发展历程、系统组成、基本工作原理及主要应用领域。同时,考虑到其他地面无线电导航制导方式与卫星导航基础原理的相似性,结合武器系统导航制导应用实际,对陆基无线电导航技术也将进行专题论述。

第一节　卫星导航技术概述

卫星导航系统是一种以人造导航卫星(见图 4-2)为基础的无线电导航系统。系统可发送高精度、全天时、全天候的导航、定位和授时信息,是一种可供海陆空领域的军民用户共享的信息资源。卫星导航是指利用卫星导航系统提供的位置、速度及时间等信息来完成对各种目标的定位、导航、监测和管理。

世界上最早的卫星导航系统是美国的子午仪导航系统(1964 年开始运行)。该系统的空间段由 5～6 颗卫星组成,采用多普勒定位原理,主要服务对象是北极星核潜艇,并逐步应用于各种海面舰船。系统可在全球范围内提供全天候断续的二维定位。系统建成后曾得到广泛应用,但该系统存在着定位实时性差、不能确定高程等缺陷,无法满足高精度、高动态用户的要求。为满足日益增长的军事需要,20 世纪 60 年代末 70 年代初,美国和苏联分别开始研制全天候、全天时、连续实时提供精确定位服务的新一代全球卫星导航系统,至 20 世纪 90 年代中期,全球卫星导航系统 GPS 和 GLONASS 均已建成并投入运行。

图 4-2 运行中的导航卫星

欧盟筹建的 GALILEO 全球卫星导航系统正在计划实施之中。我国建设了具有自主知识产权的北斗卫星导航系统,于 2003 年底开通双星运行模式,2012 年实现亚太地区服务功能,2018 年实现全球导航服务。本节主要介绍 GPS,GLONASS,GALILEO 与 BDS 系统的发展及基本组成。

一、GPS 系统

美国国防部从 1973 年开始筹建全球定位系统(Global Position System,GPS)。经过 20 余年的研究实验,耗资 300 亿美元,到 1994 年 3 月,全球覆盖率高达 98% 的 24 颗 GPS 卫星星座布设完成并投入使用。GPS 系统由美国太空司令部负责管理。

GPS 可提供军民两种服务。该系统是目前最成功的卫星导航系统,在实际应用和产业化上处于国际垄断、霸主地位。GPS 已经成为一个国际性的产业。尤其是从 2000 年 5 月 1 日 24 点开始,美国宣布中止 SA 政策,促使 GPS 产业进入一个更加高速增长的时期。

1. GPS 系统组成

GPS 卫星系统由 3 部分组成,即由 GPS 卫星组成的空间部分、由若干地面站组成的控制部分和接收机为主体的用户部分,如图 4-3 所示。

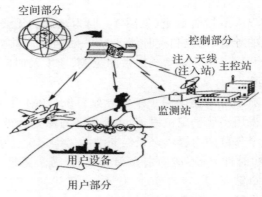

图 4-3 GPS 系统组成示意图

其组成及相应的功能如下。

(1)空间星座部分。GPS 系统空间星座部分是指由多颗 GPS 导航卫星组成的空间卫星系统,星座分布如图 4-4 所示。

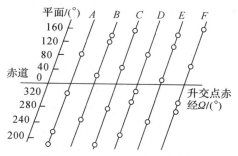

图 4-4　GPS 卫星分布示意图

GPS 卫星分布在 6 个轨道平面内,每个轨道平面内各有 4 颗卫星。卫星轨道平面相对地球赤道面的倾角为 55°,轨道平均高度为 20 200 km,卫星运行周期为 11 h 58 min。

(2)地面控制部分。地面控制部分由 1 个主控站、5 个全球监测站和 3 个地面控制站组成,如图 4-5 所示。每个监测站配有 GPS 接收机。监测站的主要任务是对每颗卫星进行观测,并向主控站提供观测数据。主控站采集各个监测站传送来的数据,根据采集的数据计算每一颗卫星的星历、时钟校正量、状态参数和大气校正量等,并按一定格式编辑成导航电文传送到注入站。地面控制站也称作地面天线,地面控制站与卫星之间有通信链路。由主控站传来的卫星星历和钟参数以 S 波段射频上行注入到各个卫星。

图 4-5　GPS 地面控制部分组成

(3)用户设备部分。用户设备部分主要是指各种类型的 GPS 接收机、数据处理软件及相应的用户设备。用户设备部分对用户来说是至关重要的。空间部分和地面监控部分,是用户广泛应用该系统进行导航和定位的基础,而用户只有通过 GPS 接收机,才能实现应用 GPS 导航和定位服务的目的。用户设备的主要任务是接收 GPS 卫星发射的导航电文信号,以获得必要的导航和定位信息及参数,经过数据处理,完成导航和定位等工作。

2.GPS 系统的特点

GPS 系统具有以下特点。

(1)全球连续覆盖。由于 GPS 卫星的数目多且分布合理,所以地球上任何地点均可连续同步地观测至少 4 颗卫星,从而满足了连续实时导航与定位的要求。

(2)提供信息全,导航精度高。GPS 可为各类用户连续地提供目标的三维位置、三维速度和时间信息。一般来说,目前其实时定位精度可达 5～10 m,静态相对定位精度可达＋5 mm～＋1 cm,测速精度为 0.1 m/s,而授时精度为数十纳秒。随着 GPS 定位技术和数据处理技术的发展,其定位、测速和授时的精度还将进一步提高。

(3)实时定位速度快。利用 GPS 进行定位和测速工作在一秒至数秒内便可完成,现代高性能计算技术可进一步提高运算的实时性,这对动态用户来说尤为重要。

(4)保密性强,具有一定的抗干扰能力。GPS 采用伪随机码技术,因而其卫星所发送的信号具有良好的保密性和抗干扰性。

对于大地测量,GPS 应用有以下特点。

(1)测站之间无需通视。既要保持良好的通视条件,又要保证控制网的良好结构,这一直是经典测量在实践中的困难问题之一。GPS 测量不要求测站之间的相互通视,这样不但大大地减少了测量工作的费用和时间,而且使点位的选择变得甚为灵活。不过也应指出,GPS 测量虽不要求测站之间相互通视,但必须保证测站上空开阔,以避免来自卫星的信号被遮挡或干扰。

(2)定位精度高。对于小于 30 km 的基线,使用双频接收机观测 30 min 可以达到 +5 ppm(工程测量领域,ppm=10^{-6}),而对于 100 km 以上基线,其相对精度为 0.1～0.01 ppm。当然随着观测和数据处理技术的改善,GPS 定位精度还会提高。

(3)观测时间短。对于不同长度的基线和不同精度的要求,其所需的观测时间也不同,对于经典静态相对定位需 1～3 h。对于 20 km 的实时动态定位,GPS 测量几乎瞬间就可以获得高精度的定位信息。

(4)提供三维坐标。一般来说,经典测量对于平面控制和高程控制是分开独立测量的,因而不能同时得到控制点的平面位置和大地高程。而 GPS 却可以根据观测量直接解算出控制点的三维坐标,一次性获得平面和高程结果。

(5)操作简便。GPS 接收机是高科技产品,自动化程度很高,有的接收机要求测量员所做的全部工作就是架设仪器和连好电源线。另外,随着 GPS 用户的普及,接收机的体积、质量和价格在持续减小,这些都会给用户带来很大的方便和经济效益。

(6)全天候作业。GPS 测量的是可以穿透云雾的卫星电磁波信号,而且几乎所有的接收机都有防水性能,因此可以在任何气候条件下工作。

二、GLONASS 系统

全球导航卫星系统(GLObal NAvigation Satellite System,GLONASS)是苏联从 20 世纪 80 年代初开始建设的与美国 GPS 系统相类似的卫星定位系统,1995 年底,俄罗斯完成了 24 颗卫星加 1 颗备用星座的布局。经过数据加载、调整和检验,1996 年初,俄罗斯政府宣布整个系统正常运行,正式投入使用。

1.GLONASS 系统组成

GLONASS 系统的组成与美国 GPS 全球定位系统类似。也是由空间星座部分、地面控制部分和用户设备部分三大部分组成。

(1)空间星座部分。GLONASS 系统的空间部分,由 23+1 颗卫星组成,其中 23 颗为工作卫星,1 颗为备用卫星。卫星分布在 3 个等间隔的椭圆轨道面内,每个轨道面上分布有 8 颗卫星,同一轨道面上的卫星间隔为45°。卫星轨道面相对地球赤道面的倾角为64.8°,每个轨道平面的升交点赤经相差120°。卫星平均高度为 19 100 km,运行周期为 11 h 15 min。GLONASS 卫星分布如图 4-6 所示。

(2)地面控制部分。GLONASS星座由地面控制站(GCS)运作,此站组包括一个系统控制中心(SCC)(在莫斯科区)、一个指令跟踪站(CTS)网络分布于整个俄罗斯境内。

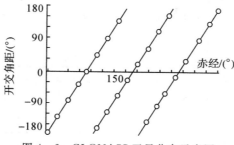

图 4-6　GLONASS 卫星分布示意图

(3)用户设备部分。GLONASS 接收机接收至少四颗 GLONASS 卫星发射的导航信号,并测量其伪距和伪距变化率,同时从卫星信号中提取并处理导航电文,接收机中处理器对上述数据进行处理并计算出接收机天线所在的三维位置、三维速度和精密时间信息。

2.GLONASS 与 GPS 比较

作为卫星导航系统,GPS 与 GLONASS 在很多方面都是相同或相似的,但由于所属国不同,国家的科技水平、相关政策以及出发点等不同导致它们在很多方面也还存在差异,具体差异见表 4-1。

表 4-1　GPS 与 GLONASS 的比较

内　　容	GLONASS	GPS
轨道参数		
轨道形式/偏心率	圆形/0±0.01	圆形
轨道面/卫星数	3/8 卫星	6/4 卫星
轨道倾角	64.8°±0.3°	55°
轨道半径/km	25 510	26 560
绕地球周期	11 h 15 min 44 s±5 s	11 h 58 min
每天偏移量/(min·d^{-1})	−4.07	−4.06
射频信号结构	双频制	双频制
L1 和 L2		
主频带 L1 频率/MHz	1 606.562 5+0.562 5j	1 575.42±1
L2 频率/MHz	(j=1,…,24)	1 227.60
	1 246.437 5+0.437 5j	
	(j=1,…,24)	
卫星天线	±190 定型射束天线	±170 定型射束天线
基本码和加密码	粗码和精码	C/A 码和 P 码
带宽/MHz	0.511/5.11	1.023/10.23
码速率/(MHz·s^{-1})	0.511/5.11	1.023/10.23
码长/m	587	293
卫星通道的识别	频分制 FDMA	码分制 CDMA
发射频率	各卫星不同	各卫星相同

续表

内　　容	GLONASS	GPS
卫星星历数据格式 采用的坐标系 采用的时间基准	地心直角坐标系统参数 PE－90 UTC(SU)	开普勒轨道参数 WGS－84 UTC(USNO)
导航电文格式 电文发送率 一帧历书持续时间/min	每篇电文为超大帧,占 150 s 500 baud 2.5	每篇电文一个主帧,占 30 s 50 baud 12.5

由于俄罗斯 2000 年以后经济不景气,系统补网不及时,随着星座中卫星寿命到期失效,到 2007 年只有 6 颗卫星在轨工作了。其中 3 颗(1 组)为 2000 年 10 月发射,2 颗为 2001 年 12 月发射,1 颗为 2004 年 12 月发射。之后,从高技术战争需要出发,俄罗斯已下决心恢复和进一步发展该系统。俄政府于 2001 年 8 月 20 日通过了第 587 号"全球导航系统"联邦专项规划,制定了 2010 年前 GLONASS 发展的详细计划。

三、GALILEO 与 BDS

1. GALILEO

欧洲 GALILEO 计划于 1992 年 2 月提出,最初拟于 2008 年建成(由于多国之间有关建设运营问题难以统一思想,建设进程相对缓慢,组网时间一推再推),计划投资约 28 亿美元,系统星座由分布在 3 个轨道面上的 30 颗卫星组成,是欧盟 15 个国家参与建设的民用商业系统。GALILEO 系统提供 3 种类型服务,即面向市场的免费服务,定位精度为 12～15 m;商业服务,定位精度为 5～10 m;公众服务,定位精度为 4～6 m。

GALILEO 系统空间段由 30 颗(其中 3 颗为在轨备份)均匀分布在高度 23 616 km、倾角 56°的 3 个圆轨道面上的中地球轨道(MEO)卫星组成,星上装有导航和搜救载荷。地面段与 GPS 和 GLONASS 相比,增加了对系统差分、增强与完好性监测,使得 GALILEO 具有比上述两个系统更高的定位精度、可用性和更好的连续性。

GALILEO 体系结构的建立主要考虑如下 4 点因素:①适应用户及市场的需要;②开发和运行成本最小;③系统本身固有风险最小;④与其他系统(主要是 GPS)的可互操作性。

基于以上的考虑,GALILEO 系统由 4 个主要部分组成:①全球设施部分;②区域设施部分;③局域设施部分;④用户接收机及终端。

(1)全球设施部分是 GALILEO 系统基础设施的核心,又可分为空间段和地面段两大部分。

1)空间段星座。它由 30 颗中地球轨道卫星(MEO)组成。卫星分布在 3 个倾角为 56°、高度为 23 616 km 的等间距轨道上。卫星寿命为 20 年。每条轨道上均匀分布 10 颗卫星,其中包括 1 颗备用卫星,卫星约 14 h 22 min 绕地球 1 周。这样的布设可以满足全球无缝隙导航定位。

2)地面段。地面段的两大基本功能是卫星控制和任务控制。卫星控制使用 TT&C 上行链路进行监控,来实现对星座的管理。任务控制是指对导航任务的核心功能(如定轨、时间同步），以及通过 MEO 卫星发布完好性消息进行全球控制。另外，地面段还将与负责提供商业服务的中心站以及负责提供搜寻、营救服务的中心站保持良好的协同工作关系。

（2）区域设施部分由完好性监测站（IMS）网络、完好性控制中心（ICC）和完好性注入站（IULS）组成。区域范围内服务的提供者可独立使用 GALILEO 提供的完好性上行链路通道发布区域完好性数据，这将确保每个用户能够收到至少由两颗仰角在 25°以上的卫星提供的完好性信号。全球最多可设 8 个区域性地面设施。在欧洲以外地区由专门对该地区 GALILEO 系统进行完好性监测的地面段组成独立区域设施，区域服务供应商负责投资、部署和运营。

（3）局域设施部分将根据当地的需要，增强系统的性能，例如在某些地区（如机场、港口、铁路枢纽和城市市区）提供特别的精确性和完好性，以及为室内用户提供导航服务。局域设备需要确保完好性检测、数据的处理和发射。将数据传输至用户接收机既可以通过特制的链路，也可以不通过 GALILEO 系统，而采用如 GSM 或 UMTS 标准的移动通信网、Loran-C 海事导航系统等已存在的通信网。

局域设施部分应包括下列设备：①本地精确导航设备；②本地高精度导航设备；③本地辅助导航设备；④本地扩大可用性导航设备。

（4）用户接收机及终端，其基本功能是在用户段实现 GALILEO 系统所提供的各种卫星无线导航服务，它应具备下列功能：①直接接收 GALILEO 的 SIS 信号；②拥有与区域和局域设施部分所提供服务的接口；③能与其他定位导航系统（如 GPS）及通信系统（如 UMTS）互操作。

另外，GALILEO 接收机还具有通过集成标准化微芯片来实现其他功能的技术潜力。例如实现以下功能：①将 GALILEO 微型终端集成进入移动电话，使之具备定位导航功能；②集成航空导航功能，使之应用于飞行器试验；③集成进入车载导航平台，向驾驶员提供定位与交通监测服务。

GALILEO 作为世界上第一个全球民用卫星导航定位系统，将对未来世界科技、经济发展产生重大影响，因而跟踪、了解 GALILEO 系统，对于我国将来更好地应用该系统，发展我国的科技与国民经济有着重要的意义。

2.BDS

2018 年 12 月 27 日，随着中国宣布"北斗三号"基本系统完成建设，开始提供全球服务，标志着中国已经建成了具备自主知识产权的全球卫星导航系统，北斗系统正式迈入全球时代。北斗卫星导航系统从"北斗一号"到"北斗三号"的建设发展完善可谓 20 年磨一剑，充分体现了中国在战略工程建设方面的前瞻思维、战略规划、总体布局与综合实力。本书将在后续第三节详细介绍北斗卫星导航系统的发展历程及关键技术问题。为了与之前几种系统对应，这里简要介绍北斗导航卫星系统的组成与功能，部分内容是北斗系统建设之初的方案（"北斗一号"），随着相关技术的发展完善，有些地方存在改进修正，最新状态参见以第三节内容。北斗导航卫星系统也由三大部分组成。

（1）导航通信卫星。系统中的卫星是导航站，即在空间的位置基准点，也是通信中继站。目前卫星的数量及类型还在发展完善中。卫星上通常设置有两套转发器，一套构成地面中心到用户的通信链，另一套构成用户到地面中心的通信链。卫星波速覆盖我国领土和周边地区，主要满足国内导航定位的需要。

(2)地面测控网。地面测控网包括主控站(包括计算机中心)、测轨站、气压测高站和校准站。主控站在北京,控制整个系统工作。其主要任务如下。

1)接收卫星发来的遥测信号;向卫星发送遥控指令;控制卫星的运行、姿态和工作。

2)控制各测轨站的工作,收集它们的测量数据,对卫星进行测轨、定位,结合卫星的动力学、运动学模型,制作卫星星历。

3)实现卫星与用户间的双向通信,并测量电波在中心、卫星、用户三者间往返的传播时间(或距离)。

4)收集来自海拔站的海拔高度数据和校准站的系统误差校正数据。

5)主控站利用测得的主控站、卫星、用户三者间的电波往返时间、气压高度数据、误差校正数据和卫星星历数据,结合存储在计算机中心的系统覆盖区数字地图对用户进行精确定位。

6)系统中各用户通过与计算中心的通信,间接地实现用户与用户间的通信。由于主控站集中了系统中全部用户的位置、航迹等信息,可方便地实现对覆盖区内的用户进行识别、监测和控制。

测轨站设置在位置坐标准确已知的地点,作为对卫星定位的位置基准点,测量卫星和轨道站间电波传播的时间(或距离),以多边定位方法确定卫星的空间位置,一般需要至少三个或三个以上的测轨站,各测轨站之间尽量地拉开距离,以得到较好的几何精度系数。三个测轨站分别设置在佳木斯、喀什和湛江,各测轨站将测量数据通过卫星发到主控站,由主控站进行卫星位置的解算。

测高站设置在系统覆盖区内,用气压高度计测量测高站所在地区的海拔高度。通常一个测高站测得的数据粗略地代表其周围 $100\sim200$ km 地区的海拔高度。海拔高度与该地区的大地水准面高度之代数和,即为该地区实际地距离基准椭球面的高度。各测高站将测得的数据通过卫星发送至主控站。

校准站亦分布在系统覆盖区内,其位置坐标应该准确已知。校准站的设备及其工作方式与用户的设备及工作方式完全相同。由主控站对其进行定位,将主控站解算出的校准站的位置坐标与校准站的实际位置坐标相减,求得差值,由此差值形成用户的修正值,一个校准站的修正值一般可用来作为其周围 $100\sim200$ km 区域内用户的定位修正值。

一般的测轨站、测高站、校准站均是无人值守的自动数据测量、收集中心,在主控站的控制下工作。

(3)用户设备。用户设备是带有全向收发天线的接收、转发器,用于接收卫星发射的 s 波段信号,从中提取由主控站传送给用户的数字信息。用户设备只由接收、转发设备组成,这可使设备做得简单些,成本也可降低。对于一个容量极大的系统,降低用户设备的价格是扩大用户、提高系统使用效率的关键,也是提高系统竞争能力的关键因素之一。

北斗(双星)定位导航系统与我国其他卫星系统不同,它需要两颗卫星才能正常工作,对卫星的可靠性提出了更高的要求。它的地面应用系统也是目前国内最复杂的,而且涉及很多高新技术。它的建成,不但使我军获得独立自主和快速有效的定位手段,而且也标志着我国在卫星导航技术领域获得了巨大的突破。

"北斗一号"采用有源定位体制,使得系统在用户、定位精度、隐蔽性和定位频度等方面都受到了一定的限制,而且系统无测速功能,不能满足远程精确打击武器的高精度制导要求。但是与其他卫星导航系统相比,该系统的投入少,而且它还具有其他系统所不具备的位置报告功能,因此,可以说双星导航定位系统是一个性价比比较高,且具有中国特色的卫星导航系统。

"北斗一号"系统是我国第一代卫星导航系统,它不但解决了我国导航系统的有无问题而且对我国的各方面发展将起到积极的推动作用,其涵盖的技术也代表了我国高新科技,其主要特点如下。

1)北斗的运用具有五大优势。

A.同时具备了定位和通信功能,无需其他通信系统支持。

B.覆盖中国及周边地区,24 h 全天候服务,无通信盲区。

C.特别适合集团用户大范围监控与管理和数据采集用户数据传输应用。

D.融合北斗系统和卫星增强系统两大资源,提供更丰富的增值服务。

E.自主系统、高强度加密设计,安全、可靠、稳定,适合关键部门应用。

2)北斗系统三大功能。

A.快速导航定位,北斗可为服务区内的用户提供全天候、高精度、快速实施定位服务。

B.短报文通信,北斗系统用户终端具有双向数字报文通信能力,用户可一次性传输 120 个汉字的短报文信息。

C.高精度授时,可向用户提供 20 ns 时间同步精度。

四、SNS 的主要应用领域

SNS 系统因其覆盖范围广、系统容量大、导航精度高、抗扰能力强、使用成本低、用户体验好等突出优势,广泛应用于日常生活、交通运输、工业系统和军事装备等各行各业。

(1)陆地应用,主要包括车辆导航、应急反应、大气物理观测、地球物理资源勘探、工程测量、变形监测、地壳运动监测、市政规划控制、精细农业和日常生活等;

(2)海洋应用,包括远洋船最佳航程航线测定、船只实时调度与导航、海洋救援、海洋探宝、水文地质测量以及海洋平台定位、海平面升降监测等;

(3)航空航天应用,包括飞机导航、航空遥感姿态控制、低轨卫星定轨、导弹制导、航空救援和载人航天器防护探测等。

在军事领域,GPS 应用于新型制导炸弹,比传统的激光制导炸弹精度进一步提升,并且不需要目标指示单元,提高了作战使用的自主性,增加了防区外打击能力。GPS 制导炸弹每枚价值 1.8 万美元,弹体中装有一个 GPS 接收器。接收器从 GPS 卫星上接收导航电文信号,解算飞行状态参数,控制炸弹尾部的小型尾翼,以调整炸弹落地前的飞行姿态,实现轰炸误差不超过几英尺(1 英尺=0.304 8 m)。由于采用不可见的数字制导方式,轰炸可以在任何气象条件下进行。最知名的 GPS 制导炸弹当属美国的联合直接攻击弹药(Joint Direct Attack Munition, JDAM),如图 4-7 所示。

JDAM 是美军在原有的普通航空炸弹基础上加装 GPS 制导组件后升级而成,代表了美军精确制导武器更新换代的最新理念。这对于各类精确制导武器的设计发展具有重要参考意义,中国研制的"雷神-6"(LS-6)滑翔制导炸弹正是借鉴于此,在已有炸弹上加装了可自动弹开的弹翼制导套件,实现打击精度的大幅提高。许多国家依此思想研制多型精确制导炸弹、精确制导火箭弹、精确制导炮弹,有力地促进了武器系统的精确化改造。

图 4-7 JDAM 导弹及其从 F-16 战斗机投放瞬间

美、俄、英、法、德、印等现代军事强国都有采用 INS/SNS 复合制导作为中制导的武器,但是美国在这方面不仅技术先进,而且武器种类很多。仅就美国采用 INS/GPS 复合制导作为中制导的导弹来说就有 AGM-84E/捕鲸叉、防区外空射对地攻击巡航导弹(SLAM)、AGM-86C 常规空射巡航导弹(ALAM-C)、AGM-130 防区外空射精确制导导弹、AGM-137 三军通用防区外攻击导弹(TSSAM)、AGM-154A 联合防区外武器(JSOW)、AGM-158 联合空对地防区外导弹(JASSM)、BGM-109/AGM-109 舰射/空射型/战斧、对地攻击巡航导弹(TLAM)等。AGM-84E 采用红外成像末制导加人在回路中控制,命中精度为 16 m。AGM-86C 的命中精度为 10 m,其改进型 AGM-86D 的命中精度为 5 m。AGM-154A 基本型命中精度为 13 m,其单一战斗部型命中精度为 3 m。

在海湾战争以来的历次美军主导的局部战争中,美军使用了多种远程精确制导武器攻击敌方地面目标。这些精确制导武器的一个共同点是采用 INS/GPS 复合制导作为它们的中制导,它们的末制导采用红外成像、电视成像等方式,通过人在回路中控制,远距离遥控选定目标,可以确定攻击目标或变更攻击目标,实现灵活的对陆精确打击。

美国在阿富汗战争中,使用了波音公司的 AGM-84H SLAM-ER(SLAM 增强响应型)和雷锡恩公司的 AGM-154A(JSOW)等。但是使用得最多的是波音公司的联合直接攻击弹药(JDAM),并且战果卓著,特别引人注目。美国高级军事官员透露说,在阿富汗战争中美国使用了 5 000 多枚 JDAM,它装备了新研制的末制导红外成像导引头。该导引头采用非致冷红外焦平面阵列新技术,使 JDAM 的命中精度由原来的 13 m 提高到 3 m。

另外一个例子是美国宙斯盾系统主战装备标准导弹(Standard Missile 3,SM-3)(见图 4-8),它是美国海军的战区广域战术弹道导弹防御(Theater wide TBMD)主要使用的拦截弹。该导弹由 3 级组成,在第 3 级上携带动能杀伤飞行器。这项研制计划采用了许多先进技术,例如动能武器和第 3 级使用了双脉冲火箭发动机。SM-3 导弹获得成功,其中最根本的是在它的第 3 级上采用了 GPS/INS/雷达复合制导技术。SM-3 导弹在惯性导航飞行中的修正,是由 GPS 和安装在宙斯盾舰上的 SPY 雷达两者共同提供的。GPS 和 SPY 雷达相互补充,为 SM-3 导弹 INS 提供精确的状态矢量数据,修正 INS 和减小系统瞄准误差,使动能杀伤飞行器导引头进入要求的工作状态,最后,动能杀伤飞行器在红外成像导引头的导引下直接碰撞杀伤目标。

图 4-8　美国宙斯盾系统及其标准导弹

　　总之,卫星导航技术已发展成多领域(陆地、海洋、航空航天)、多模式(GPS、DGPS 等)、多用途(在途导航、精密定位、精确定时、卫星定轨、灾害监测、资源调查、工程建设、市政规划、海洋开发、交通管制等)、多机型(测地型、定时型、手持型、集成型、车载式、船载式、机载式、星载式、弹载式等)的高新技术国际性产业。

　　卫星导航技术的应用领域,已经无所不在了,正如人们所说的“今后卫星导航技术的应用,将只受人类想象力的制约。”

第二节　GNSS 导航原理

　　全球导航卫星系统(Global Navigation Satellite System,GNSS)是国际民航组织从全球民航事业发展需求出发,立足于发展一种新的卫星导航定位系统来取代现有设备。该系统可实现 GPS 和 GLONASS 的合二为一,使得 GNSS 设备能够兼容两种卫星信号的接收和定位。由于 GNSS 是一个拥有 48 颗以上卫星的双星座导航定位系统,所以它具有比单星座系统更广阔的视野,很容易为地球表面不同位置上的用户构成理想的卫星服务构象,从而提供理想的定位能力。本节以 GPS 为例,简要介绍 GNSS 信号模式,重点学习其定位、测速及定向原理。在导航卫星被发射到太空以后,它们就不断地向地面发送定位信息。地面的接收机或基站收到星历数据后,通过一定的解算,就可以得到地面点的位置、速度及时间信息(PVT)。

一、GPS 卫星信号

　　GPS 卫星信号包含三种信号分量:载波、测距码和数据码。信号分量的产生都是在同一个基本频率 $f_0 = 10.23$ MHz 的控制下产生,采用正交 2PSK(Phase Shift Keying,二进制相移键控)调制,即频率为 1 575.42 MHz 的 L1 载波和频率为 1 227.60 MHz 的 L2 载波,它们的频率分别是基本频率 10.23 MHz 的 154 倍和 120 倍,它们的波长分别为 19.03 cm 和 24.42 cm。在 L1 和 L2 上又分别调制着多种信号,这些信号主要包括如下。

　　(1)C/A 码,C/A 码又被称为粗捕获码,它被调制在 L1 载波上,是 1 MHz 的伪随机噪声码(PRN 码),其码长为 1 023 位(周期为 1 ms)。由于每颗卫星的 C/A 码都不一样,因此,我们经常用它们的 PRN 号来区分它们。C/A 码是普通用户用以测定测站到卫星间距离的一种主要的信号。

（2）P 码，P 码又被称为精码，它被调制在 L1 和 L2 载波上，是 10 MHz 的伪随机噪声码，其周期为 7 d。在实施 AS(Anti-Spoofing)时，P 码与 W 码进行模二相加生成保密的 Y 码，此时，一般用户无法利用 P 码来进行导航定位。

（3）导航信息，导航信息被调制在 L1 载波上，其信号频率为 50 Hz，包含有 GPS 卫星的轨道参数卫星钟改正数和其他一些系统参数。用户一般需要利用此导航信息来计算某一时刻 GPS 卫星在地球轨道上的位置，导航信息也被称为广播星历。

GPS 系统针对不同用户提供两种不同类型的服务。一种是标准定位服务（Standard Positioning Service，SPS），另一种是精密定位服务（Precision Positioning Service，PPS）。这两种不同类型的服务分别由两种不同的子系统提供，标准定位服务由标准定位子系统提供，精密定位服务则由精密定位子系统提供。SPS 主要面向全世界的民用用户。PPS 主要面向美国及其盟国的军事部门以及民用的特许用户。

可以看出，在 GPS 定位中，经常采用下列观测值中的一种或几种进行数据处理，以确定出待定点的坐标或待定点之间的基线向量：L1 载波相位观测值、L2 载波相位观测值、调制在 L1 上的 C/A 码伪距、调制在 L1 上的 P 码伪距、调制在 L2 上的 P 码伪距、L1 上的多普勒频移、L2 上的多普勒频移等。

导航信号接收处理的主要关键技术包括下面的几项：多频接收天线；多频射频接收通道；伪码的捕获与跟踪技术；比特同步、子帧同步技术；伪距、Δ 伪距和载波相位估计；用户位置、速度和时间（PVT）的计算；授时处理。

二、导航定位原理

定位方法按参考点的不同位置划分为①绝对定位（单点定位）：在地球协议坐标系中，确定观测站相对地球质心的位置。②相对定位：在地球协议坐标系中，确定观测站与地面某一参考点之间的相对位置。

按用户接收机作业时所处的状态划分①静态定位：在定位过程中，接收机位置静止不动，是固定的。静止状态只是相对的，在卫星大地测量中的静止状态通常是指待定点的位置相对其周围点位没有发生变化，或变化极其缓慢，以致在观测期内可以忽略。②动态定位：在定位过程中，接收机天线处于运动状态。在绝对定位和相对定位中，又都包含静态和动态两种形式。

这里主要介绍绝对定位与差分定位原理。

1. 绝对定位

导航卫星发射的导航电文中包括测距精度因子、开普勒参数、轨道摄动参数、卫星钟差参数 Δt_j 和大气传播迟延修正参数等。地面接收机根据码分多址（CDMA）或频分多址（FDMA）的特点区分各导航卫星，接收并识别相应的导航电文，测量发来信号的传播时间 Δt_j，利用导航电文中的一系列参数逐步计算出卫星的位置 (X_i, Y_i, Z_i)。再通过相应的解算，就可以得到地面点的位置。定位原理如图 4-9 所示。

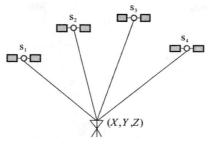

图 4-9 GPS 和 GLONASS 绝对定位原理

设用户待定坐标为 (X,Y,Z)，卫星坐标分别为 (X_i,Y_i,Z_i)，$i=1,2,3,4$，接收机用户钟差为 Δt_u，C 为电波传播速度。则根据观测到的卫星可以列出如下方程：

$$\left.\begin{aligned}
\rho_1 &= \sqrt{(X_1-X)^2+(Y_1-Y)^2+(Z_1-Z)^2}+C\Delta t_u \\
\rho_2 &= \sqrt{(X_2-X)^2+(Y_2-Y)^2+(Z_2-Z)^2}+C\Delta t_u \\
\rho_3 &= \sqrt{(X_3-X)^2+(Y_3-Y)^2+(Z_3-Z)^2}+C\Delta t_u \\
\rho_4 &= \sqrt{(X_4-X)^2+(Y_4-Y)^2+(Z_4-Z)^2}+C\Delta t_u
\end{aligned}\right\} \tag{4-1}$$

式（4-1）为用户坐标 (X,Y,Z) 的非线性方程，欲确定 $(X,Y,Z,\Delta t_u)$，可以将上式在用户近似坐标 (X_0,Y_0,Z_0) 附近进行泰勒级数展开并取至一次项。令

$$\left.\begin{aligned}
X &= X_0+\Delta X \\
Y &= Y_0+\Delta Y \\
Z &= Z_0+\Delta Z
\end{aligned}\right\} \tag{4-2}$$

将式（4-2）代入式（4-1），并展开得

$$\left.\begin{aligned}
\rho_1-\rho_{01} &= \frac{\partial\rho_1}{\partial X}\Delta X+\frac{\partial\rho_1}{\partial Y}\Delta Y+\frac{\partial\rho_1}{\partial Z}\Delta Z+C\Delta t_u \\[6pt]
\rho_2-\rho_{02} &= \frac{\partial\rho_2}{\partial X}\Delta X+\frac{\partial\rho_2}{\partial Y}\Delta Y+\frac{\partial\rho_2}{\partial Z}\Delta Z+C\Delta t_u \\[6pt]
\rho_3-\rho_{03} &= \frac{\partial\rho_3}{\partial X}\Delta X+\frac{\partial\rho_3}{\partial Y}\Delta Y+\frac{\partial\rho_3}{\partial Z}\Delta Z+C\Delta t_u \\[6pt]
\rho_4-\rho_{04} &= \frac{\partial\rho_4}{\partial X}\Delta X+\frac{\partial\rho_4}{\partial Y}\Delta Y+\frac{\partial\rho_4}{\partial Z}\Delta Z+C\Delta t_u
\end{aligned}\right\} \tag{4-3}$$

其中

$$\left.\begin{aligned}
\frac{\partial\rho_i}{\partial X} &= -\frac{X_i-X_0}{\rho_{0i}} \\[6pt]
\frac{\partial\rho_i}{\partial Y} &= -\frac{Y_i-Y_0}{\rho_{0i}} \\[6pt]
\frac{\partial\rho_i}{\partial Z} &= -\frac{Z_i-Z_0}{\rho_{0i}}
\end{aligned}\right\} \tag{4-4}$$

$$\rho_{0i}=\sqrt{(X_i-X_0)^2+(Y_i-Y_0)^2+(Z_i-Z_0)^2}, \quad i=1,2,3,4 \tag{4-5}$$

记

$$
A = \begin{bmatrix} \dfrac{\partial \rho_1}{\partial X} & \dfrac{\partial \rho_1}{\partial Y} & \dfrac{\partial \rho_1}{\partial Z} & 1 \\[2ex] \dfrac{\partial \rho_2}{\partial X} & \dfrac{\partial \rho_2}{\partial Y} & \dfrac{\partial \rho_2}{\partial Z} & 1 \\[2ex] \dfrac{\partial \rho_3}{\partial X} & \dfrac{\partial \rho_3}{\partial Y} & \dfrac{\partial \rho_3}{\partial Z} & 1 \\[2ex] \dfrac{\partial \rho_4}{\partial X} & \dfrac{\partial \rho_4}{\partial Y} & \dfrac{\partial \rho_4}{\partial Z} & 1 \end{bmatrix} \qquad (4-6)
$$

$$
\Delta \rho_i = \rho_i - \rho_{0i} \qquad (4-7)
$$

则线性方程组(4-3)可写成矩阵形式为

$$
A \begin{bmatrix} \Delta X \\ \Delta Y \\ \Delta Z \\ C\Delta t_u \end{bmatrix} = \begin{bmatrix} \Delta \rho_1 \\ \Delta \rho_2 \\ \Delta \rho_3 \\ \Delta \rho_4 \end{bmatrix} \qquad (4-8)
$$

由于 A 非奇异可逆,则有

$$
\begin{bmatrix} \Delta X \\ \Delta Y \\ \Delta Z \\ C\Delta t_u \end{bmatrix} = A^{-1} \begin{bmatrix} \Delta \rho_1 \\ \Delta \rho_2 \\ \Delta \rho_3 \\ \Delta \rho_4 \end{bmatrix} \qquad (4-9)
$$

如果考虑到近似坐标精度比较低,坐标改正量$(\Delta X, \Delta Y, \Delta Z)$的值较大,则可以用新的坐标$(X_0 + \Delta X, Y_0 + \Delta Y, Z_0 + \Delta Z)$作为新的近似坐标,重复上述迭代过程直至两次迭代坐标无明显差异为止。

得到卫星至接收机的距离的方法主要有测距码和载波相位法,由于测距码的码元较长,而载波的波长要短得多,如GPS导航电文载波$\lambda_{L1} = 19\text{ cm}$,$\lambda_{L2} = 24\text{ cm}$,所以用载波作为测量信号,精度要高得多。下面简述载波相位测量的原理。

若卫星 S 发出一载波信号,该信号向各处传播。设某一瞬间,该信号在接收机 R 处的相位为φ_R,在卫星处的相位为φ_S。φ_R和φ_S为从某一起始点开始计算的包括整周数在内的载波相位,为方便起见,均以周数为单位。若载波的波长为λ,则卫星 S 至接收机 R 的距离为$\rho = \lambda(\varphi_S - \varphi_R)$。但这种方法实际上无法实现,因为无法测量到$\varphi_S$。如果接收机的振荡器能产生一个频率与初相和卫星载波信号完全相同的基准信号,问题就迎刃而解,因为任何一个瞬间在接收机处的基准信号的相位就等于卫星处载波信号的相位。因此,$(\varphi_S - \varphi_R)$就等于接收机产生的基准信号的相位和接收到的来自卫星的载波相位之差$\varphi(\tau_b) - \varphi(\tau_a)$。某一瞬间的载波相位测量值指的就是该瞬间接收机所产生的基准信号的相位$\varphi(\tau_b)$和接收到的来自卫星的载波信号的相位$\varphi(\tau_a)$之差。因此根据某一瞬间的载波相位测量值就可以求出该瞬间从卫星到接收机的距离,从而求得接收机的三维坐标。

2.GPS 定位误差源

在利用 GPS 进行定位导航时,会受到各种各样因素的影响。影响 GPS 定位精度的因素可分为以下四大类。

（1）与卫星系统有关的因素。

1）SA（Selective Availability）政策，美国政府从其国家利益出发，通过降低广播星历精度技术、在 GPS 基准信号中加入高频抖动等方法，人为降低普通用户利用 GPS 进行导航定位时的精度（C/A 码定位精度从 20 m 降至 100 m）。2000 年 5 月 1 日，时任美国总统克林顿宣布，从当天子夜开始（格林尼治时间）终止降低民用 GPS 接收机精度的做法，终止 SA 政策。据报道，在 95% 的时段内，全球各地民用接收机的定位精度可从过去的 100 m 提高到 12 m，在 50% 的时段内，甚至能提高到 6 m。

2）卫星星历误差。在进行 GPS 定位时，计算在某时刻 GPS 卫星位置所需的卫星轨道参数是通过各种类型的星历提供的，但不论采用哪种类型的星历，所计算出的卫星位置都会与其真实位置有所差异，这就是所谓的星历误差。

3）卫星钟差。卫星钟差是 GPS 卫星上所安装的原子钟的钟面时与 GPS 标准时间之间的误差。

4）卫星信号发射天线相位中心偏差是 GPS 卫星上信号发射天线的标称相位中心与其真实相位中心之间的差异。

（2）与传播路径有关的因素。

1）电离层延迟。地球周围的电离层对电磁波的折射效应，使得 GPS 信号的传播速度发生变化，这种变化称为电离层延迟。电磁波所受电离层折射的影响与电磁波的频率以及电磁波传播途径上电子总含量有关。

2）对流层延迟。地球周围的对流层对电磁波的折射效应，使得 GPS 信号的传播速度发生变化，这种变化称为对流层延迟。电磁波所受对流层折射的影响与电磁波传播途径上的温度、湿度和气压有关。

3）多路径效应。接收机周围环境的影响，使得接收机所接收到的卫星信号中还包含有各种反射和折射信号的影响，这就是所谓的多路径效应。

（3）与用户接收机有关的因素。

1）接收机钟差。接收机钟差是 GPS 接收机所使用的钟的钟面时与 GPS 标准时之间的差异。

2）接收机天线相位中心偏差。接收机天线相位中心偏差是 GPS 接收机天线的标称相位中心与其真实的相位中心之间的差异。

3）接收机软件和硬件造成的误差。在进行 GPS 定位时，定位结果还会受到诸如处理与控制软件和硬件等的影响。

（4）其他影响因素。它包括 GPS 控制部分人为或计算机造成的影响；由于 GPS 控制部分的问题或用户在进行数据处理时引入的误差等；数据处理软件的影响；数据处理软件的算法不完善对定位结果的影响。

3. 差分定位

差分技术（Differential）很早就被人们所应用。它实际上是在一个测站对两个目标的观测量、两个测站对一个目标的观测量或一个测站对一个目标的两次观测量之间进行求差。其目的在于消除公共项，包括公共误差和公共参数。差分技术在以前的无线电定位系统中已被广泛地应用。

GPS 是一种高精度卫星定位导航系统。在实验期间,它能给出高精度的定位结果。这时尽管有人提出利用差分技术来进一步提高定位精度,但由于用户要求还不迫切,所以这一技术发展较慢。随着 GPS 技术的发展和完善,应用领域的进一步开拓,人们越来越重视利用差分GPS 技术来改善定位性能。它使用一台 GPS 基准接收机和一台用户接收机,利用实时或事后处理技术,就可以使用户测量时消去公共的误差源——电离层和对流层效应。特别提出的是,当 GPS 工作卫星升空时,美国政府实行了 SA 政策,使卫星的轨道参数增加了很大的误差,致使一些对定位精度要求稍高的用户得不到满足。因此,现在发展差分 GPS 技术就显得越来越重要。

GPS 定位是利用一组卫星的伪距、星历、卫星发射时间等观测量来实现的,同时还必须知道用户钟差。因此,要获得地面点的三维坐标,必须对 4 颗卫星进行测量。

在这一定位过程中,存在着三部分误差。第一部分是对每一个用户接收机所公有的,例如,卫星钟误差、星历误差、电离层误差和对流层误差等;第二部分为不能由用户测量或由校正模型来计算的传播延迟误差;第三部分为各用户接收机所固有的误差,例如内部噪声、通道延迟和多径效应等。利用差分技术,第一部分误差完全可以消除,第二部分误差大部分可以消除,其主要取决于基准接收机和用户接收机的距离,第三部分误差则无法消除。

除此以外,美国政府实施了 SA 政策,其结果使卫星钟差和星历误差显著增加,使原来的实时定位精度从 15 m 降至 100 m。在这种情况下,利用差分技术能消除这一部分误差,更显示出差分 GPS 的优越性。

差分 GPS 定位是相对定位的一种特殊形式,应用非常广泛,称为 DGPS。根据差分 GPS基准站发送的信息方式可将差分 GPS 定位分为三类,即位置差分、伪距差分和相位差分。这三类差分方式的工作原理是相同的,即都是由基准站发送改正数,由用户站接收并对其测量结果进行改正,以获得精确的定位结果。所不同的是,发送改正数的具体内容不一样,其差分定位精度也不同。差分定位原理如图 4 - 10 所示。

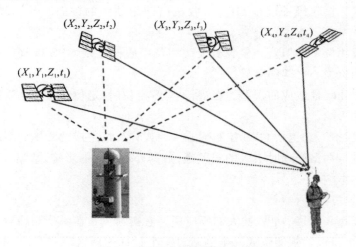

图 4 - 10　差分定位原理示意图

(1)位置差分原理。这是一种最简单的差分方法,任何一种 GPS 接收机均可改装和组成这种差分系统。安装在基准站上的 GPS 接收机观测 4 颗卫星后便可进行三维定位,解算出基准站的坐标。由于存在着轨道误差、时钟误差、SA 影响和大气影响、多径效应以及其他误差,解算出的坐标与基准站的已知坐标是不一样的,存在误差。基准站利用数据链将此改正数发送出去,由用户站接收,并且对其解算的用户站坐标进行改正。最后得到的改正后的用户坐标已消去了基准站和用户站的共同误差,例如卫星轨道误差、SA 影响和大气影响等,提高了定位精度。以上先决条件是基准站和用户站观测同一组卫星的情况。位置差分法适用于用户与基准站间距离在 100 km 以内的情况。

(2)伪距差分原理。伪距差分是目前用途最广的一种技术,几乎所有的商用差分 GPS 接收机均采用这种技术。国际海事无线电委员会推荐的 RTCM SC - 104 也采用了这种技术。在基准站上的接收机可测得它到可见星的距离,并将此计算出的距离与含有误差的测量值加以比较,利用一个 α - β 滤波器将此差值滤波并求出其偏差。然后将所有卫星的测距误差传输给用户,用户利用此测距误差来改正测量的伪距。最后,用户利用改正后的伪距来解出本身的位置,就可消去公共误差,提高定位精度。与位置差分相似,伪距差分能将两站公共误差抵消,但随着用户到基准站距离的增加又出现了系统误差,这种误差用任何差分法都不能消除。用户和基准站之间的距离对精度有决定性影响。

(3)载波相位差分原理。测地型接收机利用 GPS 卫星载波相位进行的静态基线测量获得了很高的精度($10^{-6}\sim10^{-8}$)。但为了可靠地求解出相位模糊度,要求静止观测一两个小时或更长时间,这样就限制了在工程作业中的应用。于是探求快速测量的方法应运而生。例如,采用整周模糊度快速逼近技术(FARA)使基线观测时间缩短到 5 min,采用准动态(stop and go)、往返重复设站(re-occupation)和动态(kinematic)来提高 GPS 作业效率。这些技术的应用对推动精密 GPS 测量起了促进作用。但是,上述这些作业方式都是事后进行数据处理,不能实时提交成果和实时评定成果质量,很难避免出现事后检查不合格造成的返工现象。差分 GPS 的出现,能实时给定载体的位置,精度为米级,满足了引航、水下测量等工程的要求。位置差分、伪距差分和伪距差分相位平滑等技术已成功地用于各种作业中。随之而来的是更加精密的载波相位差分测量技术。

载波相位差分技术又称为 RTK 技术(Real Time Kinematic),是建立在实时处理两个测站的载波相位基础上的。它能实时提供观测点的三维坐标,并达到厘米级的高精度。与伪距差分原理相同,由基准站通过数据链实时将其载波观测量及站坐标信息一同传送给用户站。用户站接收 GPS 卫星的载波相位与来自基准站的载波相位,并组成相位差分观测值进行实时处理,能实时给出厘米级的定位结果。

实现载波相位差分 GPS 的方法分为两类:修正法和差分法。前者与伪距差分相同,基准站将载波相位修正量发送给用户站,以改正其载波相位,然后求解坐标。后者将基准站采集的载波相位发送给用户台进行求差解算坐标。前者为准 RTK 技术,后者为真正的 RTK 技术。

根据差分系统工作原理及结构模型,载波相位差分 GPS 又可分为局域差分 GPS(LADGPS)和广域差分 GPS(WADGPS)两种。LADGPS 是指在局部区域中应用差分 GPS 技术,在区域中布设一个差分 GPS 网,该网由若干个基准站和一个监控站组成。用户通过接收多个基准站所提供的修正信息,获得更高精度的定位结果。LADGPS 的作用半径比较小,例如通常伪距差分的作用半径不超过 150 km,这时用户站的实时定位精度一般可提高至±3～5 m。WADGPS 一般由一个主控站、若干个 GPS 卫星跟踪站、一个差分信号播发站、若干个监控站、相应的数据通信网络和若干个用户站组成。其基本原理是对 GPS 观测量的误差源分别加以区分和"模型化",然后将计算出来的每一个误差源的误差修正值(差分值)通过数据通信链传输给用户,对用户在 GPS 定位中的误差加以修正,以达到削弱这些误差源和改善用户 GPS 定位精度的目的。

三、导航测速原理

卫星在轨道上运行时,以固定频率连续发射信号,由于卫星与用户之间的距离在变化,要产生多普勒效应,因此用户设备接收到的信号频率是变化的。接收频率和卫星发射频率之差称为多普勒频移。设卫星频率为 f_s,接收机接收的卫星频率为 f_r,则根据多普勒效应可得

$$\Delta f = f_s - f_r = \frac{f_s}{C}\dot{\rho} \tag{4-10}$$

式中,C 为电波传播速度;$\dot{\rho}$ 是卫星相对于接收机的距离变化率。

因此,如果能够测定多普勒频移,可得距离变化率观测值为

$$\dot{\rho} = \frac{C}{f_s}\Delta f \tag{4-11}$$

这样,通过 4 颗或 4 颗以上卫星变化率方程,按照类似于解用户位置和用户钟差的方式,就可解出用户速度和用户钟差的变化率。

对式(4-1)求时间的导数,可得距离变化率方程为

$$\dot{\rho}_i = \frac{(X_i - X)(\dot{X}_i - \dot{X}) + (Y_i - Y)(\dot{Y}_i - \dot{Y}) + (Z_i - Z)(\dot{Z}_i - \dot{Z})}{\sqrt{(X_i - X)^2 + (Y_i - Y)^2 + (Z_i - Z)^2}} + C\Delta t_u, \quad i = 1,2,3,4 \tag{4-12}$$

使用与用户位置解算类似的记法,式(4-12)可变形为

$$\frac{\partial \rho_i}{\partial X}(\dot{X} - \dot{X}_i) + \frac{\partial \rho_i}{\partial Y}(\dot{Y} - \dot{Y}_i) + \frac{\partial \rho_i}{\partial Z}(\dot{Z} - \dot{Z}_i) + C\Delta \dot{t}_u = \dot{\rho}_i, \quad i = 1,2,3,4 \tag{4-13}$$

即

$$\boldsymbol{A}\begin{bmatrix} \dot{X} - \dot{X}_i \\ \dot{Y} - \dot{Y}_i \\ \dot{Z} - \dot{Z}_i \\ C\Delta \dot{t}_u \end{bmatrix} = \begin{bmatrix} \dot{\rho}_1 \\ \dot{\rho}_2 \\ \dot{\rho}_3 \\ \dot{\rho}_4 \end{bmatrix} \tag{4-14}$$

式中,$\boldsymbol{A}$ 的意义同式(4-6),可解得

$$\begin{bmatrix} \dot{X} \\ \dot{Y} \\ \dot{Z} \\ C\Delta \dot{t}_u \end{bmatrix} = \boldsymbol{A}^{-1}\begin{bmatrix} \dot{\rho}_1 \\ \dot{\rho}_2 \\ \dot{\rho}_3 \\ \dot{\rho}_4 \end{bmatrix} + \begin{bmatrix} \dot{X}_i \\ \dot{Y}_i \\ \dot{Z}_i \\ 0 \end{bmatrix} \tag{4-15}$$

四、载体定向原理

利用接收机进行 GPS 定向需两个 GPS 卫星信号接收天线,如图 4-11 所示,两个天线(天线 1 和天线 2)分别位于车辆的两端,基线长度为 7.5 m。接收机可以测量载波相位、伪距和多普勒等观测量信息,两个天线构成一条基线,使该基线与系统平台的轴线方向重合。利用接收机的观测数据,即可完成系统平台二维姿态(方位角和俯仰角)的精确标定。

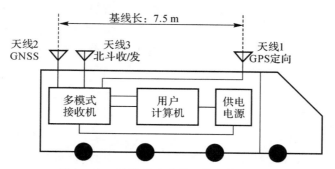

图 4-11　利用 GPS 定位天线安装示意图

利用 GPS 进行载体姿态确定的工作原理是在载体表面上配置多个天线,根据测量得到的各天线 GPS 载波信号的相位差,来实时确定运载体本体坐标系相对某个参考坐标系的角位置,从而求得载体的姿态。它反映的是线与面或面与面的关系问题。由两个天线构成的一条基线可以确定载体在空间的方位角和俯仰角,若要确定载体的三维姿态,则至少需要 3 个不共线的天线。

GPS 方位标定的基本原理可以用以下的原理图和公式来描述。

图 4-12 所示为 GPS 载波相位定向原理图,其中,$\Delta\rho$ 为基线两端的天线到同一颗导航星的距离差,它等于基线矢量 $\boldsymbol{b}^\mu$ 在 GPS 卫星视线方向 $\boldsymbol{s}^\mu$ 上的投影,即

$$\Delta\rho = \boldsymbol{b}^\mu \cdot \boldsymbol{s}^\mu = |\boldsymbol{b}|\cos\theta \tag{4-16}$$

如果 $\boldsymbol{s}^l$ 是导航星视线方向在当地地理坐标系中的向量,$\boldsymbol{b}^b$ 是基线矢量 $\boldsymbol{b}^\mu$ 在载体坐标系内表示的向量,则有

$$\Delta\rho = \boldsymbol{b}^\mu \cdot \boldsymbol{s}^\mu = (\boldsymbol{b}^b)^\mathrm{T} \cdot \boldsymbol{C}_b^l \cdot \boldsymbol{s}^l \tag{4-17}$$

式中,$\boldsymbol{C}_b^l$ 是载体坐标系到地理坐标系的转换矩阵,它包含了载体的姿态角。

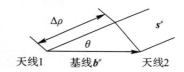

图 4-12　GPS 天线与卫星的方位图

为适应现代战争的需要,提高武器系统的快速反应能力、实现导弹无预设阵地(无依托、机动、随机)、全方位、快速发射,就应有准确提供无准备发射阵地的经纬度、重力加速度、高程和载体方位等信息的快速测量系统,来提高整个武器系统技术性能,达到武器系统的最佳毁伤效果,SNS 技术在这方面具有很好的应用前景。

第三节　BDS 导航原理

可以看出,GPS采用的原理是单程测距。它利用了两套时钟系统,分别在卫星与用户接收机上。用户接收到的卫星信号中,包含卫星发射该信号的时间。把它和接收机本身时钟比较,就可以知道卫星信号传到用户所花的时间,这个时间乘以光速就得到了用户到卫星的距离。在这种方式下,用户只被动接收信号,不发送信号,信号只由卫星系统进行广播。北斗系统最初的定位测距原理与GPS不同,其采用的是双星定位体制(又称有源定位方式),具备一些独特的功能。本节将详细介绍BDS的发展历程及最初的双星定位原理,对比美国GPS系统,分析北斗系统的特点及优势。

一、BDS 发展历程

北斗卫星导航系统(BeiDou Navigation Satellite System,BDS)是中国自行研制的全球卫星导航系统(见图4-13),是继美国全球定位系统(GPS)、俄罗斯格洛纳斯卫星导航系统(GLONASS)之后第三个成熟的卫星导航系统。北斗卫星导航系统(BDS)和美国GPS、俄罗斯GLONASS、欧盟GALILEO,是联合国卫星导航委员会已认定的供应商。

20世纪70年代,中国开始研究卫星导航系统的技术和方案,但之后这项名为"灯塔"的研究计划被取消。1983年,中国航天专家陈芳允提出使用两颗静止轨道卫星实现区域性的导航功能,1989年,中国使用通信卫星进行试验,验证了其可行性,之后的北斗卫星导航试验系统即基于此方案。

1994年,中国正式开始北斗卫星导航试验系统("北斗一号")的研制,并在2000年发射了两颗静止轨道卫星,区域性的导航功能得以实现。2003年又发射了一颗备份卫星,完成了"北斗一号"卫星导航试验系统的组建。

图4-13　北斗卫星导航系统标志及示意图

2003年9月,中国打算加入欧盟的伽利略定位系统计划,并在接下来的几年中投入了2.3亿欧元的资金。由此,人们相信中国的北斗系统只会用于自己的武装力量。中国与欧盟在2004年10月9日正式签署伽利略计划技术合作协议。2008年01月,香港《南华早报》在"中国不当'伽利略'计划小伙伴"的报道中指出:中国不满其在伽利略计划中的配角地位,并将推出北斗二代与伽利略定位系统在亚洲市场竞争。

2004 年，中国启动了具有全球导航能力的北斗卫星导航系统（"北斗二号"）的建设，并在 2007 年发射一颗中地球轨道卫星，进行了大量试验。2009 年起，后续卫星陆续发射，并在 2011 年开始对中国和周边地区提供测试服务，2012 年完成了对亚太大部分地区的覆盖并正式提供卫星导航服务。

2012 年 12 月 27 日，北斗系统空间信号接口控制文件正式版 1.0 正式公布，北斗导航业务正式对亚太地区提供无源定位、导航和授时服务。至 2012 年底北斗亚太区域导航正式开通时，已为正式系统发射了 16 颗卫星，其中 14 颗组网并提供服务，分别为 5 颗静止轨道卫星、5 颗倾斜地球同步轨道卫星（均在倾角 55°的轨道面上）、4 颗中地球轨道卫星（均在倾角 55°的轨道面上）。

2013 年 12 月 27 日，北斗卫星导航系统正式提供区域服务一周年新闻发布会在国务院新闻办公室新闻发布厅召开，正式发布了《北斗系统公开服务性能规范（1.0 版）》和《北斗系统空间信号接口控制文件（2.0 版）》两个系统文件。

2014 年 11 月 23 日，国际海事组织海上安全委员会审议通过了对北斗卫星导航系统认可的航行安全通函，这标志着北斗卫星导航系统正式成为全球无线电导航系统的组成部分，取得面向海事应用的国际合法地位。

2015 年 7 月 25 日中国成功发射两颗北斗导航卫星，使北斗导航系统的卫星总数增加到 19 枚。这对北斗"双胞胎"弟兄，将为北斗全球组网承担"拓荒"使命。

2018 年 12 月 27 日，随着中国宣布"北斗三号"基本系统完成建设，开始提供全球服务，标志着中国已经建成了具备自主知识产权的全球卫星导航系统，北斗系统正式迈入全球时代。

中国坚持"自主、开放、兼容、渐进"的原则建设和发展北斗系统，为北斗卫星导航系统制定了"三步走"发展战略规划，如图 4-14 所示。

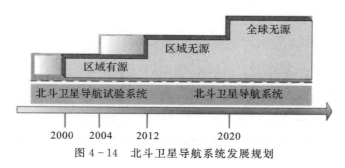

图 4-14　北斗卫星导航系统发展规划

第一步，建设"北斗一号"系统（也称北斗卫星导航试验系统）。1994 年，启动"北斗一号"系统工程建设；2000 年，发射两颗地球静止轨道卫星，建成系统并投入使用，采用有源定位体制，为中国用户提供定位、授时、广域差分和短报文通信服务；2003 年，发射第三颗地球静止轨道卫星，进一步增强系统性能。

第二步，建设"北斗二号"系统。2004 年，启动"北斗二号"系统工程建设；2012 年年底，完成 14 颗卫星（5 颗地球静止轨道卫星、5 颗倾斜地球同步轨道卫星和 4 颗中圆地球轨道卫星）发射组网。"北斗二号"系统在兼容"北斗一号"技术体制基础上，增加无源定位体制，为亚太地区用户提供定位、测速、授时、广域差分和短报文通信服务。

第三步，建设北斗全球系统。2009 年，启动北斗全球系统建设，继承北斗有源服务和无源服务两种技术体制；2018 年，面向"一带一路"沿线及周边国家提供基本服务；计划 2020 年前后，完成 35 颗卫星发射组网，为全球用户提供服务。

二、BDS 定位原理

从前面的发展历程可以看出，BDS 的结构模式与 GPS 有明显差别，特别是在建设之初，采用的导航定位原理自然也有特殊之处。北斗卫星导航系统由空间段、地面段和用户段三部分组成，空间段规划包括 5 颗静止轨道卫星和 30 颗非静止轨道卫星，地面段包括主控站、注入站和监测站等若干个地面站，用户段包括北斗用户终端以及与其他卫星导航系统兼容的终端。

1. 双星定位原理

双星定位系统又称无线电导航卫星系统（Radio Navigation Satellite Syetem，RNSS）。双星定位是利用两颗地球同步卫星作信号中转站。测站点收发机接收一颗卫星转发到地面的测距信号，并向两颗卫星同时发射信号作应答。地面中心站根据两卫星转发测站的同一个应答信号以及其他数据计算测站位置。测站收发机在允许的时间或规定的时间后，再接收到卫星转发信号，便可确定出定位结果。双星导航系统主要有美国的 GEOSTAR、欧洲的 LOC-STAR 以及我国的"北斗一号"导航系统等。双星定位的定位原理可以用几何原理加以说明。

设想以卫星为球心，以卫星至测站的斜距为半径，则两颗卫星和各自的斜距可以作两个大球。由于两颗卫星在轨道上的弧距一般在 30°～60°之间，即两颗卫星间的弦长在 22 000～42 000 km 之间，这个距离范围小于两斜距之和（为 72 000 km），所以两大球面必定相交，其交线为一个大圆，称之为交线圆。由于同步卫星轨道面与地球赤道面重合，则远离赤道的地面点的两大球交线，必定穿过赤道面，与地球表面相交，在地球的南半球和北半球各有一个交点，其中一个交点即为测站（见图 4-15）。

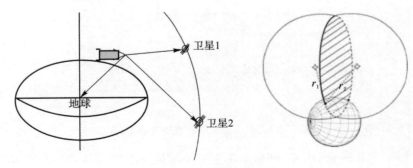

图 4-15 双星定位原理

但是测站一般不在参考椭球面（地球表面）上。在南半球或北半球，要唯一确定测站，还必须知道大地高，因为交线圆上的点到各卫星的距离各自分别相等，但大地高却都不等，只有根据不同的大地高，才能唯一地确定测站。

从几何图形角度看，要唯一地确定测站点必须满足以下条件：

（1）两卫星间的弦长必须小于两斜距之和；

(2)以卫星为球心,斜距为半径的两球面的交线圆必须与测站水平面相交;

(3)测站点大地高必须已知。

只有满足第一条件才能产生交线圆。要满足这个条件,两卫星间的最大夹角不得超过162°。只有小于162°,才有全球波束的共同覆盖区,测站才能同时看到两颗卫星,才能定位。而且两卫星弧距越小,共同覆盖区越大。当两卫星弧距为60°时,测站几乎在等边三角形的一个顶点上,几何强度最好。

过测站的交线圆不一定和测站水平面相交,有时可能相切或重合。例如,在赤道上。在赤道附近,交线圆与水平面几乎重合,故交会的测站纬度值很差。由于地球半径和斜距都是长距离值,圆弧曲率很小,所以在局部地区球面和交线圆可看成是平面和直线。直线与平面垂直相交,定位精确,缓慢相交(即大倾斜相交)定位精度差,重合无解或说有无数解。对大倾角的同步轨道卫星,即使在中纬度地区也有可能产生交线圆与当地水平面缓慢相交或重合,当测站纬度小于同步轨道的轨道倾角时就有这种现象发生,这就是同步卫星定位的“模糊区”。此外,卫星全球覆盖的跨度为162°,所以赤道卫星只能覆盖南北纬各81°,81°以上是双星定位死角,即“盲区”。盲区和模糊区的存在是双星定位几何上的缺点。

双星定位有单点定位法和差分定位法等。对于单点定位也有代入法、相似椭球法、近似椭球法及三点交会法等。这里以单点定位中的三点交会法为例,讨论测站如何在接收到收发机应答信号之后组成观测量,进行测站点位置计算。

所谓单点定位指仅由一个观测站应答之后的观测量计算测站位置。一个测站对测距信号应答之后可得到两个观测量,因为两颗同步卫星转发信号,地面中心站得到两个时间差。

双星定位的过程如下:地面中心站发出的出站信号含有时间信息,经过卫星—测站(用户)—卫星,再回到中心站,由出入站信号的时间差可计算出距离。因而,中心站根据测站应答信号计算的观测量不是定位计算中所需的测站到卫星的距离,而是4条边的距离之和。因为卫星位置和中心站位置精确已知,测站到两卫星观测距离可求,那么知道了两卫星的观测边和测站的大地高,便可求出测站的坐标。

影响双星定位精度的因素主要有以下几种:

(1)双星定位的几何图形;

(2)定位的大地高精度;

(3)已知点位的地理精度;

(4)观测和计算方法;

(5)测站收发机发射功率和伪码长度等。

双星定位系统定位必须给定点的高度信息。该高度值的精度直接影响最终的定位精度。因此提供高精度的高度信息是双星定位的前提。

影响双星定位精度的另一个重要因素是双星定位的几何图形。描述测站与卫星之间几何分布的常用参数是位置精度因子(Position Dilution Of Precision,PDOP),它是测距误差的几何放大系数。

图4-16所示为RDSS双星导航系统在我国覆盖区内PDOP的变化分布。由图中可以看出:PDOP分布主要与纬度有关。同一纬度下,PDOP随经度变化不大。同一经度下,PDOP

一般随纬度的增加而减小。

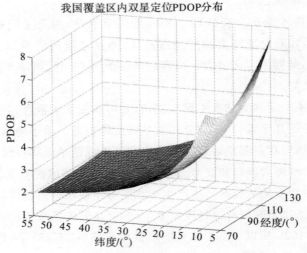

图 4 - 16　我国覆盖区内 PDOP 的变化分布

2."北斗一号"定位原理

"北斗一号"导航卫星最初采用的就是双星定位模式,需要地面中心控制系统几乎实时地参与工作。首先由地面中心控制系统定时向处于 36 000 km 高空的同步静止轨道上的两颗定位卫星发送测距信号。其中一颗卫星接收后,经转发器变频放大转发到用户机,用户机接收后立即响应并向卫星发出应答信号。这个信号中包括了特定的测距密码和用户的高程信息。应答信号经卫星变频放大下传到中心控制系统后,中心控制系统算出信号经中心控制系统—卫星—用户之间的往返时间,进而得到这三者间的往返距离。由于地面中心控制系统到卫星的距离已知,这样就可得出用户与卫星的距离。再综合用户的高程信息和存储在中心控制系统的用户高程电子地图,根据其定位的几何原理,地面中心控制系统便可算出用户的精确位置。此信息再通过卫星传到用户端,用户收到后通常还要发一个回执。从这个过程中可以发现,在GPS 系统中只起到校正调整卫星作用的地面站,在北斗卫星导航定位系统中则是每次定位的中心,可以说一时一刻也不能离开它,不愧为名副其实的"中心控制系统"。

通过其中两颗卫星的伪距测量可以实现二维定位。"北斗一号"卫星定位系统由空间星座、地面控制中心系统和用户终端三部分构成。空间星座部分包括三颗地球同步轨道卫星(其中最后一颗是备份卫星)。北斗地面控制中心系统完成用户终端位置解算、通信信息转发、用户数据保存、系统监控管理等一系列功能,提供定位、通信和授时服务。用户终端用于发送定位请求和通信信息,接收定位信息、通信信息和定时信息,实现单机定位和双向数字简短报文通信功能,也可以实现自主导航和精确授时。

北斗系统采用主动定位方式,先由用户终端主动向地面控制中心发出定位请求(入站),地面控制中心根据用户请求测量信号并计算出用户到两颗卫星的距离,并根据中心存储的数字高程地图或用户请求中所带的测高信息算出用户到地心的距离,再由这三个距离按三球交会测量原理进行定位解算(见图 4 - 17),然后将解算结果上星广播(出站)由该用户终端接收,这样就完成了与 GPS 精度相当的快速实时定位过程。通过这种出入站信号的传输和信息转发,北斗系统还实现了其每次多达 100 个以上汉字的简短数字报文通信和几十纳秒级精度的精密授时功能。

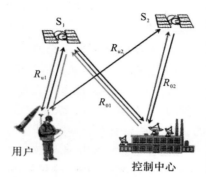

图 4-17　北斗双星定位过程示意图

结合图中各路信号的传播过程，可得以下方程组：

$$\left.\begin{array}{l} S_{u1} = 2(R_{u1} + R_{01}) \\ S_{u2} = R_{u1} + R_{01} + R_{u2} + R_{02} \end{array}\right\} \qquad (4-18)$$

于是可得到 R_{01} 与 R_{02} 的伪距方程。结合用户的高程信息，就可实现定位解算。

北斗系统由两颗地球静止卫星（GEO）对用户双向测距，由一个配有电子高程图库的地面中心站进行位置解算。定位由用户终端向中心站发出请求，中心站对其进行位置解算后将定位信息发送给该用户。它的定位基于三球交会原理，即以两颗卫星的已知坐标为圆心，各以测定的本星至用户机距离为半径，形成两个球面，用户机必然位于这两个球面交线的圆弧上。中心站电子高程地图库提供的是一个以地心为球心、以球心至地球表面高度为半径的非均匀球面。求解圆弧线与地球表面交点，并已知目标在赤道平面北侧，即可获得用户的二维位置。

北斗导航系统具有以下特点。

（1）快速定位。北斗导航系统可为服务区域内用户提供全天候、高精度、快速实时的定位服务。

（2）简短通信。北斗系统用户终端具有双向数字报文通信能力，可以一次传送超过 100 个汉字的信息。

（3）精密授时。北斗导航系统具有单向和双向两种授时功能。根据不同的精度要求，利用授时终端，完成与北斗导航系统之间的时间和频率同步，可提供数十纳秒级的时间同步精度。

北斗卫星导航系统的官方宣布，在 L 波段和 S 波段发送导航信号，在 L 波段的 B1，B2，B3 频点上发送服务信号，包括开放的信号和需要授权的信号。

B1 频点：1 559.052～1 591.788 MHz；

B2 频点：1 166.220～1 217.370 MHz；

B3 频点：1 250.618～1 286.423 MHz。

"北斗二号"卫星导航系统具备中国和亚太地区的无源定位导航服务功能，"北斗三号"卫星导航系统具备全球导航服务功能，导航定位原理与 GPS 类似，但北斗系统可向专有用户提供电文通信功能是其独有的亮点，除了用于载体全球高精度定位导航外，对于飞行监测、数据中继和组网通信等关键领域也具有重要的应用意义。

三、BDS 特点分析

北斗系统的建设实践,实现了在区域快速形成服务能力、逐步扩展为全球服务的发展路径,丰富了世界卫星导航事业的发展模式。

北斗系统具有以下特点:一是北斗系统空间段采用三种轨道卫星组成的混合星座,与其他卫星导航系统相比高轨卫星更多,抗遮挡能力更强,尤其低纬度地区性能特点更为明显。二是北斗系统提供多个频点的导航信号,能够通过多频信号组合使用等方式提高服务精度。三是北斗系统创新融合了导航与通信能力,具有实时导航、快速定位、精确授时、位置报告和短报文通信服务五大功能。起步阶段的北斗卫星导航系统即"北斗一号"具有以下特点。

(1)覆盖范围。"北斗一号"是覆盖我国本土的区域导航系统。覆盖范围东经 40°～70°,北纬 5°～55°。GPS 是覆盖全球的全天候导航系统,能够确保地球上任何地点、任何时间能同时观测到 6～9 颗卫星(实际上最多能观测到 11 颗)。

(2)卫星数量和轨道特性。"北斗一号"是在地球赤道平面上设置 2 颗地球同步卫星,2 颗卫星的赤道角距约为 60°。GPS 是在 6 个轨道平面上设置 24 颗卫星。轨道赤道倾角为 55°,轨道面赤道角距为 60°。导航卫星位于准同步轨道上,绕地球一周需要 11 h 58 min。

(3)定位原理。"北斗一号"是主动式双向测距二维导航。地面中心控制系统解算供用户三维定位数据。GPS 是被动式伪码单向测距三维导航。"北斗一号"由用户设备独立解算自己三维定位数据的这种工作原理带来两个方面的问题,一是用户定位的同时失去了无线电隐蔽性,这在军事上相当不利,另一方面由于设备必须包含发射机,因此在体积、质量、价格和功耗方面处于不利的地位。

(4)定位精度。"北斗一号"三维定位精度约为几十米,授时精度约为 100 ns 。GPS 三维定位精度 P 码目前已由 16 ns 提高到 6 m,C/A 码目前已由 25～100 m 提高到 12 m,授时精度约为 20 ns。

(5)用户容量。由于"北斗一号"是主动双向测距、询问、应答系统,用户设备与地球同步卫星之间不仅要接收地面中心控制系统的询问信号,还要求用户设备向同步卫星发射应答信号,这样,系统的用户容量取决于用户允许的信道阻塞率、询问信号速率和用户的响应频率。因此,"北斗"的用户设备容量是有限的。GPS 是单向测距系统,用户设备只要接收导航卫星发出的导航电文即可进行测距定位,因此 GPS 的用户设备容量是无限的。

(6)生存能力。和所有导航定位卫星系统一样,"北斗一号"基于中心控制系统和卫星的工作,但是"北斗一号"对地面中心控制系统的依赖性明显要大很多,因为定位解算是在那里完成而不是由用户设备完成。为了弥补这种系统易损性,GPS 正在发展星际横向数据链技术,万一主控站被毁,GPS 卫星仍可以独立运行。而"北斗一号"系统从原理上排除了这种可能性,一旦地面中心控制系统受损,系统就不能继续工作了。

(7)实时性。"北斗一号"用户的定位申请要送回中心控制系统,地面中心控制系统解算出用户的三维位置数据之后再发回用户,其间要经过地球静止卫星走一个来回,再加上卫星转发、地面中心控制系统的处理,时间延迟就更长了,因此对于高速运动体,就加大了定位的误差。此外,"北斗一号"卫星定位导航系统也有一些自身的特点,其具备的短信通信功能就是 GPS 所不具备的。

如今的"北斗三号"卫星导航系统已经具备全球卫星导航服务功能,总体性能与现代化的

GPS 相当,但"北斗三号"依然保留了其独有的短报文通信功能,用户可以在需要的时候选择使用。

第四节　陆基无线电导航原理

陆基导航系统(Land-based Navigation System,LNS)属于无线电导航方式,是以设置在陆地上的导航台为基础,通过无线电信号向飞行器或舰船提供导航信息的系统。其主要在导弹武器系统中使用,是主要针对 GNSS 卫星导航系统战时使用不可靠以及我国 BD/DBD 卫星导航系统抗干扰能力弱而采用的一种辅助导航手段,对提高武器系统的打击精度具有重要的借鉴作用。本节将介绍无线电导航的基本要求、常用的导航坐标系、LNS 定位原理,结合卫星导航系统模式,将介绍伪卫星系统的工作过程,最后从导航战的角度,说明无线电导航应用中的关键问题。

一、导航坐标系

1. WGS - 84

WGS - 84 坐标系是目前 GPS 所采用的坐标系统,GPS 所发布的星历参数就是基于此坐标系统的。

WGS - 84 坐标系统的全称是 World Geodical System - 84(世界大地坐标系-84),它是一个地心地固坐标系统。

WGS - 84 坐标系统由美国国防部制图局建立,于 1987 年取代了当时 GPS 所采用的坐标系统——WGS - 72 坐标系统而成为 GPS 所使用的坐标系统。

WGS - 84 坐标系的坐标原点位于地球的质心,Z 轴指向 BIH1984.0 定义的协议地球极方向,X 轴指向 BIH1984.0 定义的启始子午面和赤道的交点,Y 轴与 X 轴和 Z 轴构成右手系。

2. 1954 年北京坐标系

1954 年北京坐标系是我国目前广泛采用的大地测量坐标系。该坐标系源自于苏联采用过的 1942 年普尔科夫坐标系。

中华人民共和国成立前,我国没有统一的大地坐标系统,中华人民共和国成立初期,在苏联专家的建议下,我国根据当时的具体情况,建立起了全国统一的 1954 年北京坐标系。该坐标系采用的参考椭球是克拉索夫斯基椭球,该椭球并未依据当时我国的天文观测资料进行重新定位,而是由苏联西伯利亚地区的一等锁,经我国的东北地区转算过来的,该坐标系的高程异常是以苏联 1955 年大地水准面重新平差的结果为起算值,按我国天文水准路线推算出来的,而高程又是以 1956 年青岛验潮站的黄海平均海水面为基准。

由于当时条件的限制,1954 年北京坐标系存在着很多缺点,主要表现在以下几方面。

(1)克拉索夫斯基椭球参数同现代精确的椭球参数的差异较大,并且不包含表示地球物理特性的参数,因而给理论和实际工作带来了许多不便。

(2)椭球定向不十分明确,椭球的短半轴既不指向国际通用的 CIO 极,也不指向目前我国使用的 JYD 极。参考椭球面与我国大地水准面呈西高东低的系统性倾斜,东部高程异常达 60 余米,最大达 67 m。

该坐标系统的大地点坐标是经过局部分区平差得到的,因此,全国的天文大地控制点实际上不能形成一个整体,区与区之间有较大的隙距,如在有的接合部中,同一点在不同区的坐标值相差 1~2 m,不同分区的尺度差异也很大,而且坐标传递是从东北到西北和西南,后一区是以前一区的最弱部作为坐标起算点,因而一等锁具有明显的坐标积累误差。

3.1980 年西安大地坐标系

1978 年,我国决定重新对全国天文大地网施行整体平差,并且建立新的国家大地坐标系统,整体平差在新大地坐标系统中进行,这个坐标系就是 1980 年西安大地坐标系统。1980 年西安大地坐标系统所采用的地球椭球参数的四个几何和物理参数采用了 IAG 1975 年的推荐值。

椭球的短轴平行于地球的自转轴(由地球质心指向 1968.0 JYD 地极原点方向),起始子午面平行于格林尼治平均天文子午面,椭球面同大地水准面在我国境内符合最好,高程系统以 1956 年黄海平均海水面为高程起算基准。

关于导航中的其他坐标系本书在附录中进行了说明。

二、LNS 定位原理

陆基导航系统由天馈系统(天线和低噪声放大器)、弹载测距机和地面导航站(应答机)组成。其中弹上设备由弹载测距机和天馈系统组成。陆基导航定位系统是通过在地面配置一定数量的地面导航站来实施对导弹进行空中定位的系统。其基本工作原理是利用"伪距"进行定位测量,在导弹飞行的定位段,弹上测距机发射测距码信号给地面导航站,地面导航站在接收到弹上测距机测距码信号的同时向弹上测距机发播测距码信号,弹上测距机测定出至导航站的"伪距",实时求得弹上测距机的地心坐标。其基本原理如图 4-18、图 4-19 所示。

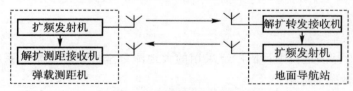

图 4-18 陆基导航系统示意图

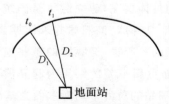

图 4-19 陆基导航系统定位的基本原理图

设弹上接收机观测地面站 k,t_0 为弹上测距机发射码信号瞬间的时刻,t_1 为弹上测距机接收到地面站返回信号瞬间的时刻,D_1 为在 t_0 时刻弹上测距机与地面站之间的距离,D_2 为在 t_1 时刻弹上测距机与地面站之间的距离,I_1 和 I_2 分别为电离层改正数和对流层改正数,并令 P_s^k

为 $t_0 \sim t_1$ 时刻弹上测距机至地面站,再到弹上测距机的几何距离,则有

$$P_s^k = D_1 + D_2 \qquad\qquad (4-19)$$

其中

$$D_2 = D_1 + \Delta D \qquad\qquad (4-20)$$

可得

$$P_s^k = D_2 - \Delta D + D_2 , \quad P_s^k = 2D_2 - \Delta D$$

根据"伪距"的定义,有

$$\rho_s^k = (t_1 - t_0)c = D_1 + D_2 - I_1 - I_2 \qquad\qquad (4-21)$$

故

$$P_s^k = \rho_s^k + I_1 + I_2 \qquad\qquad (4-22)$$

$$\rho_s^k = P_s^k - I_1 - I_2 = 2D_2 - \Delta D - I_1 - I_2 \qquad\qquad (4-23)$$

现设 X^k, Y^k, Z^k 分别为地面应答机 k 的地心空间直角坐标; X_s, Y_s, Z_s 为弹上测距机对应 t_1 时刻的空间直角坐标,则

$$D_2 = \sqrt{(X_s - X^k)^2 + (Y_s - Y^k)^2 + (Z_s - Z^k)^2} \qquad\qquad (4-24)$$

$$\rho_s^k = 2\sqrt{(X_s - X^k)^2 + (Y_s - Y^k)^2 + (Z_s - Z^k)^2} - \Delta D - I_1 - I_2 \qquad\qquad (4-25)$$

由于导弹在飞行过程中,弹上计算机可获得 t_0 时刻的速度与姿态,则 ΔD 可以计算得出,地面站的空间直角坐标是已知的,电离层延迟改正和对流层延迟改正可按相应的模型计算,因此,测距机只要同时观测三个以上地面站,即可求解出导弹的三个位置参数。

导航定位中,为了更清楚地评价定位结果的精度,一般采用有关精度因子 DOP(Dilution Of Precision)的概念。其定义为

$$\sigma_X = \text{DOP} \cdot \sigma_0 \qquad\qquad (4-26)$$

式中, σ_0 ——测距机至地面应答机的测距中误差。

相关的一些中文文献中,有的将其称为精度衰减因子,也有的将其称为精度系数或精度弥散度。实践中,通常根据实际需求,采用不同的精度评价模型和相应的精度因子。常用的精度因子主要有以下三种。

(1)空间位置精度因子 PDOP(Position DOP),相应的三维位置精度为

$$\sigma_P = \text{PDOP} \cdot \sigma_0 \qquad\qquad (4-27)$$

(2)平面位置精度因子 HDOP(Horizontal DOP),相应的平面位置精度为

$$\sigma_H = \text{HDOP} \cdot \sigma_0 \qquad\qquad (4-28)$$

(3)高程(垂直方向)精度因子 VDOP(Vertical DOP),相应的高程精度为

$$\sigma_V = \text{VDOP} \cdot \sigma_0 \qquad\qquad (4-29)$$

利用以上各种不同的精度因子 DOP,即可从不同角度评价伪距定位测量的精度。

对于陆基导航系统定位系统,主要采用空间位置精度因子(PDOP)评定武器飞行中的空间定位精度。显然,在伪距观测量的精度 σ_0 确定的情况下,最大限度地缩小空间位置精度因子的数值,就成为提高定位精度的重要途径。

陆基导航系统定位测量的精度因子与所观测的地面站分布有关,因此,精度因子又称为所观测的地面站构成的空间几何图形的图形强度因子。设观测的地面站与弹上测距机构成的三

面体的体积为 V，则精度因子 PDOP 与该三面体的体积 V 的倒数成正比，即

$$PDOP \propto \frac{1}{V} \tag{4-30}$$

显然，如何根据导弹阵地的战场部署及主要作战方向，合理选择地面站就成为决定陆基导航系统定位精度因子的关键。

陆基导航系统采用不依赖卫星的地面导航方式，可联合使用扩频、信号突发和跳时等抗侦听和抗干扰技术手段，有效地提高了其抗干扰能力。其优点主要表现在以下几方面。

（1）不依赖于卫星，自主性强。与 GNSS 系统和倒北斗系统相比，陆基导航系统不依靠卫星即可为导弹提供精确定位，因而可使导弹武器在国内所有导航和通信卫星均被敌方干扰的情况下，仍具备组合导航能力。

（2）弹-地之间通信采用扩频和跳时相结合技术，抗干扰能力较强。有源陆基导航系统采用扩频和跳时相结合技术，合理选择跳扩频信号格式体制，各站采用不同的频码，实现可靠接收和高精度测量。与采用直序扩频技术的倒北斗系统相比，陆基导航系统抗干扰能力比现有倒北斗系统有所提高。

（3）通信距离近，能量损耗少。陆基导航系统的弹-地通信距离为数百千米，与倒北斗系统的弹-星和地-星通信距离为 3 万多千米相比，信号空间传播损耗大大减少，从而提高了系统的抗干扰能力。

（4）成本及其低廉，弹载、地面的应答机尺寸小，容易布置、隐藏和长期待机。综合分析陆基导航系统的工作原理和特点，可以认为，由于采用了扩频技术、作战和训练所使用的信号频率和编码严格分开，以及不依赖于卫星进行导航定位等技术和战术措施，陆基导航系统的抗干扰能力将有较大提高。

三、伪卫星定位系统

倒北斗伪卫星定位系统是我国根据 GPS/GLONASS 全球定位系统而研制的特殊陆基导航定位系统，以"北斗一号"资源为基础，采用了"北斗一号"局域差分、"北斗一号"高精度无源定位、高精度气压测高、GPS 卫星载波相位精密测量等技术，从而实现常规导弹机动作战卫星快速定位功能。

所有北斗伪卫星都接收"北斗一号"卫星的信号，以一颗"北斗一号"卫星为基准进行共视，与星上的北斗时间达到同步。北斗伪卫星再发射无线导航信号，并在信号中调制有北斗伪卫星的位置和时间信息。倒北斗接收机同时跟踪北斗伪卫星播发的信号和对应的"北斗一号"卫星播发的导航信号，测出接收机与北斗伪卫星以及"北斗一号"卫星的伪距，并解调出各北斗伪卫星和"北斗一号"卫星位置的信息，进行求解，求出导弹的位置及时间等信息。

1. 倒北斗接收机

高动态倒北斗接收机用于接收和处理北斗星、倒北斗伪卫星、GPS/GLONASS 卫星信号，进行定位处理。接收机和弹上惯性组合构成组合制导系统。其主要功能是接收 GPS 和 GLONASS 卫星信号，进行 INS/GNSS 组合制导；接收空中北斗卫星和地面倒北斗伪卫星信号，进行 INS/DBD 组合制导；接收北斗、GPS 和 GLONASS 卫星信号，进行 INS/BD 紧耦合算法组合制导。

2. 广域差分 GPS 定位

广域差分 GPS 定位是基于"北斗一号"的卫星导航增强系统,其广域差分数据修正来源于多个 GPS 参考站的监测数据,误差改正采取包含轨道改正、星钟改正和电离层改正的向量形式。当增强系统广播电文中指示目前 GPS 系统可用时,可采用广域差分 GPS 定位方法获得用户的精确位置。此时,导弹机动作战卫星快速定位用户终端设备可以根据收到的 GPS 差分改正数,得到消除卫星钟误差、电离层误差、星历误差后的伪距。用户只要测得四颗以上 GPS 卫星的伪距,就可得到包含用户三维位置和用户钟差等 4 个未知参数的方程,解之即得广域差分 GPS 定位结果。

四、无线电导航战

在军用无线电导航领域,以美国为首的多国部队在 20 世纪末至今的几次局部战争中发现了 GPS 多种多样的用途,极大地促进了卫星导航的军事应用。同时,卫星导航系统在实战中的应用和以制信息权为核心的现代战争学说改变了美国军方对 GPS 作用的看法,美国军方认为,GPS 对于目标瞄准、精密武器投放、导弹制导、紧急救援和支持、指挥、控制、通信和时间同步等作战应用来说,提供了最关键的定位和授时数据源,GPS 是取得战争胜利的"法宝"。另外,美国军方也意识到,敌对方在战争中也会运用 GPS 技术并采取措施克服美国的限制,他们也可以用干扰手段对付美军使用的 P 码,削弱美军的导航优势。2011 年 12 月,伊朗捕获美国 RQ-170"哨兵"无人侦察机事件〔见图 4-20,RQ-170"哨兵"(RQ-170 Sentinel)是由洛克希德·马丁公司研制的一种主要用于对特定目标进行侦察和监视的隐形无人机,也被称作"坎大哈野兽"。该机翼展 26 m,长 4.5 m,高 1.84 m,设计飞行高度接近 10 000 m,滞空时间达 30 h。配备有高度先进的侦察、数据搜集、电子通信和雷达系统。RQ-170 智能化较高,军事专家称其是历史上首款无需人工干预、完全由电脑操纵的无人机,从外形上看,酷似缩小版的 B-2 轰炸机,其外翼由铝合金部件和碳纤维环氧复合材料蒙皮组成,其无尾翼的独特设计使其对所有波段的雷达波的隐身性能都极高,这将保证其能够突破敌方防空圈。如果以后携带武器,就能为后续有人驾驶作战飞机打开通道,极可能用于有效克制反舰弹道导弹〕,便是 GPS 与无线电导航战的典型案例。

图 4-20　美国 RQ-170 无人侦察机被伊朗捕获

为此,美军开始研究各种抗干扰技术(如接收机自适应调零天线技术、组合导航技术、接收机线路抗干扰设计技术等),并将其应用到下一代卫星和新型军用接收机中,这些理念对于采用无线电导航的各类系统均有参考价值。这里以 GPS 为背景,简要介绍无线电导航领域对抗的基本问题。

随着美军在战争中对 GPS 依赖程度的增加和对 GPS 精度和电子对抗能力要求的提高,美军提出了 GPS 导航战计划(GPS Navigation Warfare Program)。导航战概念具有既要保护友军正常使用卫星导航信号,同时又要防止敌方使用的双重任务,其主要内容如下。

(1)GPS 及差分 GPS 有可能为敌方用来反对美国及其盟国,美国要发展相应技术(主要是干扰技术),在战争需要的区域内阻止敌方使用 GPS。

(2)GPS 易于受到敌方有意的干扰,要采取措施提高 GPS 的抗干扰能力,以确保美军在战场上的安全使用。另外,要加强 GPS 系统的抗毁性,提高 GPS 系统的生存能力。

(3)提高 GPS 的精度,以增进其作战效能。

(4)不能不适当地使 GPS 民用服务降级或停止工作。

为了实现 GPS 导航战计划,主要从以下几方面开展工作。

(1)增加和改善 GPS 监测站,使其对 GPS 卫星的监测更加完整和精确。

(2)增强地面天线,使卫星数据注入间隔减小,以提高星历的精度。

(3)改善主控站的处理能力,以提高 GPS 系统的精度。

(4)加固卫星,增加其抵抗激光或电磁武器的能力。建立星间数据链,使在主控站被摧毁的情况下,系统能在半年以上的时间内还能继续工作并保持精度指标。

(5)将军用和民用信号隔离开,加大卫星军用信号发射功率,以提高其抗干扰能力。

(6)发展 GPS 用户设备识别干扰和抵抗干扰的技术。

专 题 小 结

本专题详细介绍了各种卫星导航系统,包括其发展历程、系统组成和导航原理等基础内容。由于卫星导航系统还在不断发展与更新,所以文中部分数据仅代表当前的最新情况。卫星导航系统在导弹武器系统中通常是与 INS 相结合的,工作在复合模式下,关于更具体的应用原理将在复合制导的相关章节中论述。可以看出,结合各种卫星导航系统的结构原理,可设计多模式卫星导航设备,可同时向用户提供多种定位模式:如 GPS,GNSS,GLONASS,GLO-NASS/北斗,GPS/北斗,北斗三星＋高度表等;同时,利用卫星导航技术的定位定向功能,可研究导弹机动作战卫星快速定位定向设备,用于导弹发射车的快速定位定向,这对于无依托随机快速发射具有重要意义。随着飞行器、机器人、无人车等载体信息化、自主化、智能化程度要求的不断提高,卫星导航技术已经在各类智能无人系统的导航定位中体现出成功的应用意义和巨大的发展潜力。

思 考 习 题

1.简述当前卫星导航系统的主要类型及特点。

2.简述 GPS 卫星导航系统的基本组成与功能。

3. 简述 GPS 卫星信号的主要模式。

4. 简述 GPS 绝对定位的基本原理。

5. 简述 GPS 差分定位的基本原理。

6. 简述卫星导航测速的基本原理。

7. 试总结分析卫星导航系统的主要误差因素。

8. 简述北斗卫星导航系统发展历程。

9. 简述北斗一代双星定位的基本原理。

10. 试比较分析 GPS 与 BDS 的主要特点。

11. 简述陆基导航系统的基本原理。

12. 总结分析如何提高卫星导航系统的抗干扰能力。

13. 总结分析卫星导航系统的主要应用领域。

第五专题　地球物理特征匹配制导技术

教 学 方 案

1. 教学目的

(1)掌握地形匹配制导的基本过程及原理;

(2)了解数字地形高程图的制备过程;

(3)掌握常用的地形匹配算法原理;

(4)理解地磁匹配制导的基本原理;

(5)了解地磁匹配制导关键技术;

(6)理解重力梯度匹配制导技术基本原理。

2. 教学内容

(1)地形匹配制导工作原理;

(2)地形高程图制备及匹配算法;

(3)地磁匹配制导技术原理及关键技术;

(4)重力梯度匹配制导技术原理过程。

3. 教学重点

(1)地形匹配制导系统组成及工作原理;

(2)地磁匹配制导基本工作原理;

(3)重力梯度匹配制导基本原理。

4. 教学方法

专题理论授课、多媒体教学与主题研讨交流。

5. 学习方法

理论学习、实物对照与仿真实验分析。

6. 学时要求

2~4 学时。

引 言

　　导弹飞行时,根据环境的特征信息,如地形起伏、磁场强度分布、无线电波反射等特征与地面位置之间的对应关系,由图像敏感装置沿飞行轨迹在预定空域内摄取实际地表特征图像(称实时图),在相关器内将实时图与预先储存在存储器内的标准特征图(称基准图或参考图)进行匹配。由此确定导弹实际飞行位置与预定位置的偏差,根据这种偏差发出制导指令,修改导弹的航迹,把导弹引向目标。这一过程统称为基于地球物理特征的匹配制导技术,又称图像匹配制导系统(Image Matching Navigation/Guidance System,IMNS),即通过实时图与基准图进行匹配,将导弹导引到目标的自主式制导系统。按照图像空间几何特征和图像信息特征,广义上讲,图像匹配制导系统主要分为地形匹配(Terrain Contour Matching,TERCOM)、景像匹配(Digital Scene Matching Area Correlator,DSMAC)和雷达区域相关(Radar Area Correlation Terminal Guidance,RACTG)三种制导系统。这些制导方式通常用于导弹在大气层内飞行时的制导,如巡航导弹的中、末制导,某些弹道导弹的末制导。本专题及第六专题介绍图像匹配制导中的地形匹配制导技术及景像匹配制导技术。美国的“战斧”巡航导弹是最早采用地形匹配制导的巡航导弹(见图 5-1)。“战斧”巡航导弹采用多种方式制导:全程用惯性制导;中段用地形匹配和全球定位系统(GPS)卫星制导;飞行末段用数字式景像匹配末制导,其理论定位精度可达 6 m。基本型弹长 5.56 m(加助推器 6.25 m),弹径 51.81 cm,翼展 2.67 m,射程 1 100 km。早在 1991 年的海湾战争中,美军的“战斧”巡航导弹便以其不凡的战绩而扬名于世,名噪一时。此后,“战斧”导弹频繁亮相,作为美军远程空袭的尖兵力量,可谓是战绩辉煌,出尽风头。从 BGM109C/D 到 Block Ⅱ、Block Ⅲ,到最新的 Block Ⅳ,即“战术战斧”,其制导方式不断改进,精度及智能化水平也在不断提高。据美国军方称,“战术战斧”通过采用一体化双路卫星通信,能够在飞行中重新瞄准新出现的目标,分辨目标区域内作战毁伤指示图像,并缩短发射时间,因此增强了导弹的灵活性和响应能力。

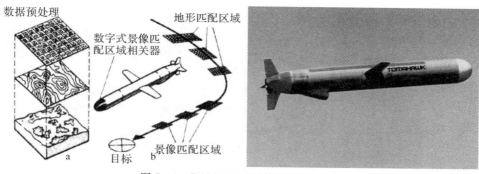

图 5-1　BGM109C/D“战斧”巡航导弹

考虑到原理及结构思想上的相近性,本专题还将介绍地磁匹配制导技术与重力梯度匹配制导技术,这种制导方式目前还处于探索研究或初步试用阶段,但已得到众多研究单位及相关领域专家的关注。

第一节　地形匹配制导技术

从远古开始,我们的先辈们就知道利用各种地形特征进行方位、距离等的确定,实现了原始的导航。19 世纪末,随着飞机的出现,飞行员也开始通过目视地形、地物进行导航。信息时代对导航的需求更加迫切,促使飞速发展的现代电子技术给古老的地形导航带来了革命性的变革。地形导航技术同地形数据、地形匹配的概念结合起来,使之达到了前所未有的精度。地形导航技术同惯性导航、卫星导航一样,已经成为当今军事导航领域的重要技术。

现代的地形匹配技术在 20 世纪 70 年代末 80 年代初就开始实际运用于飞行器的导航系

统中。20 世纪 80 年代中期一架 CV580 设备试验机进行了试飞;1988 年完成自动控制飞机作地形跟踪与地形回避。在海湾战争中,F-117,GR7,幻影 2000N,F-15E 等飞机上都装有地形辅助导航系统,其定位精度为 15 m,可与 GPS 媲美。目前该系统在巡航导弹的中制导中具有广泛的应用。

地形匹配制导系统,又称地形辅助制导 TAN(Terrain Aided Navigation)系统,如地形轮廓匹配(TERCOM)、惯性地形辅助导航(SITAN)、地形参考导航(TRN)等。TERCOM 是英国不列颠宇航公司研制的地形辅助导航系统,以扩展卡尔曼滤波器为基础,精确地将气压/惯性高度、存储的数字地图数据及飞行器基础导航系统(通常为 INS)的误差做成模型,再用雷达高度表真实测量值来修正。SITAN 由美国设计,利用卡尔曼滤波原理,连续不断地把 INS 测量的数据与雷达高度表测得的数据结合起来,既能最佳地估算出飞机等飞行器的位置,又能估算出飞行器的速度和姿态,还能分析对 CEP 产生严重影响的误差源。

我国有关研究单位、院校近年来也开展了地形匹配技术的研究。北京航空航天大学、南京航空航天大学和中国电子科技集团公司第二十研究所等单位正在进行用于飞机导航的地形匹配技术研究,并取得了阶段性的成果;中国航天科工集团公司第三研究院成功研制了用于巡航导弹制导系统的地形匹配系统。与国外相比,我们在系统的适应能力及可靠性等方面还需要加强研究。

本节将以 TERCOM 系统为例,介绍地形匹配系统的基本组成及工用作原理,并对地形匹配中数字高程图的制备问题进行论述分析。

一、TERCOM 系统组成及工作过程

1. 系统组成

地形匹配制导系统通常与惯性导航系统组合使用,典型的结构如图 5-2 所示:

为了便于将其与其他机载设备进行组合来实现和扩充系统的功能,地形匹配系统通常设计成一套独立的可替换单元。整个系统主要由完成地形匹配功能所需的硬件和软件组成。

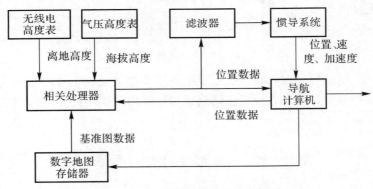

图 5-2　地形匹配系统组成方框图

其中,硬件部分组成如下:

(1)惯性导航系统:它可以提供飞行速度、飞行器的即时位置、飞行航向等所有的导航信息。

(2)雷达高度表:用于测量飞行器相对于地面的相对高度。

(3)气压高度表:气压高度表测量导弹的海拔高度,其滞后及动态响应慢的缺点可通过气

压-惯性高度通道来补偿,使惯导的良好短时性能与气压高度表的长时间精度相结合。雷达高度表与气压高度表的测量原理如图5-3所示。

(4)机载计算机:对航线进行实时规划、修正和控制,完成导航计算。

(5)大容量存储器:用于存储数字地图数据,较为常用的存储器有光盘和磁带等。

(6)数字地形高程数据源:用于提供飞行路线下方地形的实际海拔高度。

(7)完成地形相关算法的硬件设备等。

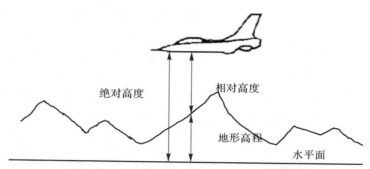

图5-3　雷达高度表与气压高度表测量原理

软件部分组成如下:

(1)数据采集及处理;

(2)地形相关、位置修正、动态航迹规划、适配地形选择等算法的实现;

(3)数字地图的存储、格式转换、数据调度、数据传输;

(4)系统各部分以及弹载设备间的数据交换和通信。

其中,气压高度表测得导弹相对海平面的高度;雷达高度表测量导弹离地面的高度;数字计算机提供地形匹配计算和制导信息;数字地图存储器提供某一已知地区的地形特征数据。

2.系统工作过程

地形匹配制导系统工作时,首先用飞机或侦察卫星对目标区域和导弹预定航线下的区域进行立体摄影就得到一张立体地图。根据地形高度情况,制成数字地形图,并把它存在导弹计算机的存储器中,同时把攻击的目标所需的航线编成程序,也存在导弹计算机的存储器中。导弹飞行中,不断从雷达高度表得到实际航迹下某区域的一串测高数据。导弹上的气压高度表提供了该区域内导弹的海拔高度数据——基准高度。上述两个高度相减,即可得到导弹实际航迹下某区域的地形高度数据。由于导弹存储器中存有预定航迹下所有区域的地形高度数据(该数据为数据阵列)。这样,将实测地形高度数据串与导弹计算机存储的矩阵数据逐次一列一列地比较(相关),通过计算机计算,便可得到测量数据与预存数据的最佳匹配。因此,只要知道导弹在预存数字地形图中的位置,将它和程序规定位置比较,得到位置误差,就可形成引导指令,修正导弹的航向。

可见,实现地形匹配制导时,导弹上的数字计算机必须有足够的容量,以存放庞大的地形高度数字阵列。而且,要以极高的速度对这些数据进行扫描,快速取出数据列,以便和实测的地形高度数据进行实时相关,才能找出匹配位置。

3.系统主要特点

TERCOM系统基本上是一种低高度工作系统,可以提供的信息如下:

(1)飞行器的当前水平精确位置;

(2)飞行器当前精确高度信息;

(3)飞行器下方、前方地形信息;

(4)飞行器视距范围外的周围地形信息。

虽然,目前卫星导航系统得到了广泛应用,但在地地导弹中,地形匹配系统仍有以下优点:

(1)在山区、几何精度因子较差或地势较低地区,由于受遮挡或地理位置限制,卫星导航系统精度较低,甚至可能无法导航,而在这些地区,恰可发挥地形匹配系统工作的优势;

(2)由于地形匹配系统不依赖外部任何设备,其抗干扰性能较强,而卫星导航信息是无线电信号,易受干扰;

(3)由于可以极低高度飞行,特别适用于地形回避及威胁躲避等机动飞行。

基于其以上特点,TERCOM系统可以提供多重对军事需求来说至关重要的用途。当然,除受高度限制外,地形匹配系统由于需地形特征支持,应用范围也受到限制,如在平原、沙漠及海平面等地形特征不明显的地域,该系统无法工作。所以,该系统在使用中一般需同卫星导航系统或图像(景象)匹配系统等复合使用。

二、TERCOM 系统匹配原理

当前,地形匹配辅助惯导的方法主要有基于相关分析原理的相关分析法和基于卡尔曼滤波原理的递推方法两种。前者典型算法为 TERCOM 算法,即地形轮廓匹配算法;后者典型算法是美国桑地亚实验室(Sandia Lab)给出的 SITAN,即桑地亚惯性地形辅助导航算法。

1. TERCOM 算法工作原理

地形轮廓匹配导航系统是通过航行路线上的匹配来完成位置修正的。地形轮廓匹配算法的基本出发点是在陆地表面上任何一点的地理坐标,都可根据其周围地域的等高线地图或地貌来唯一确定。

在导弹飞行一段时间后,即可测得其实际飞行航迹下一串地形高程序列。将该测量序列与弹上预先存储的数字地图进行相关分析,具有相关峰值的点即被确定为导弹的估计位置,然后可用该估计位置修正惯导系统位置误差。在作相关处理或数据匹配的过程中,可根据惯导系统确定导弹的位置,从数字地图数据库中调出特定区域的数字地图,该地图应能够包括导弹可能出现的位置序列,以保证相关分析处理能够进行,如图 5-4 所示。

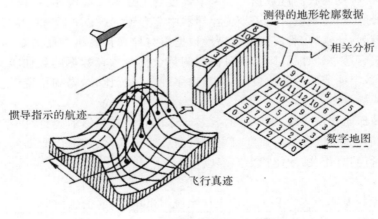

图 5-4 地形轮廓匹配示意图

TERCOM 系统相关处理的作用是在存储的地形上找一条路径,该路径平行于导航系统指示的路径并最接近于高度表实测的路径。

为简单起见,下面把二维问题表示为等效的一维问题,并把高度表示为真实高度附加一个随机噪声,即实测高度为

$$h_t(i) = h(i) + n_t(i) \qquad (5-1)$$

存储的地形高度为

$$h_m(i,j\delta x) = h(i,j\delta x) + n_m(i,j\delta x) \qquad (5-2)$$

式中

$h(i), h(i,j\delta x)$ ——真地形高度;

$n_t(i), n_m(i,j\delta x)$ ——随机噪声;

$j\delta x$ ——存储路径偏离测量路径的距离。

相关处理算法就是确定一种性能指标,并寻找一条使性能指标最好的路径。

TERCOM 系统匹配相关通常采用相关匹配法(COR)、平均绝对差法(MAD)和均方差法(MSD)。各算法对应的性能指标分别为 $J_{COR}(j\delta x)$, $J_{MAD}(j\delta x)$ 和 $J_{MSD}(j\delta x)$,它们的定义分别为

$$\text{COR:} \quad J_{COR}(j\delta x) = \frac{1}{L}\sum_{i=1}^{L} h_m(i,j\delta x) h_t(i) \qquad (5-3)$$

$$\text{MAD:} \quad J_{MAD}(j\delta x) = \frac{1}{L}\sum_{i=1}^{L} \mid h_m(i,j\delta x) - h_t(i) \mid \qquad (5-4)$$

$$\text{MSD:} \quad J_{MSD}(j\delta x) = \frac{1}{L}\sum_{i=1}^{L} \left[h_m(i,j\delta x) - h_t(i) \right]^2 \qquad (5-5)$$

最佳匹配位置的计算是 $J_{COR}(j\delta x)$ 最大或者 $J_{MAD}(j\delta x)$ 和 $J_{MSD}(j\delta x)$ 最小。

由于相关处理的数据长度有限,交叉算法得不到真正的最大值,所以其精度不高。另外,MSD 算法精度略高于 MAD 算法精度。

显然,该算法需在获得一串高程序列后才能实施,属于后验估计或成批处理方法,其计算时间较长,实时性差。此外,这种方法好要求导弹在测定地形轮廓的过程中不作机动飞行,而是要按照规定的航向和已知的速度飞行,这显然限制了该算法的应用。只有将该位置作为观测量通过卡尔曼滤波,才能够估计出其他所需要的导航状态误差。

2. SITAN 算法原理及方法

考虑到基于相关匹配算法的实时性较差,而卡尔曼滤波的递推方法具有较好的实时性能,美国桑地亚实验室,给出了一种基于递推卡尔曼滤波算法的惯性地形辅助导航(SITAN)算法,来实现地形匹配/惯导组合制导。该算法的原理框图如图 5-5 所示。

桑地亚惯性地形辅助导航系统的基本原理是,在起始点上把飞行器的惯性基准系统设置到几百米的精度,然后使用桑地亚惯性地形辅助导航系统进行导航,其办法是由惯导连续不断地给出地形跟踪时飞行器所处的位置,并在每次处理传感读数时迭代地对惯导作小的修正。因此,无需进行全局搜索。初始基准一旦建立起来,桑地亚惯性地形辅助导航系统就能使飞行器连续不断地机动飞行,有效地利用地形屏障,绕过防御火力,并飞越沿路有独特地形的区域达到目标。

桑地亚惯性地形辅助导航系统不同于地形轮廓匹配导航系统,它着重于降低中等的定位

误差,而不是降低很大的定位误差。因此,桑地亚惯性地形辅助导航系统不需要进行全局搜索,而且它容许有很大的速度和航向误差,并准许在采集数据期间飞行器自由机动地飞行,并同时修正定位误差。该系统利用卡尔曼滤波原理连续地把惯性传感器数据与雷达高度表传感数据结合起来,这样不仅能最佳地估算出飞行器的位置,而且还能估算出飞行器的速度和姿态。因此,该系统具有更好的实时性,更适合于具有高机动性的巡航导弹使用。

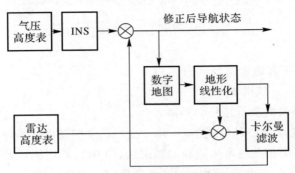

图 5-5　SITAN 算法原理框图

桑地亚惯性地形辅助导航系统主要由惯导系统、高度测量装置、数字高程存储及弹上计算机等部分组成。惯导系统提供位置和高度估计值,再由卡尔曼滤波计算出位置和高度修正值,其高度通道与使用标准卡尔曼滤波器的气压高度表相联,而以从数字地图导出的地形斜率为基础,在线性化滤波器中使用雷达高度表实测的离地高度。根据惯导系统输出的位置,可在数字地图上找到地形高程。而惯导系统输出的绝对高度与地形高程之差为导弹相对高度的估计值,它与雷达高度表实测的相对高度之差,便可作为卡尔曼滤波的测量量。当导弹沿航迹飞行时,该过程不断反复进行。

由于地形的非线性特点会导致量测方程的非线性,所以应采用相应的地形随机线性化算法获得实时地形斜率,以便对地形进行线性化。结合惯导系统的误差状态方程,便可利用卡尔曼滤波算法,得到导航误差的最佳估计,然后,再采用校正方法,便可修正惯导系统的导航状态。

与相关匹配法相比,该方法显然具有更好的实时性能,更适用于导弹使用。当然,当有较大的初始位置偏差时,SITAN 方案需工作在"搜索"模式,以达到较小的位置误差,由于搜索算法复杂,其计算量比搜索相同区域 TERCOM 所用计算量大。

当 SITAN 工作在搜索模式时,系统具有较大的初始误差,需在较大的范围内搜索导弹的可能位置,使位置误差进入较小的范围内,然后,便可转入跟踪模式。在跟踪模式中,所用数字地图便为一条狭长区域,区域的宽度取决于系统的定位精度要求。

SITAN 算法采用卡尔曼滤波算法,需要建立系统的状态方程及量测方程。状态方程一般采用惯导系统的误差状态方程,量测方程的确定需要结合导弹飞行航迹中某时刻惯导系统得到的系统高度、弹上雷达高度表测得当地地形高度、弹载的计算机内存储着的数字地形高度数据(DTED)获得相应的当地地形相对高度三方面。

三、数字高程地图的制备

前面讲过,地形匹配制导利用地形高度数据进行导航定位。对于飞行时间达 2~3 h、飞行距离达 2～3 km 的远程巡航导弹飞行来说,若要存储全域地形信息是不可能的,因为要存储的信息量太大,进行相关计算的工作量也非常大,弹上计算机难以满足要求。所以,在实际工作中,通常把要航行的路线分成许多匹配区,一般是边长为几千米的矩形,再将该区分成许多正方形网格,正方形的边长一般是 20～60 m。通过卫星或航空测量获得匹配区的地形数据,记录下每个小方格的地面高度的平均值,这样就得到一个网格化数字地图,将其存入计算机。当导弹在惯导系统控制下,飞经第一个匹配区时,以这个地理位置为基础,将实测数据与计算机存储数据进行相关比较,可以确定导弹纵向和横向的航迹误差,并给出修正指令,使导弹回到预定航线,然后,再飞向下一个匹配区,如此不断循环,就能使飞行器连续不断地获得任一时刻的精确位置。

数字高程地图采用二维平面坐标,美国通常采用 WGS84 大地坐标系。地理坐标系经高斯-克吕格投影转换为数字地图。数字高程地图制备过程主要是把一幅相当于地面上某个区域的地图分成许多小方格,然后在其相应的小方格上记入平均的海拔高度,结果就可以得到用数字形式表示海拔高度变化的数字阵列。图 5-6 所示为利用等高线制作数字高程地图的过程。

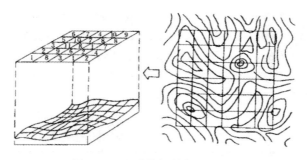

图 5-6　地形数据制备示意图

预先测量的地形海拔高度数据以比较精确的鉴别率记录下来,就可以表示像高楼、机场指挥塔和雷达站一类的建筑物。

通常,原图是预先通过大地测量、侦察卫星和无人侦察飞机等高空侦察等手段获得地面目标区域或航线区域的的实际地形图、卫片或航片后,经过图像预处理转换成适合于实时地形匹配的形式,存储在再入弹头或导弹的弹载计算机中供实际作战使用。

以数字高程制作为例,数字地图的制作方法有以下几种:

(1)采用大地测量的方法直接从地形上测出高程;

(2)利用航空摄影包括无人侦察机测量图片,采用数字高程判读仪从两张对应的照片上读取高程;

(3)利用侦察卫星或高精度商用遥感卫星获得的照片读取高程;

(4)从小比例尺普通等高线地形图上读取高程。

读取的高程通常按格网距离存放。为使格网点上的数值能反映格网平面内的"真实"高程,通常将格网平面正方形区域内的高程取平均值,也可根据系统协方差分析的仿真结果来决定。

格网距离的大小与所需定位精度和存储量有关。网格不能划分太粗,应以能够分辨出要求的地貌特征为准。一般要分辨出公路,网格应取 25 m×25 m。但网格也不能取得太细,这样会增加相关计算机的存储量和计算速度,因为实际上要存储多幅沿航路的原图,为降低对计算机的要求,通常取网格为 50 m×50 m,100 m×100 m 等。而一幅原图的图幅区域远大于网格值,如 5 km×20 km,10 km×36 km 等。目前用小比例尺等高线地图制作的数字地图舶高程精度通常为 3～5 m。

利用航测照片或卫测照片制作数字地图的高程误差源有以下几项:照片成像误差;高程判读仪误差;由平面位置坐标误差引起的高程误差;以单点表示格网平面高度的拟合误差;读数量化误差;等等。

上述几项的总高程误差约为 5 m,高程误差的分布为近似正态分布。总之,由数字地图制作导致的误差可近似为白噪声。

预存的数字地形图长度方向的单元数,叫匹配长度。实际上,它表示了与测得的地形高度进行比较的预存地形剖面列方向的平均标高数目。一般来说匹配长度越长,地形匹配定位的正确概率越大。预存数字地形图的尺寸大小,一般有四种类型:初始、中途、中段和末段定位,其差别在于长度、宽度和单元尺寸的大小不同。其中,单元尺寸的大小由要求的定位精度来决定,单元尺寸越小,定位精度就越高。随着导弹逐渐接近目标,其定位点的间隔应逐渐减小,其中的单元尺寸也变小。这样就能保证导弹飞到目标区域后有极高的命中概率。如果地形的变化允许,为减小虚假定位概率,可分组安排预存的数字地形图,如每组有三个。这时,由三个数字地形图组成一个地形图集合。对集合中的每个地图,进行匹配定位。并且,只有在三次定位判决后才修正航向;如果不满足判决准则,就不修正航向,导弹继续沿原航向飞到下一个地形图集合对应的区域或飞向目标。

第二节　地磁匹配制导技术

众所周知,地球磁场的轴与地球自转轴是不一致的,这样,地球上每个地点的磁场都具有特定的强度及方向性(见图 5-7),能否利用这一信息进行飞行器的制导定位呢? 近几年来,国内外就此问题已经展开了深入的研究,并尝试在各类飞行器中得到应用,实现飞行器的自主导航定位。本节对这一问题进行论述,包括地磁匹配制导技术的研究现状、地磁匹配制导的基本原理及应用前景等内容。

一、地磁匹配制导技术研究现状

在现代战争中,巡航导弹、各类型作战飞机、军舰和潜艇等武器系统已成为夺取制空权、制海权和制信息权的"撒手锏"武器,它们是赢得未来战争胜利的关键要素,得到了世界各国的普遍重视,其中,"如何在复杂战场环境下实现武器系统的精确定位"一直是研究的热点、重点和关键问题,导航/制导系统成为保障武器远程精确投送及其打击效果的关键。

从导航/制导系统发展来看,其制导方式是影响精度的关键因素,主流的末制导方式(如雷达成像、红外成像和景像匹配等)都具有较高的制导精度、命中概率和抗干扰能力,而中制导方式成为制约导航/制导系统性能的主要因素,特别是随着电子对抗技术的飞速发展,复杂电磁环境下,巡航导弹/作战飞机/军舰/潜艇能否准确进入攻击区实施精确打击成为武器研制的重要问题,如海湾战争中美军使用的巡航导弹有 15% 偏离了目标区。

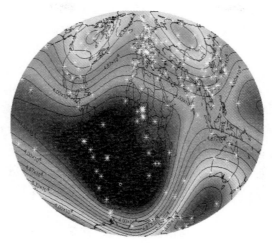

图 5 - 7　地球表面磁场的分布图

从当前国内外巡航导弹/作战飞机/军舰/潜艇的主要中制导模式来看,几乎全部都使用了"惯性制导＋辅助导航"的组合制导模式,且辅助导航手段主要有卫星导航、地形匹配、罗兰 C 导航(远程无线电导航)、塔康无线电导航(近距离飞机导航)等。在这些组合导航系统中,惯性制导是基础,是用一种或多种辅助导航模式修正惯性制导元件的累积误差,从而实现较高精度的导航。综合各类武器的实战使用情况和目前日益发展成熟的对抗措施来看,至今在以下几种情况下使用巡航导弹/作战飞机/军舰/潜艇仍存在很大的风险。

(1)跨水域、平原地带作战时,因没有显著的地形特征,地形匹配的精度和匹配概率受到明显制约;同时,基于单一的地球资源导致任务规划的周期较长;敌方成熟的测高雷达对抗,也使得地形匹配辅助导航的使用受到一定程度的影响。

(2)卫星导航中多使用 GPS 导航,但是远在 2 万多千米高空轨道的卫星发射的 GPS 信号传播到地面时,已经相当微弱,极易被干扰,尤其是压制式干扰策略使得即使经过加密的 GPS 军用编码也形同虚设。试验表明,使用 4 W 的干扰机,在 60 km 距离内 GPS,GLONASS 接收机都无法正确定位;使用 130 W 干扰机,在 80～150 km 距离内无法正确定位。

(3)虽然罗兰 C 导航系统具有较强的抗干扰能力,但是,当前罗兰 C 导航系统基本上仍然采用双曲线定位原理(二维定位、且精度差),以及长波在复杂陆地传播路径、空中路径上延迟修正精度低的问题,限制了罗兰 C 在空中飞行器(三维定位)、舰船和潜艇中的高精度应用;同时,长波导航体制限制了接收机用于高动态航行器;罗兰 C 信号传输距离(海上最远 2 300 km,陆地 1 100 km)也限制了在大范围作战飞机及舰船上的应用。

为此,近几年来,国内外一方面在研究如何提高原有辅助导航系统精度,提出卫星导航备份系统以弥补卫星导航系统在抗干扰、完整性等方面的不足;另一方面,着手对新的辅助导航模式进行研究,地磁匹配和重力匹配等自主导航技术受到格外重视,尤其是地磁匹配定位导航因具有无源、全自主、无辐射、体积小、能耗低、价格便宜的优良特性而倍受关注。

地磁匹配制导实质上是一种依赖地球磁场资源进行自主导航定位的制导模式,它具有自主性强的优点,可在地形匹配失效、卫星导航受干扰条件下辅助惯性导航,有利于巡航导弹/飞机长时间跨海作战,有利于舰船远洋航行,更有利于潜艇长期水下静默。

因此,地磁匹配在国内外受到了格外的关注。早在 1999 年,美国在"微磁"领域就布置了

12 个研究方向和 21 个亚计划项目。在 2000 年 11 月,美国国会评估了地磁学研究计划,并明确指出美国要开展地磁数据测量和地磁应用发展计划(如地磁导航等)。2003 年,美国国会批准 NASA 提出的"微地球物理场创新研究计划",该计划主要包括微磁、微震、微气压、微颗粒、微粒子(电子、原子),其中,微磁是"微地球物理场创新研究计划"的第一项,反映出美国对微磁研究的高度重视,同时,这些研究计划相互关联,具有相互补充的作用。目前为止,已在包括微磁领域在内的微地球物理场研究方向投入了数百亿美元,动员了许多研究单位广泛开展相关技术研究。2005 年,美国在上述计划中的微磁、微粒子方面的研究取得了突破性进展,大量研发微磁传感器、微磁智能武器。到目前为止,为实施地磁匹配导航系统的研究计划,美国已经投入数十亿美元,对全球陆地、海洋磁场进行不断的测量和修正,包括中国近海基础磁场的测量。时任美国前副总统戈尔早已对世界宣称,美国的目标是开发一个"米级"的地磁与地理信息合一的数字地球。

同时,通过部分材料侧面了解到:美国波音公司在其某些型号飞机的自动驾驶仪上安装了地磁匹配导航系统以保证起飞、降落时的安全;俄罗斯在"安全—2004"演习中试射的 SS - 19 导弹,可不按抛物线而沿稠密大气层边缘近乎水平地飞行,国内一些专家认为可能使用了地磁场等值线匹配制导技术;据航天部的内部刊物报道,法国研制的地磁匹配制导系统的性能参数已经能满足工程应用的需求,可能会在不久投入工程应用。

国内大概 2004 年开始研究地磁匹配导航技术,2005 年 9 月,国家自然科学基金委批准火箭军工程大学(原第二炮兵工程学院)王仕成教授"巡航导弹地磁匹配制导关键技术研究"面上项目,成为基金资助关于地磁匹配制导的第一个项目;2006 年国家"十一五"计划进一步资助了一批预研项目,从而全面开启了地磁匹配研究的高潮;2007 年 4 月,香山科学会议第 300 次学术讨论会的专家指出"地磁匹配导航是新型的导航方法,它具有无源、无辐射、全天时、全天候、全地域、体积小、能耗低和价格便宜的优良特性……地磁匹配导航系统经济实用,具有自主知识产权,其研究成果将提升我国的综合竞争力,将带动地球科学、物理学、生物学、数学、微电子学、材料科学、精密机械、微细加工和实验测量等多学科的发展,带动相关产业的发展,具有巨大的社会和经济意义。"

二、地磁匹配制导关键技术

近地面地磁场的描述具有类似于地形图的特征,表现为较为复杂的地磁图(地磁受到矿产、地物、人造磁场等的影响变得如地形一样复杂),这种图既含有数值量(类似于高程),又含有磁场矢量方向的特征。于是,结合地形匹配制导技术的思想,研究人员提出了地磁匹配制导 (earth MAGnetic field Contour Matching Guidance, MAGCOM,又称地球磁场轮廓匹配导航),该技术可用于飞行器的实时定位,从而修正惯导系统的累积误差。其关键技术有以下几方面。

(1)宽量程高精度高动态 GMI 三轴磁强计。研制高性能的三轴磁强计是开展后续工作的基础,更是地磁匹配技术在武器系统中运用的首要条件。需要开展以下工作,如图 5 - 8 所示。

研究内容主要包括高灵敏磁敏感材料特性分析与设计、磁场信号获取与处理方法研究、DSP 信息处理器设计、专用磁强计的设计与集成,以及相关标定技术、抗干扰设计等内容。

(2)高精度基准图制备技术。基于广泛的地磁场资料,并结合局部区域地磁测量试验,在选定的匹配区域内建立精确的地球磁场描述,形成地磁匹配特征量的基准图数据库。研究内容与思路如图 5-9 所示。

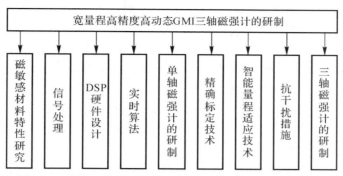

图 5-8　宽量程高精度高动态 GMI 三轴磁强计的研究内容

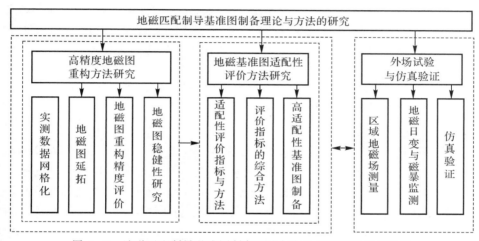

图 5-9　地磁匹配制导基准图制备理论与方法的研究内容与思路

1)高精度地磁图重构方法研究。基于高质量的外场实测地磁数据,采用地质统计学、分形学和经典网格化方法相结合的方法实现高精度的地磁图;优选当前高精度的算法,提高地磁图延拓精度;借鉴地质勘探中和地形高程模型建立过程中的研究成果,提出地磁图重构精度评价的有效指标和方法;基于对地磁的长期监测和国际地磁台站积累的数据,研究地磁图稳健性问题。

2)基准图适配性评价方法研究。以地形匹配和景像匹配基准图适配性评价指标和方法为参考,结合地磁基准图的特点,提出适用于地磁基准图适配性评价的指标与方法;研究各种评价指标内在联系,开展多种评价指标综合运用的方法研究;挖掘地磁图的蕴含信息,通过特征量变换的方法,研究高适配性基准图制备方法。

3)外场试验与仿真验证。开展相关地磁场实测研究,监测地磁场变化,用于高精度地磁图重构和稳健性研究;以现有地磁匹配算法为基础,对所提出的地磁基准图制备理论和方法进行仿真验证。

(3)地磁匹配算法研究。为了建立适应性强、实时性好、匹配概率高的地磁匹配算法,我们将根据四个要素进行研究:特征空间、相似性度量、搜索空间、搜索策略。

1)特征空间。特征空间的选择决定了哪些特性参与匹配,哪些特征将被忽略。在地磁匹配制导中,可选作匹配的特征量有多个,这是因为地磁场含有多个可匹配的特征量,如总磁场强度、水平磁场强度、东向强度、北向强度、垂直强度、磁偏角、磁倾角以及磁场梯度等,需要结合地磁匹配区域和磁场探测系统来选择。

2)相似性度量。相似性度量用来衡量匹配特征之间的相似性。对于区域相关算法,可采用相关作为相似性度量,如互相关、相关系数、相位相关等,而对于特征匹配算法,可采用各种场强函数或其他磁场矢量作为特征的相似性度量。

3)搜索空间。搜索空间指所有可能的变换组成的空间,地磁匹配问题是一个参数的最优估计问题,待估计参数组成的空间即为搜索空间,因此,地磁场畸变的类型、强度和磁场矢量等决定了搜索空间的组成和范围。

4)搜索策略。搜索策略是指在搜索空间采用何种方法找到一个最优的变换,使得相似性度量达到最大值。搜索策略对于减少计算量、提高实时性等具有重要意义,搜索空间越复杂,选择合理的搜索策略越重要,这个要求就越高。需深入研究的搜索策略有穷举搜索、层次性搜索、多尺度搜索、序贯判决、松弛算法、线性规划、树与图匹配、动态规划和启发式搜索等。

通过对以上四种因素的研究,我们需要综合各种匹配算法的优缺点,建立一种适应能力强、高匹配概率的快速地磁匹配算法。

三、地磁匹配技术的应用前景

地磁匹配制导的应用前景总结如下。

(1)地磁匹配制导可以有效增强巡航导弹的战场适应能力。我们知道,巡航导弹在中制导阶段采用地形匹配及卫星制导时仍存在较大的风险,采用地磁匹配则具有明显优势。在恶劣的战场环境中,如何克服巡航导弹中制导的弱点(平原、水域、无典型地形特征区域),提高中制导段的航迹精度,增强航迹规划的灵活性,并保证有效的打击精度成为一个十分重要的研究方向。地磁匹配制导,即以地球的固有磁场资源作为匹配对象来修正惯导系统的累积误差,进而提高巡航导弹的中制导航迹控制精度、最终的打击精度和命中概率。这种方法可在一定程度上缓解上述矛盾,降低巡航导弹在平原、水域、无典型地形特征区域等的使用风险,并可增强其在恶劣战场环境中的适应能力。

(2)地磁匹配制导可以提高无人机、潜艇、作战飞机的生存能力。与巡航导弹相似,无人机(尤其是远程无人机)、潜艇、飞机等在导航/制导方面存在缺陷,当一种或几种现有的导航方式出现盲区或受到干扰的情况下,选择其他导航方法是必须的。正如地磁匹配制导在巡航导弹中制导段的应用,该技术用于无人机、潜艇和飞机等导航无疑是独辟蹊径。

(3)地磁匹配制导可以提高卫星定轨精度和速度。地磁导航(基于三轴磁强计)是重要的卫星自主定轨技术,几乎在90%以上的卫星中都采用了地磁导航方式。但是,要达到较高的定轨精度,定轨时间特别长(一般要12 h以上,可达到50 m左右的定轨精度)。同时,所采用的地磁导航技术实际上是类似于惯性平台在导弹中的作用(建立了稳定的坐标系),而没有采用"匹配"的概念。基于准确的地磁模型,采用地磁匹配技术,能够实现快速高精度的卫星定轨。

(4)地磁匹配技术可为反潜、导弹发射井探测提供新手段。通过探测磁场,并与标准磁场相比较,即可判断出潜艇的准确位置,为反潜提供新的手段。同时地磁匹配也可应用于导弹发射井探测,为打击目标确定提供条件。

（5）地磁匹配技术可为近炸引信的研制提供新方法。磁近炸引信以及多种方式复合近炸引信是地磁匹配技术在军事中的又一有效利用,而在我国,此方面的技术的研究刚刚起步。

（6）地磁匹配技术在民用领域拥有广阔市场。在民用飞机飞行中,一般采用卫星导航技术和电子罗盘实现定位和定向,但是,一旦进入卫星定位的盲区,其飞行的可靠性将明显下降,此时的地磁匹配导航将作为一种性价比很高的方法具有其独特的优势。据称美国生产的波音飞机都配备有地磁匹配导航系统,飞机起飞降落时都使用地磁制导系统。其他诸如商船、飞行器和自动驾驶车辆等都是地磁匹配导航技术具有广阔应用前景的领域。

第三节　重力梯度匹配制导技术

重力梯度匹配制导（Gravity Gradient Matching Guidance，GGMG）是建立在重力匹配导航（Gravity Matching Navigation，GMN）基础之上,利用地球重力场随地形地理环境的变化而连续变化的特性,能够在特定区域利用得到的载体位置信息辅助惯导实现无源自主式导航,具有隐蔽性、自主性、抗干扰性、误差不随时间积累等突出优点。这种制导技术对于长时间在水下航行的潜艇及其他无人潜航器具有重要应用意义。但由于目前受到高分辨率数字重力基准图制备困难的制约,影响了重力匹配导航在航空、航天和航海领域的应用。而公路机动的导弹发射车由于机动范围小,使高分辨率重力基准图制备成为可能,体现出潜在的应用价值。本节重点引入重力梯度匹配制导技术的基本概念及基础内容,详细的原理过程读者一方面可以参考地形匹配的模式对应理解,另一方面可以参考关于重力梯度匹配的相关文献。

一、重力匹配导航技术研究现状

重力匹配导航又称重力辅助导航（Gravity Aided Navigation，GAN）,相关研究开始于20世纪70年代美国海军的一项绝密军事计划,其目的是提高"三叉戟"弹道导弹的潜艇性能。20世纪80年代中期以前,研究工作主要集中在运动基座重力梯度仪、重力辅助导航原理;20世纪90年代前后,研究工作主要集中在以重力梯度为匹配对象的无源导航系统;20世纪90年代后期,开展了以重力异常和重力梯度为匹配对象的高精度无源重力导航研究。20世纪90年代末,美国洛克希德·马丁导航与重力系统公司率先研制出由惯性导航模块和重力测量模块组成的重力无源导航系统,水面舰船和潜艇试验结果表明:重力匹配可将导航系统的位置误差降低至导航系统目标误差的10%,从而延长了惯性导航系统的重调周期。美国海军研究机构最近几年还开展了利用重力辅助导航实现水下无人载体自动导航的研究。资料表明,美国利用海洋重力场匹配技术对惯导系统进行辅助导航已经走向了实际应用。

国内开展重力辅助导航的研究始于21世纪初,主要单位有海军装备研究院、天津中国船舶重工集团公司第707研究所、哈尔滨工程大学等,目前尚处于原理探索与仿真研究阶段。海军装备研究院开展了全球重力场模型、重力实时测量、重力匹配理论等研究工作。天津中国船舶重工集团公司第707研究所、海军工程大学等单位研究了将重力匹配导航用于水下航行器的导航定位,探讨利用其对惯导误差在水下进行辅助修正的可行性。但是,由于目前国内重力仪测量精度不高,而且难以对大范围海域进行重力测量,因此无法制备出高精度的区域数字重力基准图,这就导致重力匹配导航精度不高,且难以实现较大范围导航定位。此外,重力匹配导航的输出延迟问题严重影响了对惯导的辅助修正效果,从而导致重力匹配导航在国内仅停留在理论研究层面,尚没有形成工程应用。近些年,联合参谋部测绘研究所研究建立了导弹发射基地精密重力场,实现了局部区域高分辨率地球重力场模型的精化,使高精度的区域数字重力基准图的制备成为可能。

二、重力匹配导航原理及应用

重力匹配导航与地形匹配及地磁匹配导航方式类似,需要解决三大关键技术,包括重力梯度仪研制、重力梯度基准图制备及有效的重力梯度匹配算法。

重力梯度仪类似于加速度计,可以敏感地球场内的重力梯度分布。在传感器技术发展的推动下,重力梯度仪已经从传统的扭矩平衡式传感器升级到精确的机械传感器,如平台式差分加速度计型重力梯度仪,再到旋转加速度计重力梯度仪、液浮重力梯度仪等,直至如今的热点领域超导重力梯度仪和静电重力梯度仪。高精度高可靠的重力梯度仪需重点关注以下几方面问题:

(1)加速度计尺度因子不匹配的连续补偿问题;

(2)加速度计热噪声的检测、识别与补偿;

(3)降低测量过程中对方向误差的灵敏度;

(4)材料特性、温度和压力对重力梯度仪测量精度的影响。

重力梯度基准图制导通常有两种思路。一是通过采用地球重力场位模型来计算载体所需要的重力梯度标准场基准图。这需要不断提高地球重力场位模型的精度与分辨率,特别是针对其他导航方式难以适应的海洋重力梯度模型,可以针对性地构建相应的重力梯度基准图库。另外,还可以利用基于 DEM 数据正演方式来获得重力梯度异常场基准图。地球表面某一点的实际重力梯度值是由理想的重力梯度值加上一些重力异常值组成的,这些重力梯度异常主要是由地形表面起伏单元和地下密度不均匀引起的,所以可以利用地形高程正演方式获得具部重力梯度异常值。有了大面积的重力场数据,制备过程中通常还存在重力梯度匹配区分析与选定问题,类似于其他匹配方式,需要按照一定的要求或准则,选取梯度差异明显、信息量较大的地区作为重力梯度匹配区,进而结合制导需求生成合适大小的重力梯度基准图。

重力梯度匹配算法源于地形匹配算法,但有明显区别,主要是通过图形的旋转和变换,进而找到等值线上的最优点迭代,从而实现实测图像(实时图)与基准图像的匹配。当然地形匹配 TERCOM 算法与 SITAN 算法对于重力梯度匹配也具有重要参考意义,很多具体的应用研究就是以此为基础而开展的。

对于地面车辆系统应用,当载车行驶到陆地某一区域时,利用车载重力仪可以采集到一系列重力测量值,对该测量值进行重力仪滞后效应改正、厄特弗斯效应修正等预处理可得到绝对重力值;接着,将该绝对重力值归算到大地水准面再减去正常重力值,就可以得到重力异常值;然后,将该重力异常值与计算机上存储的重力异常基准图进行比较和匹配,根据相关分析原理可以通过匹配算法来确定出载车的水平位置。

在重力匹配导航系统中,重力仪采集到的重力测量值经预处理和归算后得到海平面重力值,根据惯导系统指示位置可计算得到正常重力值,海平面重力值与正常重力值之差就是所谓的重力异常测量值;然后,利用重力匹配导航算法将该重力异常值与重力异常基准图进行比较匹配,最后获得载车的水平位置,重力匹配导航的原理如图 5-10 所示。

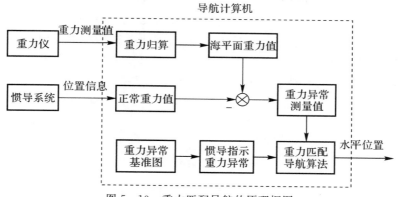

图 5-10　重力匹配导航的原理框图

由于重力匹配导航系统的水平位置误差不随时间发散,其刚好与惯导系统的性能构成互补,为此可利用前者对惯导系统实时进行误差修正,构成惯性基重力辅助自主导航系统,则可以实现具有强抗干扰性的高精度自主导航,特别是能够有效应对战场恶劣环境下各种电磁干扰。

在惯性/重力组合导航系统中,惯导系统经过导航解算输出载车的姿态、位置和速度信息,重力匹配导航系统输出水平位置信息。首先,通过对惯导系统和重力匹配导航系统进行误差分析与建模,选取系统误差作为状态,建立对应的系统状态方程;接着,将重力匹配获得的水平位置与捷联惯导输出的对应信息相减作为量测,建立量测方程;然后,将量测送入组合导航滤波器中,经过滤波计算获得系统状态(即系统误差)的最优估计值;最后,利用系统误差的估计值对惯导系统等实时进行误差校正,并将校正后的惯导系统的输出作为惯性/重力组合导航系统的输出。惯性/重力组合导航的原理如图 5-11 所示。

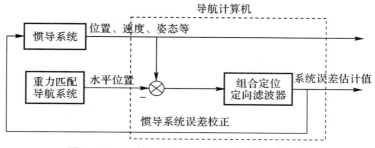

图 5-11　惯性/重力辅助组合导航的原理框图

专 题 小 结

本专题结合地球物理特征模式,重点介绍了地形匹配制导技术、地磁匹配制导技术与重力梯度匹配制导技术,单从"匹配"的角度而言,三者在基本原理及过程上具有一定的相关性,包括第六专题要讲的景像匹配制导技术,这些匹配制导技术可以对照学习理解,关键区别是对于地球物理特征的描述与敏感方式不同,因而这些制导方式对于地球表面导航区域的选取具有重要的依赖性,选用哪种方式重点需要结合载体的运行环境及使用要求而定,这些制导技术与之前介绍的惯性制导、卫星制导应用模式区别明显,几种方式组合使用将为特定的运行环境提供有效的技术支撑。本专题中关于地磁匹配制导问题的部分论述来源于编者参与火箭军工程大学王仕成教授主持的自然科学基金项目研究内容,王仕成教授是该校"控制科学与工程"国家重点学科"精确制导与仿真"学科方向的负责人,在国内较早开展了地磁匹配制导相关技术的研究工作,构建了功能齐全、性能先进的精确制导实验仿真系统,欢迎有兴趣的读者莅临实验室参观指导。

思 考 习 题

1. 简述图像匹配制导的主要类型及特点。
2. 简述地形匹配制导系统的基本组成与功能。
3. 简述地形匹配制导系统的关键技术。
4. 简述地形匹配基准图制备原理过程。
5. 简述地形匹配算法的基本原理。
6. 简述地磁匹配制导的基本原理。
7. 总结分析影响地磁匹配制导精度的关键因素。
8. 简述地磁匹配制导的特点与应用前景。
9. 简述重力梯度匹配制导的基本原理。
10. 总结分析重力梯度匹配制导的关键技术。
11. 总结分析地球物理特征匹配制导方式匹配区的选取思路与方法。
12. 总结分析地球物理特征匹配制导方式的主要应用领域。

第六专题　景像匹配与目标识别制导技术

教 学 方 案

1. 教学目的

(1)了解景像匹配制导的发展过程及主要类型；

(2)掌握景像匹配制导的基本原理及关键技术；

(3)掌握景像匹配制导基准图制备的基本过程；

(4)熟悉基准图预处理的主要内容及常用方法；

(5)掌握景像匹配制导匹配算法的数学原理与基本要素；

(6)熟悉图像自动目标识别制导技术的原理过程及关键方法；

(7)了解常用的景像匹配特征、相似性度量方法及匹配控制策。

2. 教学内容

(1)景像匹配制导概述；

(2)基准图制备技术；

(3)景像匹配算法；

(4)自动目标识别算法。

3. 教学重点

(1)景像匹配制导工作原理；

(2)基准图制备原理及过程；

(3)匹配算法原理及要素分析；

(4)自动目标识别算法原理。

4. 教学方法

专题理论授课、多媒体教学、原理演示验证与主题研讨交流。

5. 学习方法

理论学习、实物对照、仿真实验分析与动手实践操作。

6. 学时要求

6～8 学时。

引 言

景像匹配制导是利用图象传感器(红外、SAR、可见光 CCD 摄像机等)在飞行过程中实时获取的景像图与预先制备的基准景像图进行实时匹配计算,从而获得载机精确的位置。景像匹配制导技术求出的位置误差无时间积累效应,自主性强。这种系统的突出优点是可以减小由惯性元器件、重力异常及其他未知因素所积累的误差,使制导精度大大提高。随着光学成像技术、遥测技术、图像处理技术、微电子技术和计算机技术的飞速发展,图像匹配制导技术的研究近年来有较大进展,制导精度大幅度提高(可达米级)。对于弹道导弹的末制导,比地形辅助制导 TAN 更具优越性。另外,基准图(数字地图数据库)存储的内容也越来越丰富,不仅存储有目标附近的数字地形图像、障碍物信息,还存储有目标点位置、重要程度、区域威胁信息和地标信息等,可为实现智能制导提供丰富的目标信息。美国"潘兴Ⅱ"中程弹道导弹与"战术战斧"巡航导弹皆是景像匹配制导技术成功应用的最典型的代表(见图 6-1)。美国"潘兴Ⅱ"(Persing Ⅱ)中程弹道导弹采用雷达景像匹配末制导系统,它是在 Persing Ⅰ A 基础上改进而来的,采用 RACTG 末制导系统后,提高了突防能力和命中精度,CEP 从 400 m 提高到约 30 m;导弹最大射程 1 800 km,最大飞行高度约 300 km,最大速度达 12 倍声速,弹长 10 m,弹径 1 m,发射准备时间为 5 min。美国"战术战斧"(Block Ⅳ)采用前视红外景像匹配末制导系统和天基双向数据链传输系统,命中精度 CEP 由 10 m 提高到 3 m 以内,作用距离拓展到 2 960 km,在战区上空盘旋时间可超过 2 h,而且通过弹上的照相机可以提供目标毁伤照片,进行实时打击毁伤效果评估,根据战场环境随机改变航迹,并通过快速航迹规划在 15 个目标中选择一个实施打击,从而进一步提高打击的有效性。作战使用性能和灵活性显著提高,具备航迹变更、待机攻击、目标顶部攻击、重新瞄准、打击时间敏感目标、毁伤效果评估能力,具有划时代的意义。

图 6-1　美国"潘兴Ⅱ"中程弹道导弹与"战术战斧"巡航导弹

本专题首先介绍景像匹配制导技术的发展过程,从景像匹配到机器视觉再到更高层次的智能匹配,给出系统的基本组成、工作原理及主要形式,分析影响景像匹配性能的关键技术;针对下视景像匹配制导,论述基准图制备技术,包括其主要内容、景像匹配区的选取准则、基准图的预处理、基准图生成等部分;系统讨论景像匹配算法,主要有算法的数学描述、图像常用特征的检测方法、匹配相似性度量方法及匹配算法的控制策略等问题;针对前视景像匹配目标识别问题,重点分析识别算法的原理过程、目标模板制备方法和常用目标识别算法等。

第一节　景像匹配制导概述

景像匹配(Scene Matching，SM)技术犹如一股新鲜血液，它的注入使得远程精确制导武器的研究发展充满了生机与活力。海湾战争以来的历次局部战争确立了精确制导武器在战争中的主导作用，促使各国竞相发展精确制导武器，改进制导方式，提高制导精度，增强打击效能，以适应未来高科技战争的需要。作为现代精确制导武器的一个重要的技术研究领域，景像匹配制导技术成为武器系统研制过程中的热点问题，具有重要、广泛的应用前景。本节讨论景像匹配制导的相关基础问题。

一、景像匹配制导发展历程

景像匹配制导技术是实现武器系统精确制导定位的重要途径之一，也是经历多次实战考验的比较先进、有效的制导方式。21世纪初的几场战争中出尽风头的"战斧"式巡航导弹(BGM系列)正是采用了景像匹配末制导技术，又称基于数字式景像匹配区域相关器(Digital Scene Matching Area Correlator，DSMAC)的景像匹配导航(Scene Matching Navigation，SMN)技术。

景像匹配制导技术是美国军事专家在20世纪70年代初，在从事武器投射系统的精确制导研究时提出的，之后在军事领域得到了重要应用，主要内容如下：

(1)精确制导武器系统的末制导；

(2)飞机辅助导航、低空突防与侦察；

(3)图像目标的搜索、识别与跟踪等。

景像匹配制导技术最先应用于美国的"战斧"巡航导弹和"潘兴Ⅱ"中程弹道导弹等。美国"战斧"系列巡航导弹中，如BGM-109A，采用惯性导航加地形匹配制导的战略型，其CEP可达30 m，若加以景象匹配系统改为常规弹头型，如BGM-109C及最新的BLOCKⅢ C/D(1995年定型)，其CEP更高，可达几米量级。而美国于2005年部署的Block Ⅳ，是利用GPS接收机和卫星上的合成孔径雷达(Synthetic Aperture Radar，SAR)产生的图像进行中制导，红外成像进行末制导，与BlockⅢ的DSMAC末制导相比，雷达图象不受气候条件的影响，制导精度与可靠性进一步提高。

美国"潘兴Ⅱ"中程弹道导弹采用雷达景像匹配末制导系统，它是在"潘兴Ⅰ"A基础上改进而来的，采用RACTG末制导系统后，提高了突防能力和命中精度，CEP从400 m提高到约30 m。

据资料称，俄罗斯在其新型"白杨-M"(SS-27)机动型洲际导弹上也采用了先进的惯性加景像匹配精确末制导技术。"白杨-M"的命中精度至少比"白杨"提高近一倍。"白杨-M"导弹的机动弹头的末制导采用景像匹配方式，进行景像匹配的探测雷达是大功率毫米波雷达。当弹头飞行到120 km高度时，雷达天线开始工作，利用打击目标附近(最大距离100 km)特征显著的地形、地物，如河流、湖泊、金属桥等进行目标像匹配。目标匹配完成以后，弹头进行调姿和位置修正，然后抛掉弹上的雷达天线等，此时弹头位于飞行高度约90 km的再入点。弹头再入后可直接飞向目标，也可以进行突防机动飞行。

景像匹配制导技术还大量应用于其他飞行器如飞机的辅助导航和对地攻击、无人机

(Unmanned Aircraft)的低空突防及规划目标区的侦察、监测等。例如,在飞机对地攻击应用方面,美军装备了以电视摄像控制发射火箭完成对地自动攻击的匹配制导系统。在侦察、监测方面,美国在 20 世纪 90 年代发展起来的"捕食者(Predator)""全球鹰(Global Hawk)""暗星(Dark Star)"无人侦察机,将侦察拍摄的图片经过景像匹配技术拼合成一幅完整直观的侦察图像,或者通过比较不同时间拍摄的图像,分析敌方运动态势,实现战场环境监控。

由景像匹配制导技术发展起来的景像匹配技术普遍应用于图像目标的搜索、定位、分类、识别与跟踪等。如图 6-2 所示,这是一张美国某军用机场的卫星照片。通过景像匹配的方法可以自动识别出其中飞机的种类、数量等信息。

图 6-2 景像匹配技术应用于目标检测与分类

20 世纪 80 年代以后,随着科学技术的发展,图像/景像匹配技术已经成为现代信息处理领域中的一项极为重要和基本的技术。有研究结果表明,视觉获得的感知信息占人对外界感知信息的 80%。人类视觉细胞数量的数量级大约为 10^8,是听觉细胞的 3 000 多倍,是皮肤感觉细胞的 100 多倍。据 Automated Image Association Machine Vision(机器视觉、自动化图像协会)1998 年研究统计,40%以上的计算机视觉的应用需要景像匹配技术的支持。景像匹配制导技术本质上是机器视觉(Machine Vision,MV)技术在导弹武器系统中应用的一种具体形式。

以机器视觉技术为牵引,景像匹配技术在许多领域得到广泛应用。它主要包括巡航导弹(Cruise Missile)或远程弹道导弹(Ballistic Missile)的高精度末制导,武器投射系统的末制导与寻的,目标的识别(Recognition)、定位(Location)、分类(Classification)与跟踪(Tracking),飞机辅助导航,工业流水线的自动监控,图像的配准(Registration)、拼接(Stitching)、镶嵌(Mosaic),医学诊断,车辆定位,文字识别,指纹验证,资源分析,气象预报,等等。

机器视觉技术涉及计算机、图像处理、模式识别、人工智能、信号处理和光机电一体化等多个领域。自起步发展至今,已经有 20 多年的历史,其功能以及应用范围随着工业自动化的发展逐渐完善和推广,其中特别是目前的数字图像传感器,CMOS 和 CCD 摄像机,DSP,FPGA,

ARM 等嵌入式技术，图像处理和模式识别等技术的快速发展，大大地推动了机器视觉的发展。

机器视觉被称为自动化的眼睛，在国民经济、科学研究及国防建设等领域都有着广泛的应用。机器视觉的优点：①是对观测对象描述的直观性，所谓"眼见为实"，更有利于分析与判断。②视觉信息的获取与被观测的对象无接触，因此对观测与被观测者都不会产生任何损伤，十分安全可靠，这是其他感觉方式无法比拟的。③视觉方式所能检测的对象十分广泛，可以说是对对象不加选择。理论上，人眼观察不到的范围，机器视觉也可以观察，例如红外线、微波、超声波等人类就观察不到，而机器视觉则可以利用这方面的敏感器件形成红外线、微波、超声波等图像，因此可以说是扩展了人类的视觉范围。④人无法长时间地观察对象，机器视觉则不知疲劳，始终如一地观测，所以机器视觉可以广泛地用于长时间恶劣的工作环境。

机器视觉系统的应用领域越来越广泛，在工业、农业、国防、交通、医疗、金融甚至体育、娱乐等行业都获得了广泛的应用，可以说已经深入我们的生活、生产和工作的方方面面。我们讲的景像匹配制导系统本质上就是一种机器视觉系统。近年来，人工智能技术飞速发展，被业界誉为第四次工业革命的最大推力，机器学习（Machine Learning，ML）是实现人工智能的重要方法，机器视觉是机器学习的重要应用领域，当前蓬勃发展的深度学习（Deep Learning，DL）是实现机器学习的重要技术途径，也是实现机器视觉的有效技术手段。由此，有研究人员这样形象地总结机器视觉的应用与发展："机不可失，器贯长虹，视不可挡，觉胜千里！"其中的蕴义读者可以自己体会。

机器视觉技术的发展又进一步推动了景像匹配技术向智能化方向发展。为了提高武器系统的全天候、全天时作战效能，仅仅依靠单一传感器所获得的图像数据进行匹配往往不能满足要求。例如对于可见光 CCD（Charge Coupled Device，电荷耦合器件）相机，在白天和能见度较好的情况下能够实现精确匹配，但是在夜间或存在云层和浓雾等环境条件下，却无法进行匹配。在伊拉克战争中，美国多枚精确制导武器因为目标区上空存在油井燃烧产生的浓烟而发生误炸的情况，正是由于在匹配过程中因为地面受浓烟遮挡而导致误匹配的结果。所以，国外积极研究多源景像匹配制导技术，并在导弹武器系统中得到成功应用。如美国 20 世纪 90 年代服役的 FIM-92 ADSM"毒刺"地空/空空导弹，采用红外和紫外两个频段加上被动雷达的三模导引头；英国的 S225XR 远距离空空导弹，采用微波主动雷达与红外成像双模导引头；美国最新预备部署的 BLOCK Ⅳ，利用 GPS 接收机和卫星上的合成孔径雷达（Sythetic Aperture Radar，SAR）图像进行中制导，红外图像进行末制导，与 DSMAC 相比，雷达图像不受气候条件的影响，制导精度与可靠性进一步提高；美国的 AGM-88 BLOCK Ⅶ 哈姆（HARM）和德国的阿拉米斯（ARAMIS）反辐射导弹，采用微波被动雷达与红外成像双模导引头。

我国对景像匹配制导技术研究是从 20 世纪 80 年代开始的，直到 20 世纪 90 年代初，基本处于对国外技术资料的收集跟踪阶段。国防科技大学沈振康教授率先对景像匹配制导技术进行了跟踪，翻译了国外的有关文献，开展了一系列的理论研究，形成了一些理论成果。海湾战争以后，加快了对精确制导武器的研发，1996 年逐步进入巡航导弹武器系统的研制阶段，设计思想基本是"战斧"巡航导弹的模式，即采用光学景像匹配末制导。国内多家单位如中国航天科工集团与中国兵器工业集团相关研究所、火箭军科研院所、国防科技大学、华中科技大学、北京航空航天大学、哈尔滨工业大学、南京航空航天大学、南京理工大学和西北工业大学等，开展了大量的有关制导方案、匹配算法、基准图的选取以及景像匹配仿真等内容的研究，在景像匹配相关技术的理论研究及应用方面，取得了可喜成绩，积累了丰富的研究经验，详细研究工作见文献[24-27]。

二、主要类型与工作原理

景像匹配制导按照成像性质、工作模式、安装方式等方面不同可分为多种应用类型，目前在各类导弹或飞行器中成功使用的类型有10多种。景像匹配制导按照工作原理方式主要有下视景像匹配制导与前视自动目标识别制导两种模式。

下视景像匹配制导的基本原理如图6-3所示。其基本工作过程是，首先通过卫星或高空侦察机拍摄目标区地面图像或获取目标与场景的其他情报信息，结合各种约束条件制备基准景像图（基准图，Reference Image），并预先将基准图存入弹载基准图存储器中；飞行过程中，利用弹载图像传感器实时采集地面景像图（实时图，Real-Time Image）；然后与预先存储的基准图进行实时相关匹配运算（匹配算法，Matching Algorithm）；进而获得导弹精确的导航定位信息，并利用这些信息对导弹进行导引和控制，实现飞行航迹修正。其主要特点是，基准图为规划航迹中段或末段匹配区图像，实时图像为飞行器正下方区域图像（通常不包含目标点）；实时图采集的视场方向与导弹飞行方向基本垂直；匹配目的是确定实时图在基准图中的相对位置，主要用于导弹中制导或接近目标时的末区制导，实现飞行航迹的自主修正。"战斧"基本型巡航导弹采用的 DSMAC 系统就是下视景像匹配制导模式。

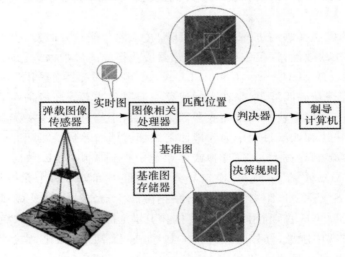

图 6-3　下视景像匹配制导原理示意图

前视景像匹配制导的基本原理如图6-4所示。前视景像匹配制导原理过程与下视景像匹配制导类似，首先通过各种侦察技术手段，如卫星或高空侦察机，获取目标与场景的各类情报信息，结合导弹飞行约束条件，通过目标与特性分析，制备目标基准景像图，并预先将目标基准图存入弹载基准图存储器中；飞行过程中，利用弹载图像传感器实时采集景像图；然后与预先存储的目标基准图进行实时相关匹配运算；进而得到目标在视场中的精确位置信息，在此基础上进行目标的捕获与跟踪，并对导弹进行导引和控制，最终实现目标的精确打击。其主要特点是，基准图为目标在某一视点和角度下的模板图像，实时图为导弹前下方目标区图像（包含目标点）；实时图采集的视场方向与导弹飞行方向基本一致（或保持某一确定的角度）；匹配目的是确定目标模板图像在实时图中的位置,通常用于导弹末段寻的制导,实现目标的识别与跟踪,这种景像匹配制导模式是著名的图像自动目标识别(Automatic Target Recognition,ATR)技术的主要形式之一,因而也称作前视自动目标识别制导。美国"战术战斧"(Block Ⅳ)巡航导弹采用的红外成像末制导系统就是这种前视景像匹配制导模式。

前视景像匹配制导中,相机并不一定是正前视,巡航导弹或无人机通常采用一定下视角度,本质上相机是工作在前下视状态(斜视),因而在众多文献中常将之称为前下视成像制导。弹道导弹飞行末段均是以接近垂直的角度攻击地面目标,由于飞行方向与采图方向基本一致,其本质上还是前视景像匹配制导。

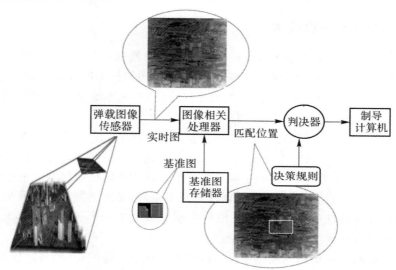

图 6-4　前视自动目标识别制导原理示意图

还有一种图像捕控指令制导,又称人在回路(Man In Loop,MIL)目标捕控制导,其基本原理过程是,将成像装置拍摄到的目标图像通过卫星或其他中继图像/指令传输平台传回后方地面控制系统,通过人工的方法在回传图像上寻找锁定目标,并将目标在图像中的相对坐标通过中继图像/指令传输平台传输给导弹,实现目标的识别定位,进而实现导弹的导引控制。美国"战术战斧"(Block Ⅳ)巡航导弹与防区外对陆攻击(SLAM)巡航导弹均采用了双向数据链+红外成像末制导系统,可同时实现多枚导弹的捕控制导,并完成弹道监测、航迹变更和战场侦察等特殊任务。当然,还可以考虑将 MIL 与 ATR 相融合的目标识别策略,这其中两者的信息相互参考,ATR 的目标知识或模板信息可以辅助用于人对目标的理解与训练,促进人更全面、更细致地了解目标的特性,提高人识别捕获目标的可靠性、快速性与准确性。另一方面人在回路可充分利用目标区现实情况,引导导弹选择有利于目标近距离识别跟踪的路径或方向,两者实现优势互补。可以看出,景像匹配制导系统的工作过程模仿人的定位原理——搜集、加工、记忆、观察、比较和判断。

依据地面特征信息(如地物的雷达反射率、可见光图像和红外辐射率等)的不同,按成像传感器性质,景像匹配制导包括可见光成像制导、红外成像制导、雷达成像制导和激光主动成像制导等类型。如美国"战斧"巡航导弹 BGM-109C/D,Block Ⅲ C/D 采用 DSMAC 即光学景像匹配系统,美国"潘兴Ⅱ"与俄罗斯"白杨-M"采用的是雷达景像匹配制导系统 RACTG,美国

"战术战斧"Block Ⅳ，是利用 GPS 接收机和卫星上的合成孔径雷达（Synthetic Aperture Radar，SAR）产生的图像进行中制导，红外成像进行末制导，制导精度与可靠性进一步提高。

按传感器安装及采集方式的不同，景像匹配可分为下视景像匹配和前视景像匹配。

按匹配策略的不同，景像匹配可分为内含式匹配和穿越式匹配两种。

（1）内含式匹配。其特点是大基准图、小实时图，小实时图都包含在基准图内。美国早期"战斧"巡航导弹就是采用该方法，也是景像匹配研究和应用的最主要模式。

（2）穿越式匹配。其特点是小基准图、大实时图，采用连续采图的方式进行特征点搜索。俄罗斯采用该方法（其采用线阵推扫相机）。

三、景像匹配制导关键技术

以下从影响景像匹配制导系统性能的主要因素即关键技术出发，对国内外相关技术的研究概况作以总结。这些因素主要包括基准图制备技术、图像传感器技术、图像相关处理机技术和景像匹配定位算法等，这些技术问题的解决对于提高景像匹配系统性能具有特别重要的意义。

1. 基准图制备技术

基准图制备是景像匹配制导技术中的一个重要技术环节。它是指利用事先获取的目标区影像或其他信息，结合武器系统工作要求，选取具有一定特征的图像，通过校正预处理、投影变换、特征检测和数据制作等环节，进而生成可以提供给匹配系统使用的基准信息的过程。在景像匹配制导中，基准图的制备属于巡航导弹任务规划范畴，基准图制备的质量及有效性直接影响到导弹武器系统作战反应的快速性、景像匹配制导系统工作的可靠性以及打击的精确性。基准图数据必须具备丰富、准确、可靠的特性。

下视景像匹配制导系统的基准图主要来源于卫星正射影像图，其制备过程相对较为成熟，在国内外巡航武器系统中已有成功应用。景像匹配区选取准则的研究是一个难点问题，其自动化、智能化程度还有待改进完善，特别是需要研究解决适应新型异源匹配模式如红外景像匹配、雷达景像匹配、夜间景像匹配等的匹配区自动选定准则。

前视景像匹配制导系统通常与目标直接联系，通常采用自动目标识别（Auto-Target Recognition，ATR）技术。保障数据除正射影像图（Digital Orthophoto Map，DOM）外，还需数字地形模型（Digital Elevation Model，DEM）、数字地表模型（Digital Surface Model，DSM）、目标三维模型（Three-Dimensional Model，3DM）或其他目标保障信息等多种数据类型。根据打击方案和攻击方式，需对目标及周围区域进行分析和选择，以确定目标及周围区域的可识别性及可匹配性，为前视目标的选择和确定提供依据。前视基准图的制备过程相对复杂，需要研究可靠的识别准则及高精度特征基准图模板生成技术。另外，对于某些战术导弹应用，如空空导弹、地空导弹和反舰导弹等，由于成像背景较为单一，目标特性相对显著，通常采用特征检测的方法完成目标定位与识别，虽说不像前视景像匹配制导那样要进行专门的基准图制备，但是也需要对目标的成像特性进行充分的研究，本质上讲也是建立了目标的基准知识信息。基准图制备的具体内容将在第二节详细论述。

2. 图像传感器技术

如果说基准图制备是为了确保匹配系统具有丰富的知识，那么实时图获取的目的是为匹配系统装上明亮的眼睛。景像匹配制导系统中使用的图像传感器种类很多，主要有可见光、红外、雷达、SAR、微波成像辐射计（Microwave Imaging Radiometer）、激光雷达（LIDAR）、毫米波（MMW）、天文（Celestial）、地磁场（Geomagnetic）、重力场（Gravity）等图像传感器。最早成功地应用于导弹中的景像匹配图像传感器是在"潘兴Ⅱ"中使用的雷达图像传感器（J 波段），它通过测量地球表面物体对雷达波的反射情况而构成雷达图像。可见光 CCD 图像传感器已广泛应用于景像匹配制导系统中，如"战斧"巡航导弹 BGM－109C 等，其主要缺点是夜间无法工作。红外图像传感器克服了可见光传感器不能在夜间应用的缺点，尤其是远红外图像传感器的开发，使得红外具有很高灵敏度的夜视能力。红外和可见光传感器除具有分辨率高、定位精度高、抗电子干扰能力强的特点外，同时具有很好的隐蔽性，但光学传感器易受气候影响，不具备全天候的工作能力，限制了其应用范围。SAR 是一种全天候、全天时的现代高分辨率侧视成像雷达，它利用脉冲压缩技术和合成孔径技术，将距离和方位分辨率大大提高，其成像分辨率与可见光接近，而且不受黑夜、云层的限制，穿透可见光不能穿透的遮挡物，发现隐蔽目标。近年来，基于 SAR 技术的景像匹配制导方式已成为各国竞相发展的热点，我国的一些大专院校和科研院所对 SAR 成像与应用技术也开展了很多深入的研究工作。另外，由于景像匹配制导最突出的特点是能得到关于探测对象直观的阵列数据描述——图像，所以有学者将一些基于阵列数据处理分析的探测制导模式也归为景像（图像）匹配制导方式，如地形匹配制导、地磁匹配制导和重力梯度匹配制导等。为了解决导弹跨海飞行（没有地形与景像特征）时的精确定位问题，人们开发了地球磁场轮廓匹配导航技术（earth MAG field Contour Matching guidance，MAGCOM），即地磁匹配导航技术，采用磁场传感器（磁强计）测量地球表面磁场进行定位，国内已有多家单位开展了这方面的预研工作，本书第五专题就相关内容进行了重点介绍。

现代传感器技术的飞速发展是人们认识事物不断地向宏观拓展、向微观细化的结果，也由此催生了一些新的成像模式，只要其探测性能满足导弹武器应用需求，采用这些传感器就可形成新的成像制导模式，如偏振光成像制导、多光谱成像制导、毫米波成像制导、太赫兹成像制导、微光夜视成像制导和多模复合成像制导等。图 6－5 所示为几种典型的图像传感器，图 6－6 所示为同一地区的不同传感器图像对。

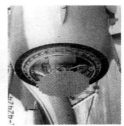

图 6－5　几种典型的图像传感器

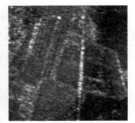

图 6－6　可见光-红外图像对与可见光-SAR 图像对

围绕增强实时图(传感器)的适应性,目前研究的重点是红外传感器与 SAR 成像技术。

3.图像相关处理机技术

景像匹配系统中,相关处理机是用于实时图的预处理、景像匹配相关及匹配后处理的硬件设备,相当于匹配系统智慧的大脑,需要具备较高的运算能力。匹配相关是花费时间最多的运算,尤其是在二维基准图和二维实时图相关处理的景像匹配系统中,为了保证上述处理的实时性,景像匹配系统对相关处理机的处理速度要求很高。早期"战斧"BGM-109C/D 的 DS-MAC 系统使用阵列式相关器作为 8 位微计算机的外围部件,具有 45 KB 的存储器容量,用差分算法对基准图和实时图并行地进行相关处理。美国马丁·马里埃塔公司为巡航导弹应用研制的几何算术并行处理机(Geometric Arithmetic Parallel Processor,GAPP)采用 SIMD 工作方式,其处理速度达到 750 亿次/s;国内研究人员提出采用一种嵌入式 MPP 阵列处理机作为景像相关器,处理元的数量可达 64×64,从而实现数据的大规模并行处理,以实现总体的高速处理效果,目前正处于论证、实验阶段。飞行制导与控制系统综合运算性能、可靠性、体积等因素,常采用多片 DSP+CPLD 或 DSP+FPGA 硬件框架,完成匹配运算,以期增强匹配系统的处理性能。围绕提高硬件处理的实时性,目前研究的重点集中在高速 DSP 处理器及并行机的开发与应用上(并行结构)。

4.景像匹配算法

相对于相关处理机这一景像匹配系统的大脑而言,景像匹配算法是运行于大脑中的思维,必须敏锐、精准、可靠。景像匹配算法的优劣是影响景像匹配制导系统可靠性和匹配定位精度的关键。依据飞行器景像匹配制导系统的工作流程,一个完整的景像匹配软件(算法)结构如图 6-7 所示。

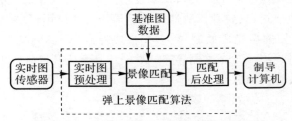

图 6-7 弹上景像匹配算法结构示意图

实时图的预处理包括图像滤波、几何校正和灰度校正等内容,这些问题的研究通常与基准图制备过程中的图像处理方法有密切的联系;景像匹配即经常提到的普通意义下的景像匹配算法;匹配的后处理主要有匹配位置的误匹配点剔除、随机误差滤波和亚像元(Sub-Pixel)插值等内容。

据了解,美国"战斧"巡航导弹的 DSMAC 系统,采用的匹配算法是绝对差算法。国内对巡航导弹下视景像匹配系统的研制起步较晚,对几种基础算法,如绝对差算法、归一化积相关算法、去均值归一化积相关匹配算法、积相关算法和边缘匹配算法进行了实验论证。但算法的匹配性能还不够理想,需要进一步研究完善。依据工程上匹配系统对算法的要求(工程上的要求是简单、实用、可靠、有效),国内众多科研院所为此进行了不懈的努力与积极的探索。景像匹配算法的具体内容将在第三节详细论述。

四、景像匹配制导技术发展趋势

作为现代精确制导武器的一个重要的技术研究领域,景像匹配制导技术成为武器系统研制过程中的热点问题,具有重要、广泛的应用前景。与此同时,利用高科技手段进行伪装、迷惑、预警、干扰的反侦察、抗精确打击技术也倍受关注,相关技术也得到飞速发展,这对精确制导武器提出了更高的要求,景像匹配制导技术面临新的考验与更严峻的挑战。总体上讲,景像匹配算法将依据传感器的发展及飞行器智能化的要求不断向适应性好、可靠性高、鲁棒性强等方向发展。

1. 同源向异源模式发展

为了保证景像匹配制导系统的全天候、全天时工作能力,仅仅依靠单一传感器所获得的图像数据进行匹配定位识别往往不能满足要求。例如对于可见光 CCD 成像设备,在白天和能见度较好的情况下能够实现精确匹配,但是在夜间或存在云层和浓雾等环境条件下,却无法进行匹配。在伊拉克战争中,美国多枚精确制导武器因为目标区上空存在油井燃烧产生的浓烟而发生误炸的情况,正是由于在匹配过程中因为地面受浓烟遮挡而导致误匹配的结果。所以,研究异源或多源景像匹配问题符合新一代精确制导武器的发展方向。

2. 下视向前视模式发展

景像匹配技术发展是从下视景像匹配模式起步的,包括"战斧"BGM109 系列以及其他各国巡航导弹的末制导均是采用下视模式。21 世纪以来,各次局部战争表明,信息化战场对武器系统的作战要求越来越高,以前视模式为基础的地面自动目标识别技术成为精确制导武器系统发展中的关键技术。美国的众多精确制导武器系统均采用了前视红外成像末制导方式,具有"发射后不管"(FAF)及自动目标识别(ATR)能力。这些武器系统在适应复杂战场环境及扩展攻击目标类型等方面还需不断改进完善。如复杂背景下红外图像自动目标识别仍是当前研究的热点与难点课题,设计有效的 ATR 算法是各国研究人员不遗余力探索的重要方向。

3. 固定向移动目标拓展

在远程地地武器系统应用中,传统的前视成像制导技术主要用于打击指挥中心、交通枢纽、预警设施等点目标,以及机场、阵地、港口等面目标,主要是固定类目标,随着战场环境日益复杂、信息对抗日趋激烈,导弹的打击目标从固定目标向时敏目标(Time Sensitive/ Critical Target,TST /TCT))方向拓展,使导弹武器系统在具备传统精确打击固定目标能力的基础上,具备打击具有慢速移动特性的高价值时敏目标,提高战场环境的智能感知能力与临机应变能力。

4. 定位向导航功能拓展

以往研究多集中在改进特征检测方法或是相似性度量方面,强调单一算法的目标定位或识别能力。随着图像采集技术、计算机技术的飞速发展,信息的快速获取与实时处理为算法的综合集成、控制融合提供了技术支持。研究动态景像匹配算法成为符合应用需求的新亮点,这包括了多帧匹配融合、序列图像匹配、多算法融合、动态特征检测和匹配滤波处理等新的研究内容。这将有效拓展景像匹配制导的状态信息维度,促使景像匹配技术由传统的精确定位向导航功能拓展,即在已有的精确定位、目标识别等功能外,景像匹配技术在飞行测速、航向测量和姿态分析等方面将得到研究与发展。

5. 自动向智能方向发展

目前的景像匹配方法绝大多数还是基于模板匹配的原理,包括采用灰度模板和特征模板。虽然通过目标的模板制备可以完成自动目标识别,但这些算法在解决复杂战场环境的目标检测与识别问题时遇到了瓶颈,识别概率低、适应性不高。近年来,一些智能计算理论与方法的研究提出为景像匹配算法的智能化提升提供了新思路,研究基于深度学习、增强学习的目标检测、分类与识别技术已成为后续智能化景像匹配制导技术发展的必然趋势。

第二节　基准图制备技术

基准图制备(Reference Image Preparation,RIP)是景像匹配制导技术中的一个重要技术环节。基准图的来源一般是通过卫星或高空侦察机而拍摄的卫片、航片等,要得到可以装弹的基准图数据信息,就必须结合导弹自身导航性、突防性等要求,对其进行选定、分析和处理。

要得到可以装弹的基准图数据信息,就必须结合已获取的敌情及目标区的卫片、航片信息,经过航迹规划、景像匹配区的选定、匹配区基准图的预处理及特征基准图的生成等处理过程。首先经过航迹规划,就是确定导弹从初始发射点到目标点的最优航迹。经过航迹规划,我们便得到所谓的弹道末数字景像图,下来便是景像匹配区的选定,即按照一定的要求或准则选取特征明显、信息量大、可匹配性高的数字地图作为制导基准图。之后,一方面为了消除图像因获取时受干扰而产生的各种畸变,减小图像失真,提高其可匹配性;另一方面是为了适应匹配算法的要求,提高匹配效率。对选定后的基准图还需进行预处理。预处理的主要内容包括了辐射校正、灰度校正、几何校正、噪声消除(图象滤波)、数据压缩和特征提取等。经过预处理,便得到可以装弹的数字基准图,这样依据不同的航迹、不同的目标区以及不同的性能要求便可建立典型目标区的景像库,以供导弹实时选择使用,从而实现基准图资源的可靠保障。本节针对下视景像匹配模式,重点论述景像匹配区的选定准则、基准图预处理的基本思路与方法。

一、景像匹配区选定准则

在景像匹配区的选取过程中,建立匹配区选取准则是一个非常重要且难度较大的环节,准则的确立主要是选定参数的确定。对于一幅图像来说,哪些区域可作为景像匹配区,主要由图像本身的特征信息决定。

可用于选取景像匹配区的图像度量参数有图像方差、相关长度、独立像元数、相关峰特征、自匹配数、边缘密度和纹理能量比等,可将它们分为基于图像灰度信息和基于图像特征信息两类研究。

1. 基于图像灰度信息的选定参数

(1)方差。图像的方差反映了图像诸元素的离散程度和整个图像区域总的起伏程度。

对于图像 X,其方差(Variance,Var)为

$$\text{Var} = \frac{1}{mn}\sum_{i=0}^{m}\sum_{j=0}^{n}\{X(i,j)-E[X(i,j)]\}^2 \tag{6-1}$$

式中,$E[X(i,j)]$ 为图像灰度的均值。

如果图像灰度分布是均匀的,即非起伏的,则图像方差小,这样匹配时就难以找到正确的匹配点。

（2）相关长度。相关长度（Correlation Length）定义为自相关系数 ρ 与二维坐标轴所围成的面积，也可看作是自相关系数在一个方向上为 $1/e=0.368$ 时的位移增量，记为 L。相关长度是有方向性的，对于二维景像图，一般求取水平和垂直两个方向的相关长度 L_h，L_v，且认为图像数据中，凡是行距超过 L_h 或列距超过 L_v 的两个像元是不相关的。

相关长度是度量图像灰度粗糙程度的一个参数，是表征地形变化快慢的关键参数，相关长度越短，说明数据之间独立性越强，地形特征也就越丰富；反之，地形数据相关性强，供匹配用的测量和基准数据就要增多才行。

（3）独立像元数。对于二维图像，通常定义独立像元数（Independent Pixel Number，IPN）为

$$IPN = \frac{M}{L_h} \times \frac{N}{L_v} \tag{6-2}$$

式中，M，N 分别为图像的行和列的像元数。

独立像元数是灰度独立"信息源"的一种度量，值越大，信息量越大，系统的匹配性能就越好。独立像元数从统计角度反映了实时图内包含的独立景物的多少，直观而言，如果实时图内包含有较多的能够明显分辨的景物，该图配准概率一般都较高。

（4）相关峰特征。对于图像 X，利用式（6-3），当以任一子图 $X(u,v)$ 在其中逐像素进行搜索匹配时，在不同位置都可以得到一个 NProd 系数，所有位置的 NProd 系数的集合便形成相关曲面，如图 6-8 所示。

$$R(u,v)_{NProd} = \frac{\sum_{i=1}^{m}\sum_{j=1}^{n} X_{u+i,v+j} Y_{i,j}}{\left(\sum_{i=1}^{m}\sum_{j=1}^{n} X_{u=i,v+j}^{2}\right)^{\frac{1}{2}} \left(\sum_{i=1}^{m}\sum_{j=1}^{n} Y_{i,j}^{2}\right)^{\frac{1}{2}}} \tag{6-3}$$

式中，为了区别匹配过程中子图的变化，用 $Y(m,n)$ 表示 $X(u,v)$，$m\times n$ 表示子图像大小。可以看出，图像的相关曲面一般会呈现高低起伏状分布，定义景像的相关峰为相关曲面上的局部最大值区域；其中匹配子区所在位置处相关峰最高，称为最高峰；该点的一个小的邻域各点定义为峰肋；其余各相关峰称为次高峰；相应的邻域各点为次峰肋。

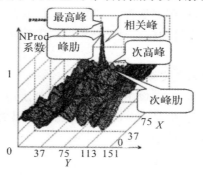

图 6-8　图像的相关曲面示意图

若有一个或多个次高峰与最高峰的差别较小，则说明图像中存在一个或多个相似区域，从而降低了匹配定位的可信度。

下面根据相关峰概念给出几个表征图像可匹配性能的特征量。

1）峰峰比。图像的峰峰比 PPR（Peak-to-Peak Ratio）定义为次高峰与最高峰的高度之比。

峰峰比特征表征了次高峰对应的子图与最高峰对应的子图的相似程度。次高峰高度越高,峰峰比值越大,说明该次高峰对应的子图与最高峰对应的子图越接近,匹配时就容易造成误匹配。

2)相关峰坡度。相关峰的坡度 PG(Peak Gradient)定义为在相关曲面内,单位像素间隔内 NProd 系数的增量。该特征量越大,说明相关峰越陡峭,相应的匹配性能就越好。

结果表明:若峰峰比 PPR 越大(接近 1)、相关峰坡度 PG 越小,则图像自相关性越强,造成误匹配的可能性就越大,这可以作为匹配区选取的一条重要准则。然而,其主要不足在于计算这些相关峰的特征值非常耗时。

(5)自匹配数。图像的自匹配数(Self-Matching Number,SMN):定义子图 $X(u,v)$ 与图像 X 的自匹配数 $SMN(u,v)$ 为相关曲面 $R(u,v)$ 上 NProd 系数大于 R_0 的点数。

若 R_0 取得大则子图与图像的自匹配点数就少,相反 R_0 取得小则子图与图像的自匹配点数就多。如果采用该基准图,正好实时图就是基准子图的位置,显然,自匹配点数表示了造成误匹配的可能性。若门限固定,则自匹配点数就可以描述此子图与图像中其他子图的二维相关性。

图像 X 中所有的子图 $X(u,v)$ (其中 $u=0,1,\cdots,M-m+1$; $v=0,1,\cdots,N-n+1$)与图像的自匹配点数 $SMN(u,v)$ 的均值定义为图像 X 的自匹配数 SMN。

可见,自匹配数 SMN 的值必然大于 1,自匹配数 SMN 从一定程度上刻划了图像的全局匹配特性,其值越大,图像的自匹配性越强,图像的各子图块间的二维相关性也就越强,越容易出现误匹配,就不适于作匹配区。至于自匹配数 SMN 大到何值,对应的预选基准图就不适于作匹配区,需要结合系统匹配概率要求进行大量实验,得出经验值,同时预选基准图的自匹配数只能作为基准图选取的一个选取准则,而不是全部。

(6)重复模式。图像的重复模式 RSP(Repetitive Spatial Patterns)是指一幅图中重复出现的一些子区域,它们在灰度或者某些特征(如边缘)上很相似。通常是依据图像中灰度相似子图的多少来衡量图像的重复模式。

从本质上讲,图像的重复模式、相关峰特征以及自匹配数是一致的,它们均是对图像的二维相关性进行描述。因为如果图像的重复模式越大,说明图像的相关峰特征中,相关峰之间的差异性越小,近高峰越多,同时,按照图像自匹配数的定义,超过门限值 R_0 的匹配点数目越多,自匹配数就越大。这三者的计算量均较为复杂,通常用图像的自匹配数对图像的二维相关性描述。

2.基于图像边缘特征信息的选定参数

边缘表征了图像的突变,包含了图像中的大量信息,基于边缘对图像进行处理降低了数据的处理量,同时保留了图像的主要信息,在计算机视觉、模式识别、图像分析和压缩编码中有广泛的应用,因此研究基于边缘特征的选定参数很有必要。

(1)边缘密度。边缘密度(Edge Density Value,EDV)可作为对图像信息含量的度量,因而在景像匹配区分析中得到重要应用,它的表达式如下:

$$\text{EDV} = \frac{\sum_{i=1}^{m}\sum_{j=1}^{n}e(i,j)}{mn} \tag{6-4}$$

式中,$e(x,y)$ 为对图像 $f(x,y)$ 进行边缘提取后的边缘图像,注意若采用二值边缘时,边缘值为 1,非边缘值为零,计算出的 EDV 值为小于 1 的小数;当采用边缘强度时,直接用灰度值计算。通常用边缘强度值,这样可以消除二值化门限对边缘数量的影响。

(2)边缘图像方差。应用 Sobel 算子对原始图像卷积运算后求得边缘图像,再用方差公式求出方差。

(3)灰度边缘重心偏度。灰度边缘重心偏度定义为边缘强度图中的重心偏离中心点的距离,反映了图像中边缘的均衡程度,记为 GEGE(Gravity Error of Grayscale Edge)。灰度边缘图像重心,记为 $(\bar{i}, \bar{j})$,则

$$\bar{i} = \frac{\sum\limits_{i=1}^{m}\sum\limits_{j=1}^{n} if(i,j)}{\sum\limits_{i=1}^{m}\sum\limits_{j=1}^{n} f(i,j)}, \quad \bar{j} = \frac{\sum\limits_{i=1}^{m}\sum\limits_{j=1}^{n} jf(i,j)}{\sum\limits_{i=1}^{m}\sum\limits_{j=1}^{n} f(i,j)} \tag{6-5}$$

式中,$f(m,n)$ 为对原图像 $X(m,n)$ 进行边缘提取后的边缘强度图(未作二值化处理的边缘图,可称为灰度边缘图),故

$$GEGE = \sqrt{\left(\bar{i} - \frac{m}{2}\right)^2 - \left(\bar{j} - \frac{n}{2}\right)^2} \tag{6-6}$$

3. 准则参数分析

为了使选定参数的描述更加直观、有效并且利于比较,这里选取反映不同地物、地貌的 12 幅卫星图像(Yxjzt01～Yxjzt12)作为实验样本,如图 6-9 所示。

（Yxjzt01）　（Yxjzt02）　（Yxjzt03）　（Yxjzt04）

（Yxjzt05）　（Yxjzt06）　（Yxjzt07）　（Yxjzt08）

（Yxjzt09）　（Yxjzt10）　（Yxjzt11）　（Yxjzt12）

图 6-9　用于实验的预选基准图

将图 6-9 中的 12 幅图像按部分选定参数所计算出的匹配性能由低到高排序,结果见表6-1。

表 6-1 部分选定参数下景像匹配性能的优劣排序结果

方 差	相关长度与独立像元数	自匹配数	重复模式	边缘密度	边缘重心偏度
Yxjzt01	Yxjzt09	Yxjzt01	Yxjzt01	Yxjzt05	Yxjzt05
Yxjzt05	Yxjzt10	Yxjzt11	Yxjzt02	Yxjzt01	Yxjzt06
Yxjzt06	Yxjzt11	Yxjzt02	Yxjzt11	Yxjzt09	Yxjzt09
Yxjzt07	Yxjzt01	Yxjzt06	Yxjzt06	Yxjzt07	Yxjzt11
Yxjzt08	Yxjzt12	Yxjzt05	Yxjzt05	Yxjzt06	Yxjzt10
Yxjzt02	Yxjzt02	Yxjzt12	Yxjzt10	Yxjzt08	Yxjzt12
Yxjzt03	Yxjzt03	Yxjzt09	Yxjzt07	Yxjzt11	Yxjzt08
Yxjzt12	Yxjzt04	Yxjzt10	Yxjzt12	Yxjzt10	Yxjzt03
Yxjzt11	Yxjzt08	Yxjzt07	Yxjzt09	Yxjzt02	Yxjzt07
Yxjzt04	Yxjzt06	Yxjzt03	Yxjzt03	Yxjzt12	Yxjzt04
Yxjzt10	Yxjzt07	Yxjzt04	Yxjzt08	Yxjzt04	Yxjzt01
Yxjzt09	Yxjzt05	Yxjzt08	Yxjzt04	Yxjzt03	Yxjzt02

由表 6-1 可知,各种选定参数在一定程度上均可实现对图像的可匹配性进行检验,但由于对图像描述的角度或方法不同,在一些情况下,由于图像内部灰度分布的特殊性,导致对图像可匹配性检验的结果不一致,如图像 Yxjzt05,Yxjzt06,Yxjzt07,Yxjzt08 方差较小,但其独立像元数却较大,而 Yxjzt09,Yxjzt10,Yxjzt11,Yxjzt12 方差较大,但其独立像元数较小,这是由于方差是对图像的整体灰度分布进行描述,而独立像元数是对图像内部像素间的差异度进行描述,所以当图像整体较暗或较亮且动态范围较小时,由于其局部灰度变化比较明显,计算出的方差虽小,但独立像元数也可能较大。同理,也可能产生方差非常大而独立像元素却较小的情况。

图像的自匹配数及重复模式都是对图像的二维相关性进行描述,由于自匹配数完全基于图像自身灰度特征,它对于图像内局部灰度变化较为敏感,当图像内含有较大的相似块或较多的重复模式时,计算出的自匹配数就非常大,而在一定情况下这恰恰会忽略图像中的某些突出特征不易受灰度或噪声干扰的影响,如图像 Yxjzt02 虽然自匹配数较大,但由于其内部边缘、纹理特征比较明显,对灰度、噪声等畸变干扰具有较强的抑制作用;相反,某些图像虽无相似块或重复模式较少且局部灰度变化较为明显,但由于其无突出的特征信息,整体差异性较差,如Yxjzt08,这样计算出的自匹配数虽然小,但增加畸变模型可能导致它的匹配性能很差。

依据前面的理论描述、参数计算与实验分析可初步得出下述结论。

(1)图像的方差、相关长度及独立像元数在一定程度上可以对图像的可匹配性进行检测,而很多情况下,由于图像内部灰度分布的特殊性,两者对图像可匹配性检验的结果并不一致。

(2)相关峰特征、重复模式及自匹配数均是对图像的二维相关性进行检测,在反映图像的匹配性能上比上述参数要强一些,但从表中的选定排序来看,也不是很全面;相关峰特征、重复模式和自匹配数在图像的匹配性能描述上是一致的。

(3)边缘密度、边缘重心偏度均是对图像的特征信息进行检测的,由于在参数计算时有信息损失,因此不能单独用作景像匹配区的选定参数。

如表中的选定排序可知,这十几种选定参数对图像的可匹配性描述都不全面,而且有矛盾之处,如何确定选定参数,从而能够选择出真正特征明显、可匹配性强的景像匹配区正是下一节的主要研究内容。

二、基准图的预处理

图像的预处理是为了使人们更全面、有效地利用图像信息,达到认识世界、改造世界的目的。近年来,国内外出版了较多图像处理方面的专著,为图像处理技术在军事领域的应用提供了有力的理论支持。

在景像匹配区分析的基础上,依据景像匹配制导系统对基准图大小及其他飞行约束条件的要求,便可选择出匹配性高的基准图。为了进一步提高基准图的可匹配性,在匹配制导前结合制导系统的要求进行预处理,以消除其失真干扰非常必要。

基准图预处理的目的一方面是为了消除图像自身的各种畸变,减小图像失真,提高其可匹配性;另一方面是为了适应匹配算法的要求,加快匹配速度,增加匹配算法的适应性,从而提高匹配效率。

1.基准图畸变误差源分析

通过对基准图来源的分析,可知基准图畸变误差源主要包括以下三种。

(1)传感器噪声。传感器电路的热噪声、闪烁噪声引起的成像噪声和量化误差都归为这一类成像畸变。数字摄像系统需要对模拟量进行离散化和数字编码,因此量化误差是不可避免的。

(2)传感器姿态。在卫星或航空影像的获取过程中,由于图像传感器姿态的变化,加之地球旋转、地形起伏、地球曲率等因素的影响,常常会导致所拍摄图像上地物的几何位置、形状、尺寸、方位等特征与参照系统中的表达要求不一致,从而使图像产生几何畸变。依据卫星图像几何畸变前后的差别,几何畸变可以看作是平移、缩放、旋转、透视、偏扭、弯曲以及更高层次的这些基本变形的综合作用结果。

(3)成像的自然条件。它主要指光照与大气状况引起的畸变。如光照亮度的改变,在阴雨天气下,图像的灰度值偏低,景物之间对比不明显;在多云天气下,光照亮度有所增加,图像可分辨度增强;在晴天条件下,图像的灰度值最亮,甚至有时会达到饱和;有云雾遮挡的情况下,图像可见度减弱;照度不均匀的情况下,图像各部分的明暗对比改变;在光照比较强时,会产生阴影区等。所有这些都带来图像灰度分布的变化,为匹配带来难度。

图像成像畸变分为上述三种,在实际应用中,图像畸变往往是几种因素综合作用的结果,使得问题复杂化,而其表现形式则是灰度分布的变化。

景像匹配要求在存在各类成像畸变的情况下找到最优的变换参数,因此必须消除成像畸变对匹配的影响。

2.基准图预处理流程

如上所述,数字景像图由于受获取条件的影响,其本身存在着一定的失真畸变,要成为可装弹的基准图数据信息,应对其进行滤波、畸变校正等预处理。针对上节所述基准图畸变误差源,图6-10给出了一套基本的基准图预处理流程。

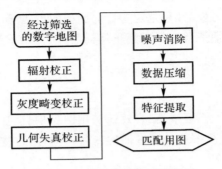

图 6-10　基准图预处理流程图

关于图中各项内容常采用的方法,总结见表 6-2。

表 6-2　基准图预处理的主要内容及方法

名　称	功　能	常用方法
辐射校正	消除成像减光作用、景物的光斑效应的影响以及由传感器系统引起的黑斑	直方图法、回归分析法等
灰度畸变校正	恢复成像时由于地面光照度不合适而造成曝光不足或过度	线性加权法、直方图均衡法等
几何失真校正	传感器成像方式以及位置、姿态的变化,加之地球旋转、地形起伏、地球曲率等因素的影响	透视变换、仿射变换、多项式变换等
噪声消除	消除传感器噪声或其他噪声干扰	统计滤波、中值滤波、邻域平均滤波
数据压缩	减少匹配数据量提高匹配速度	邻域平均、中值滤波、特征提取等
特征提取	提高匹配算法对灰度或几何畸变的抑制作用	边缘检测、角点检测、纹理分析等

需要指出的是,对于基准图的预处理,特征提取是只在特征基准图的生成时才具有的内容,将其归入"预处理",是相对于"匹配"而言,而绝大多数文献将特征提取作为匹配算法中特征空间选择的主要方法,成为基于特征的匹配算法的重要组成部分。在后面第三节匹配算法的学习中对图像特征提取将详细介绍。本节主要学习基准图的灰度校正及几何校正。

3. 灰度校正

卫星照片或航空照片在成像时,由于地面光照度不合适会造成图像曝光不足或过度。同时,由于云层、大气在地形起伏或太阳入射角会引起亮度或投影的变化,这些都会产生图像对比度不足的问题,致使图像动态范围过小、细节分辨不清。这时,需要对它进行灰度校正。利用灰度校正可以有效消除图像因曝光不足、云层遮挡、地形起伏引起的灰度畸变,从而增加图像的动态范围,改善图像的对比度。常用的灰度校正方法有灰度级线性变换法及灰度级非线性变换法。

(1)灰度级线性变换法。对于大多数卫片或航片,可以采用灰度级线性变换法进行校正。一般通过增加原图的某两个灰度值间的动态范围来增强图像的对比度,即所谓灰度级分段线性变换。分段线性变换公式如下:

$$g(x,y)=\begin{cases}(a/c)f(x,y), & 0\leqslant f(x,y)<a\\ [(d-c)/(b-a)]f(x,y)+c, & a\leqslant f(x,y)<b\\ [(L-d)/(L-b)]f(x,y)+d, & b\leqslant f(x,y)<L\end{cases} \qquad (6-7)$$

式中，L 是图像的最大灰度值，即灰度级数。这一变换可以用如图 6-11 所示的曲线表示。

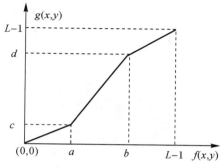

图 6-11　灰度线性变换示意图

由图可知，通过对基准图的灰度级分段线性变换，原图中灰度值在 $0 \sim a$ 和 $b \sim L-1$ 间的动态范围减小，而原图中灰度值在 $a \sim b$ 间的动态范围增加，从而使 $a \sim b$ 间图像灰度的对比度增强了。实际应用中，a,b,c,d 可取不同值进行组合，从而得到不同的效果。

（2）灰度级非线性变换法。线性变换是等比例地变换指定动态范围内的像元灰度值，随着对图像应用处理实践的深化，发现按非线性函数关系扩展原图像的像元灰度值，即对整个灰度值的动态范围以不等权的关系进行变换，例如对暗区、亮区进行不同比例的扩展，常能产生更佳的增强效果，使图像具有更鲜明、更符合要求的对比度，许多不同地物目标的影像差异更加显著，甚至一些非常细致的光谱差异导致的影像差别，通过适当的非线性拉伸也可得到增强而明显起来。

非线性拉伸的实施方法很多，有对数变换、指数变换、查表法和直方图调整等。

所谓直方图调整，有两种处理方法，一种是直方图均衡化处理，另一种方法是指定直方图法，也称为直方图规定化处理。

图像的灰度统计直方图是一个 1-D 的离散函数：

$$p(s_k) = n_k/n, \quad k=0,1,\cdots,L-1 \tag{6-8}$$

式中，s_k 为图像 $f(x,y)$ 的第 k 级灰度值，n_k 是 $f(x,y)$ 中具有灰度值 s_k 的像素的个数，n 是图像像素总数。因为 $p(s_k)$ 给出了对 s_k 出现概率的一个估计，所以直方图提供了原图的灰度值分布情况，从中可以看出一幅图像所有灰度的整体描述。

直方图均衡化的基本思想是把原图的直方图变换为均匀分布形式，这样就增加了像素灰度值的动态范围，从而达到增加图像整体对比度的效果。在式（6-8）的基础上可以得其累积分布函数（Cumulative Distribution Function，CDF）：

$$t_k = \sum_{i=0}^{k} \frac{n_i}{n} = \sum_{i=0}^{k} p(s_k), \quad k=0,1,\cdots,L-1 \tag{6-9}$$

于是可得图像直方图均衡化的一般步骤：

1）统计原图的各灰度级像素个数 n_k；

2）利用式（6-8），计算图像的原始直方图；

3）利用式（6-9），计算图像的累积直方图；

4）取 $t_k = \mathrm{int}[(L-1)t_k + 0.5]$ 出第 k 级灰度对应的新灰度值；

5）对应地将原图第 k 级灰度值 s_k 赋以新值 t_k，便可以得到直方图均衡化的新图像。

以上从理论的角度论述了灰度校正对图像性能的改变,下面以实例说明灰度校正对基准图匹配性能的改善。以某地受灰度畸变影响的无植被空地卫星照片为例,利用线性变换法和非线性变换法进行灰度校正,非线性变换法选用直方图均衡化法为例。实验结果如图6-12所示,并给出灰度校正前后的直方图。

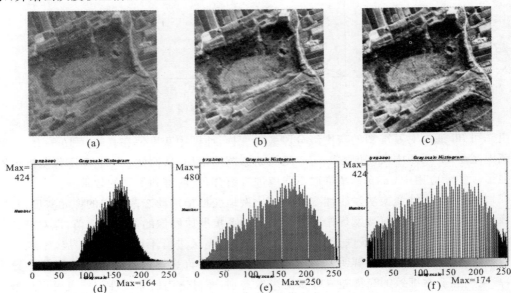

图 6 - 12   灰度线性变换实验结果

(a)原图;(b)灰度线性校正结果;(c)直方图均衡化结果;(d)原图灰度直方图;

(e)变换后灰度直方图;(f)均衡化直方图

由图 6 - 12 可知,通过对基准图进行灰度校正,图像的对比度明显增强。事实上从理论分析也可得出采用灰度校正有效改善了基准图的匹配性能的结论。

4.几何校正

本质上讲,图像的几何畸变是指图像上像元的图像坐标与其在地图坐标系或其他参考系统中的坐标之间的差异。引起几何畸变的主要因素是图像传感器姿态的变化、地球曲率、地形起伏、地球旋转以及摄像机焦距变动、像点偏移、镜头畸变等。常见的几何畸变类型如图6-13所示。

平移(又称同步)变形是因为获取的图像原点与标准原点位置不一致;旋转变形是由图像获取方向的变化所引起的;比例变形主要是由于传感器位置高度的变化及地形起伏变化所引起的。

图像的任何几何畸变都可以用原始图像坐标(无畸变或校正予期结果、标准坐标)与畸变图像坐标之间的关系加以描述。这样,消除几何畸变以恢复原图像的问题,可归结为如何从畸变图像和两坐标之间的关系,求得无几何畸变图像的问题。

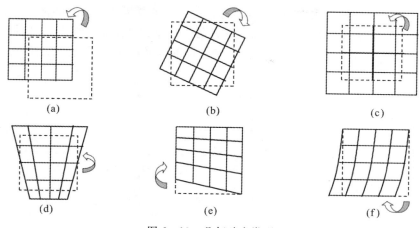

图 6 - 13　几何畸变类型

(a)平移变形；(b)旋转变形；(c)比例变形；(d)透视变形；(e)偏扭变形；(f)弯曲变形

　　(1)变换关系已知条件下的几何校正。对于变换关系已知的情况，几何畸变校正主要包括两个步骤，即空间变换(Space Transformation)与灰度插值(Grayscale Interpolation)。

　　1)空间变换。设原始图像坐标是 x,y，畸变图像坐标为 x',y'。则两图坐标之间的关系式为

$$\left.\begin{aligned}x' &= G_x(x,y)\\y' &= G_y(x,y)\end{aligned}\right\} \tag{6-10}$$

或

$$\left.\begin{aligned}x &= F_x(x',y')\\y &= F_y(x',y')\end{aligned}\right\} \tag{6-11}$$

式中，G_x,G_y,F_x,F_y 分别为畸变图像与原始标准图像之间的坐标变换函数。几何校正时，首先需要对畸变图像坐标或标准图像坐标进行空间变换处理，以便确定畸变图像中的每一个像点在标准图像坐标系中的位置。空间变换方法可分为直接法与间接法。

　　所谓直接法，就是指从待校正的畸变图像上的像素点(简称为像点)坐标出发，按式(6-11)求出与原始标准图像坐标一致的像点坐标，然后将畸变图像上像点 (x',y') 处的灰度值赋值给校正后的图像上对应的 (x,y) 处的像点。

　　所谓间接法，就是指从原始标准图像上的像点坐标出发，按式(6-10)求出对应畸变图像上的像点坐标，然后，同样将畸变图像上像点 (x',y') 处的灰度值赋值给校正后的图像上对应的 (x,y) 处的像点。通常选用间接法进行校正，这样有利于实现灰度采样的精确插值。

　　2)灰度插值。如果用 $g(x,y)$ 表示标准图像(校正后)在像点 (x,y) 处的灰度值，那么由上节分析可知，它应等于畸变图像在像点 (x',y') 处的灰度 $f(x',y')$，即 $g(x,y) = f(x',y')$。

　　一般来说，经过坐标变换得到的像点坐标 (α,β)(直接法)或 (α',β')(间接法)并不刚好是图像网格(采样点)上的点，这时可采取就近原则，即将已知灰度值赋值给最接近的像点(直接法)或选取最接近的像点灰度值作为该点灰度(间接法)。为了实现精确校正，通常采用一系列对图像灰度进行插值(又称内插)的后处理技术(特别是针对间接法)。常用的有三次卷积法、双线性插值法。由于双线性插值法计算较为简单，并且具有一定的灰度采样精度，因而实际中常用它实现图像灰度插值的后处理。

双线性内插法又称四点领域内插法,顾名思义就是进行像素点灰度插值时,只需要其周围4个已知像素点的灰度值参加计算,其插值过程与三次卷积法类似,如图6-14所示。该方法是用一个分段线性函数来近似表示灰度插值时其周围4像点对其影响的大小。

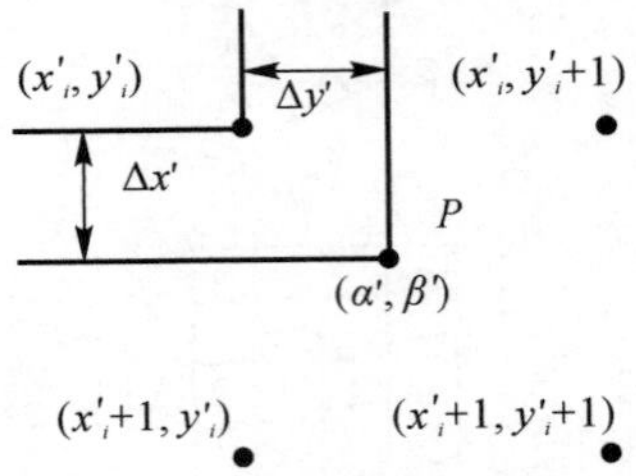

图6-14　(α',β')点双线性插值示意图

函数为

$$\omega(t)=\begin{cases}1-|t|, & 0\leqslant|t|\leqslant1, \\ 0, & \text{其他}\end{cases} \tag{6-12}$$

结合图6-14所示的像点坐标关系,插值点$P(\alpha',\beta')$的灰度为

$$g_P=\begin{bmatrix}\omega(\Delta x') & \omega(1-\Delta x')\end{bmatrix}\begin{bmatrix}f(x'_i,y'_i) & f(x'_i,y'_i+1) \\ f(x'_i+1,y'_i) & f(x'_i+1,y'_i+1)\end{bmatrix}\begin{bmatrix}\omega(\Delta y') \\ \omega(1-\Delta y')\end{bmatrix}$$

$$\tag{6-13}$$

结合式(6-12),将式(6-13)展开,有

$$g_P=\begin{bmatrix}1-\Delta x' & \Delta x'\end{bmatrix}\begin{bmatrix}f(x'_i,y'_i) & f(x'_i,y'_i+1) \\ f(x'_i+1,y'_i) & f(x'_i+1,y'_i+1)\end{bmatrix}\begin{bmatrix}1-\Delta y' \\ \Delta y'\end{bmatrix}=$$

$$(1-\Delta x')(1-\Delta y')f(x'_i,y'_i)+(1-\Delta x')\Delta y'f(x'_i,y'_i+1)+$$

$$\Delta x'(1-\Delta y')f(x'_i+1,y'_i)+\Delta x'\Delta y'f(x'_i+1,y'_i+1) \tag{6-14}$$

式中,$\Delta x'$,$\Delta y'$仍然表示P点到距其左上角像素点的距离在x'方向和y'方向上的投影。

(2)变换关系未知条件下的几何校正。在变换关系未知时,图像几何校正的一般思路是,首先分析产生几何畸变的主要原因,建立合适的图像几何畸变数学模型(坐标变换方程,包括一系列待定参数);然后利用选取控制点的方法对模型中的未知参数进行估计或辨识,得到确定的坐标变换方程;最后再根据变换关系已知条件下的几何校正的基本思路,实现图像的畸变校正。

通常把用于几何畸变校正、特征明显、具有一定坐标代表性的图像像素点称为图像控制点(Control Point,CP),简称为控制点。几何校正控制点的坐标应是成对出现的,这样才能根据图像几何畸变的数学模型辨识出相应的参数及坐标变换关系。基准控制点(Reference Control Point,RCP),定义为坐标参考图像(前面所述标准图像)中的CP像素坐标对应的点,或称参考控制点。畸变控制点(Distortion Control Point,DCP),即待校正的畸变图像中的CP像素坐标对应的点。控制点的选取在复杂几何畸变的精确校正中具有重要意义。一般情况下,控制点选取的位置精度越高,辨识估计出的几何畸变变换关系越精确,几何校正精度就越高。

控制点的选取有手动法和自动法。传统的手动控制点选取方法,要耗费大量的人力与时间。自动选取方法借助于检测模板,对于同一传感器、同一成像条件下两幅图像的几何校正有较好的效果，但如果待校正图像与标准图像为多源图像时，直接依据灰度信息的特征参数来选点的可靠性不高，控制点选取的位置精度就会降低。

三、基准图生成

下视景像匹配制导中，基准图的获取应能充分反映景像匹配算法可能遇到的各类场景类型图像信息。应选择具有代表性的各种地形地貌的图像，如农田、丘陵、山地、河流、机场、港口和居民区等为主，而且每种地形应当具有不同的复杂程度。结合上述景像匹配区选取及图像处理方法，其制备流程如图 6-15 所示。

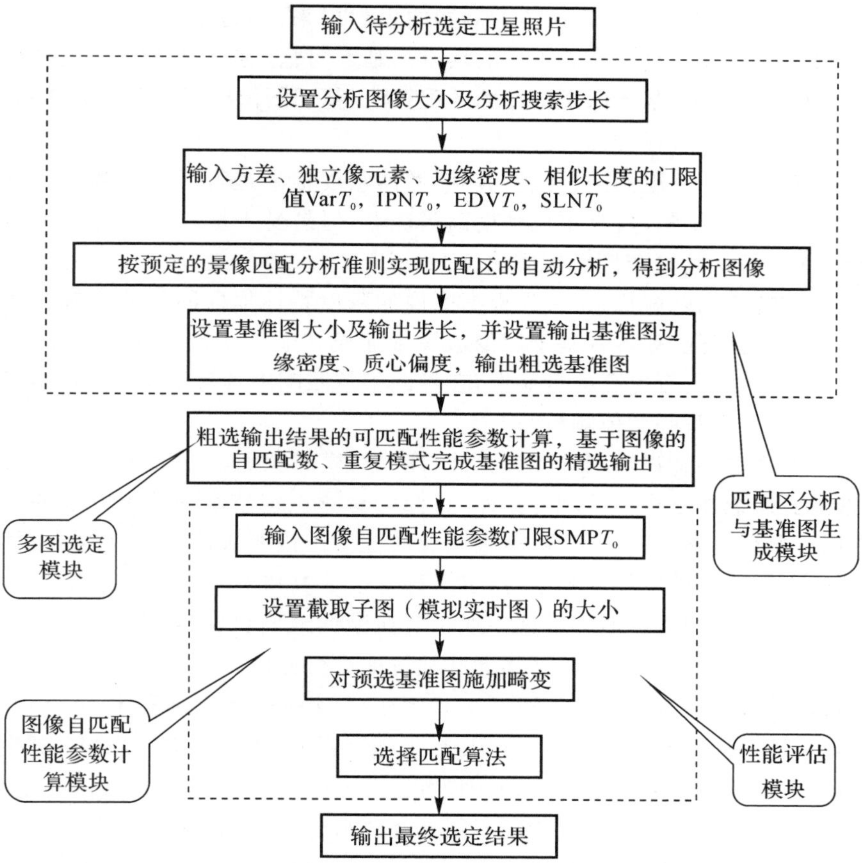

图 6-15　下视景像匹配基准图的生成流程图

图 6-15 中的各参数含义可参考前面参数定义及文献[25]，依据上述方法便可在已知的弹道末影像图中选取生成特征明显、可匹配性高的基准图数据信息，这符合实际景像匹配制导系统的工作要求，对于特定的工程应用具有重要意义。

第三节　景像匹配算法

匹配算法的性能直接影响了景像匹配制导的精度，是景像匹配中的关键技术之一。实际中，基准图的来源一般是通过卫星或高空侦察机拍摄得到的卫片或航片，实时图则由弹载摄像机在导弹贴地飞行时实时拍摄。这样由于拍摄高度的差异性，两者的分辨率存在着较大差异。同时，由于图像摄取时间、环境等条件的不同，基准图与实时图在灰度内容特征上也是有差异的，形成这种差异的因素有摄像时的光照强度、气象状况、不同传感器性能，以及传感器姿态等。这些差异性对匹配算法提出了很高的要求。研究设计适应性强、鲁棒性好、实时性高的景像匹配算法是提高制导匹配性能的有效途径，也一直是景像匹配制导领域研究的热点、难点问题。

一、景像匹配算法概述

自 20 世纪 70 年代美军提出景像匹配制导的思想以来，作为景像匹配制导技术的重要标志，景像匹配算法的研究一直是人们关注的热点与难点问题。按照匹配处理的数据对象，景像匹配算法可分为三个层次：基于像素灰度的匹配算法、基于图像特征的匹配算法和基于图像理解和知识推理（又称基于解释）的匹配算法。

（1）基于像素灰度的匹配算法：直接利用图像的灰度信息进行匹配运算，每一像素的灰度特性对匹配结果都产生影响，具有定位精度高等优点，但易受干扰。经典的 AD，MAD，MSD，NProd 及 SSDA 等算法均是灰度匹配算法。

（2）基于图像特征的匹配算法：首先根据图像的灰度特性提取图像的固有特征，然后在这些特征的基础上进行匹配，如各种基于图像边缘特征或其他不变特征的匹配算法。此类方法比基于灰度的匹配算法具有更高的可靠性，在异源景像匹配中具有重要的应用意义，但这类算法对特征提取方法具有很强的依赖性。

（3）基于图像理解和知识推理的匹配算法：建立在模式识别、人工智能、专家系统的基础上的，需要依据先验知识建立目标区域专家库，目标的检测识别技术是这类方法的核心内容，这种方法通常用于典型目标的匹配定位、前视景像匹配。国内张天序等人在这方面做了大量工作，针对雷达与光学图像的匹配问题，提出了一种基于学习和检验的典型地物目标雷达和可见光图像共性特征分析和建模的研究框架。通过对典型的地面目标（如大型建筑、油罐、机场跑道和港口等）可见光图像和雷达成像之间的共性特征进行分析研究，采用人工智能原理构建若干典型地物目标共性特征知识库，这种方法相当于将自动目标识别技术（Automatic Target Recognition，ATR）的思想引入景像匹配中，在工程应用上，还需要进一步深入研究和论证。

L. G. Brown 对 1992 年以前的多源图像配准（Image Registration）方法作了系统总结并指出，各种配准算法都是 4 个基本要素的不同选择的组合，即特征空间、相似性度量、搜索空间和搜索策略。特征空间的选择决定了图像的哪些特征参与匹配，哪些特征将被忽略；相似性度量是指用什么样的方法来衡量匹配图像特征之间的相似性；搜索空间是指所有可能的变换组成的空间；搜索策略是指在搜索空间采用何种方法找到一个最优结果，使得相似性度量达到最大值或最小值。参照这一思想，可认为特征空间、相似性度量、控制策略是构成景像匹配算法的三要素。

（1）特征空间。图像特征是对图像的一些基本属性的描述，在不同程度上，它对图像畸变有一定的抑制作用。如图像的边缘特征对灰度畸变有一定的抑制作用；图像的不变矩特征对几何畸变不敏感；图像的拓扑特征则对灰度及几何畸变均不敏感。对于景像匹配系统而言，拓扑特征是比较理想的选择，但由于拓扑特征提取非常复杂，考虑到景像匹配的实时性，这一方案难以付诸于实际应用。

（2）相似性度量。距离度量与相关度量是景像匹配相似性度量准则中最基本的两大类。距离度量有汉明（Hamming）距离、欧氏（Euclid）距离和豪斯多夫（Hausdorff）距离等；相关度量有积相关（Prod）、归一化积相关（NProd）、Fourier 相位相关和相关系数等。还有新研究提出的投影度量，以及其他度量方法：基于概率测度的相似性度量、基于 Fuzzy 集的相似性度量、基于共性信息（Mutual Information，MI）的相似性度量、基于最大似然的相似性度量等。

（3）控制策略。景像匹配算法的控制策略（Control Strategy，CS）可分为搜索策略（Searching Strategy，SS）、匹配策略（Matching Strategy，MS）、融合策略（Fusion Strategy，FS）。这些策略的选择对于减少计算量，提高匹配算法可靠性、鲁棒性具有重要作用。常用的搜索策略有穷举搜索、层次性搜索、多尺度搜索、序贯判决等；而匹配策略有金字塔分层、先粗后精、基准图多子区等；融合策略主要体现在匹配的后处理方面，如序列景像匹配为景像匹配制导算法的研究提供了新思路。

以上三要素的不同组合就形成了各种不同的匹配算法。如基于 Euclid 距离的 MSD 算法，各种算法依据三要素的分类情况见表 6 - 3，分类的标准是依据算法特点侧重于哪个要素。

显然，匹配算法的三要素并不是相互独立的，彼此间具有一定联系，相互影响、相互制约，只有把它们恰当地组合在一起，才能构成一种有效的匹配算法。NASA 的研究机构 ESDCD 推出了一个基于 Khoros 的景像匹配工具箱，对流行的匹配算法进行了研究和实现。

表 6 - 3　匹配算法分类表

匹配算法		
根据特征空间	根据相似性度量	根据控制策略
边缘匹配算法、线特征匹配算法、不变矩匹配算法、纹理特征匹配算法、基于几何约束的轮廓匹配方法、基于图像直方图的匹配算法、模糊熵差景像匹配算法、基于物理特征的分层匹配算法、基于线特征多层限制的松弛表匹配算法和深度学习匹配算法	AD、MAD、SD、MSD、NProd、相位相关匹配算法、Hausdorff 距离的匹配算法、相关系数匹配算法、去均值归一化积相关匹配算法、基于 MI 的匹配算法、最小二乘精匹配算法、基于模糊相似度的模糊匹配算法、带约束条件的最小二乘匹配算法、基于投影度量的匹配方法、贝叶斯景像匹配算法和神经网络匹配算法	灰度与特征相融合的匹配算法、序列景像匹配算法、基于小波的由粗到精匹配方法、基于神经网络的匹配算法、基于小波的实时景像匹配方法、基于遗传算法的快速匹配算法、模拟退火匹配算法和幅度排序匹配算法

二、景像匹配算法原理描述

在飞行器制导中，景像匹配算法是分析实时图与基准图相对位置或特征属性的方法过程。景像匹配制导中，匹配算法重点是分析实时图与基准图的相对位置，其应用原理如图 6 - 16 所示。

图 6 - 16 给出了有偏移情况下，基准图与实时图的相对位置示意图。图 6 - 16（a）为下视景像匹配制导算法的匹配模式，与图 6 - 3 对应，基本原理为：首先，利用飞行器的飞行航迹下方的事先侦察到的一系列地面图像制备基准图，并将之存入飞行器计算机的存储器中；其次，当携带图像传感器的飞行器飞至预定位置时，实时获取地面景像图，得到实时图；最后，将实时图与预存入计算机中已知地理位置关系的基准图进行配准比较，确定出飞行器当前偏离理想位置的纵向和横向偏差，利用这些数据就可以完成飞行器的导航和制导功能。

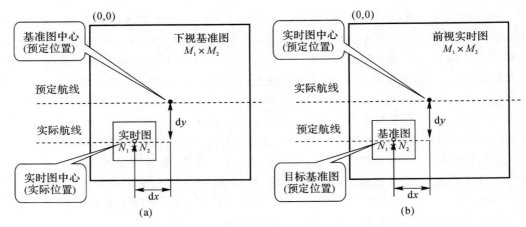

图 6-16　基准图与实时图的相对位置原理示意图

(a)实时图在基准图中的位置；(b)目标基准图在实时图中的位置

图 6-16(b)为前视景像匹配制导算法的匹配模式，与图 6-4 对应，其原理与下视景像匹配制导的区别在于：前视基准图既可以是包含场景的前视图像，也可以是反映目标本质特性的各种特征模板。实时图则是在武器距离目标区一定距离时，由其自身携带的传感器实时获取的前方或前下方的景像图。匹配的目的是确定基准图（模板）在实时图中的位置，实现目标的识别，主要用于目标定位与跟踪。这种模式因为与目标有直接联系，因而也是图像自动目标识别的重要形式之一。

不妨以下视景像匹配为例，基准图可划分为 $M_1 \times M_2$ 个像元网格，对每一个像元赋予一个一定灰度等级的对应数值 a_{ij}（$0 \leqslant i \leqslant M_1 - 1, 0 \leqslant j \leqslant M_2 - 1$），导弹发射前，将该数字基准图存储在弹上计算机上。实时图也划分为 $N_1 \times N_2$ 个，同样每个单元赋予一个灰度值 b_{ij}（$1 \leqslant i \leqslant N_1, 1 \leqslant j \leqslant N_2$），从而构成数字化实时图。值得指出的是，实时图一般都要小于基准图。

为正确确定实时图相对基准图的位置，必须把实时图域基准图的尺寸大小相等的基准子图逐个进行比较，找出与实时图匹配的一个子图。找出该子图后，实时图左上角第一个像元在基准图中的位置（u^*, v^*）或实时图中心相对基准图中心的偏移（s_k, s_l）便可确定，见图 6-16及式（6-15）：

$$
\left.
\begin{aligned}
s_k &= u^* - \frac{1}{2}(M_1 - N_1) \\
s_l &= \frac{1}{2}(M_2 - N_2) - v^*
\end{aligned}
\right\}
\tag{6-15}
$$

该偏移量便是实时图与基准图间匹配的偏差，它可以作为修正惯导的信号。因为基准图中心的地理坐标位置是预先精确已知的，所以根据该偏差便可确定导弹飞行中的实时位置。

匹配算法就是把实时图与基准图中尺寸大小相等的各子图逐个进行比较，找出实时图属于基准图的具体子图，给出相应的位置。显然，对于图 6-16 所示的基准图和实时图，这样的子图共有（$M_1 - N_1 + 1$）×（$M_2 - N_2 + 1$）个。即为了寻求一个匹配点，需要在（$M_1 - N_1 + 1$）×（$M_2 - N_2 + 1$）个点上进行匹配比较。后面几部分正是从匹配算法的三要素出发进行算法介绍。

三、常用的景像匹配特征

常用的图像特征有边缘特征、线特征、面特征、不变矩特征、NMI 特征、角点特征、局部熵特征和兴趣点特征等。目前,有大量的文献研究图像特征,但以军事应用为目的,针对景像匹配制导应用的研究并不多见。匹配特征选择的首要原则是特征必须体现出多源图像之间的共性信息,即具有良好的稳定性,对多源图像各类差异具有不变性。

景像匹配制导中,制导图的边缘特征是最常采用的图像特征之一,边缘特征一直是图像特征研究中的热点、难点问题。图像边缘蕴含了丰富的内在信息(如方向、阶跃性质、形状等),与其他特征相比,最能反映出物体(目标)个体特征,包含了有关物体(目标)独特的重要信息,使观察者一目了然。因此,边缘特征成为研究人员进行图像特征分析研究时最为关注的热门课题之一。

当前,具有代表性的边缘检测算法达 10 多种,如传统的基于图像灰度微分的 Gradient、Roberts、Sobel、Prewitt、Laplacian、Kirsch、Isotropic 和 Robinson 等边缘检测算子;先滤波后检测边缘的 LOG 算子和 Canny 算子、沈俊算子和 Defiche 算子;基于曲面拟合的 Prewitt 多项式曲面拟合算子、Haralick 最佳曲面拟合算法、Hueckel 图像边缘拟合算法,以及模糊边缘检测算法、神经网络边缘检测算法、分形法、流形拓扑法、数学形态学方法、小波边缘检测算法、松驰法、遗传算法、自适应模糊神经网络算法和基于数据融合方法的边缘检测方法等。

考虑到飞行器图像匹配定位系统的工作特点及实际应用需求,这里重点介绍几种实用的边缘检测方法,主要有 Roberts 算子、Sobel 算子、Prewitt 算子和 Laplacian 算子。

1. Roberts 算子

图像 $f(x,y)$ 在点 (x,y) 处的一阶导数即梯度可表示为一个矢量,有

$$\Delta f(x,y) = \sqrt{\left(\frac{\partial f(x,y)}{\partial x}\right)^2 + \left(\frac{\partial f(x,y)}{\partial y}\right)^2} \tag{6-16}$$

Roberts 是最简单的梯度算子,可用一阶差分计算 Roberts 算子如下:

$$\Delta f(x,y) = |\Delta_x f(x,y)| + |\Delta_y f(x,y)| =$$
$$|f(x,y) - f(x+1,y+1)| + |f(x+1,y) - f(x,y+1)| \tag{6-17}$$

2. Prewitt 算子

Prewitt 算子的原理为

$$\Delta f(x,y) = (d_x^2 + d_y^2)^{\frac{1}{2}} \tag{6-18}$$

式中

$$\left. \begin{aligned} d_x &= [f_{i-1,j-1} + f_{i,j-1} + f_{i+1,j-1}] - [f_{i-1,j+1} + f_{i,j+1} + f_{i+1,j+1}] \\ d_y &= [f_{i+1,j-1} + f_{i+1,j} + f_{i+1,j+1}] - [f_{i-1,j-1} + f_{i-1,j} + f_{i-1,j+1}] \end{aligned} \right\} \tag{6-19}$$

3. Sobel 算子

Sobel 算子的原理为

$$\Delta f(x,y) = (d_x^2 + d_y^2)^{\frac{1}{2}} \tag{6-20}$$

式中

$$\left. \begin{aligned} d_x &= [f_{i-1,j-1} + 2f_{i,j-1} + f_{i+1,j-1}] - [f_{i-1,j+1} + 2f_{i,j+1} + f_{i+1,j+1}] \\ d_y &= [f_{i+1,j-1} + 2f_{i+1,j} + f_{i+1,j+1}] - [f_{i-1,j-1} + 2f_{i-1,j} + f_{i-1,j+1}] \end{aligned} \right\} \tag{6-21}$$

4. Laplacian 算子

Laplacian 算子是一种二阶导数算子,对连续函数 $f(x,y)$,它在位置 (x,y) 的 Laplacian 值定义为

$$\nabla^2 f(x,y) = \frac{\partial^2 f(x,y)}{\partial x^2} + \frac{\partial^2 f(x,y)}{\partial y^2} \tag{6-22}$$

对于数字图像,Laplacian 值可以近似表示为

$$\nabla^2 f(x,y) = [f(x+1,y) + f(x-1,y) + f(x,y+1) + f(x,y-1)] - 4f(x,y)$$
$$\tag{6-23}$$

Laplacian 算子还有多种计算形式,这里不作介绍。

四、相似性度量方法

提取出多源图像的共性稳定特征后,依据匹配算法的基本三要素,研究设计匹配算法的第二步就是选择一个合适的相似性度量。相似性度量(Similarity Measurement),又称相似度准则,它的确定是研究景像匹配算法(Image Matching Algorithm, IMA)的重要内容之一。由于不同的相似性度量机理不同,其适应的情况也各异。相似性度量的选择与匹配特征的选择有密切关系,它的选择决定了匹配算法的基本特性,直接影响了匹配结果的有效性、正确性。因此研究合适的相似性度量对于提高 IMA 的整体性能具有重要意义。特别是对于实时图与基准图存在较大差异的多源景像匹配,选择合适的匹配度量方法至关重要。

在多源景像匹配中,由于实时图在获取过程中存在着各种偏差,如灰度畸变、几何失真和变换误差等,很难实现基准图与实时图的完全匹配,所以两图之间的匹配比较只能用相似程度来描述。距离度量与相关度量是景像匹配相似性度量准则中最基本的两大类。

1. 距离度量方法

(1)绝对差(Absolute Difference,AD),绝对差在有些文献里也称为绝对误差(Absolute Error,AE)或绝对误差和(Sum of Absolute Error,SAE)、绝对差和(Sum of Absolute Difference SAD),又称为城市距离、街区距离或 Hamming 距离。

(2)平均绝对差(Mean Absolute Difference,MAD),同理,MAD 又称为 MAE 平均绝对误差。

(3)平方差(Square Difference,SD),平方差又称为平方误差(Square Error,SE)或平方误差和(Sum of Square Error,SSE)、平方差和(Sum of Square Difference,SSD)。

(4)欧氏距离(Eulerian Distance,ED)。

(5)均方差(Mean Square Difference,MSD),同理,均方差又称为均平方误差(Mean Square Error,MSE)。均方差开根号便得到均方根误差(Root Mean Square Error,RMSE)。

上述方法中,度量值具有极小值,并且在绝对无噪声和其他图像畸变的情况下,该极小值为"0",利用这一性质便可判别基准图与实时图的相似程度。

2. 相关度量方法

相关度量主要有以下几种形式:

(1)积相关(Product Correlation,Prod);

(2)归一化积相关(Normalized Product Correlation,NProd);

(3)相关系数法(Correlation Coefficient,CC);

（4）相位相关度量（Phase Correlation，PC）。

相关度量法通常具有极大值，从而可判别基准图与实时图的相似程度。

从向量关系的角度，还有一种投影相似性度量方法，其本质是建立在向量之间投影的基础上，相对于距离与夹角而言的，从向量的空间几何关系上，完备了相似性度量体系，简称"Proj"度量方法。

除了以上给出的常用相似性度量方法外，结合不同的数据特征及应用背景，景像匹配中可采用的相似性度量方法还有基于 Hausdorff 距离的相似性度量；基于概率测度的相似性度量；基于 Fuzzy 集的相似性度量；基于共性（互）信息（Mutual Information，MI）的相似性度量；基于最大似然估计（Maximum-Likehood）的相似性度量。这些度量方法广泛应用于不同的匹配环境，如弹性（Elastic）景像匹配、彩色（Color）景像匹配、立体（Stereo）景像匹配。

3. 实用的相似性度量方法分析

在飞行器的匹配定位中，实时图是与基准子图（Sub-Reference Image）进行相似性比较的。

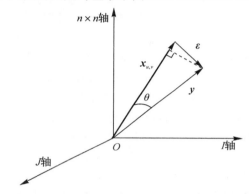

图 6 - 17　图像灰度矢量 $\boldsymbol{y}$ 与 $\boldsymbol{x}_{u,v}$ 之间的几何关系

由图 6 - 17 可知，如果图像矢量 $\boldsymbol{y}$ 和 $\boldsymbol{x}_{u,v}$ 矢端之间的距离 $\boldsymbol{\varepsilon}$ 或者它们之间的夹角 θ 越小，则表明两者越趋于一致。图像矢量 $\boldsymbol{y}$ 和 $\boldsymbol{x}_{u,v}$ 矢端之间的距离可以用它们的差矢量 $\boldsymbol{\varepsilon} = \boldsymbol{x}_{u,v} - \boldsymbol{y}$ 的范数来表示，依据不同的范数定义，便可获得不同距离度量方法。前面总结的距离度量和 NProd 度量方法本质上正是这种思想。例如，针对基准子图矢量 $\boldsymbol{x}_{u,v}$ 与实时图矢量 $\boldsymbol{y}$ 的匹配，分别有以下度量算法：

AD：

$$D(u,v) = \| \boldsymbol{\varepsilon} \|_1 = \| \boldsymbol{x}_{u,v} - \boldsymbol{y} \|_1 = \sum_{i=0}^{n-1} \sum_{j=0}^{n-1} | x_{u+i,v+j} - y_{ij} | \qquad (6-24)$$

SD：

$$D(u,v) = \| \boldsymbol{\varepsilon} \|_2^2 = \| \boldsymbol{x}_{u,v} - \boldsymbol{y} \|_2^2 = \sum_{i=0}^{n-1} \sum_{j=0}^{n-1} (x_{u+i,v+j} - y_{ij})^2 \qquad (6-25)$$

NProd：

$$R_{\mathrm{NProd}}(u,v) = \cos\theta = \frac{\boldsymbol{x}_{u,v} \cdot \boldsymbol{y}}{\| \boldsymbol{x}_{u,v} \|_2 \| \boldsymbol{y} \|_2} = \frac{\sum_{i=0}^{n-1} \sum_{j=0}^{n-1} x_{u+i,v+j} y_{i,j}}{\left(\sum_{i=0}^{n-1} \sum_{j=0}^{n-1} x_{u+i,v+j}^2 \right)^{\frac{1}{2}} \left(\sum_{i=0}^{n-1} \sum_{j=0}^{n-1} y_{i,j}^2 \right)^{\frac{1}{2}}} \qquad (6-26)$$

CC：

$$R_{\mathrm{CC}} = \frac{\sum_{i=0}^{n-1} \sum_{j=0}^{n-1} (x_{u+i,v+j} - \overline{x}_{u,v})(y_{i,j} - \overline{y})}{\left[\sum_{i=0}^{n-1} \sum_{j=0}^{n-1} (x_{u+i,v+j} - \overline{x}_{u,v})^2\right]^{\frac{1}{2}} \left[\sum_{i=0}^{n-1} \sum_{j=0}^{n-1} (y_{i,j} - \overline{y})^2\right]^{\frac{1}{2}}} \qquad (6-27)$$

Proj：

$$R_{\mathrm{Proj}}(u,v) = \| \boldsymbol{y} \|_2 \times \cos\theta = \frac{\boldsymbol{x}_{u,v} \cdot \boldsymbol{y}}{\| \boldsymbol{x}_{u,v} \|_2} = \frac{\sum_{i=1}^{n} \sum_{j=1}^{n} x_{u+i,v+j} y_{i,j}}{\left(\sum_{i=1}^{n} \sum_{j=1}^{n} x_{u+i,v+j}^2\right)^{\frac{1}{2}}} \qquad (6-28)$$

式(6-27)中 $\overline{x}_{u,v}$ 为基准子图的平均值，$\overline{y}$ 为实时图的平均值，即

$$\overline{x}_{u,v} = \frac{1}{n \times n} \sum_{i=0}^{n-1} \sum_{j=0}^{n-1} x_{u+i,v+j}, \quad \overline{y} = \frac{1}{n \times n} \sum_{i=0}^{n-1} \sum_{j=0}^{n-1} y_{i,j}$$

可以看出，相关系数其实是一种修正的归一化积相关方法，只不过在匹配前，对基准图及实时图均进行了去均值处理。对于灰度匹配算法而言，正是这一处理过程，使得 CC 方法具备了比 NProd 方法更好的噪声及灰度抑制能力。同时，Proj 实质上是 NProd 的简化结果，即式(6-26)分母去掉实时图向量 $\boldsymbol{y}$ 的模 $\| \boldsymbol{y} \|_2$ 项。其实，在采用 NProd 度量的景像匹配算法中，必须计算实时图向量 $\boldsymbol{y}$ 的模 $\| \boldsymbol{y} \|_2$，然后比较所有的 NProd 系数，$R_{\mathrm{NProd}}(u,v)$ 值越大，则两图越相似，通常取具有最大的 NProd 系数的匹配为正确匹配。因为所有的 NProd 系数中均有 $\| \boldsymbol{y} \|_2$ 项，属于不变量，这样，算法实现时可以不计算实时图向量 $\boldsymbol{y}$ 的模 $\| \boldsymbol{y} \|_2$，余下部分正是投影度量值 $R_{\mathrm{Proj}}(u,v)$。这恰好从理论上证明了投影度量的正确性、有效性。

可以看出，可用于景像匹配的相似性度量方法可谓是琳琅满目、种类繁多。然而，对于飞行器景像匹配制导系统而言，综合考虑算法的可靠性、稳定性、实时性要求，通常采用经典距离度量与相关度量进行算法设计。一般来讲，NProd 方法的综合匹配性能明显优于其他两种。

关于其他相似性度量方法，CC 方法的本质是在 NProd 方法上的改进，增加了图像的去均值预处理，从而使其抗噪声及灰度畸变能力增强；相位相关方法虽然可采用 FFT 快速算法，但其匹配精度会因为频域对噪声等高频干扰较为敏感而降低；基于 Hausdorff 距离的方法较为复杂，且仅适用于二值图像，对于匹配制导系统并不适用；基于概率测度的方法需要已知准确的先验知识；而基于 Fuzzy 集的相似性度量方法本质上也是先对图像进行预处理，进而将传统的距离度量与相关度量方法简化修正；基于 MI 的相似性度量方法对于基于知识的智能匹配算法设计具有重要意义，需要先由图像灰度估计出图像的边缘概率分布和联合概率分布。

比较各种相似性度量的可靠性、鲁棒性、精确性及实时性指标，综合而言，NProd 相似性度量方法体现了更为出色的匹配性能，是算法设计时应优先选择的相似性度量方法。同时，据对已查阅研究文献的不完全统计，各种景像匹配算法中，60% 以上均采用了 NProd 度量方法，针对飞行器景像匹配制导定位领域研究的匹配算法中，80% 均采用了 NProd 度量方法。归一化积相关相似性度量是景像匹配算法中应用最为广泛的相似性度量方法。正因为如此，许多高适应性的匹配算法均是基于 NProd 度量方法而设计的。

由原理可知，投影度量方法继承了 NProd 度量方法优良的匹配性能，具有很好的可靠性、鲁棒性及匹配精度。Proj 度量方法在一定程度上减小了匹配运算量，这一点从算法原理上也可分析得知。这样，针对景像匹配制导定位系统设计的所有基于 NProd 相似性度量的算法，

均可改进为对应的基于 Proj 度量的算法。Proj 度量方法在景像匹配制导系统中具有重要的应用意义。

五、匹配算法的控制策略

在传统匹配算法的基础上,采用一定的控制策略(Control Strategy,CS)是改善算法匹配性能的重要方法。依据控制策略在匹配算法中的作用及实现方式不同,控制策略可分为搜索策略(Searching Strategy,SS)、匹配策略(Matching Strategy,MS)、融合策略(Fusion Strategy,FS)。同时,参照数据融合(Data Fusion)的观点,景像匹配方法也可分为三个层次:像素级、特征级和决策级。常用的控制策略有以下几种。

1.减少匹配搜索范围

一方面可以依据惯性制导系统或卫星导航系统提供的导航参数,限定实时图在基准图中的搜索范围;另一方面,可以利用跳跃式搜索方案。由于图像信息是高度相关的,所以在配准点的周围将形成一个匹配度量函数的峰值区域。因此,进行一定步长的跳跃式搜索,匹配算法依旧能够找到匹配点。

2.金字塔式分层搜索

原始待匹配的基准图与实时图称为金字塔结构的零级(底层),第一级影像是通过对零级影像进行低通滤波并降低一级分辨率而得到的,第二级影像则是通过对第一级影像进行同样的处理得到的。如此逐层递推,从而构成了影像金字塔。实际上可以选择不同的生成核(即卷积模板)来生成影像金字塔。一个最简单的办法就是利用 2×2 模板对图像做邻域平均,各个模板运算区域不重叠,并将均值取为上一层影像的灰度值,如此反复,即可得到一种新的影像金字塔,如图 6-18 所示。

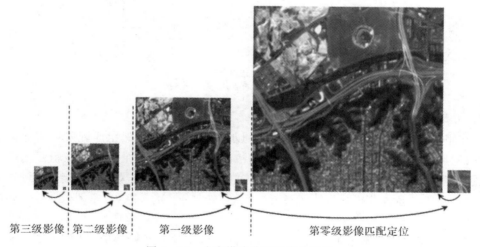

第三级影像　第二级影像　　　第一级影像　　　　　　第零级影像匹配定位

图 6-18　金字塔式分层搜索示意图

匹配是从影像金字塔的最高级(即顶层)开始的。由于顶层影像尺寸小,基准图与实时图只存在通过滤波"浓缩"、特征综合后留下的特征明显的图像信息,所以这一层的匹配一般容易进行;用上层的匹配结果可确定下层匹配的近似范围,直到匹配达到零级时则可实现实时图在基准图中的定位。

在进行多级影像匹配过程中通常需要注意以下几点。

(1)确定合适的金字塔层数,过多或过少的层数会直接影响到匹配的速度与精度。一般应根据影像尺寸、信息量的多少、视差的变化范围等因素综合考虑。

(2)由于上层的错误匹配可能导致下层更多更大的匹配错误,所以,在每层匹配完后必须对匹配的可靠程度做出判断,只把可能是正确匹配的结果传递下去。

(3)在图像分辨率允许的条件下,可以进行隔层匹配。因为层数过多,所以反而会增加匹配时间。

3.先粗后精的分层匹配

结合灰度匹配算法与特征匹配算法各自的优点,综合精度与时间的要求,可以考虑将两者相结合,采用先粗后精的匹配控制策略,提高算法的匹配效率。图 6-19 所示为匹配控制策略的设计框图。

在图 6-19 中,粗匹配阶段及精匹配阶段制导图的预处理应与相应的匹配度量算法一致。例如,基于图像边缘特征的匹配算法则应对制导图进行边缘特征提取,基于灰度的匹配算法则应考虑对图像的可匹配性进行实时检测等。

这种匹配控制策略首先进行粗匹配,确定匹配点的大概位置或候选位置,接着进行精匹配,确定匹配点的精确位置或最佳位置。精匹配是在粗匹配的结果——候选匹配子图中完成的,因而搜索范围大大减少,提高了匹配速度。

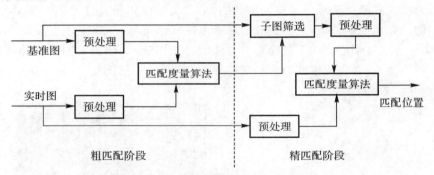

图 6-19 先粗后精匹配控制策略框图

这种方案需要注意以下几点。

(1)在粗匹配阶段,为了保证精匹配阶段的匹配概率,必须确保粗匹配阶段所保留的预选点包含匹配点。但保留的预选点过多,将增加精匹配阶段的运算量。通常在粗匹配阶段的图像特征相似度比较中选取某一确定的门限值,这样,门限值选取的大小将直接决定候选匹配位置的多少。一般是通过分析图像特征与图像尺寸、灰度分布的关系,或是图像特征对各种畸变的敏感程度而确定的。

(2)以上门限法实现起来难度较大,多数是靠大量实验及经验获取,且仅在特定的情况下可以采用。实际应用中,可以考虑采用 3~5 点筛选法,即直接取粗匹配阶段度量值最优的 3~5 个匹配点作为精匹配基准点。因为对于景像匹配系统,基准图在制备阶段就通过一定的特征参数对其匹配概率进行预测,进而对其可匹配性进行评估,从而决定该图像是否可作为基准图装弹使用。常用基准图选定准则在一定程度上便可保证基准图中的相似块数不超过 3。

(3)粗匹配阶段的特征提取在一定程度上增加了图像预处理的运算量,为了保证算法的快速性,基准图的特征提取可以在匹配前基准图的制备预处理阶段完成,事先以数字信息存入弹上相关处理器。这样虽然增加了一定数据存储量,但换取的效率是可观的。

(4)粗匹配阶段也可直接基于图像的灰度,但使用的数据应是对实时图及基准子图的灰度值进行数据压缩而得到的,典型的方法是隔像素取值且隔像素搜索。而在精匹配阶段,像素值及搜索范围均进行适当扩展。本书在仿真实验部分即以此为例说明该方案的可行性、有效性。

4. 序列图像匹配

序列图像(Sequence Image),又称为动态图像(Dynamic Image),是指一组按时间顺序排列的、在空间或特征上有一定内在联系的瞬时图像集合。记为 $\{f_n(x), n=1,2,\cdots\}$,瞬时图像是指 n 时刻成像系统获取的图像。正是从时域和空域变化的序列图像中,可以检测到物体的运动和结构信息。序列(动态)图像分析的基本任务是从图像序列中检测出运动信息,识别与跟踪运动目标或估计三维运动与结构参数。广义上讲,按照研究问题本质的不同,序列图像主要有以下形式:①时间序列图像(Time Sequence Image, TSI),这是研究最多、应用最广的一类序列图像,主要用于运动估计、精确定位、目标识别;②空间序列图像(Space Sequence Image, SSI),这是由某一瞬时图像生成的在空间位置上有一定联系的序列图像,应用的重点是放在图像的空间坐标关系的几何变换上,主要用于图像配准拼接、镶嵌等领域,如遥感图像分析与校正、医学图像配准等;③特征序列图像(Feature Sequence Image, FSI),这是由众多目标的图像特征组成的图像特征序列知识库,主要应用于图像目标识别与分类、图像检索等领域,如文字识别、人脸识别、车牌照识别和指纹验证等。

有序列图像参与的匹配称为序列图像匹配(Sequence Image Matching, SIM)。若参与匹配的图像序列为 TSI,则又称为动态图像匹配(Dynamic Image Matching, DIM)。常见的序列图像匹配模式如图 6-20 所示。

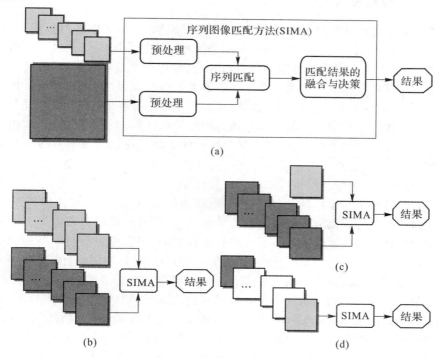

图 6-20　序列图像匹配模式

图 6-20 中深色部分表示基准图,浅色部分表示实时图。图 6-20(a)是一种大基准图、小实时图序列的匹配模式,匹配的目的是为了确定两者的相对位置,下视序列图像匹配制导方法就是这种模式;图 6-20(b)是基准图序列与实时图序列进行匹配的模式,在多源遥感或医学图像的配准中具有重要的应用;图 6-20(c)是实时图与基准图序列进行匹配的模式,一般采用基准图的特征序列,在目标识别、图像检索中具有较多的应用;图 6-20(d)是序列间完成图像匹配的模式,前一时刻图像作为后一时刻图像的基准图,这种序列图像便是一种典型的时空序列图像,即在时间上有联系,在空间上图像内容也有重叠。这种模式在运动目标检测、状态估计及前视景像匹配制导中具有广泛的应用。

第四节 前视成像自动目标识别技术

景像匹配技术发展是从下视景像匹配模式起步的,包括"战斧"BGM109 系列以及其他各国巡航导弹的末制导均是采用下视模式。21 世纪以来的各次局部战争表明,信息化战场对武器系统的作战要求越来越高,巡航导弹的打击目标从固定目标到时敏目标(Time Sensitive/Critical Target,TST/TCT),从高大建筑到低矮库房甚至地下设施,景像匹配与目标联系越来越密切,地面自动目标识别技术成为精确制导武器系统发展中的关键技术。解决复杂背景下图像目标的自动精确识别问题仍是当前研究的热点与难点课题,设计有效的 ATR 算法是各国研究人员不遗余力探索的重要方向。

第三节从总体上论述了景像匹配算法的原理过程,部分内容针对下视景像匹配制导,对于前视景像匹配制导也具有直接参考意义,本节主要介绍前视成像自动目标识别技术。

一、图像目标识别算法概述

前视成像制导系统的工作过程分为目标搜索、目标识别、目标截获和目标跟踪等过程,其核心与关键就是目标识别。目标识别有自动识别和人工识别两种工作方式。自动目标识别(ATR)过程中,通过对飞行器中段导航精度进行控制,并选择合适的相机视场范围,使前视成像装置开始工作时预定目标就在视场之内。参照下视景像匹配算法类型,自动目标识别通常有两种技术途径,一种是基于模板匹配的自动识别,另一种是基于知识检测的自动识别。

基于模板匹配的目标识别方法的工作原理为根据目标区的测绘保障信息,利用坐标变换将目标变为识别点处的前视图像信息,再根据目标区的景物特征制作基准模板并装定到飞行器上,飞行器在末制导段对获取的前视图像进行特征提取,与预先装定的基准模板进行匹配识别,从而实现目标的识别定位。模板可以是图像灰度模板,也可以是图像特征模板,需要依据不同的需求及目标特性进行模板制备,包括多源图像预处理、数据融合、特征检测等内容。

基于知识检测的目标识别方法针对目标特征明显、相对背景有较显著差异且背景相对较为简单的情况而设计。这类算法通常不需要进行模板制备,但需要进行目标特性知识参数等先验知识的学习与提取,如目标形状、大小、结构等不变特征参数,不同的目标需要研究相应的特征检测算法。采用知识的方法目前主要是针对机场跑道、港口、隧道、电厂、桥梁、雷达罩及典型时敏目标等特性目标类型。这种方法需要研究更为高级的目标特征知识检测、挖掘与学习方法,形成对目标几何、灰度、运动等干扰影响不变的知识信息,是最高层次的目标识别方法。

人工识别目标的方法是将前视成像装置拍摄到的目标图像通过中继平台如卫星或高空无人机的图像/指令传输系统传回地面控制中心,通过人工的方法在图像上搜索识别目标,并将目标在图像中的相对坐标通过中继平台传回飞行器,供飞行器导引控制使用,这就是常说的

"人在回路"(Man In Loop，MIL)遥控制导模式。这种模式在无人机等飞行速度较慢的飞行器中具有成功的应用,体现出特有的航迹变更、战场侦察、待机飞行、打击时敏目标的能力。MIL 模式利用人(捕控手)实现场景的识别或典型目标的定位,在某种意义上增加了飞行器的智能化水平,但也带来一些新问题。一方面,飞行器的高速飞行状态对捕控手的操作提出了更高的要求,无论是专业技能,还是心理素质,均需要经过严格训练,如何确保捕控手操作的精确性与快速性是一大难题。另一方面,增加的图像/指令传输系统带来了数据加密、传输及抗干扰问题。此类问题的解决需要特定的技术支撑,本书不作详细探究。当然,可以利用自动目标识别的相关原理成果,如目标与场景的环境特性、目标基准图等信息,预先对操作员进行场景与目标特征的感官训练,提高对飞行环境及目标场景的感知能力。

二、目标基准模板制作

模板匹配目前仍然是大多数飞行器采用的目标识别策略。在基于模板匹配的 ATR 算法中,基准模板的制备是算法研究的关键与难点,模板制备过程必须使基准图满足特征明显、重复模式少、可匹配性高的要求。目标模板图像主要包括目标灰度模板与目标特征模板两种类型,其中,目标特征模板是研究的主流方向。

1. 目标模板制作流程

对于大多数飞行器前视 ATR 制导系统,基准模板制作的基础数据是由情报测绘、侦察与保障部门提供的飞行航区或目标区的各类信息数据,主要有数字高程模型(Digital Elevation Model，DEM)、数字地表模型(Digital Surface Model，DSM)、数字正射影像(Digital Orthophoto Map，DOM)及三维模型等类型。模板制作就是依据这些多源数据,按照一定的要求或准则,经过多源数据融合、目标特性分析、坐标投影变换和可识别性评估等环节,生成可以装入飞行器的数字基准图的过程。基本流程如图 6-21 所示。

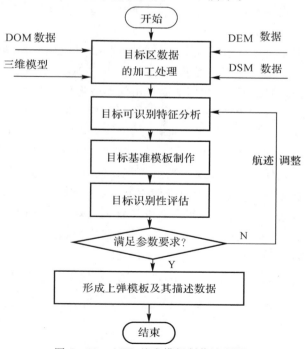

图 6-21　ATR 基准模板制作流程图

图 6-21 中,DOM 表示数字正射影像,是指通过对遥感图像进行微分校正,得到具有较高几何精度和影像特征的图像;三维模型是指目标的三维模型,通常是包含典型目标及其周围场景的三维数据;DEM 是指数字高程模型,主要是用数值阵列来表示地面高程;DSM 表示数字地表模型,是指用数字表达地表物体的表面形态。其他处理内容后面将分别详细论述。根据确定的目标类型,通常采用不同的方法进行模板数据制作。如对低矮或平面目标可采用数字正射影像图通过姿态及透视变换生成目标模板;高大目标则采用立体影像对通过投影三维数据的方法生成目标模板;时敏与移动目标则采用基于灰度图像或几何模型的不变特征参数作为目标识别的基准图(近似于知识基准信息)。

2. 目标可识别性准则

目标可识别性分析需要研究专门的目标可识别性准则,通常包括目标属性分析与场景属性分析两部分。目标属性分析中,要依据基准图数据以及目标识别算法的特点,判断目标是否属于特征显著地物,若为特征显著地物,可以采用直接识别策略;若目标不是特征显著地物,则采取相对定位识别的间接策略。在场景属性分析中,需要对目标重复模式、目标遮挡情况等进行分析。经过上述分析,并结合目标识别算法和飞行器飞行约束条件,形成目标识别飞行进行方向、成像视点空间集合等专用信息。

(1)可识别性分析准则参数体系。参考下视景像匹配模式中匹配区的选取准则参数,在 ATR 目标可识别性准则中,可以考虑采用基于灰度差异、特征分布和相似程度的三层目标可识别性评价准则,采用基于灰度方差、信息熵、边缘质量、边缘密度、相关峰特征和自匹配数的准则参数体系。

(2)目标可识别性验证策略。通过对目标进行可识别性分析,可以充分了解目标与场景的基本特征,利用这些特性,结合飞行器打击目标的飞行弹道(末段的制导模式),需要进一步进行可识别性综合验证。它主要包括目标的匹配性分析、通视性分析、可见性分析和跟踪性分析等验证策略。

1)匹配性分析。对于某一确定模式下的目标区图像,可以用图像的可匹配性评价指标度量在图像上准确匹配目标位置的难易程度,即目标的可识别性。可以从目标局部凸显程度和全局凸显程度两方面加以考虑,综合利用前面提出的参数形成可匹配性分析参数。进一步,还可以直接利用识别算法进行可识别性检验,得到典型目标的匹配精度和自匹配数。这对确定场景下的目标可识别性评价提供了参考。进一步,结合场景视点几何变换模型,综合分析不同方向、高度、距离条件下目标图像的匹配性,相对比较就可得到匹配性好的位置点集。

2)通视性分析。通视性分析也是飞行器航迹规划的基础,对于选择一条安全有效的航迹具有重要意义。通视性分析的主要任务包括两方面,一方面是使飞行器能够躲避给定的观察者,如雷达站、空中预警飞机等,另一方面是分析判断飞行器是否能够不受场景中其他地物遮挡,探测到目标。这里主要针高大建筑物对目标的遮挡影响进行分析。弹道飞行器的攻击通常接近垂直,可以认为不存在遮挡问题。巡航飞行器以平飞为主,在末端为低空飞行,其导引头在最前部,通常按前下视方式安装,需考虑目标周围高楼等高大物体的遮挡影响,相对关系如图 6-22 所示。

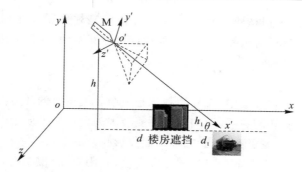

图 6-22　建筑物遮挡示意图

设飞行器与目标距离为 d，前方有高度为 h_1 的高楼遮挡，高楼距目标距离为 d_1（对于机动目标，其方位信息不确定，故 d_1 不是一固定变量）。为了探测并识别目标，消除建筑物或其他高大物体的遮挡影响，飞行器应以某攻角入射，从图 6-22 中各距离的几何关系可得到近似攻击角度模型，应满足下式，即

$$\left.\begin{array}{l}\tan\theta=\dfrac{h_1}{d_1}\\[3mm]h=d\tan\theta\end{array}\right\} \tag{6-29}$$

为提高飞行器的目标探测与识别概率，应尽可能地避免打击目标受到遮挡影响，选择通视性好的飞行航迹方向，目标区域的保障数据需包括附近地形地貌特征，从而为飞行器航迹规划提供有力支撑。

3）可见性分析。可见性分析的主要任务是分析探测器的成像参数与探测距离对目标成像的影响。探测器对目标所在区域进行拍摄，距离过远的话，目标在图像中占很少的像素数，这对提取目标的特征进行匹配识别是非常不利的，因此，需结合探测器参数及导弹距离目标的位置信息，判断是否可进行目标识别。在此以某制冷型红外热像仪为例，给出其视场角、探测距离与像素分辨率的关系。某制冷型红外热像仪有宽视场、窄视场两种选择，宽视场为 $9°12' \times 7°18'$，拍摄近距离场景，窄视场为 $2°18' \times 1°48'$，拍摄远距离场景，其成像分辨率为 320×256。表 6-4 列出了在不同视场和探测距离下的成像区域与像素分辨率。

表 6-4　常用探测器在特定距离下的像素分辨率关系表

视场角	探测距离/km	探测范围	像素分辨率/(m·pixel^{-1})
$9°12' \times 7°18'$	15	1 914 m×2 414 m	7.5
	10	1 276 m×1 609 m	5.0
	5	638 m×805 m	2.5
	3	383 m×483 m	1.5
$2°18' \times 1°48'$	15	471 m×602 m	1.86
	10	314 m×401 m	1.29
	5	157 m×201 m	0.62
	3	94 m×120 m	0.37

4）跟踪性分析。目标探测与识别是打击目标的关键和首要条件，在飞行器导引头完成目标识别定位后，更重要的工作是对目标的捕获与跟踪，这一过程是在实时图序列中自动完成

的。对于目标序列图像,可以认为目标可识别性评价即是评价图像序列中目标的可跟踪性。图像序列可跟踪性评价指标与单帧图像可匹配性评价指标不同,通常采用跟踪可靠度(跟踪概率)和跟踪精度来进行评价。

3. 坐标投影变换

在基于模板匹配的识别方法中,模板的制备是一个至关重要的环节,模板的制备质量与识别算法的识别性能有着密切的关系,识别算法可能会因为模板制备质量的差异,而产生不同的结果。立体目标成像是一个三维空间到二维平面投影映射的非可逆过程。实际飞行条件下对立体目标的识别、不同视点下获取的目标图像存在遮挡、阴影、透视变换,实时图与正射影像生成的基准图之间存在较大差异。因此,在前视目标识别中其模板制备必须考虑成像过程的非可逆情况,充分利用测绘基础数据,预测导弹弹体运动造成的传感器视点变化、对目标特征的变化情况,从而减少模板与实时图之间的差异。利用保障数据进行图像坐标的投影变换需要考虑飞行器成像的位置、姿态,以及传感器的视场角与图像阵列大小,是一个多自由度信息变换问题。下面根据目标特性的不同,给出两种典型的基准图模板制备方案。

(1)基于正射影像的模板制备。对于没有明显高程起伏的地面平坦目标,可以采用正射影像图保障,模板制作主要是对正射影像图进行视点透视变换。视点透视变换是依据飞行器所处的位置、姿态及像机姿态信息(光轴指向),并结合目标区正射影像图坐标,将正射影像图透视变换为当前视点的图像。图6-23所示为某目标区在特定视点的透视变换结果(缩放处理后显示)。得到目标区影像在特定视点的透视变换结果后,可以依据匹配算法的要求,在变换结果中选取特定大小的图像模板作为基准图模板。

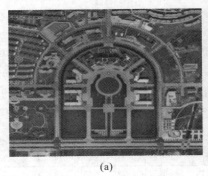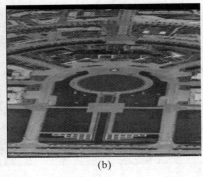

(a)   (b)

图6-23 基于正射影像图的视点变换
(a)某地正射影像;(b)透视变换结果

(2)基于三维模型的模板制备。对于周围高程起伏较大且具有较强立体特性的目标,需要采用三维数据,三维数据可以较为客观地反映目标空间几何特征,如构成目标的几何元素、边缘、立面及轮廓等,同时也能体现出目标所处地理环境中和其他物体的相对空间位置关系,如遮挡、相对距离等情况。因此,可将从目标三维数据及其所处三维场景中提取出的特征矢量,进行有效组织,从而形成二维模板特征。模板图一般都取消了背景信息,只保留主要识别模式的特征信息。图6-24所示为某高大目标基于三维模型的模板制作结果(按比例缩放后显示)。

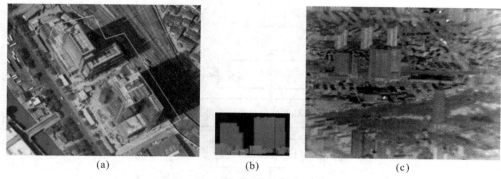

图 6 - 24 基于三维影像的基准模板制作

(a)在正射影像图上勾画的目标；(b) 目标模板图；(c) 实飞红外图像

显然，飞行器 ATR 未制导系统中，实时图序列是在飞向目标的过程中动态地摄像完成的，严格来讲，不同位置拍摄到的目标区图像是不同的，这样就需要制作对应的目标模板图像，因而模板的制作也是一个动态的过程。对于不同的序列实时图，需要制作对应的基准模板序列。

三、前视自动目标识别原理

有了目标的基准图模板数据，目标识别的过程就与前面研究的下视景像匹配算法原理类似，只是过程相反，原理如图 6 - 4 所示，转变为在实时图中找出与基准图模板最相似的位置，进而实现目标在实时图中的精确定位，即完成目标的直接识别。

1. 目标直接识别

利用正射影像制备出的模板图像包含了重要的灰度纹理信息，特别是其中包含了类似于图像边缘、形状等稳定特征。于是，匹配识别算法设计采用第三节给出的 LOG 边缘强度 Proj 算法，图 6 - 25 所示为基于序列模板匹配的自动目标识别算法流程图。

图 6 - 25 中，目标模板预处理及实时图的预处理均是与匹配识别算法密切联系的，若采 LOG 边缘强度，则对应的预处理就是 LOG 边缘强度检测。当然，如果需要改善基准模板与实时图的相似性，预处理通常还包括采用图像滤波、几何校正等方法。动态识别结果融合，即是对多帧识别结果的融合处理，后面将详细说明。

2. 目标相对定位

对于特征不明显或是地下、半地下等可识别性较差的目标，很难实现目标的直接识别，解决的一种思路是可在目标附近选择特征明显、可匹配性高的参考特征点作为识别点，通过相对定位的方法再解算到目标点。其基本原理如图 6 - 26 所示。

相对定位识别算法的难点是参考识别特征点的自动选定，即如何能保证在基准图中选取的参考识别特征点在实时图中的对应位置也具备良好的可匹配性，这需要对目标及周围场景特性进行系统而深入的研究，形成可靠且准确的分析准则。同时，还要解决由参考识别特征点到目标点的相对定位算法问题，实现地理坐标系、弹体坐标系和成像坐标系之间的变换。由于视点位置误差，光轴指向误差、弹体姿态误差等将导致相对定位存在偏差，通常在相对定位后，要在解算位置处进行二次识别。相对定位识别算法的流程对图 6 - 25 略加改进即可得到，即在 Proj 识别定位后，要将定位点解算到真正的目标点。相对定位主要用于较远距离时，目标特征不明显或被遮挡的情况,当飞距目标较近时,可转入直接识别,确保识别精度。

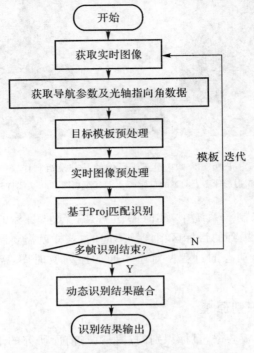

图 6-25　自动目标直接识别算法流程图

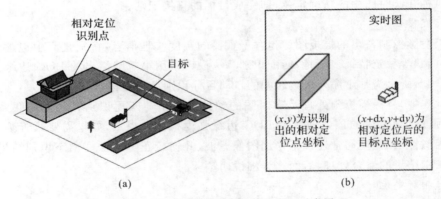

图 6-26　ATR 相对定位算法原理示意图

(a)基准图中识别点的选择;(b) 实时图中目标的相对定位

3.动态结果融合

动态结果融合也就是在单帧识别的基础上,利用动态连续多帧图像的识别结果进行表决,从而提高正确识别概率。由于匹配模式的差异性,前视目标识别与下视景像匹配结果的序列分布有着明显的区别,需要针对性地设计动态结果的融合策略。

对于连续识别的 $n(n$ 为奇数)幅图像的结果,结合导弹飞行航迹、导弹姿态、光轴指向等信息检查这 n 个识别结果中具有一致性的识别结果个数。如果具有一致性的识别结果大于$(n-1)/2$,则认为具有一致性的识别结果是正确的。所谓一致性是指将识别结果反演到大地上,如果多次识别结果对应到大地上的距离小于一定的阈值,则称多帧识别结果具有一致性。一致性的判决通过简单的中值滤波算法就可以实现。基本思路是,利用中值滤波算法求出识别点的中间值,并依此对误匹配点进行剔除,进而对所有匹配结果进行最优估计处理。当距离中值滤波结果超过某一阈值时,可认为是误匹配点,阈值的选择与摄像系统光轴指向的稳定性及获取帧频有较大关系,目前取 10 个像素比较合适。前视序列景像匹配算法结果的动态融合过程与下视匹配算法类似。通过多帧融合处理,一方面可以剔除误匹配点的影响,利用帧间插值处理得到正确匹配结果;另一方面可以预测后续帧图像匹配搜索区域,提高匹配速度、降低识别风险。

四、图像目标跟踪算法

自动目标识别制导通常与惯性制导信息相融合以提高目标识别与跟踪的精确性,典型的成像制导系统完整结构如图 6 - 27 所示。

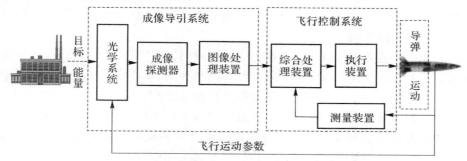

图 6 - 27　典型自动目标识别制导系统结构示意图

图 6 - 27 中,飞行控制系统是专指飞行器不包括成像导引系统的基础控制系统,其中测量装置通常指惯性测量系统,用于敏感导弹的六自由度运动;综合处理装置就是飞控计算机,完成导航参数解算及制导控制指令生成;执行装置通常采用伺服机构,控制舵机运动,实现导弹运动控制。成像导引系统专指用于弹载实时图像采集与信息处理的相关设备,如果用于导弹末段目标成像导引,通常简称成像导引头,其中光学系统主要用于调整成像探测的视场范围;成像探测器接收目标或环境辐射或反射的能量,按照能量强度形成图像;图像处理装置主要完成基准图数据的存储、实时图像的预处理、图像特征检测与匹配分析、目标识别与跟踪、目标运动状态估计、制导信息生成等功能。本书研究关注的重点是图像处理装置中各类信息处理方法原理及相应的关键技术。前面重点介绍了目标检测识别的基本思路与方法,这为后续的目标跟踪提供了重要基础。图像目标跟踪问题可以描述为在场景中估计目标运动轨迹的过程,结合目标跟踪问题的实际应用过程,通常研究基于目标外观描述模型的跟踪和基于目标外观统计模型的跟踪两类基本问题。

1.基于目标外观描述模型的目标跟踪

合适的特征描述在图像目标跟踪中扮演着重要的角色。一般来说,目标描述特征中最重要的特性就是其唯一性,这样有利于在特征空间中把目标从复杂的背景中区分出来。在当前的跟踪算法中,通常采用两种特征描述:全局特征描述和局部特征描述。

(1)全局特征描述。全局视觉表示反映了目标外观的全局统计特性,在跟踪算法中的全局性特征描述主要有原始像素表示、光流表示、直方图表示及主动轮廓表示等。

1)原始像素表示。作为计算机视觉中最基础的特征表示,加之其简单有效,原始像素表示在视觉跟踪领域有着广泛的应用。原始像素表示直接利用图像像素的原始颜色值或者灰度值来表示目标区域,因此这种表示方式在快速目标跟踪中效率很高。在当前的文献中,原始像素表示都是通过以下两种方式来构造:基于向量的表示和基于矩阵的表示。基于向量的表示是将图像区域转化为一个高维列向量,但是又存在小样本问题。基于矩阵的表示则是利用2D或者更高维来作为基本单位描述目标。在实际的目标跟踪中,仅仅利用原始像素信息在应对光照变化时表现很差,因此研究者尝试融合其他视觉信息,比如边缘、纹理来丰富描述子的表达能力。

2)光流表示。光流是独立的估计图像中每个像素的运动,用二维图像来表示物体三维运动的速度场,通常被用来捕捉目标的时空运动信息。目前来说,光流有下面两个分支:恒亮约束(Constant-Brightness-Constraint, CBC)光流和非恒亮约束(Non-Brightness-Constraint, NBC)光流。恒亮约束光流可以捕捉每一个像素位移向量的信息场,但是在图像噪声、光照变化等引起的复杂背景下会失效。而非恒亮约束光流可以很好地处理这类情况,但是不可避免地带来了计算复杂度的提高。

3)直方图表示。直方图可以有效地捕捉目标区域的视觉特征的分布特性,使其成为视觉跟踪中非常流行的描述特征。直方图表示大致有两个分支:单线索和多线索。单线索直方图表示通常通过构造单一视觉线索的直方图来捕捉目标区域的分布信息。例如在HSV特征空间中的彩色直方图表示目标,在RGB彩色直方图中加入权重信息和空间位置信息等,都可以有效地提高跟踪的精度。多线索直方图表示通过融合更多特征信息来提高视觉表示的鲁棒性。多线索直方图通常包括三部分:①空间颜色,通常采用空间颜色特征空间〔比如(x, y, R, G, B)〕和空间划分两种策略来增加直方图的空间位置信息;②空间结构,通常采用空间结构概率来捕捉目标外观的分布信息,例如空间结构直方图;③形状纹理,将目标外观的形状或者纹理信息融入直方图的表示来提高直方图表达的鲁棒性,比如梯度和边缘信息、颜色纹理信息。

4)主动轮廓表示。主动轮廓目标表示常常被应用在非刚性目标的跟踪上。一般来说主动轮廓是一种能量最小的参数化曲线,基于活动轮廓的跟踪方法实质上就是用活动轮廓逼近物体的边缘,外部能量(外力)使活动轮廓向物体边缘运动,内部能量(内力)保持活动轮廓的光滑性和连续性,当能量最小时,活动轮廓收敛到所要跟踪的物体边缘。显然主动轮廓表示采用了符号距离映射来处理物体的边界问题,可以很精确地分割出具有复杂形状的物体。

(2)局部特征描述。基于局部特征的目标表示主要是利用子区域或者兴趣点来描述目标的外观信息,因此这种特征表示可以有效地捕捉目标外观的局部结构信息,有效地应对目标外观的变化。一般来说基于局部特征的目标描述分为以下几类:基于模板子块、基于分割、基于点特征以及基于显著性检测。

1)基于模板子块的视觉表示:用一系列子模板来表示目标区域,在应对目标的遮挡或者形变时具有更好的鲁棒性。经典的模板子块跟踪算法是将目标区域划分为互不覆盖的子模板,然后融合各个子模板的跟踪结果来最后定位目标,可以有效地处理目标的遮挡问题。针对传统模板子块中子模板选择优化问题,研究者用一定数量的自适应结构块来表示目标,可以处理目标姿态变化问题。

2)基于分割的视觉表示:一般将图像的分割线索(例如边界特征、轮廓特征)融入目标跟踪的处理过程中,并且可以取得有效的结果。最常见的分割跟踪就是基于超像素的目标表示,利用超像素对目标进行分割,并通过对超像素进行聚类最后得到每个超像素属于目标的置信值,最后通过贝叶斯估计得到最优的目标区域。这种算法对处理目标的姿态变化有着显著的优点,但是如果背景与目标的颜色相似会对聚类产生影响,从而使跟踪结果产生漂移。

3)基于点特征的表示:利用目标区域内的角点来描述目标的内部结构信息,通过匹配这些点特征来完成目标的跟踪和定位。近些年来一些鲁棒快速的点特征描述,比如 HARRIS,SIFT,SURF,BRIEF,ORB 等被应用在物体的检测与跟踪上,取得了较好的效果。点特征的跟踪精度较高,可以有效地适应目标的姿态变化、形变和部分遮挡问题。

4)基于显著性检测的表示:受注意聚焦理论的启发,通过模拟人类感知机制来捕捉图像中的显著信息。由于显著性信息在区分性和鲁棒性上对目标跟踪有利,所以越来越多的研究者将生物视觉理论应用到视觉跟踪中。这种视觉的表示通过两步来完成的,首先通过提取注意区域,然后通过辨别式的学习方法来选择最具辨识性的注意区域作为目标的表示,最后目标的跟踪问题就转化为连续帧之间显著性区域的匹配问题。显然这种基于显著性检测的表示方法过分地依赖显著性区域的检测,这样就对噪声或者光照的变化比较敏感。

一般来说,全局视觉表示构造简单而且计算量较小,这种表示适合快速的目标跟踪。全局视觉表示具有目标的整体几何约束信息,因此这种表示对整体外观的变化(比如由光照或者超平面的旋转引起的变化)较为敏感。为了应对复杂场景和外观变化,常用的算法就是在外观模型中融入多种类型的视觉信息(比如位置、形状、纹理和几何结构)来增加描述子的鲁棒性。

相比而言,局部视觉表示能够有效地捕捉目标外观的局部结构信息,因此局部特征表示对形变、旋转和部分遮挡引起的整体外观变形具有比较好的鲁棒性。但是由此带来的就是计算复杂度的增加,使得这些算法在快速的目标跟踪中受到了限制。同时基于局部特征的目标描述过度关注目标的局部信息,又缺乏有效的整体约束,使得在跟踪过程中容易产生漂移的现象。

2.基于目标外观统计模型的目标跟踪

对于视觉图像目标跟踪问题,应对目标的外观变化是基础又极具挑战性的工作。一般来讲,外观的变化分为两类,内部因素(姿态变化、形状变形以及旋转)和外部因素(光照、摄像机运动、视角变化以及遮挡)。解决这类方法的有效途径就是通过自适应的学习,不断地更新目标表示,也就是在线学习算法。近些年来,目标跟踪常常被认为是一种先检测后跟踪的问题,其中统计模型在检测中起着关键的支撑作用。根据统计模型构造的机制,在线跟踪算法一般分为两类:基于启发式的在线跟踪算法和基于辨别式的在线跟踪算法。

(1)启发式的跟踪。基于启发式的在线跟踪算法首先搜索候选区域,然后通过比较与参考目标模型的相似度来定位最可能的目标区域。这类跟踪算法通常分为基于模板匹配的方法、基于核的方法、基于子空间的方法和基于稀疏表示的方法四大类。

1)基于模板匹配的方法就是通过将模板图与实时图之间进行配准来完成跟踪,类似于前面介绍的基于景像匹配目标识别的方法,这类方法计算简单、易于实现且运行速度较快,是工程中常用的跟踪算法,难点是如何制备有效的目标基准模板。常用的匹配跟踪有基于互相关的匹配跟踪、基于互信息的匹配跟踪和基于直方图的匹配跟踪等。但是这些算法又存在对目标外观模型的描述过于粗略不够精细,没有很好的模板更新策略容易产生跟踪漂移等缺点。为此,研究的重点是将模板进行结构子块划分,通过融合各个结构子块的跟踪结果,得到最后的定位结果。这类方法可以有效地处理目标的姿态变化问题和遮挡问题。

2)基于核的方法通常都是利用核概率密度估计来构造基于核的视觉表示,并且应用到

Meanshift 算法中完成定位跟踪。研究人员提出了一种基于空间核约束的颜色直方图的视觉表示，在 Meanshift 迭代算法中通过应用 Bhattacharyya 系数作为度量来完成候选目标区域的定位。显然只考虑颜色信息而忽略其他的边缘、形状等信息，会造成跟踪的不鲁棒性。为此，将颜色和边缘信息融合起来，并引入尺度信息和多核描述，是后续基于核方法的研究热点。

3）基于子空间的方法的原理过程是，在视觉目标跟踪中，目标物体通常都关联着一个隐含的由许多基向量组成的子空间。如果令 Tar 表示目标，用 $(a_1, a_2, \cdots, a_n)$ 表示目标所关联子空间的基向量，那么目标 Tar 可以表示为上述基向量的线性组合，记为 $Tar = c_1 a_1 + c_2 a_2 + \cdots + c_n a_n = (a_1, a_2, \cdots, a_n)(c_1, c_2, \cdots, c_n)^T$，其中 $(c_1, c_2, \cdots, c_n)$ 为系数向量。基于子空间的启发式跟踪算法研究的重点就是通过子空间分析的方法有效地获得其隐含的子空间和其关联的基向量，并通过误差项来确定最佳的候选样本，从而完成对目标的准确定位。目前基于 PCA 的方法和基于偏微分分析的方法是研究的热点。

4）基于稀疏表示的方法是建立在目标稀疏表示的理论基础上的，稀疏表示在计算机视觉和模式识别领域受到了极大的关注。由于稀疏表示可以很好地应对噪声和遮挡的干扰，所以基于 L1 约束的算法越来越多地被应用在视觉跟踪领域中。在经典的 L1 跟踪算法中，目标的观测值可以被字典模板库稀疏地表示和在线更新：$y = Az + e = [A \quad I][z \quad e]^T = Bc$，其中 y 表示观测向量，A 表示模板矩阵，z 表示模板系数，e 为误差项。模板系数可以通过 L1 约束的最小值问题来获取，因此目标跟踪就是找到误差冗余项最小的候选目标，但是这种算法的计算量很大。在后续的稀疏改进算法中，通过设置误差界限以及降低维数等方式，可以提升算法的效率；通过结合 PCA 和压缩感知等特征描述，可以有效提高算法的精度。

（2）辨别式的跟踪。基于辨别式的跟踪算法把目标跟踪问题看作一个在图像局部区域内的二值分类问题，这类方法的目标就是利用分类面把目标从背景中分离出来。根据统计学的理论知识，将基于辨别式的跟踪算法分为基于监督学习（Supervised Learning）的跟踪和基于半监督学习（Semi-Supervised Learning）的跟踪。

1）基于监督学习的跟踪是一种特殊到一般的推理过程，即先从标记样本中通过学习得到一些规则，然后再通过规则来测试样本。近些年来越来越多的机器学习算法被应用到监督学习中来进行目标跟踪，比如 Boosting，Support Vector Machines，Naive Bayes，Multiple Instance Learning，Structure 等。

2）基于半监督学习的跟踪本质上是一种从特殊到特殊的统计方法。当训练样本不多，并且测试样本相对较多的时候，利用监督学习训练出来的分类面性能会比较差。而半监督学习就可以充分地研究包括标记样本和未标记样本之间的隐含几何结构，探索所有样本点的相关关系。在半监督学习中，标记的样本被用来最大化前景类和背景类之间的距离，而未标记的样本则用来探索样本之内的几何结构。

基于启发式的跟踪算法关注的重点是如何将样本匹配目标模型，但是在实际跟踪中如何评估目标模型是很困难的。这类算法过度地依据前景信息来增强学习目标表示，但是忽略了有利于跟踪稳定性和精确性的背景信息，因此在跟踪过程中有可能会产生漂移的现象。基于辨别式的跟踪算法把目标看作一个二值分类问题，研究的重点是如何将前景类从背景类中区分出来。但是这类算法的主要缺点是就过分地依赖训练样本的选择，如果训练样本选择不够合适，或者训练样本不具有代表性，其性能会急剧下降。

启发式的跟踪和辨别式的跟踪具有各自的优点和缺点，因此将启发式信息和辨别式信息进行融合的混合式的跟踪模型(Hybrid Generative-Discriminative Appearance Models)是现在研究的一个热点。

3.图像目标跟踪算法发展趋势

在实际中需要具有持续性能和鲁棒性能的跟踪系统,视觉运动目标跟踪未来的发展趋势主要体现在以下几方面。

(1)跟踪鲁棒性和跟踪精度的平衡。当前的目标跟踪算法无法保证对目标持续鲁棒和精确的跟踪。为了提高跟踪精度,更多的视觉特征和几何约束被整合到目标外观模型中,只能实现对特定条件、特定场景的精确跟踪,但是这种视觉特征和几何约束在其他外部变化条件下的适应性就很差。为了提高跟踪的鲁棒性,有必要对一些约束条件进行松弛,所以对于跟踪鲁棒性和跟踪精度的平衡,是未来目标跟踪领域的研究热点。

(2)简单视觉特征和鲁棒视觉特征的平衡。构造既简单又具有鲁棒性的视觉描述特征是计算机视觉领域中一项基础且十分重要的研究课题。一般来说,简单视觉特征具有较小的维数,具有较高的计算效率,但是其辨别性较差。为了提高描述能力和辨别性,鲁棒视觉特征通常具有较高的维数,但是计算量庞大且参数较多。因此,如何保持目标描述模型的简单化和鲁棒性对于视觉目标跟踪意义重大。

(3)2D信息和3D信息的融合。目前大部分的目标跟踪技术都是构造2D条件下的目标外观模型。真实3D图像到2D图像转换的过程中,会有信息的损失,因此2D外观模型不能精确地估计目标的姿态变化,导致了跟踪算法对于遮挡和视角的变化比较敏感。但是,3D外观模型为了准确地估计目标的姿态,需要在空间中进行大量的参数搜索,时间复杂度较高。因此,如何将2D外观模型和3D外观模型优势进行整合就成为了机器视觉领域的研究热点。

(4)智能视觉模型。受到生物视觉的启发,学者们提出了越来越多的高层显著性区域特征来捕获输入图像的显著性语境信息。这些显著性区域特征在跟踪的过程中相对稳定,但是高度依赖显著性区域的检测结果。实际上,显著性区域的检测受噪声和光照变化的影响较大,置信度较低的显著性检测结果会引起特征的误匹配,从而导致跟踪失败。因此,十分有必要研究一种智能视觉模型,可以像人类视觉系统一样在图像序列中鲁棒地跟踪这些显著性区域特征。

(5)图像融合跟踪。多种类型的传感器获取场景的信息量远远大于单一传感器。目前的跟踪技术大多数都是基于单传感器拍摄的图像序列。实际上,单一传感器获取的图像受天气、环境等因素的影响较大,往往给目标跟踪带来了更多的挑战和困难。如果能通过信息融合方法将多传感器获取的信息进行综合,可以增加计算机对场景的理解能力,提高跟踪的精度和鲁棒性,并且可以拓展图像目标跟踪的应用范围和场合。

专 题 小 结

本专题重点论述了景像匹配制导的相关基础问题,详细介绍了基准图制备技术与景像匹配算法两大部分,包括景像匹配区选定准则、基准图灰度校正、基准图几何校正、景像匹配算法概况、常用的景像匹配特征、相似性度量方法、匹配算法的控制策略和前视自动目标识别技术等主要内容。为了增强匹配算法可靠性、扩展景像匹配功能,后续应针对飞行器应用实际,加强景像匹配算法的融合设计,以下几方面有必要深入研究。

(1)加强对地面复杂背景条件下图像自动目标识别技术的研究。它主要包括目标特性分析、基准模板制作、稳定特征提取、鲁棒匹配方法等方面。

（2）研究采用 SAR 图像、激光雷达图像等类型图像的制导系统的匹配算法设计。参考下视景像匹配及 ATR 的思路，对目标特性分析、基准模板制作、特征或知识匹配算法设计等方面进行重点研究。

（3）研究飞行器前视视觉导航的理论与方法。本专题研究的前视景像匹配技术仅适用于飞行器在目标区完成目标的探测识别与制导，类比人类视觉导航的原理，完全可以将前视景像匹配相关技术应用于飞行过程中的导航与制导，这需要建立新的飞行与探测模型，特别是已经拓展到多飞行器的协同探测与制导领域，近年来这些均已成为飞行器智能导航的研究热点。

（4）研究基于深度学习的智能目标识别与跟踪算法。通过基于目标特性分析与仿真建模、目标多源情报保障，制作典型目标的有效数据集，设计构建敏感目标鲁棒识别的网络结构，训练得到目标智能识别算法，全面提高飞行器的目标检测、识别与跟踪能力，促进智能导弹武器系统的研制。

思 考 习 题

1. 简述景像匹配制导的基本原理。
2. 简述景像匹配制导的主要类型及特点。
3. 简述景像匹配制导系统的关键技术。
4. 简述景像匹配制导技术的发展趋势。
5. 简述下视景像匹配基准图制备的基本过程。
6. 简述景像匹配区选取的依据及方法。
7. 总结分析基准图的主要误差因素及处理方法。
8. 简述图像灰度校正的主要目的和常用方法。
9. 简述图像几何校正的主要目的和常用方法。
10. 简述景像匹配算法的主要类型及特点。
11. 画图分析景像匹配算法的原理过程。
12. 简述常用的景像匹配边缘特征。
13. 总结分析景像匹配的相似性度量方法。
14. 写出 MAD 算法与 NProd 算法的原理公式，并进行应用说明。
15. 总结分析常用景像匹配算法的控制策略有哪些。
16. 简述图像自动目标识别算法的基本原理与主要类型。
17. 简述目标情报保障数据的主要类型。
18. 简述 ATR 算法目标模板制备的主要流程。
19. 简述基于序列模板匹配的自动目标识别算法原理过程。
20. 简述图像跟踪算法的主要类型。
21. 简述启发式图像跟踪算法的基本原理。
22. 简述辨别式图像跟踪算法的基本原理。
23. 简述图像跟踪算法的发展趋势。
24. 简述前视自动目标识别算法的发展趋势。

第七专题　光电与雷达探测制导技术

教 学 方 案

1. 教学目的

(1)熟悉目标探测技术的主要类型；

(2)掌握红外制导的主要类型与基本原理；

(3)掌握微波雷达制导的主要类型与基本原理；

(4)掌握常用制导律的主要类型与基本原理；

(5)了解光电与雷达制导的发展趋势；

(6)了解目标防护与精导对抗的主要内容与基本方法。

2. 教学内容

(1)目标探测技术；

(2)光电制导技术；

(3)雷达制导技术；

(4)制导律设计。

3. 教学重点

(1)目标探测技术类型；

(2)红外寻的末制导原理；

(3)雷达寻的末制导原理；

(4)寻的制导律原理。

4. 教学方法

专题理论授课、多媒体教学、原理演示验证与主题研讨交流。

5. 学习方法

理论学习、实物对照、仿真实验分析与动手实践操作。

6. 学时要求

4~8学时。

引　　言

光电与雷达探测制导主要是利用目标自身或反射的电磁波属性进行目标检测、定位、识别与跟踪,结合导弹飞行约束条件,形成制导指令,导引和控制导弹攻击目标的过程。这类制导方式在传统的各类战术导弹武器中具有广泛而成功的应用〔见图 7-1，法国制造的"飞鱼"(Exocet)导弹在英阿马岛海战中一战成名，主要装备在直升机、海上巡逻机和攻击机上，用以攻击各种类型的水面舰船，弹长 4.7 m，弹径 0.35 m，射程 50~70 km，通过技术改进，也可从陆地、舰上和水下不同地点发射，核心制导方式为主动雷达寻的制导。美国研制的"海尔法"(Hellfire)反坦克导弹成为陆战之王坦克的克星，20 世纪 80 年代中期研制成功，弹长 1.8 m，弹径 0.18 m，最大射程 7 km，是半主动激光制导最典型的应用案例之一。美国的"爱国者"(Patriot)防空反导导弹在海湾战争中将导弹防御作战拉开序幕，通过优化改进，在伊拉克战争进一步成功地进行了全方位的实战化展示。最新型号 PAC-3(Patriot Advance Capability)，弹长 5.2 m，弹径 0.255 m，射高超过 20 km，攻击飞机目标射程超过 200 km，攻击导弹目标射程可达 50 km，采用无线电指令＋半主动雷达寻的制导相融合的 TVM(Transfer Via Missile)制导方式。美国的"标准"(Standard)防空反导导弹是其海基反导平台宙斯盾系统的主战兵器，由雷神公司制造，弹长 6.55 m，弹径 0.34 m，射高超过 160 km，射程超过 500 km，具有四级火箭发动机的"标准 3"，第三级将导弹推出大气层，GPS 中继制导将导弹引向发射时就装定的预估拦截位置，第四级是弹头级，这是所谓 LEAP(意为"轻型外大气层弹头")，在红外寻的制导下用姿态控制火箭精细修正，直接撞击摧毁目标〕，是当今世界各国主战武器装备优先发展采用的关键技术，以此发展的精确制导武器也成为最近几次局部战争的主战兵器，直接决定了战争的进程态势与胜负格局。

图 7-1　几种代表性探测制导导弹

(a)"飞鱼"反舰导弹；(b)"海尔法"反坦克导弹；(c)"爱国者"防空反导导弹；(d)"标准"防空反导导弹

本专题将重点介绍目标信号获取的主要方式,光电制导的主要类型及对抗方法,雷达制导的主要类型及对抗方法,经典的遥控制导律、寻的制导律及一些新型制导律,在各类制导方式与方法的论述过程中对应分析了其发展趋势。

第一节　目标探测技术

探测制导方式通常与目标直接联系,广泛应用于各种战术导弹武器系统的末制导中,因而经常称为精确寻的末制导技术。随着传感器技术、计算机技术的发展,光电与微波雷达制导技术在地地导弹武器系统中也呈现出诱人的应用前景,成为提高武器系统精度及智能化水平的重要途径。目标信号获取是探测制导的基础。人类认识事物、改造世界的的过程本质上是完成各类信号的获取、处理、分析及决策应用。信号的有效获取与处理运用改变着人类思维,推动着社会进步。本节将介绍目标与信号的基本概念、常用的目标探测模式,结合导弹末制导应用,介绍导引头系统的基本结构组成,最后简要说明为了对抗目标被探测,目标防护所采用的一些常用手段。

一、目标与目标信号

军事目标是自有战争以来一直客观存在的,并随着战争的发展而不断扩大其内涵和外延。目标的内涵包括三个基本要素,就是人、物、地。人,包括军队、人口;物,包括武器装备、设备、设施;地,是指地点、地域、地区。三者都是客体,是对象。其中人和物,既是客体又是主体,既是被打击对象,又是打击的手段。因此,所谓目标,就是军事力量打击、攻击或控制的对象。

目标具有以下特性。

(1)构成要素具有稳定性。目标构成要素的稳定性,是指任何单个目标内部构成的基本要素,不会因时代或国家的不同而发生根本性的变化。

(2)价值具有时效性。目标价值具有时效性,是指目标在目标体系或者系统中的权重不是一个恒定值,而是随着作战进程而动态变化。

(3)防护具有隐密性。目标防护的隐密性,表现为体积越来越小、防护措施越来越强、物理特征越来越不明显等多个方面。

(4)功能具有可替代性和可恢复性。目标功能,是指在目标系统或目标体系中所能发挥的作用。目标功能的可替代性,是指在该目标被摧毁以后,可以通过调整其他相同功能目标的使用计划,弥补被毁目标的功能缺失,从而保证整个目标系统能够正常运转。目标功能的可恢复性,是指在目标功能没有彻底丧失的情况下,可以通过应急抢修措施,在较短时间内恢复其基本使用功能。

(5)外在表象具有多样性。目标的表象,是指目力观察或者利用传感器可以探测到的目标信息特征,如目标的外形、幅员、反射率和辐射传播能力等。

军事作战目标是一个庞大而又复杂的体系。这个体系包括各种类型的目标,范围广、数量大,就任何一个对象国而言,目标数量都在千个以上。如果这些目标被摧毁,将严重削弱一个国家的军事力量和战争潜力,对战争的进程和结局产生重大影响。但是,对如此众多的目标,战时不可能也不必要都进行打击,必须有所侧重。这就要对敌性国家的目标进行分类,以供国家最高指挥当局在使用军事力量时选择打击目标。

目标分类是以目标的本质属性或显著特征为依据所作的划分。分类目的是为了便于平时对目标进行分析研究和战时对目标进行选择和确定打击方法。其基本原则是有利于在战时根据不同的作战意图选择不同的打击目标,并有充分的选择余地。

目标分类有多种方法,可以从性质、几何特征、结构强度、状态和地理分布等几方面进行分类。

(1)按在战争中的功能与作用分类,目标可以分为战略目标和战役战术目标。战略目标是指对战争全局有影响的目标,主要包括战略导弹基地、海军基地、空军基地、军政首脑机构、交通枢纽、桥梁和港口等;战役战术目标是指与军队的战斗行动等有直接关系,并对战争局部产生直接影响的目标,如野战工事、部队集结地域、防空导弹阵地和火炮等。

(2)按性质分类,目标可以分为政治目标、军事目标、工业目标、交通目标、城市及公用设施目标。政治目标是指对国家或地区的政治活动、国家行为、社会活动能够产生重大影响的设施;军事目标是指军队作战行动所打击、夺取或包围的对象,包括有生力量、武器装备、军事设施以及对作战进程和结局有重要影响的其他目标;工业目标是指对支援或削弱战争潜力及战后恢复有较大影响的重要工业设施,一般分为军事工业目标和基础工业目标;交通目标是指各种运输方式中的关键部位和设施,由交通运输工具、运输线、停驻装卸线及保障设施组成;城市及公用设施目标是指政治经济中心、工业交通基地以及与其配套的设施,如首都、政治经济工业中心等。

(3)按几何特征分类,目标可分为点目标或小幅员目标、面目标和线目标。点目标是指外形尺寸较小的目标,包括导弹、火炮阵地、雷达站和指挥所等;面目标是指幅员较大的二维目标,包括政治中心目标、机场目标、港口目标和工厂目标等;线目标通常指呈线状分布的目标,如机场跑道、桥梁和管线等。

(4)按结构强度分类,目标可分为软目标及硬目标。软目标通常是指暴露于地面、抗力较低、幅员较大、易于摧毁的目标,如政治中心目标、工业目标和重兵集结地等;硬目标通常是指比较坚固、隐蔽于地下、承受一定冲击波超压而不毁伤的目标,如地下指挥所、导弹发射井和飞机洞库等。

(5)按状态分类,目标可分为固定目标和活动目标。固定目标是指目标位置固定或遭受袭击时不能迅速机动的目标,如军事基地、工业企业和交通枢纽等;活动目标是指具有一定的机动能力、其位置随时间变动的目标,如机动发射的导弹、舰艇编队和重兵集团等。

(6)按地理分布分类,目标可分为单个目标、目标群和目标区。单个目标是指具有单一职能的单个的地理位置相对独立的目标,目标系统中的最小单位,是打击对象的基本实体;目标群又称为集群目标,指在一定范围内,由两个以上单个目标组成的目标群体;目标区是指含有若干个重要目标群及其他单个目标的地区,一个国家目标相对集中和战略地位比较重要的地区。

目标信号是一类特殊的信号,主要是指通过探测手段得到的由目标直接反馈(辐射或反射)而来的信息,比如雷达探测到的目标状态信息、可见光成像设备拍摄到的目标图像信息、红外设备探测到的目标红外信息等。目标信号可以通过一个函数来描述。如果这个函数只依赖于一个变量,那么该目标信息为一维信号。比如,雷达信号就是一个随时间变化的一维目标信号。如果该函数依赖于两个或者多个变量,则称该信号为多维信号。图像信号就是一个二维信号,它是水平和垂直两个方向坐标的函数。显然目标信号不仅与目标属性有密切关系,还与探测手段密切联系,本书研究目标信号获取与处理,首先希望读者学习建立通用信号处理的一般理论与方法,然后结合具体目标探测与制导需求,有针对性地进行典型目标信号的处理与分析。

二、常用目标探测模式

光电与雷达探测制导主要是利用目标自身辐射或反射的电磁波特性。在自然界中,各类目标、场景辐射(或反射)的电磁波谱非常广泛,从高能辐射、X 射线、紫外线、可见光、红外到微波及无线电波,所覆盖的电磁波谱达 15 个量级($10^{-12} \sim 10^3$ m),如图 7-2 所示。

本节以制导武器控制系统传感器部分应用为背景,将重点介绍代表性的目标信号探测手段,包括光学探测、红外探测、雷达探测三类方式的基本原理、特点及应用情况。最后还将结合水下精确制导武器的应用实际,简要介绍声呐探测的基本情况。

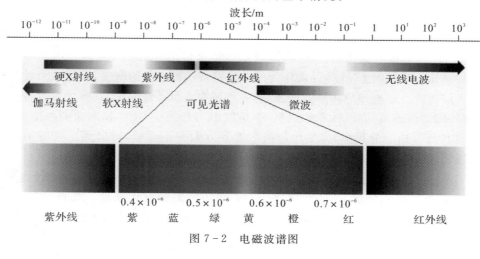

图 7-2　电磁波谱图

(一)光学探测

广义上讲,光电探测是指把光信号转换为电信号的过程,这种方式多是以被动形式工作的,也称为被动探测方式。根据探测器对辐射响应方式的不同或者说器件工作机理的不同,光电探测器通常分为两大类:一类是光子探测器(习惯上称为光学探测);另一类是热探测器(即红外探测)。在军事目标探测中,光子探测通常又包含可见光探测与微光夜视探测。

1. 可见光探测技术

早期,牛顿当时观察到的光谱仅仅是整个电磁波谱范围内的一小部分,称为可见光谱。这里所说的可见光,一般指人眼的视感范围,即波长在 380 ~ 700 nm 内的光谱。任何光学仪器都存在自身工作波段的限制,在各类目标探测光学仪器的发展过程中,可见光一直以来都被认为是最重要的谱段。这其中的原因主要可以归纳为三点。

(1)可见光谱段的辐射能量高。太阳辐射能主要集中在 0.3 ~ 3.0 μm 的波长范围内,而其中 0.40 ~ 0.76 μm 的可见光区域的能量就达到上述范围内总能量的 45.5%,对于光学仪器来说这一点尤为重要,因为高能量意味着更高的信噪比、更优良的成像(探测)质量。

(2)地面观测时的大气窗口因素。目前人类对空间目标的探测主要依赖地面设备,这就不可避免地会受到大气的影响。大气对电磁波的选择性吸收使得各个谱段间的衰减程度互不相同,称那些受大气衰减效应影响程度低(透射率高)的谱段范围为大气窗口,以可见光-近红外窗口(0.40~1.10 μm)为例,这部分光谱基本上属于地面物体的反射光谱,无论是地面观测还是空间相机对地观测,观测系统所获得的能量绝大多数都来自于这个窗口,其中可见光辐射的能量将达到总反射光谱能量的60%以上。

(3)可见光探测器技术成熟。在各类现有的探测器技术中,可见光探测器具有诸多先天优势,使其发展得尤为迅速。首先,由于大多数光电探测器都属于以半导体硅片为基底的集成电路,因为材料特性的原因,其光电转换效率(光谱响应度)在可见光谱段是最高的;其次,近年来在民用需求的带动下,可见光探测器从原理和工艺等多方面不断得到改善和提高,其产品成本、寿命、可靠性等方面与其他谱段的探测器相比具有较强的优势。随着近年来国外对探测器技术的不断开放,诸多高性能的型号产品逐渐能够通过跨国采购的方式获得。

一直以来,可见光探测都是目标探测领域的研究重点,近年来更是随着可见光探测器件加工制造技术的迅速发展而引起研究人员的更多关注,大量的成像探测、光谱探测技术应运而生。CMOS(Compensator Metal-Oxide-Semiconductor,互补金属氧化物半导体)的原理思想来自于1963年Morrison提出的一种可计算传感器,该传感器是一种可以利用光导效应测定光斑位置的结构。早期的CMOS并未作为图像传感器进行专门的研发,而是作为计算机系统内的固态存储器件。随着半导体产业的发展,一些研究人员注意到CMOS的自身特点可以克服传统CCD图像传感器功耗、体积的缺陷,于是提出用其替代CCD探测器的想法,但早期的CMOS图像传感器由于分辨率、信噪比和灵敏度等方面并不理想,所以其主要应用集中于一些民用低端领域(数码相机、摄像头等)。

1983年德州仪器首先报道了面阵尺寸为1 024×1 024的虚相CCD(Charge-Coupled Device,电荷耦合器件),宣告CCD探测器作为图像传感器的时代来临。在科学实验用CCD的研制和发展方面美国依然保持领先的地位,如麻省理工学院的林肯实验室、宇航局喷气推进研究室、罗姆空间发展中心和SRI David Sarnoff研究中心在CCD的应用及技术等方面的研究具备较为雄厚的实力。在CCD产业方面美国拥有无线电、通用电气、仙童等多家大型企业,其产品主要针对国防、航空和航天等敏感领域,大多数受到美国政府的严格管制。

CCD和CMOS相对比,首先,CCD作为专门的图像传感器拥有40年的发展历史,其最大的优势在于光电灵敏度、信噪比和动态范围很高,在对图像质量要求较高的军事、航空、航天等领域依然处于不可替代的位置;其次,CCD拥有多年的大规模生产经验,而CMOS还处于大规模制造阶段的初期。从原理上来说CMOS具备很多独特的优势:首先,CMOS不像CCD那样将光电转换后的电荷进行电压转换,而是直接通过感光单元周围的高集成处理单元进行接收,这意味着更低的能耗和更快的处理速度;其次,可以通过随机窗口(开窗)的方式提高帧频和动态范围,适用于对高速、低照度目标的捕获;再次,每个探测单元之间是相互独立的,被破坏后临近单元不受影响,所以具有较高的抗辐射能力;最后,CMOS能够达到单位面积上更高的空间分辨率。可见这两种器件都有各自的优缺点,所以需要根据器件的自身特点并结合具体应用需要进行选择。

按照成熟的光谱成像模式分类,可见光探测主要有以下几种模式。

(1)全色成像技术。全色成像技术是指在观测设备的设定工作谱段内进行全色光成像,仪器内部无分光元件,多采用推扫(线阵探测器)和凝视(面阵探测器)这两种方式对目标成像,光谱范围适中。其缺点是只能获取目标的几何图像信息,通常显示为灰度图片,无法显示地物色彩,光谱信息少。但由于发展历史悠久,各方面技术较为成熟,所以其应用范围最广,涉及民用相机、军事航拍相机和大口径天文望远镜等多方面。

(2)高光谱成像技术。高光谱成像技术是指由很多通道组成的图像,具体有多少个通道,需要看传感器的波长分辨率,每个通道捕捉指定波长的光。高光谱成像仪器多采用面阵探测器,它通过分光元件或干涉仪可以将成像光束分为上百个光谱通道(甚至上千个),光谱分辨率一般可以达到几十纳米到几纳米(色散型),对于干涉型的波数分辨率可以达到 10^{-2} 个波数,而每一个波段对应于一个通道,主要用于目标的精细光谱特征探测。对应特定的地物或目标材质,采用高光谱探测可得到"光谱特征曲线"。高光谱多通道探测涵盖普通相机和光谱仪这两大范畴,而其中光谱成像技术作为独立的学科经过多年已自成体系,技术方面的描述可参照相关的专著。

(3)多光谱成像技术。这种技术可以看作是高光谱成像的一种具体情况,即成像的波段数量相比高光谱较少,一般只有几个或十几个。通常是指在成像光谱段内选择最能反应敏感目标的辐射特性处,通过分光器件将成像光束分为几个或几十个通道,光谱分辨率要求较低,多采用线阵探测器和推扫方式进行成像。由于在实现高空间分辨率的同时可以获取目标的宏观光谱标识,该技术在目标探测领域多用于地面目标形态、特性识别、环境资源监测和地图测绘等方面。

2.微光夜视技术

很显然,在夜间或低照度条件下,传统的可见光探测方式很难响应监测对象发生的变化,类似于人眼在夜间观察受限。为了扩展人眼的视觉感知范围,经过人类的不懈探索,发展了微光夜视技术和红外热成像技术。

微光夜视技术主要研究在微弱光照条件下,光-电子图像信息转换、增强、处理、显示等物理过程及其实现方法,它是近代光电子技术领域研究的重要分支内容。研究表明,人眼生物学感知能力只在有限的光谱 $0.38\sim0.76~\mu m$,有限的照度 $10\sim103$ lx 和有限的时间 $0.1\sim0.2$ s 范围内响应,利用微光夜视技术可将人眼不能或不易看见的 X 光、紫外光、极微弱星光、红外辐射或高动态瞬间变化的景物图像,通过各类微光像增强器和微光 CCD 成像器件进行光谱和光电转换、图像增强、变换处理、清晰显示而逼真再现或记录下来,变成人眼可观测的可见光图像,从而弥补人眼在空间、时间、能量、光谱、对比度和分辨率等方面的局限性,扩展人眼的视觉功能。

微光夜视系统依据其不同的工作原理,可实现的主要功能包括以下四方面。

(1)微光图像增强功能。微光像增强器使微弱光或夜天光(夜间自然光的统称)在目标景物上产生的极低照度($10^{-4}\sim10^{-1}$ lx),通过光阴极光子转换、极间高压电子能量增强、微通道板电子倍增和荧光屏电光转换等技术途径,使亮度增强 $10^4\sim10^5$ 倍,有效提高了人眼的微光视觉信噪比,实现对微弱光或夜天光条件下的景物目标观察感知。

(2)光谱转换成像功能。通过具有不同光谱响应光阴极的像增强器,可以将人眼看不见的高能辐射线、X 射线、紫外线、可见光、近红外等电磁辐射,通过光电转换变成光电子,再经过与上述类似的电子聚焦、倍增和显示过程,给出可供人眼观测的图像,完成光电子光谱转换成像功能。

(3)光电子高速摄影功能。对于有些探测场合,目标亮度随时间变化异常迅速,包括目标的高速物理运动带来的光照对比变化非常大。例如,爆炸过程中的若干物理现象、炮弹飞行过程的姿态、生物与化学的瞬态反应、人类动作的快速变化等,均是以瞬态光学图像形式存在,很难用普通相机或摄像机摄下来。利用变像管和像增强器,就可将这些高速瞬态变化的图像转换成光电子图像,使其在受控的电场、磁场作用下聚焦、偏转和扫描,实现记录和显示。

(4)光电子遥感、遥测与遥控功能。利用光电子成像技术中的微光相机摄取、处理、发射、接受、显示和检测功能,能完成远距离目标的快速检测、精确定位、自动识别、鲁棒跟踪与智能制导,可为机载和卫星夜间电视侦察系统、光学制导武器、机器人视觉、智能无人系统和自动化的生产线系统提供关键的技术支撑。

总体而言,利用微光夜视技术研制的各类微光探测设备、仪器及系统广泛应用于军事、公安、天文、航天、航海、生物、医学、物理、卫星监测和高速摄影等众多领域,特别是在军事领域的夜间作战、侦察、指挥、火控、炮瞄、制导、预警及光电对抗等方面发挥了巨大作用,体现出广阔的应用前景。

微光夜视技术起步于 20 世纪 30 年代末,在社会发展需求特别是军事应用需求的推动下得到了飞速发展,以其核心器件微光像增强器的探测器、电子光学系统、电子倍增器等新原理、新技术、新材料的应用为主要标志,不断更新换代,从近红外扩展到中红外、远红外,发展历程与红外探测类似,后续同步进行介绍。

(二)红外探测

红外热成像技术利用了"黑体辐射"的物理学原理:只要物体的温度高于绝对零度,就会不停地向四周辐射光线,辐射的光线波长与物体的温度相关。红外(infrared)探测技术的发展正是基于这一物理学机理。红外探测技术已经有近 60 年的历史,红外成像探测技术也已经走过了 40 多年的发展历程,先后经过了越南战争、冷战军备竞赛、新军事革命等不同历史因素的促进,并经受了实战的考验,红外成像探测系统的体制、理论、方法、技术和应用都已得到很大的发展。由于红外成像探测技术的进步,其在各种不同应用领域的性能也显著提高。

1.红外探测系统发展历程

(1)初级阶段(20 世纪 40—80 年代初,约 40 年)。从 20 世纪 40 年代出现的基于调幅调制盘和硫化铅短波红外探测器的第一代红外探测系统算起,到 60—80 年代发展的基于调频调制盘、圆锥扫描调制盘、单元制冷锑化铟探测器、十字叉多元探测器、玫瑰扫描跟踪器的红外探测系统,以及基于单元或多元长波探测器的初期的红外成像跟踪器,可算作红外探测系统发展的初级阶段。

在这个阶段,飞机得到发明并大规模应用于世界性战争,对飞机实现远距探测、告警和拦截的急迫需求,极大地刺激和推动了红外探测系统、红外探测理论和基础技术的高速发展,使红外探测系统得以在实战中用于空空导弹和便携式低空导弹等防空导弹,并在多次战争中发挥了重要的作用。这一时期,红外探测体制由最初的调幅调制盘、调频调制盘、圆锥扫描调制盘体制,发展为十字叉多元探测器、玫瑰扫描跟踪器的脉冲调制体制;工作波段由短波红外扩展到中波红外、长波红外波段;单元和多元的硫化铅、锑化铟和碲镉汞红外探测器技术和信号处理理论都得到极大发展。这一时期主流红外探测系统的主要特征是点源探测、单波段探测和一维信号空间处理(时域一维检测)。

(2)中级阶段前半期(20 世纪 80 年代—21 世纪初,约 20 年)。从 20 世纪 80 年代,基于长波碲镉汞线列探测器(64 元、120 元、180 元)的第一代前视红外探测系统的出现起,到基于 TDI 型二维探测器焦平面阵列与二维中等规格红外探测器焦平面阵列的第二代红外成像探测系统列装并普遍装备,以及基于非制冷二维红外探测器焦平面阵列的低成本非制冷红外探测系统装备,可算作红外探测系统发展中级阶段的前半期。

在这个阶段,与红外成像探测相关的基础技术不断取得重大突破,冷战期间苏联和北约大量装备坦克、装甲战车、高速喷气飞机、武装直升机、中远程弹道导弹、掠海反舰导弹、军用卫星并大规模将其应用于冷战军备竞争,使得红外探测技术得以继续保持高速发展,并广泛应用于天基弹道导弹预警、机载舰载红外搜索跟踪、机载导弹发射预警、机载星载对地监视侦察、反导反卫动能拦截弹、空空导弹、空地导弹、反舰导弹和反装甲导弹精确制导等领域。

这一时期,红外成像探测技术的主流发展方向是单色、双色红外凝视成像探测体制,同时发展了基于滤光片轮、共孔径分裂片/反射镜、分离孔径多传感器的多光谱成像系统。

(3)中高级阶段(21世纪至今,约20年)。从21世纪初开始,单波段大规格、小像素红外焦平面阵列、大规格双色/多色红外焦平面阵列、灵巧红外焦平面阵列开始得到迅速发展,基于大规格红外焦平面阵列、双色/多色中规格红外焦平面阵列的第三代红外成像探测系统开始列装,到目前开始探索新概念、新体制红外成像系统未来形成装备的时期,可算作红外成像探测系统发展的中级阶段的后半期,也是目前正在经历的发展阶段。

这一时期,红外凝视成像探测体制正在进一步演化成双色、多色红外凝视成像探测体制;偏振红外探测、新体制大视场高分辨率红外成像探测体制、主动式激光雷达三维成像体制、激光主动成像/红外被动成像多维复合成像体制和协同探测/分布式/网络化红外成像探测体制,也将开始成为发展热点,将部署具有更高能力、更高分辨率、多光谱能力和数据融合信息处理的战略卫星传感器;承载平台将由天基扩展到临近空间等平台;与红外成像探测相关的红外焦平面阵列和数字处理等基础技术已取得很大成就,现有成熟的碲镉汞、锑化铟等焦平面技术的探测率等性能参数已非常接近于物理极限,第三代红外双色焦平面阵列将逐渐成熟,并孕育着Ⅱ型超晶格红外焦平面阵列、量子阱量子点红外焦平面阵列、高性能大规格非制冷或小制冷量红外焦平面阵列、单光子和光子计数探测器及阵列、数字化焦平面阵列、自适应多波段红外焦平面阵列、灵巧红外焦平面阵列等新的重大突破,从而为红外成像技术的进一步发展提供新的空间。该阶段主流红外成像探测系统装备的主要特征将是双波段/多波段红外凝视探测和多维信号空间处理。

(4)高级阶段(未来发展)。在红外成像探测技术发展和体制多样化的表象后面,隐藏着贯穿其发展脉络的几条重要线索:扩大成像覆盖范围,以在更短的时间内覆盖更大空域、地域;提高温度分辨率(探测灵敏度),以探测更远、更弱的目标;提高时间分辨率,以适应探测高速、瞬变目标的需求;提高空间分辨率,以获得更高的空间分辨能力和定位精度;提高光谱分辨率,以获得更高的识别复杂周边环境中目标的能力。

未来的红外成像探测技术将突破现有思路的束缚,由目前集中式的信息获取、基于设备的探测模式、单频段单偏振方向的系统构成、基于统计的检测方法,向分布式信息获取、基于体系的探测模式、多频段多偏振方向的系统构成、自适应及智能化的工作模式、环境知识辅助的检测方法等方向拓展。同时,利用天基和临近空间等平台的红外成像探测技术,将得到更加广泛的重视。这些努力将最终演化出实现更高性能红外信息获取的全新一代的红外成像探测体制、装备、系统和体系。

未来新型红外成像探测装备的主要特征将可能是三维多视角布局(如立体网格探测、多站分布式/网络化红外成像探测)、多探测器复杂构型和高维信号空间处理(如TBD、距离-方位-

多普勒-时间、方位-俯仰-光谱-偏振向等多维跟踪检测,全谱段、全偏振向、多信息源等构成的多维信号空间)。

　　未来红外焦平面阵列上将实现全数字处理,并提供改进的数据压缩、特征提取,降低整个数据传输系统的复杂性;计算成像将用于新的机载平台的"共形成像""超光谱成像";多色焦平面阵列将取得突破,结合先进的信号处理和融合算法,能提供更高的目标探测和识别能力。

　　从目前美国陆军、空军、海军、DARPA、导弹防御局所制定的,与军用成像探测相关的发展计划来看,美国在红外成像探测技术领域的重点发展方向是新概念大视场高分辨率红外成像技术、具有远距离识别能力的红外多光谱成像及红外偏振成像技术、分布式网络化红外成像探测技术和低成本高性能红外成像技术等。

　　这里特别指出,光学偏振成像探测技术是近年来得到普遍关注的新型探测技术。它利用光的偏振信息,反映了目标的偏振特性。当光照射到物体表面时,会产生反射、折射和衍射等现象,目标的偏振特性主要由其光强的反射辐射决定,这与目标自身的材质理化特性密切相关。传统的强度成像只反映光的辐射强度和空间信息等,无法表征目标的光学偏振特性。在复杂背景环境下,单纯依靠光学强度信息很难识别出特定目标,但是利用偏振成像获得的偏振特性参数(偏振角和偏振度)图像可以凸显目标物体的边缘轮廓或细节信息,提高图像的对比度,从而增强目标识别能力。依据偏振成像方式的不同,通常有分时偏振成像系统和同时偏振成像系统两类。分时偏振成像系统对同一目标场景的不同偏振图像的获取不是同时完成的,因此只能用于静止目标,主要采用基于旋转偏振光学器件、基于偏振分光棱镜和基于液晶器件的方式。而通过一次曝光同时获取目标的一组不同偏振图像的方式是同时偏振成像,这种方式实现了对目标的实时测量,不仅可用于静态场景探测还可用于动态场景探测,主要包括分振幅偏振成像、分孔径偏振成像和分焦平面偏振成像等方式。关于红外偏振成像探测技术,有兴趣的读者可参阅文献[35]等专业资料。

　　2.红外探测系统原理与应用

　　红外探测系统按工作方式有两种分法:成像系统和非成像系统;主动式和被动式系统。所谓主动式,是系统装备有照射用的红外辐射源;而被动式则无须设置照射的辐射源,依靠目标本身发射的或反射周围的红外辐射工作。

　　安防中的红外探测器主要包括主动光入侵探测器及被动式红外探测器。光以直线传播,因此称为"光线",如果光的传播路径被阻挡,光线即中断,光不能继续传播。主动光入侵探测器就是利用了光的直线传播特性作入侵探测,由光发射器和光接收器组成,收、发器分置安装,收、发器之间形成一道光警戒线,当入侵者跨越该警戒线时,阻挡了光线,接收器失去光照而发出报警信号。一般情况下,选择可见光谱之外的红外辐射光作为发射器的光源,使入侵者不能够察觉警戒光线的存在。

　　红外探测系统按其功能可分为:①红外夜视和热成像系统,如红外望远镜、瞄准器、前视红外成像仪等;②辐射计和红外测温计;③红外搜索和跟踪系统,如红外制导武器;④红外测距系统,如被动式内基线测距、红外激光测距等;⑤红外光谱分析系统,如红外分光光度计、气体分析仪和毒气报警器等;⑥红外遥感系统,如红外行扫描器、红外扫描辐射计、多光谱扫描辐射计等。本书重点论述红外成像探测系统的组成、原理与应用情况。

　　完整的红外成像探测系统由光学机械装置、红外探测器、信息处理子系统等组成,如图7-3所示。对于分布式网络化红外成像探测系统还要包括通信子系统。在红外成像探测系统发展的初级和中级阶段前半期,技术发展和创新的重点在红外探测器及信息处理和提取技术方面,但一个红外成像探测系统的最终性能取决于各种组件技术的综合集成,因此,从中级阶段后半期开始,更加注重结合已有的探测器技术、新的探测器技术,通过新颖的光学技术和计算成像等新概念的成像机理来满足新的需求。

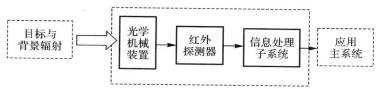

图 7-3　红外成像探测系统的基本组成

在红外系统中,红外辐射源不仅指发射红外的物体,反射或散射红外的物体也可作为红外辐射源。红外辐射源在系统中有各种作用:辐射的计量标准,如黑体;信息的发射体,如通信中的红外激光器;被探测的目标,如飞机、导弹、工厂和港口等;背景,如云块、建筑物等。但目标与背景只是相对而言。红外辐射源的光谱特征、几何尺寸、运动速率和空间分布等很重要,往往由此决定红外系统的技术要求。红外辐射在大气中传播,受到大气的吸收和悬浮颗粒的散射等,直接影响红外系统的工作。大气由于存在 H_2O 和 CO_2 等分子的红外吸收带,仅有少数几个波段对红外辐射是透明的,如 $1 \sim 2.7\ \mu m$,$3 \sim 5\ \mu m$,$8 \sim 14\ \mu m$,这些波段称为大气窗口。在野外工作的红外系统也只能选择在这三个窗口内工作。即使这样,对于精确的测量,还必须考虑大气衰减的修正。

(1)光学机械装置的作用是收集红外辐射,进行成像、分光、滤光,最后将其有效地传输给红外探测器。红外光学装置有透射式和反射式两种。红外波段相当宽,而透红外的材料有限,因此,红外系统常采用反射式的光学部件。红外系统要实现搜索、跟踪、成像等功能,需将光学部分通过摆动、旋转、振动等动作实现一定方式的扫描。单元红外探测器要实现成像,必须进行二维扫描。线列探测器,只进行一维扫描。

(2)红外探测器是将红外辐射转变为电信号的器件,是红外系统的核心部分。红外探测器从单元、多元向面阵发展,从而影响红外系统的结构设计。在多元、多波段的红外系统中同时使用多种探测器,它们的视场排列和各波段的视场之间的配准很重要。许多探测器需要在低温下工作,红外系统可采用各种微型致冷器为探测器提供工作条件。

(3)红外辐射一般很弱,红外探测器输出的信号一般都是弱信号。信息处理子系统首先放大弱信号,然后进行信息处理。红外成像系统输出图像信息,信息率很高,并且多数是数字化处理,甚至还完成基本的图像信息系统校正处理。信息处理子系统最终提取有用的信息供其他系统使用。结合具体应用需求,有些红外成像系统还有光源子系统、制冷温控子系统、稳定与跟踪子系统等。

红外成像探测系统的维度主要体现在信号维度上,目标探测与识别的信号空间逐渐地由低维度向高维度演化,以利用高维空间中目标与背景之间更大的差异性,增强抗干扰能力,增强复杂背景中微弱目标的探测能力。它主要表现为红外探测系统的信号输入维度和处理维度成逐步增加的趋势。

(1)输入维度增加的表现是,红外探测系统由早期的窄带、单谱段、单偏振向成像,逐步向宽带、多谱段、多偏振向成像演变。采用多谱段、偏振成像等技术,可以在更宽的光谱域范围和多偏振像域中更加有效地观测目标与环境的差异,以改善系统的目标检测、抗干扰、目标识别等性能。可以预期,未来还将更多地利用包括目标和环境先验信息,以及其他传感器信息等在内的多种资源,使红外成像系统在更加复杂的环境中具备更高的探测性能。

(2)处理维度增加的表现是,目标检测与跟踪的信号空间由早期点源体制(调制盘、十字叉、玫瑰扫)的时域一维检测,已经演化出二维空域检测、时空三维检测、时空域三维跟踪后检测(Tracking Before Detection,TBD),随着多光谱和偏振成像体制的发展,还在向更高维的检测与跟踪方向发展。同时,目标分类识别的信号空间由传统的波形特征识别、二维成像识别,进一步向基于空间几何特征、多光谱特征、偏振特征等构成的多维空间综合识别方向发展。

21 世纪前后的 10 多年间,红外成像探测系统所面临的目标、环境、任务使命,以及支持红外成像探测系统研制、试验、生产的相关技术,都发生了深刻的变化。目前,红外成像探测技术仍在高速地发展和演变,并衍生出一些新的概念、体制和技术,以适应以信息化网络化战争和非对称作战为代表的新的战争形态和作战方式。

近年来,红外技术在军事领域和民用工程中都得到了广泛应用。在军事领域主要包括侦察、搜索和预警、探测和跟踪、全天候前视和夜视、武器瞄准、红外制导导弹、红外成像相机及水下探潜、探雷技术等。在民用工程领域主要包括在气象预报、地貌学、环境监测和遥感资源调查等领域的应用,在地下矿井测温和测气中的应用及红外热像仪在电力、消防、石化以及医疗和森林火灾预报中的应用等。

(三)雷达探测

雷达是英文 Radar 的音译,源于 radio detection and ranging 的缩写,意为无线电检测和测距,雷达波段通常指波长范围为 1 mm～100 m 的电磁波段。大多数雷达工作在超短波及微波波段,其频率范围在 30～300 000 Hz,相应波长为 10 m～1 mm,包括甚高频(VHF)、特高频(UHF)、超高频(SHF)、极高频(EHF)4 个波段。在 1 GHz 以下,由于通信和电视等占用频道,频谱拥挤,一般雷达较少采用,只有少数远程雷达和超视距雷达采用这一频段;高于 15 GHz 时,空气水分子吸收严重;高于 30 GHz 时,大气吸收急剧增大,雷达设备加工困难,接收机内部噪声增大,只有少数毫米波雷达工作在这一频段。我国电磁波频率波段的划分见表 7-1。

表 7-1 我国电磁波频率波段划分表

名 称	符 号	频 率	波 段	波 长	传播特性	主要用途
甚低频	VLF	3～30 kHz	超长波	1 000～100 km	空间波为主	海岸潜艇通信;远距离通信;超远距离导航
低频	LF	30～300 kHz	长波	10～1 km	地波为主	越洋通信;中距离通信;地下岩层通信;远距离导航
中频	MF	0.3～3 MHz	中波	1 km～100 m	地波与天波	船用通信;业余无线电通信;移动通信;中距离导航
高频	HF	3～30 MHz	短波	100～10 m	天波与地波	远距离短波通信;国际定点通信
甚高频	VHF	30～300 MHz	米波	10～1 m	空间波	电离层散射(30～60 MHz);流星余迹通信;人造电离层通信(30～144 MHz);对空间飞行体通信

续表

名　称	符　号	频　率	波　段	波　长	传播特性	主要用途
特高频	UHF	0.3～3 GHz	分米波	1～0.1 m	空间波	小容量微波中继通信(352～420 MHz);对流层散射通信(700～1 000 MHz);中容量微波通信(1 700～2 400 MHz)
超高频	SHF	3～30 GHz	厘米波	10～1 cm	空间波	大容量微波中继通信(3 600～4 200 MHz);大容量微波中继通信(5 850～8 500 MHz);数字通信;卫星通信;国际海事卫星通信(1 500～1 600 MHz)
极高频	EHF	30～300 GHz	毫米波	10～1 mm	空间波	再入大气层时的通信;波导通信

对应于表7－1,对微波雷达范围的频率进一步细分,见表7－2。

表7－2　我国微波波段划分表

波段代号	标称波长/cm	频率/GHz	波长范围/cm
P	50	0.23～1	130～30
L	22	1～2	30～15
S	10	2～4	15～7.5
C	5	4～8	7.5～3.75
X	3	8～12	3.75～2.5
Ku	2	12～18	2.5～1.67
K	1.25	18～27	1.67～1.11
Ka	0.8	27～40	1.11～0.75
U	0.6	40～60	0.75～0.5
V	0.4	60～80	0.5～0.375
W	0.3	80～100	0.375～0.3

雷达的出现,是由于第一次世界大战(以下简称"一战""二战")期间英国和德国交战时,英国急需一种能探测空中金属物体的雷达(技术)以在反空袭战中帮助搜寻德国飞机。二战期间,就已经出现了地对空、空对地(搜索)轰炸、空对空(截击)火控、敌我识别功能的雷达技术。二战以后,雷达发展了单脉冲角度跟踪、脉冲多普勒信号处理、合成孔径和脉冲压缩的高分辨率、结合敌我识别的组合系统、结合计算机的自动火控系统、地形回避和地形跟随、无源或有源的相位阵列、频率捷变、多目标探测与跟踪等新的雷达体制。后来随着微电子等各个科学领域的进步,雷达技术得到不断发展,其内涵和研究内容都在不断地拓展。雷达的探测手段已经由从前的只有雷达一种探测器发展到了红外光、紫外光、激光以及其他光学探测手段融合协作。

1.雷达工作原理与类型

雷达的基本工作原理是,设备的发射机通过天线把电磁波能量射向空间某一方向,处于此方向上的物体反射碰到的电磁波;雷达天线接收此反射波,送至接收设备进行处理,提取有关该物体的某些信息(目标物体至雷达的距离,距离变化率或径向速度、方位、高度等)。

测量距离原理是测量发射脉冲与回波脉冲之间的时间差,因电磁波以光速传播,据此就能换算出雷达与目标的精确距离。

测量目标方位原理是利用天线的尖锐方位波束,通过测量仰角靠窄的仰角波束,从而根据仰角和距离就能计算出目标高度。

测量速度原理是雷达根据自身和目标之间有相对运动产生的多普勒效应。雷达接收到的目标回波频率与雷达发射频率不同,两者的差值称为多普勒频率。从多普勒频率中可提取的主要信息之一是雷达与目标之间的距离变化率。当目标与干扰杂波同时存在于雷达的同一空间分辨单元内时,雷达利用它们之间多普勒频率的不同就能从干扰杂波中检测和跟踪目标。

雷达探测具有探测距离远,探测面积大,探测迅速,受能见度、可见度等自然条件影响小,并可保持探测的连续性和突然性的优点,已成为探测目标的一种常用手段。雷达的分类有很多种,根据雷达信号的形式可以分为以下几类。

(1)脉冲雷达(Pulse Radar)。此类雷达发射的波形为矩形脉冲,收发共用一个天线,按一定的或交错的重复周期工作,这是目前使用最广泛的雷达。脉冲雷达因容易实现精确测距,且接收回波是在发射脉冲休止期内,所以接收天线和发射天线可用同一副天线,因而在雷达发展中居于主要地位。本节后续内容也主要以此类雷达探测系统为例介绍其功能组成及信号处理环节。

(2)连续波雷达(Continuous Wave Radar)。此类雷达发射连续的正弦波,主要用来测量目标的速度。如需同时测量目标的距离,则往往需对发射信号进行调制,例如,对连续的正弦信号进行周期性的频率调制。连续波雷达区别于单脉冲雷达的一个重要特点就是收发天线是分开的。

(3)脉冲压缩雷达(Pusle-Compression Radar)。此类雷达发射时宽很宽的脉冲信号,在接收机中对收到的回波信号进行脉冲压缩处理,以便得到窄脉冲。目前实现脉冲压缩的方法主要有两种:线性调频脉冲压缩处理和相位编码脉冲压缩处理。脉冲压缩能有效解决距离分辨率和作用距离之间的矛盾。

(4)频率捷变雷达(Frequency Agile Radar)。它是指发射的相邻脉冲的载频在一定频带内随机快速改变的脉冲雷达。这种雷达可以有效对抗窄带瞄准式有源干扰,而且还具有加大探测距离、提高探测精度、抑制海浪杂波等优点。大多数军用雷达都采用这种体制,并逐步推广到民用船载雷达。频率捷变雷达可分为非相干频率捷变雷达和全相干频率捷变雷达两类。

此外也可以按其他标准对雷达进行分类,例如:

(1)按照角跟踪方式分类,有单脉冲雷达(Monopulse)、圆锥扫描雷达(Conical Scanning)和隐蔽圆锥扫描雷达(Hidden Conical Scanning)等。

(2)按照目标测量的参数分类,有测高雷达、二坐标雷达、三坐标雷达和多站雷达等。

(3)按照雷达采用的技术和信号处理的方式分类,有相参积累和非相参积累、动目标显示(Moving-Target Indication)、动目标检测(Moving-Target Detection)、脉冲多普勒(Pulse-Doppler)、实孔径(Real-Aperture)、合成孔径(Synthetic Aperture Radar)、逆合成孔径(Inverse SAR)和干涉合成孔径(Interferometric SAR)等雷达形式。

(4)按照天线扫描方式分类,分为机械扫描雷达、相控阵雷达、频扫雷达和极化雷达等。

(5)按雷达的工作地点分类,主要包括地基雷达、车载雷达、机载雷达、星载雷达和舰载雷达等。

(6)按雷达频段分类,分为超视距雷达、微波雷达、毫米波雷达、太赫兹雷达以及激光雷达等。

(7)按照雷达的用途分类,有预警雷达、搜索雷达、制导雷达、火控雷达、炮瞄雷达、测量雷达、导航雷达、成像雷达、监视雷达、测高雷达、雷达引信、气象雷达、航行管制雷达以及防撞和敌我识别雷达等。

2.雷达探测系统基本结构

各种雷达的具体用途和结构不尽相同,但基本形式是一致的,包括发射机、发射天线、接收机、接收天线,处理部分以及显示器,还有电源设备、数据录取设备、抗干扰设备等辅助设备。以单脉冲雷达探测系统为例,如图 7-4 所示,一般由激励源、发射机、天线收发开关、天馈线、伺服、接收机、测距、测速、信号处理、计算机及显示终端等组成。

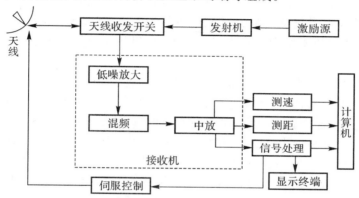

图 7-4 单脉冲雷达探测系统的基本组成

(1)激励源主要产生激励信号,其波形是脉冲宽度为 τ 而重复周期为 T_r 的高频脉冲串,发射机将激励源送来的高频脉冲串进行放大,从而获得大的脉冲功率来送给天线,而后经天线辐射到空间,辐射到空间的电磁波遇到目标后产生散射,其中有一部分功率反射回来被天线接收。

(2)脉冲雷达的天线是收发共用的,这就需要高速开关装置,也就是天线收发开关。在发射时,天线与发射机接通,并与接收机断开,以免强大的发射功率进入接收机把接收机高放混频部分烧毁;接收时,天线与接收机接通,并与发射机断开,以免微弱的接收功率因发射机旁路而减弱。

(3)目标反射回来的功率被天线接收以后,进入接收机。接收机多为超外差式,由高放、混频、中放、检波和视放等电路组成。接收机的首要任务是把微弱的回波信号放大到足以进行信号处理的电平,同时接收机内部的噪声应尽量小,以保证接收机的高灵敏度,因此接收机的第一级常采用低噪声高频放大器。接收机为了后续处理的方便,通常需要对回波信号进行降频处理,也就是混频的过程。接收机中的检波器通常是包络检波器,它取出调制包络送到视频放大器,如果后面要作多普勒处理,则可用相位检波器来替代。

(4)经过接收机处理后的中频回波进入测距、测速完成距离和速度的测量,信号处理的目的是消除不需要的信号(如杂波)及干扰而通过或加强由目标产生的回波信号。信号处理是在做出检测判决之前完成的,它通常包括动目标显示(MTI)和脉冲多普勒雷达中的多普勒滤波器,有时也包括复杂信号的脉冲压缩处理。经过信号处理后提取出角误差信号送给伺服控制系统驱动天线对准目标。

（5）经过测距、测速及信号处理后的各种数据汇总到计算机，进行加工处理并完成数据传输。视频信号送到终端显示器以便于操作手完成捕获跟踪目标。

在早期的雷达系统中，接收机处理后的中频回波在测距、测速和信号处理等环节很多是利用模拟器件来实现的，随着雷达技术的发展，目前中频回波信号往往被模/数转换器（ADC）采样后变为数字信号，在数字信号处理器件中通过数字信号处理的方法获得目标位置、速度甚至大小和图像等信息，进一步提升了雷达系统性能。

（四）声呐探测

声呐是利用水下声波实现水下信息传递和探测的设备的总称。其英文 sonar 为"sound navigation and ranging"的缩写，音译为"声呐"，意译为声导航和测距。声呐在军事上可用于搜索、测定、识别和跟踪潜艇及其他水中目标，进行水声对抗，水下战术通信、导航和武器制导，保障舰艇、反潜飞机的战术机动和水中武器的使用；民用上可用于海底测绘、石油勘探和探鱼等。

声呐的工作原理是回声探测法。这个方法是在一战期间研究出来的。用送入水中的声脉冲探测目标，声脉冲碰到目标就反射回来，返回声源（有所减弱）后被记录下来。如果知道脉冲的往返时间，并且知道超声在水中的传播的速度，就可以很精确地测定出目标的距离。

声呐按其工作方式可分为被动式声呐和主动式声呐，现在的综合声呐兼有以上两种形式。被动式声呐又称为噪声声呐，主要由换能器基阵（由若干个换能器按照一定规律排列组织组合而成）、接收机、显示控制台和电源等组成。当水中、水面目标（潜艇、鱼雷、水面舰艇等）在航行中，其推进器和其他机械运转产生的噪声，通过海水介质传播到声呐换能器基阵时，基阵将声波转换成电信号传送给接收机，经放大处理传送到显示控制台进行显示和提供听测定向。被动式声呐主要搜索来自目标的声波，其特点是隐蔽性、保密性好，识别目标能力强，侦察距离远，但不能侦察静止无声的目标，也不能测出目标距离。

主动式声呐又称回声声呐，主要由换能器基阵、发射机、接收机、收发转换装置、终端显示设备、系统控制设备和电源组成。在系统控制设备的控制下，发射机产生以某种形式调制的电信号，经过发射换能器变成声信号发送出去，当声波信号在传播途中遇到目标时，一部分声能被反射回接收换能器再转换成电信号，送入接收机进行放大处理，根据声信号反射回来的时间和频率的高低来判断目标的方位、距离和速度，在终端显示设备上显示出来。主动式声呐可以探测静止无声的目标，并能测出其方位和距离。但主动发射声信号容易被敌方侦听而暴露自己，且探测距离短。

典型声呐探测系统结构由以下部分组成。

（1）基阵。水声换能器以一定几何图形排列组合而成，其外形通常为球形、柱形、平板形或线列形，有接收基阵、发射基阵及收发合一基阵之分。

（2）电子机柜。发射、接收、显示和控制等分系统。

（3）辅助设备。它包括电源设备，连接电缆，水下接线箱和增音机，与声呐基阵的传动控制相配套的升降、回转、俯仰、收放、拖曳等装置，以及声呐导流罩等。

三、导引头系统结构

导引头技术是精确制导武器的核心技术之一，是未来导弹武器向智能化方向发展的重要技术途径,主要用来完成对目标的探测、识别与跟踪,并给出制导律所需的控制信号。

按照获取目标信号物理量的不同,导引头的主要类型包括电视导引头、红外导引头、毫米波导引头、雷达导引头和多模复合导引头等。各种类型的导引头还可进一步按照电磁波谱图细分,如红外导引头还可分为近红外导引头($1\sim3~\mu m$)、中红外导引头($3\sim5~\mu m$)、远红外导引头($8\sim13~\mu m$)。

通常情况下,导引头的主要功能包括以下方面:

(1)获取目标辐射或反射的能量,完成对目标信号的采集与处理;

(2)基于目标先验知识,完成目标的特征分析、识别捕获;

(3)捕获目标后进行自动跟踪,实时计算俯仰、偏航等弹目相对变化状态信息;

(4)隔离弹体的角运动,稳定光学(或天线)轴,为提取目标视线角提供参考系;

(5)输出两路弹轴与光学(或天线)轴的框架角信号,进而形成导引指令。

图 7-5 所示为一种典型的导弹导引头制导控制系统的基本组成结构图。其基本过程是,导弹飞行过程中,导引头探测到目标信息后,在信息处理机进行目标识别与状态估计等信息处理,得到目标运动状态参数,结合导弹飞行状态及其他约束条件,形成制导指令,发送给导弹控制系统,经过信号变换放大处理,由执行机构控制导弹运动参数,实现飞行轨迹的调整或修正,通过导弹多个闭环控制系统的精确控制,导弹随着目标状态变化实时调整运动轨迹,直至精确命中目标。

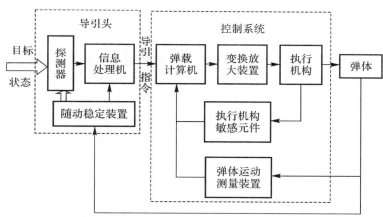

图 7-5　导引头制导控制系统的基本组成

可以看出,导弹导引头制导控制系统就是一个典型的多模信号采集与处理系统,系统中的多种传感器负责信号的采集,包括目标信号获取、导弹运动参数获取及执行装置运动参数采集(随动稳定装置本身就是一个小型控制系统)等,信号处理系统有弹载计算机、导引头信息处理机等。其实,很多先进智能传感器自身就集成了微处理器,具备信号的预处理功能。

随着传感器技术、计算机技术、微机电技术、信息处理技术的发展,精确制导武器导引头的发展呈现出以下几方面重要标志:

(1)红外成像制导技术应用越来越广;

(2)多模复合导引头技术得到重要发展与应用;

(3)数字技术将广泛应用于各类导引头;

(4)导引头整体抗干扰能力不断增强;

(5)导引头跟踪控制精度不断提高,能够实现高动态、点穴式打击;

(6)导引头信息化、网络化程度不断提高;

(7)导引头逐渐实现模块化、通用化、小型化;

(8)导引头智能化特征开始显现并逐步完善。

本书重点以雷达导引头与红外导引头为应用对象,分析其中的信号采集与处理的关键基础理论与方法,针对性介绍相应的目标分析与识别方法。

四、目标防护

目标防护的基本含义是依据对方探测平台的探测模式,针对性地采取一些伪装、迷惑及躲避的手段,达到有效降低目标被探测识别的概率,用以对抗对方的侦察预警系统,达到目标保护的目的。

对于可见光探测主要采取迷彩隐身、烟幕干扰、虚假目标干扰等方式;对于红外探测主要采取红外伪装网与红外烟幕等热遮障手段,以及红外隐身设计与隐身涂料、红外假目标诱饵等;对于雷达探测主要采用雷达隐身设计、雷达诱饵设计等迷惑手段。

精确制导武器技术的发展促使目标防护进一步与防精确打击密切联系,成为精确制导对抗的主要内容。精确制导对抗技术是指为削弱、破坏敌方制导设备的使用效能和保护己方制导设备的正常使用而采取的电子对抗技术。它包括导弹突防和防御两个方面的电子对抗技术。弹道导弹为了突破敌方反弹道导弹防御系统,在电子对抗技术方面,需采取多种措施,如在外层空间可按程序连续地投放箔条,形成干扰走廊,还可投放充气金属化气球,造成虚假多目标,使反弹道导弹防御系统饱和,弹体碎块和贮箱也能构成假目标。再入大气层后,原先施放的箔条和气球会受大气过滤、摩擦和烧毁,这时可向弹头前方发射小型火箭作为诱饵。诱饵自备能源,能辐射电磁波和红外线,也可从再入体中施放干扰物或再生干扰物。此外,弹头本体也采用隐身技术,例如改进外形,涂以吸波材料,以及控制弹头姿态使其始终指向防御雷达站等,以减小雷达散射截面。鉴于空袭武器技术的飞速发展,导弹防御电子对抗技术也得到了很快的发展。要想成功地拦截来袭的导弹,关键的一步就是及时获取、处理和传输来袭导弹目标的信息。利用预警卫星、预警飞机、预警雷达,及时探测到导弹的发射,并判断出这些导弹的飞行方向和落点,向将要受到攻击的地区及其防御系统发出预警;接到预警信息之后,防御系统的目标监视与火控雷达要准确地捕获、跟踪和识别目标,并确定出有威胁导弹的飞行弹道;拦截导弹发射后,还要由火控雷达引导它们飞向要拦截的目标,拦截并摧毁来袭导弹。预警系统提供的预警时间越长,监视与火控雷达探测来袭导弹的距离越远,拦截导弹便可以在更远的距离和更高的高度拦截来袭导弹,保护更大的区域。例如将位于空中和地面的多种平台携带的雷达、红外、激光及声学等不同探测器组网、协同、互补地工作,并与空间侦察、监视与情报系统组成一体,力求及早探测出来袭制导武器,并保障指挥线路畅通,才能赢得防御的主动权。在弹道导弹防御系统中,助推段拦截系统主要采用红外探测器,中后段拦截系统的探测器主要是相控阵雷达,巡航导弹、反舰导弹和空地导弹等战术导弹的防御系统则常常采用由雷达和多种光电传感器组成的复合探测系统。

本专题第二节与第三节针对光电制导对抗与雷达制导对抗问题进行论述。

第二节　光电制导技术

光电制导体制是指用波长 $0.2 \sim 1\,000\ \mu m$ 的紫外光、可见光、近红外、中红外、远红外的制导系统来引导导弹飞向目标。

光电制导发展迅速，应用广泛，包括可见光、红外和激光三个技术领域，主要由于它具有以下特点。

（1）光电制导工作在光波波段，因此它远远地避开了现有军事电子装备拥挤的无线电波段，使现有电子干扰设备对它不起作用。

（2）光电制导工作在光波波段，因而具有很高的分辨率与成像能力，这就给识别和选择目标奠定了技术基础。电视、红外和激光都具有这种能力。

（3）光电制导由于具有很高的分辨能力，因此对于目标的跟踪精度高，命中率也高。

（4）电视和红外制导都采用被动制导。由于设备本身不辐射能量照射目标，所以不容易暴露自己，具有发射后不管的能力。

（5）光电制导设备与雷达及其他无线电设备相比，具有设备简单、体积小、质量轻的特点，因而便于在各类战术导弹上安装使用。

总体上讲，光电制导技术的研究范围可概况为以下几方面。

（1）光学制导系统技术研究。它包括最佳技术方案论证，工作体制与工作波段选择，系统战术及技术指标分析，总体结构布局及体积、尺寸、质量设计，信号流程及信号输出形式设计，电子学接口及机械接口设计等。

（2）光学（红外、电视、激光）搜索与精密跟踪技术研究。它包括小型多自由度精密控制平台的设计与实现。

（3）现代光学系统设计、加工与镀膜技术研究。它包括小型化、高适应性光学镜头设计与集成技术。

（4）红外探测器、电视摄像机、激光发射与接收机技术研究。重点是新型光学材料，高性能、大面阵探测器的研制。

（5）光学信息实时处理机技术研究。重点是专用小型化嵌入式高性能图像处理器及相关接口系统的研制。

（6）光学图像智能信息处理技术研究。重点是智能化图像处理、分析与理解算法的设计与实现。

（7）光学干扰、抗干扰及光学隐身技术研究。重点是光学系统防护技术的研究。

（8）目标的光学辐射、反射及散射特性技术研究。重点是目标光学特性的研究。

（9）大气光学传输特性及气动光学效应与校正技术研究。重点是针对超声速、高超声速条件下成像技术的研究。

（10）光学制导技术仿真及性能评估技术。重点是实验室条件下进行光学制导的目标与环境模拟、算法性能评估及制导系统试验鉴定技术。

本节重点针对不同的制导应用，介绍相应的制导技术，每种制导技术或多或少都需要以上研究内容的支撑。同时，还将从目标防护与武器突防的角度介绍光电制导对抗的主要手段。

一、电视制导

电视制导系统是指利用电视摄像机(主要指可见光)作为制导敏感元件,获得图像信息,形成导引指令,控制和导引武器系统飞向目标的全部装置。

电视制导的基本原理过程是,电视摄像机把外界视场中不同亮度的目标和背景,经光学系统聚焦、成像在摄像管靶面上。由于外界光线强弱不同,在靶面上形成了不同的电压起伏,经过扫描系统后形成电流的大小变化,即由光信号变为电信号,并将信号放大、整形,用某一亮度电平进行处理和提取目标,再找出目标距靶心的偏差,然后将偏差量传给伺服系统,经多次负反馈控制迅速地使电视导引头的光轴对准目标,达到对目标的跟踪。电视制导系统按制导体制原理的不同,可分为电视指令制导系统和电视寻的制导系统。

(1)电视指令制导。电视指令制导系统(Television Command Guidance System)由安装在弹上电视导引头、自动驾驶仪和配置在导弹外的制导站(包括信号接收器、指令计算装置与指令发射机等)组成。由导弹电视导引头的电视摄像机摄取目标和背景的图像,通过无线电送到制导站,在电视荧光屏上显示目标图像。当导弹偏离目标时,由指令计算机计算偏差量并形成制导指令,再由指令发射机将该信号用无线电送给导弹上电视导引头的接收装置,经信号处理后,由自动驾驶仪操纵导弹飞向目标,此时目标图像保持在荧光屏中央。

电视指令制导系统的优点是能识别和选择目标,制导精度与导弹射程无关。缺点是受气象条件的影响大,且易受干扰。

(2)电视寻的制导。电视寻的制导系统(Television Homming Guidance System)由弹上电视导引头、自动驾驶仪组成。导引头依据预先装定的目标基准数据,采用先进的目标检测识别算法,自主完成目标的检测识别,当目标图像的方位线与电视导引头的光轴存在偏差时,该偏差经光电转换和信息处理后,形成误差信号,该信号经电视导引头的伺服系统的反馈控制,使导引头的光轴对准目标,达到跟踪目标的目的。同时该信号经自动驾驶仪操纵导弹飞向目标。若导弹飞行过程中出现云层、烟雾等情况而丢失目标时,因系统中有记忆电路,仍能控制导弹按原来的弹道继续飞行。

电视寻的制导系统的优点是系统工作可靠,不受电子干扰,制导精度高,可以直接成像。缺点是对发射时的能见度要求高,搜索识别能力差,不能测距。因此,电视寻的制导系统常与雷达、激光制导系统配合使用。

随着光学探测技术、高性能计算技术及数据传输技术的发展,可以在飞行器以外的地面(舰船)建设类似于传统雷达站的光学监测站,实时敏感预定区域内飞行器及其他运动目标,完成飞行器与目标的检测、识别与跟踪,以及飞行器与目标运动参数的测量计算等功能,结合各类约束条件,形成制导指令,通过无线方式发送给飞行器,导引和控制其准确命中目标(完成任务),这种方式与前面的电视指令制导有明显区别,是一种遥控制导方式,因而可称为电视遥控制导(Television Remote Control,TRC)。电视遥控制导在预定区域内的目标检测与制导控制中具有重要发展前景。

另外,也有文献按摄取目标辐射或反射的波长不同,将电视制导分为可见光电视制导系统和近红外电视制导系统。可见光电视制导系统比红外电视制导系统的技术更成熟,制导精度更高,但只能用于能见度高的场合。而红外电视制导系统却具有全天候能力,但技术难度大,后面将专题介绍。

二、红外制导

红外制导系统(Infrared Guidance System)是依据目标自身辐射或反射的红外能量寻的的制导系统,红外制导是当前精确制导技术中使用最多的一种。其基本原理是,红外导引头接受从目标辐射的红外波段的光能量,将其变为电信号(或图像),经信号处理(或图像处理)确定目标的位置参数,生成制导指令输送给弹上控制装置的执行机构,将导弹引向目标。

在红外光谱学中,一般将红外波段分为近红外($0.78 \sim 2.5~\mu m$)、中红外($2.5 \sim 50~\mu m$)和远红外($50 \sim 1~000~\mu m$)。而在红外成像探测技术领域中,习惯上按波长和大气对红外辐射的吸收情况将红外辐射分为三个波段,即短波红外(SWIR)$1 \sim 3~\mu m$、中波红外(MWIR)$3 \sim 5~\mu m$、长波红外(LWIR)$8 \sim 14~\mu m$。

常用的红外探测系统工作波长为$1 \sim 3~\mu m$,$3 \sim 5~\mu m$和$8 \sim 14~\mu m$,因为在这三个波段工作的红外探测器敏感绝对温度的峰值分别为$1~000$ K,500 K和300 K。如制导武器所要攻击的军事目标的红外辐射温度是,飞机的涡轮发动机尾焰约$1~000$ K,加热的飞行器的表面温度可能是在$300 \sim 400$ K,行进中的坦克温度可能在400 K以上,而静止的坦克温度约为300 K,与它所在的环境温度相差不大。故攻击飞机的导弹以选择$1 \sim 3~\mu m$和$3 \sim 5~\mu m$波段工作的红外探测器为佳,攻击坦克或地面目标的弹药则以选择$3 \sim 5~\mu m$和$8 \sim 12~\mu m$工作的红外探测器为佳。红外制导系统按制导方式可分为以下两种。

(1)红外点源制导系统(Infrared Point Source Guidance System),又称为红外非成像制导系统,实质上是一种被动寻的的制导系统。它是以被攻击目标的典型高温部分(如飞机发动机喷口,舰艇、坦克的发动机等)的红外热辐射作为制导信息源,通过红外接收系统把辐射能转换为反映目标位置信息的电信号,导引导弹击中目标。红外点源制导系统的特点是把目标看作一个热点,由导弹跟踪目标的最热部分。其优点是系统结构简单、成本低,对低空探测较容易,命中率高,使用方便。其缺点是不能测距,没有识别能力,不能全天候工作,抗干扰能力差。

(2)红外成像制导系统(Infrared Imaging Guidance System),是利用红外探测器探测目标及背景的红外辐射,以成像方式真实地显示出目标及背景的图像,并以目标图像进行捕获和跟踪,引导导弹飞向目标。红外成像制导是由非成像制导技术发展而来的,与红外点源制导系统相比,由于探测提供的是目标真实图像,而不是点像,与非成像制导相比,它具有很强的抗干扰能力,具有识别目标乃至识别目标要害部位的能力,制导精度高。因而导弹的性能有明显提高,可全天候工作,加大了探测和制导的距离,隐蔽性好,具有更好的目标识别能力,可实现全向攻击。缺点是系统成本高,目标必须有区别于背景的热辐射特性,且红外辐射还受云雾、烟尘和太阳背景等气象条件的限制。

对照电视制导方式,红外成像制导系统中,如果导引头自主完成目标检测识别与跟踪,则可称为红外成像寻的制导,又称为红外成像自动目标识别制导(Auto Target Recognition,ATR);如果系统将图像传回其他地方的捕控站,由号手式操作员在计算机显示的目标图像上完成目标确认,再将捕控指令传回导弹,用以导引和控制导弹命中目标,则称为红外成像人在回路(Man In Loop,MIL)目标识别制导;还可以类似于电视遥控制导,通过外置红外探测与信息处理装置,形成红外成像遥控制导(Television Remote Control,TRC)。

当前,红外导引头越来越多地采用凝视成像技术,它所探测到的目标是一个图像而不是一个点,这样就大大提高了识别真假目标的能力;它所使用的探测器是红外焦平面阵列而不是单个器件,这样就大大提高了导引头的灵敏度和探测距离;导弹可以从任何角度接收目标的红外辐射而不必只是跟踪目标发动机尾焰,这样就提高了导弹截获目标的可靠性、分辨率和全向攻击能力;由于红外焦平面阵列是靠探测目标和背景间的微小温差而形成热分布图来识别目标的,即使在夜间也能照常工作,这样就提高了导引头的全天候工作能力;如果将红外焦平面阵列与有执行、判断和决策功能的微处理机等做成一体,这样就可以使制导系统有一定思维能力,在复杂背景和强干扰情况下准确地辨别目标。总之,利用红外焦平面阵列进行成像制导,使导引头灵敏度更高,探测距离更远,瞬时视场和跟踪场更大,对目标的识别能力和抗干扰能力更高。如果再配置弹载计算机和智能神经网络,就可以使制导系统具有软件编程的灵活性,能选择目标上的要害部位进行攻击。

红外凝视成像制导技术所包括的关键技术包括以下几项。

(1)侧面窗口和窗口致冷技术。由于导弹的高速运动,导弹头罩上将产生严重的气动加热效应,必须采用侧面窗口并进行致冷。窗口材料要求尺寸大、透过率高、强度高。致冷方式基本上已经从外部致冷转向内部致冷。内部致冷在材料选取和加工技术方面有很高的要求。

(2)红外焦平面阵列。目前由硅化铂、碲镉汞、锑化铟等材料制造红外焦平面阵列的技术已经成熟,但是由这几种材料制造的红外焦平面阵列的性能还不太理想,人们还在继续寻找更好的材料。目前注意力集中在研制非致冷红外焦平面阵列、多量子阱红外焦平面阵列和高温超导红外焦平面阵列。为了减小背景噪声和提高精确定位所需的空间分辨率,红外焦平面阵列的像元将越做越小,同时不断使占空因子越来越接近1,探测器的调制传递函数也越来越接近1。

(3)导引头光学系统新技术。随着红外焦平面阵列、二元光学和微光学的发展,新一代大视场、轻结构的红外凝视成像系统已经形成,其光学特点为:①利用超分辨技术和二元光学简化系统结构进行像质修正,在保证高成像质量的情况下获得大视场;②采用微镜技术,缩小探测器受光面积,可以增加填充因子,提高探测率,改善均匀性,降低噪声,增强抗核辐射能力;③利用微扫描技术,实现导引头的光学自适应,有利于克服气动光学效应和气动加热效应。另外,多孔径光学可以形成双色或多色导引头,对于缩小、减轻导引头,改善导引头性能以及多色导引是有益的。

(4)图像高速预处理技术。首先,要求帧图像积分时间、帧图像传输时间和帧图像处理时间在帧周期之内完成;其次,采用侧面窗口探测,要进行快速坐标变换。对于红外焦平面阵列接收到的图像信息要快速读出,快速处理。目前,把红外焦平面阵列读出电路和信号处理结合在一起的智能化系统称为"灵巧"红外焦平面阵列。此外,要发展先进的弹上计算机,应从两方面着手:一是发展高密度、高速度的大规模集成电路;二是在系统结构上采用并行处理技术,提高计算机系统的整体处理能力。

另外,消除导引头气动光学效应引起的像模糊、像偏移和像抖动也是弹上实时图预处理的热点研究内容。由于弹道导弹飞行速度高,容易引起气动光学效应,包括高速流场光传输效应、激波与窗口气动热辐射效应和光学头罩气动热效应等,均导致导引头成像探测性能下降,所以必须采用适应高速飞行环境的有效处理方法。

(5)智能目标识别技术。要在自然和人为干扰的复杂背景中准确识别目标,现在正在发展的先进识别技术有光谱鉴别技术、单色多波段鉴别技术、多色传感器技术、空间滤波技术、特征检测技术、智能识别与跟踪技术等。特别是近年来在大数据保障、高性能计算基础上发展起来的深度学习与强化学习技术,为智能导引头算法设计提供了新思路,是导引头智能化发展的必由之路。

三、激光制导

激光制导系统(Laser Guidance System)是利用激光设备获取目标激光反射信息,并形成制导指令,导引和控制导弹飞向目标的制导系统。

激光制导的优点是目标捕获概率高,有较高的测量精度,激光方向性强、波束窄,因而激光制导系统的制导精度高;同时因激光的光谱亮度高,单色性好,抗干扰能力和目标识别能力强,可昼夜作战。其缺点是易被云雾或雨等吸收,在大气层内使用受到气象条件的限制,不能全天候使用,激光能源的功率有限,因而制导的作用距离受到限制,此外由于波束窄,搜索也较困难,所以激光技术常与红外、电视、光学或微波技术结合使用。激光制导系统可用于近程战术导弹的制导,也可用于制导炸弹和炮弹。

激光制导分为激光波束(驾束)制导、激光寻的制导和激光指令制导系统三种,应用广泛的是前两种。

(1)激光波束制导(Laser Beam Rider Guidance)。采用导弹和激光照射器放在同一发射平台上,激光照射器照射目标,将导弹送入激光波束中,使其驾着激光波束飞向目标。其基本工作过程是,由射手用光学瞄准镜或其他跟踪瞄准装置跟踪目标,并用光学瞄准镜同轴的激光照射器向目标发射经过编码、调制的激光束,开始先将导弹发射到激光束中,导弹依靠弹上接收装置接收激光调制信号,当导弹离开激光波束中心线时,弹上接收装置会给出偏差信号,送到自动驾驶仪形成控制指令,控制导弹沿着波束中心飞行,直到命中目标。

激光波束制导的优点是:①弹上制导系统相对简单,没有复杂的导引头,成本低,质量轻;②接收系统在尾部,只接收后方来的信号,因此不会受到目标方向发出的干扰,抗干扰能力强;③无需有线制导那样的导线,可以提高导弹飞行速度,在直瞄视距内导弹可以飞越水面、峡谷、高压线等障碍。

激光波束制导的缺点是:①它必须采用直瞄方式,瞄准线必须始终对准目标,射手容易暴露;②制导精度随距离增加而变坏,一般用于近程作战,作战距离为 3～5 km;③要求通视条件好,不适用于远程间瞄作用,适用范围有限;④大气衰减和烟雾遮挡影响较大。

(2)激光寻的制导(Laser Homing Guidance)。应用最广泛的是半主动寻的制导体制,激光半主动寻的制导系统是利用弹外激光目标指示器向目标发射具有一定脉冲编码、调制的激光,弹上半主动激光导引头接收从目标散射回来的能量,并根据这个信号,检测目标与导弹的相对位置与运动参数,由弹上计算机按选定的导引规律,给出制导信号,操纵导弹飞向目标。激光半主动寻的制导系统具有制导精度高、抗干扰能力强的特点,与激光主动寻的制导相比,弹上设备简单。但激光目标指示器始终要照射目标,其机动性能受到限制。前面提到的"宝石路"激光制导炸弹与"地狱火"反坦克导弹均是采用半主动激光制导。

也可根据实际应用,形成激光主动寻的制导系统,利用弹上激光主动导引头向目标发射激光,并接收目标反射回来的能量,形成制导信号,控制导弹飞向目标。主要特点是激光主动导引头采用单脉冲模式工作,视场窄,可利用主动脉冲编码技术区分真、伪目标,因此激光主动寻的制导系统具有较高的角度、距离、速度分辨率,目标识别能力强,制导精度高。这种方式弹上制导设备复杂,研究的热点是激光成像主动制导模式。

（3）激光指令制导（Laser Command Guidance）。系统与雷达指令导引系统相类似，是指依靠导弹以外的激光雷达探测站导引和控制导弹命中目标的过程。

激光技术的发展使激光的功能从制导指示、目标探测逐渐向目标直接毁伤的方向转变，即产生了高能激光武器，特别是用于反导武器系统的定向能武器，主要采用激光致盲与激光摧毁的方式。激光致盲主要用于干扰或致盲光电制导武器的导引头，激光摧毁主要是通过高能激光直接跟踪照射导弹武器的易损点（导引头、连接段），使其高温变形损坏，达到摧毁目的。如美国的 ABL（Airborne Laser）反导武器系统，本书将在后续的精确制导对抗技术中详细介绍。

四、光电制导对抗

现代光电子技术的迅猛发展以及光电侦察探测技术、光电精确制导技术的广泛应用，有力地促进了光电对抗技术的日益成熟与不断完善。光电对抗装备也成为各国进行新型主战武器装备研制过程中重点关注的主要内容，成为武器装备信息化、现代化、体系化的一个重要标志。由于光电对抗装备的对抗效能与装备的作战使命密切相关，不同的装备需要用不同的效能指标来评价，因此需要将光电对抗装备按作战使命或功能进行分类分析，特别是针对不同制导模式，相应的光电制导对抗装备的原理与评价方法也不尽相同。

1.光电对抗

光电对抗装备（Electro-Optical Counter Equipment，EOCE）是指专门用于对敌方光电设备及制导武器实施侦察、干扰、摧毁和致盲，保护己方人员安全和设备正常使用的光电设备和器材的总称。光电对抗的本质是降低敌方光电设备的作战效能，有效保障己方光电设备作战能力的正常发挥。广义上讲，光电对抗是光波段的电子战，是作战双方在光波段的攻防对抗，作战对象可拓展至所有军事平台和武器系统。因此，随着光电对抗技术的不断发展，出现了"光电战"的概念，将战场上所有采用光电手段的武器装备和应对这些武器装备的手段或措施均纳入光电战的领域。

军用光电装备与光电对抗装备既是攻防对抗的对手，又是竞争发展的动力。从武器装备发展的进程来看，军用光电装备的技术水平总体超前于光电对抗技术。当前，光电对抗正向系统对抗和体系对抗方向发展。

光电对抗装备有多种分类方法，按工作波段分包括激光、红外和可见光等光电对抗装备；按工作平台分包括车载、机载、舰载和星载等光电对抗装备。

沿用电子战（Electronic Warfare，EW）的分类方法，可将光电对抗分为光电侦察、光电干扰和光电防御。按工作方式将光电侦察分为主动和被动模式，将光电干扰分为有源和无源模式，将光电防御按功能分为反侦察和抗干扰两种类型。

随着新式武器装备的不断涌现，美国对电子战赋予重新定义：利用电磁能和定向能以控制电磁频谱（Electromagnetic Spectrum，EMS）或攻击敌人的任何军事行动。将电子战分为电子攻击（Electrolnic Attack，EA）、电子防护（Electornic Protection，EP）、电子支援（Electornic Support，ES）。光电对抗的分类也可相应地分为光电侦察、光电攻击和光电防护。具体而言，光电侦察属于支援措施，包括侦察和告警等手段，光电攻击手段包括光电攻击和光电干扰，光电防护手段包括光电伪装和光电隐身。

2.光电侦察与告警

光电对抗侦察是指对敌方辐射或散射的光谱信号进行搜索、截获、测量、分析、识别以及对光电设备测向、定位,以获取敌方光电设备的技术参数、功能、类型、位置、用途,并判明威胁程度等情报的一种电子对抗侦察,通常包括光电对抗情报侦察和光电对抗支援侦察。情报侦察具有远距离、大范围、长期性等特点,用于作战筹划与保障;支援侦察通常指在作战准备和作战过程中,搜索、截获敌方光电辐射和散射信号,实时进行分析,确定其技术特征参数、功能、状态,判断其威胁程度,为实时光电干扰、光电防御、反辐射摧毁和战术机动、运动规避等提供情报支持。

侦察与告警都是指装备的用途,侦察本义是探测、察看,引申为信息获取;告警主要是指提供告警信息,通常是实时告警,强调结果,即对信息进行处理后给出结论。侦察不必告警,但告警必先侦察。预警信息通常提供给指挥人员,因此需要较长的预警时间,供指挥人员决策;告警信息则通常与武器系统关联,当然,也同时以声光等形式提供给作战人员。

监视通常指对具有潜在目标的区域进行长期性针对性的观测,有等待特定目标出现或特定异常现象的含义;警戒通常指对重要设施或区域边界的监视,以防敌方进入警戒区域;侦察则是围绕特定目的对特定区域进行探察或检查,强调获取特定区域内的有用信息。

光电制导侦察告警可利用的信息包括导弹目标与背景的空间特性、导弹的瞬时光谱能量分布特征、导弹红外辐射时间特征、导弹频谱与时间相关特性、导弹羽烟调制特性以及成像自动目标识别等。光电制导武器的一个重要特征是导引头采用光学镜头,它起着汇聚目标与场景光学辐射,提高探测制导系统信号强度的作用,是提升成像制导系统性能的关键部分。但同时,据光学"猫眼"效应原理,从镜头反射的回光功率也远高于从普通周边背景环境反射的回光功率。因此可在光学侦察告警系统截获来袭导弹的基础上,利用(红外)激光光束(光学探照灯)在告警视场范围内进行扫描,配合智能化光学探测系统,判断来袭武器采用的是哪种光学制导方式,并得到其精确的位置信息,为后续电子干扰和火力拦截提供有力支持。

3.光电干扰

干扰按工作原理可分为有源干扰和无源干扰。这种概念源于雷达对抗领域,有源干扰是指有意发射或转发某种类型的电磁波(声波),对敌电子系统进行压制或欺骗的电子干扰;无源干扰是指利用散射(反射)或吸收电磁波(声波)的器材,阻碍或削弱敌方电子设备功能的电子干扰。在光电对抗领域不能按照雷达对抗模式简单地分为有源或无源,因为光波段所有物体都有辐射,包括无源干扰材料。

以对抗光学侦察与制导的烟幕干扰为例,传统的分类认为烟幕干扰为无源干扰,实际上,对于红外成像系统而言,它观测到的图像是目标和环境辐射透过烟幕的能量、烟幕本身辐射的能量以及烟幕散射的能量三部分共同作用的结果。因此,从辐射角度来看,认为烟幕干扰是无源模式不太准确。为此,有人将烟幕分为热烟幕和冷烟幕,热烟幕是指辐射型烟幕,它的辐射热量远大于目标和环境的辐射强度,红外图像中观测到的主要是烟幕的热图像;冷烟幕则是指吸收型烟幕,以遮挡和降低成像系统接收到的目标与环境辐射能量为主。

可见光成像系统不同于红外热成像系统,它主要是依靠目标与环境的反射(散射)特性成像。对于成像系统而言,同样的干扰器材应用于对抗红外成像系统,主要依靠辐射特性进行干扰,可理解为有源干扰,而应用于可见光成像系统,主要依靠反射(散射)特性,应理解为无源干扰。所以通常认为有人为(非自然)能量输入且控制产生相应电磁干扰功能的设备为有源模式,不需要人为能量输入控制产生相应干扰信号的设备为无源模式。

激光制导干扰设备较为特殊,以激光角度欺骗干扰为例,它是利用激光器产生与敌方激光目标指示装置类似的模拟激光束,将激光束投射到附近的激光漫反射假目标上,起到欺骗敌方激光制导武器的目的。系统中既有有源干扰器材激光器,又有无源干扰器材激光漫反射假目标。

干扰按功能通常分为压制性干扰(Barrage Jamming)和欺骗性干扰(Deception Jamming)。压制性干扰是使敌方电子设备收到的有用信号模糊不清或完全被掩盖,以致于不能正常发挥应有功能的干扰方式,可以认为是信号级干扰,这种方式在雷达对抗领域应用非常广泛,对于光电制导武器,可采用人工雨雾烟幕、高能激光致盲等手段进行信号压制对抗;欺骗性干扰是指在敌非预期空间发射、转发、反射电磁波(或声波),使干扰信号与真实信号相似,造成敌方得出虚假信息以致于产生错误判断和行动的干扰方式。常见的红外诱饵、红外干扰机、激光欺骗干扰、假目标和伪装等都是欺骗性干扰。

红外诱饵是指具有与被保护目标相似的红外光谱特性,并能产生高于被保护目标的红外辐射能量,用以欺骗或诱使敌方红外制导武器的假目标。包括气溶胶红外诱饵、可燃箔条弹等,它利用诱饵的位置信息干扰制导武器的测角跟踪系统。红外干扰机发射红外干扰信号,破坏或扰乱敌红外探测系统或红外制导武器正常工作。红外诱饵与干扰机可以认为是角度(位置)欺骗干扰,也可理解为假目标。专用的假目标是用来产生虚假目标信息的散射(反射)体或辐射源。伪装也是提供虚假信息,使敌方光电探测设备或制导系统难以发现目标或产生错觉的一种对抗方法。假目标和伪装主要是干扰探测制导系统的辨别判断能力,以降低其发现识别概率为主要目的,因此可以认为它是信息级干扰。

4. 光电隐身与伪装

隐身技术(Stealthy Technique)是指减少目标的各种可探测特征,使敌方探测设备难以发现或使其探测能力降低的综合性技术。电子伪装(Electronic Camouflage)是指采用特殊器材或技术手段,减少、消除或改变目标的真实反射、辐射及吸收特性或制造假目标,使敌方电子探测设备难以发现或产生错觉的战术技术措施。

可以看出,假目标也是一种伪装手段,伪装的目的就是隐真迷惑,采取隐蔽的措施,使目标隐藏在背景里。隐身主要以降低可探测特征为主,以不发现为目的,常指移动平台采取的一些避免暴露的措施,如涂料技术、热屏蔽技术等;伪装主要以隐蔽为主,是指在目标外观上或外部采取迷彩、伪装网、人工遮蔽等措施。其实,隐身与伪装在功能上没有本质区别,都是为了降低敌方光电探测设备的探测概率或识别概率。伪装是手段,隐身是目的,伪装可以达到隐身的效果,隐身可以通过伪装来实现。因此,也有学者将隐身与伪装技术统称为隐身技术。

针对红外成像制导系统的对抗措施,通常结合目标探测、目标识别与目标跟踪三个阶段进行分析设计。采用对抗措施使成像系统在一定条件下不能探测到目标的技术是红外隐身技术,使红外成像制导系统探测到目标信息条件下,难以识别或者不能识别目标的技术是红外波段的电子伪装,使制导系统不能正常工作或跟踪目标的技术则认为是红外干扰技术。

美军注重加强通用红外对抗项目的技术研究,目的是集成已有的先进威胁红外对抗系统(Advanced Threat Infrared Countermeasures,ATIRCM)、通用导弹告警系统(Common Missile Warning System,CMWS)和干扰物/诱饵抛撒器,研发一种廉价、轻型、基于激光的红外定向干扰对抗系统,形成 ATIRCM/CMWS 综合红外对抗系统,以对抗现役和未来的各类型红外制导导弹,如图 7-6 所示。该系统可装备陆军的旋翼、固定翼飞机和陆军特种作战直升机,也可装备海军、海军陆战队和空军的多种飞机,以及各类型重要军事设施的导弹防御体系。

ATIRCM子系统是第一个使用激光器作为干扰光源的定向红外对抗系统。定向红外对抗是将红外干扰光源的能量集中在导弹到达角的小立体角内,瞄准导弹的红外导引头定向发射,使干扰能量聚焦在红外导引头上,从而干扰或饱和红外导引头上的探测器和电路,使导弹丢失目标。CMWS子系统实现导弹逼近被动探测和告警,为红外干扰系统提供来袭导弹的位置及相关状态信息。干扰物/诱饵抛撒器释放的烟幕可以有效遮蔽自身,也可以向小型飞行器(导弹)模拟己方飞机(导弹)的红外特征,诱骗来袭武器。针对反导武器系统主战武器通常采用红外末制导方式,可以考虑在导弹突防过程中携带红外对抗系统,适时释放红外烟幕或诱饵装置,诱骗反导导弹,实现主动突防。关于光电制导对抗装备的详细知识,有兴趣的读者可进一步参阅文献[36-38]。

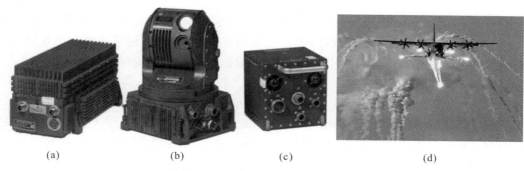

(a)　　　　　　　　(b)　　　　　　　(c)　　　　　　　　(d)

图 7-6　综合红外对抗系统示意图

(a) 波段激光器;(b) 干扰头模块;(c) 干扰头控制器;(d) 诱饵与烟幕释放效果

第三节　雷达制导技术

雷达制导主要是指利用微波波段的一些不同波长范围的电磁波作为目标捕获和测定的信息源,将制导武器导向目标。本节按制导方式介绍雷达遥控制导、雷达寻的制导、雷达成像制导的主要类型与基本原理。在此基础上,重点介绍毫米波主动雷达寻的制导、合成孔径雷达成像制导、激光雷达成像制导的基本原理与特点,同时,针对雷达制导对抗问题,介绍常用的对抗方法手段。

一、雷达遥控制导

雷达遥控制导主要有雷达指令制导与雷达波束制导两种类型。

1. 雷达指令制导

雷达指令制导(Radar Command Guidance)中,首先侦察雷达发现目标并自动跟踪,不断传出目标和飞行数据,传给指令计算机,同时控制发射架对准目标,指令计算机将所需指令传给制导雷达,操纵手按下控制钮,即刻发射,导弹进入制导雷达的波束扫描区,指令天线不断向导弹发送询问信号,弹上控制仪收到询问信号即刻向制导雷达回答信号,制导雷达就自动跟踪导弹,测出导弹位置,并将导弹数据送入指令计算机,指令计算机分析导弹飞行偏差,产生控制信号,由指令发射机发射给导弹,弹上控制仪将该信号又交给自动驾驶仪,自动驾驶仪则根据控制信号,操纵舵面控制导弹飞行方向,纠正导弹飞行偏差,使导弹击中目标。

2.雷达波束制导

雷达波束制导(Radar Beam Rider Guidance)时,与激光波束制导类似,制导站的引导雷达(单脉冲雷达或圆锥扫描雷达)发出引导波束,导弹在引导波束中飞行,当它飞离引导波束光轴(等强信号线)时,由偏离的大小和方向,导弹自己形成引导指令,控制它飞回引导波束光轴,最后击中目标。雷达波束制导分为单雷达波束与双雷达波束制导。单雷达时,制导站用一部雷达跟踪目标并引导导弹。双雷达波束制导站用两部雷达:一部跟踪目标,测得目标运动参数,送给计算机,根据选用的引导方法,计算机控制另一部雷达引导波束的光轴指向,导弹在引导波束内飞行,最后击中目标。

二、雷达寻的制导

雷达寻的制导(Radar Homing Guidance)按照雷达导引头工作原理不同可分为主动(Active)、半主动(Semi-Active)和被动(Passive)三种模式,按照波段不同可主要分为米波、分米波、厘米波和毫米波等雷达类型,这里重点介绍毫米波主动雷达寻的制导。

1.寻的制导模式

(1)雷达主动寻的制导。雷达主动寻的制导是指将雷达发射机和雷达信号接收机都装在导弹导引头里,在导弹进入飞行末段后,雷达导引开始工作,发射机雷达波在空间搜索,雷达波碰到目标后,就会产生目标回波,并被接收机所接收,同时产生控制信号通过自动驾驶仪控制导弹飞向目标。

(2)雷达半主动寻的制导。雷达半主动寻的制导是指照射目标的雷达发射机设在弹外制导站,弹上导引头的雷达接收机接受目标反射回波,并对目标进行捕获、定位和跟踪的寻的制导系统。它的优点是发射机照射源在制导站上,可以提高发射功率,具有较远的作用距离;弹上制导设备较简单。缺点是制导站必须连续不间断地照射目标,对制导站的依赖程度很大而且容易被地方电子干扰。

(3)雷达被动寻的制导。雷达被动寻的制导是指导弹导引头里仅安装雷达接收机和目标的特性数据,利用目标对雷达波的辐射特性对导弹进行导引,该方式主要用于反辐射导弹的制导。

在战术导弹中常常以主动式或半主动式为主,被动式为辅。即当主动式或半主动式雷达自动导引遇到来自目标的有源干扰时,自动导引系统自动转入被动状态工作。这时导弹直接接收干扰波的信号,跟踪干扰源。采用兼容式导引方式可以迫使敌方不敢轻易释放干扰,是一种最积极的抗干扰措施。

2.毫米波雷达寻的制导

目前,毫米波(Millimeter Wave,MMW)主动雷达导引头技术日益成熟,应用范围越来越广泛。毫米波是指波长在1~10 mm,亚毫米波是指波长在0.1~1 mm的电磁波段。可以看出,毫米波波长处于红外与微波之间,具有它们两者的优点,并且在某些方面超过它们。与红外相比,毫米波更能适应复杂的战场环境和恶劣的气象条件;与微波相比,毫米波探测目标精度更高。毫米波在每一个窗口都具有宽频带特性,并且容易采取频率捷变、频率分集或扩展频谱、宽带调频等有效的抗有源干扰的措施。毫米波雷达天线增益越大,有效辐射功率越高,越能提高雷达的功率对抗能力。毫米波雷达可以获得窄天线波束、低旁瓣电平和高定向性,改善了跟踪精度和命中率,提高了抗无源干扰的能力和对多目标的分辨能力,以及低空和超低空作战能力。目前尚没有可以实用的毫米波吸收材料,毫米波雷达导引头能够有效地捕捉和跟踪隐身目标。毫米波雷达具有低截获概率和宽带特性,因此,也具有抗反辐射导弹的能力。由于器件特性的限制和毫米波传输特性的影响,毫米波雷达导引头的弱点是作用距离较近,在浓雾和大雨情况下衰减增大。补救的办法是采用复合制导技术。例如采用微波/毫米波双模复合制导,用微波系统作远距离搜索和目标截获,在近距离用毫米波系统进行精密跟踪。

毫米波主动雷达制导技术所包括的关键技术有以下几项。

(1)天线罩技术。要选用耐高温、高强度的材料制造天线罩,并且要有符合需要的电磁波透射率、瞄准线角误差和瞄准线角误差斜率。特别是瞄准线角误差斜率会影响导弹的脱靶量和高空飞行时的稳定性。

(2)天线技术。天线直接影响导引头的基本性能,如作用距离、抗干扰、低空下视、测角精度、角分辨率和对目标的角度截获能力等。应该使天线的主要性能满足要求,如和波束增益、旁瓣电平、差波束零值深度、驻波系数、和差各路间的隔离度等。

(3)发射/接收技术。发射机的关键部件是射频源和末级功放。射频源可以采用间接式相干频综器或高频稳度振荡源。末级功放可采用行波管或速调管。接收机的关键问题是动态范围和各通道的幅相一致性。

(4)信号处理技术。信号处理器是导引头中的核心部件,它要完成许多重要的工作,例如:控制发射机的工作射频和脉冲重复频率、多普勒频率跟踪、目标识别和抗干扰、末制导指令计算、导弹自检和导引头工作逻辑控制等。要采用视频积累、恒虚警接收、现代谱分析等先进技术。

(5)器件与毫米波集成电路。毫米波导引头的关键技术之一是采用固体功率发生器,它轻而小、成本低、可靠性高、开机反应时间短、电源电压低,虽然其功率小,一般用多个器件进行功率组合。毫米波固体功率发生器常用的器件是碰撞雪崩渡越时间二极管。组合方式有谐振腔组合方式和准光学功率合成方式。此外,发射/接收系统还使用各种毫米波单片集成电路,大大减小了导引头的质量和体积,并且大幅度提高了导引头的工作可靠性。

三、雷达成像制导

雷达成像应用较为广泛的是合成孔径雷达成像和激光主动雷达成像两种模式。

1.合成孔径雷达成像制导

合成孔径雷达(Synthetic Aperture Radar, SAR)是在真实孔径雷达的基础上发展而来的。早在20世纪50年代初期,为了得到雷达图像,制成了机载真实孔径雷达。其工作原理为当飞机飞行时让雷达波束向侧下方地面发射出去,雷达接收后直接将地物目标的散射回波记录在移动的感光胶片上,从而构成了一幅带状图像。真实孔径侧视雷达飞行方向上的分辨本领与天线尺寸成正比,与波长、距离等成反比。

合成孔径雷达制导系统是利用合成孔径雷达作为目标捕获、定位和跟踪手段的制导系统。这种制导采用了合成孔径的技术,是一种先进的主动式微波遥感器。在方位上采用合成孔径技术,在距离上多采用脉冲压缩技术,能够获得高质量的二维雷达图像,在结构上使天线尺寸缩小,有利于装在弹头上并得到很高的分辨率。虽然现阶段主要是指令制导方式,与雷达波指令制导方式相同,但精度却提高了一个数量级。其原理是利用对雷达回波信息的积累和相干处理,可以使小孔径天线起到大孔径天线的效果,形成等效的大型线阵天线,达到很高的方位分辨率;利用脉冲压缩技术得到很高的距离分辨率。

合成孔径雷达制导系统的主要优点是观测面宽、提供信息快、图像清晰、制导精度高和全天候能力强,能从地面杂波中分辨出固定目标和运动目标,能有效地辨识伪装和穿透掩盖物。其缺点是容易受到无线电波的干扰,易受地形、地物的影响,易暴露本身位置等。弹载 SAR 成像制导技术目前还需重点关注以下几方面工作。

(1)大斜视/前斜视成像技术。由于弹载 SAR 往往是在目标侦察探测后完成目标攻击,为保证导弹具备足够的转弯机动时间,所以弹载 SAR 通常是在大斜视甚至是前斜视的情况下成像的。

(2)非线性孔径 SAR 成像技术。导弹的垂直方向速度、大气湍流等自然扰动,以及规避敌方防空导弹阵地等敏感区域等战术飞行,使得导弹航迹不能等高度匀速直线飞行,因此弹载 SAR 需要解决非线性孔径 SAR 成像问题。

(3)宽域成像技术。为保证制导末端的单脉冲前视跟踪阶段的分辨率和测角精度,SAR 导引头波束宽度一般只有 $3°\sim5°$,受弹载条件功率限制,主动导引头的作用距离只有十几到几十千米,其波束覆盖范围有限,因此弹载 SAR 需要解决如何在短时间内对大范围区域进行扫描成像的问题。

(4)稳像技术。它包含两方面含义:一是要在导弹姿态、航迹变换的条件下稳定成像区域;二是要运动补偿,保证成像质量的稳定。而战术导弹效费比的考虑使弹载惯性测量器件精度相对较低,因而需要用"稳像"技术来解决制导稳定问题。

(5)快视技术。弹载 SAR 必须在弹载计算机上完成图像校正、景像匹配及载体定位等一系列处理,为了保证后续制导控制过程的准确可靠,必须设计"快视"成像算法,即智能化的景像匹配算法,实现高速精确匹配定位。

(6)抗干扰技术。SAR 通过对目标回波信号的相干处理获得二维高分辨率图像,其成像过程可视为空域的二维匹配滤波,从而获得高脉冲压缩比,因此 SAR 对噪声调制干扰等传统压制式干扰具有较强的抑制能力。但随着场景散射干扰、有源欺骗干扰等 SAR 干扰技术的不断发展,如何在复杂作战环境下对抗各种针对 SAR 的有源、无源干扰是弹载 SAR 需要考虑的重要课题。

2.激光雷达成像制导

激光雷达(Laser Detection And Ranging,LADAR)的工作波长较短,与普通微波雷达相比,通常相差三个数量极,而且激光又是单色的相干光,因而激光雷达呈现出极高的分辨率和抗干扰能力,使激光雷达独具特色。激光雷达的基本工作原理是,通过发射一些短的光脉冲(红外光谱范围内),从被照射物体或场景反射回来的光由接收机检测,从而测定距离,起到与高度表类似的作用,但其分辨率高得多。成像激光雷达则可获得场景的景像,并且检测和测量地球表面上的目标形状时,也不会受到照明与气象等条件变化的影响,也不会因积雪覆盖而改变。

激光雷达成像制导(LADAR Imaging Guidance)传感器与目前可选用的其他成像制导传感器如前视红外、视频传感器、毫米波雷达和合成孔径雷达相比,具有以下突出优点。

(1)分辨率高,具有很高的角度、距离、速度和图像分辨率,因而能探测飞行路径中截面积小的障碍物如电线、电线杆等;能使巡航导弹具有地形跟随和障碍物回避的能力,有利于低空入侵,特别是在夜晚和坏气象的条件下。

（2）图像稳定。激光雷达图像所记录的是目标的三维本性，不受昼夜、季节、气候、温度、照度变化以及各种干扰的影响。根据稳定的激光雷达三维图像所预测的目标特征和所发展的目标识别算法软件，真实、准确和可靠，使导引头能以极低的虚警率可靠地自动识别目标。

（3）能提供目标的三维图像，同时提供目标的距离和速度数据。这一特点能使导引头全方位识别目标，特别是一些形状大同小异的目标，还能在实战中选择最佳的角度接近目标。

（4）与微波雷达相比，激光雷达的体积和质量较小，易于使用维护。

由于具有上述优点，所以成像激光雷达可作为新一代的精确自动制导传感器，用来制导先进的巡航导弹、航空导弹、灵巧弹药等。它可完成航路导引、精确末制导、地形跟随和障碍物回避、目标自动识别和敌我识别、在目标上选择瞄准点等功能。它可使精确制导武器不受环境变化、气候变化和昼夜变化的影响，全方位攻击目标并准确命中目标。此外它还具有简单、可靠、天线尺寸小、价格较低、扫描光束十分窄、隐蔽性好的优点。这种制导系统的研究尚处于起步阶段，关键是研究小型高能激光照射装置，使导引头具备有效的目标主动探测功能。

四、雷达制导对抗

雷达是目前精确制导武器使用最广泛的目标感知模式，而同时也是现代防御体系的重要组成部分，是精导武器突防的主要障碍之一。这与雷达制导形式多样、技术成熟、性能优良的优势密不可分。有矛必有盾，雷达制导对抗技术也在攻防对抗中不断发展。雷达对抗技术是也是电子对抗的重要内容之一，由于各种新体制雷达和雷达制导弹药的大量运用，雷达对抗的各种技术和战术不断发展。军事专家一致认为，现代高科技条件下的信息化战争中，忽视雷达对抗就等于放弃胜利。雷达对抗相关的概念、类型与光电对抗类似，可以对照前面第二节光电制导对抗来理解。关于雷达对抗较为权威的定义是采用专用的电子设备和器材对敌方雷达进行侦察和干扰的电子对抗技术。其目的包括阻碍敌雷达正常工作、降低敌雷达工作效能和获取敌雷达战技术参数等。也有文献从功能角度称雷达对抗是指为削弱、破坏敌方雷达的使用效能，保护己方雷达正常发挥效能而采取的措施和行动的总称。

1. 雷达制导对抗手段

对于雷达探测制导，雷达制导对抗主要采用雷达侦察告警、雷达电子干扰、反辐射摧毁和雷达电子防御等手段。

（1）雷达侦察告警又称雷达对抗侦察，其使用雷达侦察设备截获敌方的雷达信号并进行分析、识别、测向和定位，获取战术技术情报，是雷达对抗的基础。其平时通过对敌雷达长期的监视，从而获得全面情报，战时通过侦察判定敌雷达的型号和威胁等级，直接为作战指挥、雷达干扰、火力摧毁等提供实时情报。雷达对抗侦察接收机可以部署在卫星和飞机上、舰艇和车辆上，甚至可以单兵背负。雷达辐射电磁信号是实施雷达侦察的前提。通常雷达的类型、工作体制和基本性能由其特征参数表示，如载波频率、发射功率、调制类型、脉冲宽度、脉冲重复频率、天线方向图、天线扫描类型、极化形式和频谱宽度等。在这些参数中，有些只能间接测量计算，如发射功率、调制类型等；有些可直接测量，如载波频率、脉冲参数、频谱等。根据这些参数，可以判断雷达类型及其配属的武器系统，评估其威胁程度，进而给出告警信息。

（2）雷达电子干扰是利用各种干扰设备和器材辐射、反射、散射或吸收电磁能量，阻碍雷达的正常工作或降低雷达的效能，使其不能正常检测有用信息或跟踪目标，以达到降低雷达控制武器的精度的目的。按照产生机理，干扰可分为无源干扰和有源干扰两类。

1)无源干扰是指使用本身不辐射电磁辐射的装备或器材,通过反射或吸收敌方雷达辐射的电磁波而实施对抗。无源干扰常用的器材有箔条(干扰丝)、各种角反射器、假目标和雷达诱饵、反雷达涂层等。例如,当目标受到雷达威胁时,可以发射铂条火箭,使敌雷达制导导弹偏离目标。也可以将大量的铂条投放到空中,形成干扰走廊,雷达显示器上会显现一条长长的亮带。有了这条掩护带,在走廊中飞行的目标,就很难被雷达确定具体位置,适时断续投放,可使雷达跟踪干扰而丢失目标,称为欺骗性干扰。角反射器一般有各种形式,如三角形角反射器、圆形角反射器、方形角反射器、伦伯透镜角反射器和双锥角反射器等,能增强对电波的反射,一般用于模拟较大目标的回波,制造假目标。假目标和雷达诱饵,多用于突破敌方雷达防御系统,阻碍敌方对目标的识别和跟踪。反雷达涂层,涂敷在目标表面上,改变目标的雷达散射截面(Radar Cross Section,RCS)或空间媒质的电磁性能,减小目标对雷达电波的反射,降低雷达的探测能力。无源干扰的特点是通用性强、制造简单、使用方便,因而长期受到重视。

2)用专门的雷达干扰设备发射强烈的干扰电磁波使敌方雷达屏幕呈现一片杂波,操作员看不见有用信号,这叫作雷达有源干扰。雷达有源干扰就是增加雷达接收机的噪声,降低其信噪比,增加对有用信号检测的不确定性,或者增加接收机的虚假信息,提高数据的错误率和虚警率。雷达有源干扰又可分为压制性干扰和欺骗性干扰。压制性干扰是指发射与敌雷达频率相同的干扰信号,甚至淹没其目标回波,使之进入敌雷达接收机,以压制其对目标回波的接收,使受干扰雷达的显示器不能显示目标信息或不能提取正确的数据,甚至使接收机饱和,失去检测信号的能力。欺骗性干扰是指用干扰设备接收敌雷达发射的信号,经过快速处理,在距离、角度、速度方面产生假的效果,再转发回去,使敌方雷达得到虚假的回波信号。

(3)雷达对抗既可以用软杀伤,也可以用硬摧毁。反辐射导弹和反辐射无人机就是专门对付雷达的硬摧毁武器。它们能跟踪敌方雷达发出的波束,将其摧毁。在几次局部战争中,反辐射武器都发挥了巨大作用。没有制电磁权的一方,其地面雷达要么被摧毁,要么不敢开机,整个防空系统彻底瘫痪。

(4)雷达电子防御包括反侦察、反干扰和反摧毁。例如:对抗反辐射摧毁可以在距雷达适当距离配置诱饵发射机,当反辐射导弹来袭时,启动诱饵发射与雷达相参波形,使反辐射导弹上当受骗。可以采用雷达组网对抗反辐射导弹,采用同频雷达交替开机关机,扰乱其制导系统,使其无的放矢。将发射站与接收站分开的双基地雷达,将易于受到攻击的发射站设在严密设防的纵深或移至飞机上,也可收到对抗反辐射导弹的效果。

美国雷神公司开发的新一代电子干扰机 NGJ(Next Generation Jammer)是一种数字化电子战武器,如图 7-7 所示。这种干扰机的外形是 3 m 长的自动化电子战吊舱,主要装备美国海军"尼米兹"级核动力航母上的 EA-18G"咆哮者"舰载电子战飞机,旨在对抗中国和俄罗斯的数字雷达等新型防空雷达,破解中国的"区域拒止/反介入"(Anti-access/Area Denial,A2/AD)能力。

五角大楼宣称 NGJ 干扰机具有很多优势。第一是它的功率强大,由于采用有源电子相控阵雷达和氮化镓元件,这种干扰吊舱能释放 10 倍于现役 AN/ALQ-99 机载电子吊舱的大功率信号,而且最大限度地减少了附带干扰,信号非常"干净";第二是不易发现,它的机载相控阵雷达能在更广泛的频段范围释放电子信号,增加敌方监测背景信号的复杂性,更难被敌方预警系统监测发现;第三是反应迅速,NGJ 干扰机可以阻塞多个频段,是一款非常"敏捷"的干扰装备,并能够分析敌人的新信号并及时加以阻塞;第四是便于升级,NGJ 干扰机采用数字化开放式系统架构,可以通过更新"目标威胁库"实现升级,迅速判别敌方引进或研发的新型号;第五是用途广泛,除了电子阻断、干扰等功能外,NGJ 干扰机还可以监听敌方通信信息,使"咆哮者"战机在未来战场上扮演"智能听风者"的角色。

图 7-7 雷神公司 NGJ 干扰机示意图

2.雷达对抗性能要求

雷达对抗系统应具备的主要性能包括:①在密集信号环境中,能迅速截获辐射源,进行分析、威胁识别、估计电磁环境和告警。②能选择最佳措施,实施有效对抗。在变化的电磁环境中,能根据情况确定对策。例如,作战初期,用有源干扰和无源干扰破坏敌方雷达对己方目标的监视和截获。当敌导弹跟踪己方目标时,要能破坏雷达的跟踪,使导弹偏离目标。③能与其他系统配合使用。雷达对抗系统是战术进攻和防御武器系统的重要组成部分。它通过计算机与通信对抗系统、光电对抗系统相配合,组成综合的电子对抗系统或体系。雷达对抗系统能通过通信线路与通信、导航等其他电子系统和武器系统相配合,在作战指挥系统的指挥下,实现协同作战。④具有功率管理能力。在作战中,对目标的攻击可能是多批次的,且来自多个方向。为了有效地利用干扰功率,对抗系统必须对干扰功率进行管理和适时分配,根据威胁信号的轻重缓急,在适当的时间、适当的方位和准确的频率上,使用干扰功率和最佳干扰技术,以对付不同方向的或同一方向的多个威胁。⑤具有系统自检能力,能及时发现和排除故障,缩短修复时间。关于雷达制导对抗技术与装备的详细知识,有兴趣的读者可进一步参考文献[36,39,40]。

第四节 制导律设计

很显然,光电与雷达探测制导技术与要打击的目标密切联系,特别是用于打击动态目标具有明显优势。依据导弹与目标的状态参数,形成的制导指令,决定了导弹攻击目标的运动规律,称为制导方法,又称制导律(Guidance Law)。制导律设计是各类探测制导的关键技术环节,本节重点介绍遥控制导律、寻的制导律等经典制导方法,之后结合现代控制理论的发展,简要介绍一些新型制导律。

一、遥控制导律

遥控制导(Remote Guidance)是由设在导弹以外的制导站控制导弹飞向目标的制导方式。

制导站可设于地面、海上(舰艇)或空中(载机),主要功能是跟踪目标和导弹,测量它们的运动参量,形成制导指令或控制导引波束,并由指令传输装置不断将制导指令发送给导弹。为满足遥控制导精度的要求,可供采取的主要技术途径是:①提高对目标和导弹运动参量的测量精度。②合理地选择和设计导引规律,减小弹道的法向需用过载,从而减小系统的动态误差。③合理地设计控制回路,以减小控制误差。因此,通过研制新型高精度的测量装置,如红外探测装置、激光雷达探测装置等,以及应用现代控制理论,优化制导技术和计算机技术等,才能设计出性能更完善的遥控制导系统,以提高制导系统的综合性能。

1. 弹-目运动学模型

在导弹制导中,制导设备必须根据每瞬时导弹的实际飞行弹道与要求弹道间的位置偏差,形成引指令,以平稳、准确地控制导弹飞向目标或预定区域。那么,要求的弹道是如何确定的呢?所谓要求的弹道,即理想弹道,它是根据目标、导弹的位置和运动参数,以及预先确定的导弹、目标间的运动学关系来确定的,如图 7-8 所示。

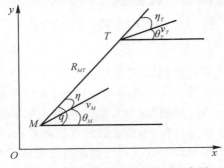

图 7-8　弹-目相对运动关系示意图

其中,每瞬间目标、导弹的位置和运动参数,由观测跟踪装置测得。目标、导弹间的运动学关系,则由选定的导引方法决定。因此,所谓导引方法,就是导弹按照预先选定的运动学关系(或规律)飞向目标的方法。这里所说的运动学关系,一般是指导弹、目标在同一坐标系中的位置关系或相对运动关系。遥控制导系统中,在雷达测量坐标系内确定导弹、目标间的运动学关系。为简化讨论,设导弹、目标只在铅垂平面内运动。图 7-8 中,导弹所处位置用 M 表示,目标所处位置用 T 表示;导弹运动速度为 v_M,目标运动速度为 v_T,导弹与目标之间的连线 MT 称为目标视线,两者之间的距离用 R_{MT} 表示,目标视线和参考轴 x 的夹角称为视线角,用 q 表示。导弹质心运动速度相对于目标视线之间夹角称为导弹运动的前置角,用 η 表示,目标质心运动的速度 v_T 与目标视线之间的夹角为目标运动的前置角,用 η_T 表示。图 7-8 中所表示的角度均为它们的正方向。导弹在向目标飞行过程中,两者之间的距离 R_{MT} 在不断地发生变化。根据运动学理论可知,导弹与目标之间的距离的变化率应为导弹速度矢量 v_M 和目标速度矢量 v_T 在目标视线上投影的代数和,即

$$\dot{R}_{MT} = \frac{\mathrm{d}R_{MT}}{\mathrm{d}t} = v_T \cos\eta_T - v_M \cos\eta \tag{7-1}$$

导弹在飞行目标过程中,除了导弹和目标之间的距离发生变化外,目标视线角 q 也要发生变化。目标视线角的转动角速度 $\dot{q}$ 应为导弹运动和目标运动分别引起目标视线转动角速度的代数和,即

$$\dot{q} = \frac{\mathrm{d}q}{\mathrm{d}t} = \frac{v_M \sin\eta - v_T \sin\eta_T}{R_{MT}} \tag{7-2}$$

由图 7-8 及上述弹-目运动学方程可知,导弹和目标之间的相对运动关系是通过导弹和目标之间的距离 R_{MT} 和视线角 q 这两个参数来描述的。也就是说,通过一个距离参数和一个角度参数作为坐标来描述,这样一种坐标系就是数学上所说的极坐标系。所以说描述导弹和目标之间相对运动的坐标系,就是以距离 R_{MT} 和视线角 q 所组成的极坐标系。依据以上最基本的运动学约束关系,结合导弹的运动特性、目标的运动特性、环境和制导设备的性能,以及使用要求,可以设计选用不同的导引方法或导引律。

导引律是描述导弹质心运动应遵循的准则,它确定了导弹质心空间运动轨迹。在导弹制导控制系统的分析与设计中,导引律研究将解决确定导弹飞行并命中目标的运动学问题。导弹飞行与如下两个方面相关:一是导弹必须击中目标,即理论上讲导弹质心运动轨迹应与目标运动轨迹在某一瞬时相交,故而导弹质心运动特性与目标运动规律相关。二是导弹要能够击中目标。必须在制导控制系统作用下飞行,所以导弹质心运动又与制导控制系统的性能相关。可见研究导弹导引律不仅要建立导弹运动学和动力学方程,还必须引入描述上述两个约束条件的数学模型,通常称之为制导方程。

导引律分类方法虽然很多,但是按照研究方法可归类为古典导引律与现代导引律;按照导引方法可划分为"位置导引"和"速度导引"两大类。"位置导引"主要有三点法(重合法)和前置角法;而速度导引包括追踪法、平行接近法和比例导引法。遥控制导时,所采用导引律(导引方法)主要是三点法(重合法)和前置角法。

2. 三点法导引

三点法(Three Point Method)是指导弹在飞行目标过程中,使导弹、目标和地面制导站始终保持在一条直线上的导引方法,又称为视线角法(Line of Sight Mehod),故导弹同目标的高低角、和方位角必须相等。若已知目标运动特性(v_T, q_T)、导弹运动速度(v_M, q_M)和假定制导律固定,则容易得到三点法导引时导弹在铅垂面内的运动学方程组,同时也容易利用图解法绘制出导弹的理想弹道。图 7-9 所示为设目标平直等速飞行时,按三点法导引的理想弹道。

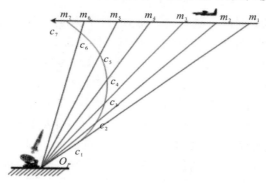

图 7-9 三点法导引理想弹道示意图

图 7-9 中,制导站在制导导弹过程中相对地面是不动的,用 O_P 表示,$m_1, m_2, m_3, \cdots$ 和 $c_1, c_2, c_3, \cdots$ 则分别表示同一时间目标和导弹在空间所处的位置。当然,三点法导引中,制导站可以是相对地面固定的,也可以是活动的。三点法导引的优点是技术上易实现,抗电子干扰能力好,打击慢速移动目标效果好。缺点是弹道弯曲严重,即导弹需用过载大,机动性能要求

高,有可能导致脱靶,特别是地空导弹在迎击低空高速目标时,这一缺点更为严重。因而三点法通常用于打击低速($v_T \leqslant 300$ m/s)目标。

一些制导系统采用光学或电视观测器时,为了避免导弹"遮住"目标,在高低角方向有意使导弹向上偏开目标线,此时,称为修正的三点法。同时,有些拦截低空目标的地空导弹,如完全按三点法导引,导弹飞行的初始段可能因高度太低,有触地(海)面的危险。为此,采用小高度重合法,即在导引的初始段,将导弹抬高到目标视线上,而后,导弹高度逐渐降低,在距控制站较远时,导弹才按三点法飞向目标。

3.前置角法导引

前置角法(Lead Angle Method)是指在目标飞行方向上,使导弹超前目标视线一个角度的导引方法。意思是使导弹总处于制导站和目标连线的前方,也就是使制导站与导弹之间的连线超前制导站与目标的连线一个角度 ε,如图 7-10 所示。

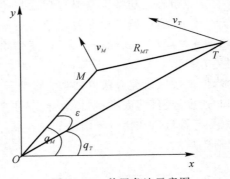

图 7-10　前置角法示意图

图 7-10 中,O,M,T 分别为某一瞬时制导站、导弹和目标所处的位置。导弹和目标之间的距离用 R_{MT} 表示。为了使用导弹能直接命中目标,就需要在导弹和目标之间的距离 R_{MT} 接近零时,ε 也应为零。故导弹超前角 ε 取如下变化规律:

$$\varepsilon = q_M - q_T = CR_{MT} \tag{7-3}$$

式中,C 可以为常数,也可以为时间函数。当为常数时(不为零),形成的导引方法称为常系数前置角法。它用于某些遥控式导弹拦截特定的高速目标情况。因为适当地选择系数 C,使导弹有一个初始前置角,其弹道比三点法要平直。当导引系数为给定的时间函数时,可得到所谓的全前置角法和半前置角法。由于采用前置角法时导弹的横向加速度比重合法时小,对目标的角加速度不敏感,所以在中程遥控导弹中得到较多应用,如"奈基-Ⅱ""SA-2"等地空导弹。应用半前置法时,导弹对目标视线应提前一个前置角。一方面要求制导设备必须有形成前置角的装置,另一方面要求观测跟踪装备的观测视场比三点法大。因而,制导设备要求高,相对复杂,形成前置角时,还需要目标的距离信息,使得制导设备的抗干扰能力变差。

二、寻的制导律

寻的制导(Homing Guidance)系统是由弹上导引头(或称目标追踪器)接收来自目标的辐射或反射能量,自动跟踪目标并形成制导指令,控制导弹飞向目标的制导方式。寻的制导直接跟踪目标信息进行制导,因此制导精度较高,但作用距离较近。除了可单独应用于近程导弹的制导系统外,寻的制导系统还可与其他制导系统组成复合制导系统,用于中、近程导弹的制导。

在寻的制导中,制导精度除与导引头的测量精度有关外,还同其他许多因素有关,例如导弹特征、机动能力、导引规律以及控制回路等。

使用方式和使用环境不同,对寻的制导系统会有不同的要求。因此,系统的组成及实现途径也各不相同。由于攻击目标的类型不同,在寻的制导系统中需要选择不同的导引规律。导引规律的选择与导引头测量信息的形成密切相关。古典寻的导引律包括追踪法、平行接近法和比例导引法。

1.追踪法

追踪法(Pursuit Method)又称为追踪曲线法或追逐法,是指导弹在制导飞向目标过程中速度向量始终指向目标的一种导引方法。显然,它要求导弹速度向量与目标视线重合,参考图7-7,也就是说导弹在飞行过程中前置角 η 应始终为零。其导引方程为

$$\eta = q - \theta_M = 0 \tag{7-4}$$

如果 $\eta \neq 0$,则为有前置角的追踪法。η 可为常数或变量,但通常取为常数。图7-11所示为追踪法(或有前置角追踪法)示意图,图7-12所示为图解法得到的追踪法导引飞行下的相对弹道曲线。

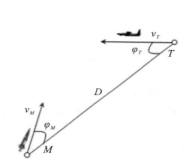

图7-11　追踪法导引原理示意图

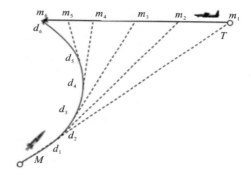

图7-12　追踪法导引弹道示意图

可以看出,利用追踪法导引时,导弹的相对速度总是落后于目标线,且总要绕到目标正后方攻击,从而它的弹道弯曲,要求导弹有较高的机动性,故不能实现全向攻击。由于受命中过载限制,速度比 $P = v_M / v_T$ 被限制导在 $1 \leqslant P \leqslant 2$ 的范围内,因而限制了其应用。

2.平行接近法

为了克服上述追踪法的缺点,研究人员提出平行接近法(Parallel Approach),又称为固定方位法(Constant-Bearing Method)。这是一种导弹在攻击目标过程中,目标线在空间保持平移的导引方法。按照这种导引方法,要求在导弹制导飞行过程中,需始终保持目标视线转率 $\dot{q}$ 为零。也就是说,必须使导弹速度矢量 $\boldsymbol{v}_M$ 和目标速度矢量 $\boldsymbol{v}_T$ 在目标视线垂线方向上的投影始终相等。这样,可得到平行接近法的导引方程式为

$$\dot{q} = \frac{\mathrm{d}q}{\mathrm{d}t} = \frac{v_M \sin\eta - v_T \sin\eta_T}{R_{MT}} = 0 \tag{7-5}$$

简化后,得

$$\sin\eta = \frac{v_T}{v_M} \sin\eta_T \tag{7-6}$$

也就是说,导弹飞行过程中的前置角 η 取决于目标飞行速度 v_T 与导弹飞行速度 v_M 的比值

和目标飞行的前置角 η_T。

同时,当目标作机动飞行,且导弹速度也不断变化时,如果速度比 $P = v_M/v_T$ 为常数,则采用平行接近法导引,导弹所需的法向过载总是比目标的过载小,或者说导弹弹道的弯曲程度比目标航迹的弯曲程度小,对导弹机动性的要求就可以小于目标的机动性,这一点可以通过理论推导证明。图 7-13 所示是目标作匀速运动,曲线 1 是导弹作加速运动时的弹道,曲线 2 是导弹作减速运动时的弹道。

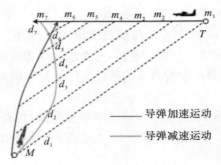

图 7-13   平行接近法弹道示意图

然而,平行接近法要求制导系统在每一瞬时都要精确地测量目标及导弹的速度和前置角,并严格保持平行接近法的导引关系,对制导系统提出了很高要求,工程上实现难度较大。

3. 比例导引法

所谓比例导引(Proportional Navigation,PN)是保持导弹速度矢量转动的角速度 $\dot{\theta}$ 与目标视线的转动角速度 $\dot{q}$ 成一定比例的导引方法。比例导引法的实质在于抑制视线的旋转,即

$$\dot{\theta} = \frac{\mathrm{d}\theta}{\mathrm{d}t} = K\dot{q} \tag{7-7}$$

式中,K 为比例系数。

从式(7-7)可以看出,在比例系数一定的条件下,如果目标视线的转动角速度 $\dot{q}$ 较小,就可以使 $\dot{\theta}$ 也较小,即可以使导弹的飞行弹道比较平直。由几何关系 $q = \eta + \theta$,可求得

$$\dot{q} = \dot{\eta} + \dot{\theta} \tag{7-8}$$

将式(7-8)代入式(7-7)可得

$$\dot{\eta} = \frac{1-K}{K}\dot{\theta} \tag{7-9}$$

若 $K=1$,则 $\dot{\eta}=0$,实质上就是 $\eta=0$ 情况下的追踪法;

若 $K \to \infty$,则 $\dot{\eta} = -\dot{\theta}$,也就是说 $\dot{q}=0$,这就是平行接近法。

由些可见,比例导引法的弹道特性处于平行接近法与追踪法之间,比例系数 K 一般取 3~6 之间,此时的弹道特性比较好。由于比例接近法具有飞行弹道比较平直和技术上容易实现的优点,所以目前广泛应用于导弹的寻的制导中。

各类导引律中,追踪法简单易行,适用于被动制导,但是存在理论脱靶量不为零的缺陷,只能用于对精度要求不很高的场合。平行接近法有很好的理论性能,如弹道平直、需用法向过载比较小、可以实现全向攻击,缺点是对目标的运动学信息要求较多,需要很多精确的测量信息,系统结构很复杂,抗电子干扰性能差,实际应用上有困难。比例导引律性能优异、实现简单,所以得到了比较充分的研究,经典导引律用得最多的是比例导引律。它使导弹速度矢量的旋转

速度（或弹道法向过载）与目标视线的旋转角速度成正比。优点是弹道前段较弯曲，能充分利用导弹的机动能力；弹道后段较平直，使导弹具有较富裕的机动能力，能实现全向攻击，技术上容易实现，并且导引精度高，所以至今仍然被广泛应用。

对于比例导引来说，当视线角速度小于某数值时，将导致指令的正负向的频繁切换。位置比例导引使加速度指令与视线角速度间存在一个小的偏差，避免了指令的频繁切换。

比例导引在本质上是在目标不机动、系统无延时、控制能量不受约束的情况下，产生零脱靶量和控制量的二次方积最小的最优导引律，在拦截无机动目标时具有非常好的性能。但是大量的研究也表明在攻击有对抗性、大机动的目标时比例导引律在理论上就存在缺陷，它不能保证视线稳定，因此脱靶量大。

三、现代制导律

经典制导规律是基于线性、定常系统的经典控制理论，仍然被广泛采用于导弹的控制与制导中，并发挥着巨大的作用。然而，导弹控制系统本身是一个非线性并受到各种随机干扰的复杂系统，随着现代战争方式的改变，要求导弹具有高精度、强突防、快速机动的能力，这些经典的制导方法越来越不能满足需要，人们日益广泛地运用现代控制理论和微分对策理论研究新的制导和控制方式。

20世纪60—70年代中期，随着现代控制理论的逐步成熟，现代导引律的研究得到了普遍的重视。它的基本思想是把导弹拦截目标过程中的终端脱靶量状态约束、控制约束、噪声等因素用某一个指标函数来表示，通过对这一函数的优化可获得满意的导引律，能够从根本上克服经典导引律的固有缺陷。现代导引律的具体形式取决于研究中所采用的数学工具和对目标机动形式的假设不同而不同，目前主要有线性最优、自适应、微分对策、神经网络、H_∞等制导规律。其主要考虑使导弹在飞行中过载最小，终端脱靶量最小，以及导弹的一些特定要求等。在制导规律研究时，应结合具体的型号设计，改进经典的制导规律和应用现代控制理论，求得适合于实际应用的各种制导规律。

1. 最优制导规律

最优制导规律（Optimal Guidance Law）就是根据战术技术指标要求，引入性能指标（通常表征导弹的脱靶量和控制能量），把导弹或导弹与目标的固有运动方程视为一组约束方程，加上边界约束条件后，应用极小值原理推出的制导规律。最优制导律虽然在理论上可以实现零脱靶量，但是这种制导律形式复杂，需要信息多，而且对信息误差相当敏感，较大的信息测量或估计误差会使其性能反而低于比例导引律。它可分为两大类，一类是线性最优制导律，一类是非线性最优制导律。前者主要是在导弹与目标的非线性拦截几何关系线性化基础上，以二次型性能指标推导出来的。它是以状态反馈的形式给出的，易于实现。但是在有些情况下，这种线性模型与实际模型存在较大差异。近年来，在理论上对最优制导律研究给予了很大的重视，并提出了多种非线性制导律。但是由于非线性最优制导律在工程应用中遇到了很大的困难，为此也提出了许多准最优制导律。在目标高速机动、制导武器对目标的加速度优势较小、要求制导武器以有利的碰撞姿态角击中目标、要求限制能量等情况下，采用最优制导律是比较好的解决办法。

2. 神经网络控制方法

神经网络控制（Neural Network Control，NNC）的基本思想是以仿生学的角度，模拟人脑神经系统的运作方式,使机器具有人脑那样的感知、学习和推理能力。它已成为智能控制的一个新的分支,为解决复杂的非线性、不确定、不确知系统的控制问题开辟了新途径。非线性神经网络对控制有吸引力具有下述特点:

(1)能够逼近任意 L2 范数上的非线性函数;

(2)它采用并行、分布式存储和处理信息,因此容错性很强;

(3)便于用大规模集成电路或光学集成电路系统来实现,或用现有的计算机技术实现;

(4)适用于多信号的融合,可同时综合定量和定性信号,对多输入多输出系统特别方便;

(5)可实现在线或离线学习,使之满足某种控制要求,能适应环境的变化,灵活性很大。

但是神经网络控制存在大量的理论问题有待解决,同时由于神经网络实时性的约束,使其很难应用到实际的工程应用中。

3.微分对策制导律

微分对策制导律(Differential Game Guidance Law)是近年来发展起来的一种新的制导律,它其实并不是一种最优制导规律,但其综合性能实现了最优化。它将现代的最优控制与对策论相结合,与最优制导规律相比,它是一种真正的双方动态控制,并从静态竞争发展到动态竞争,更加符合实战,性能更加优越。微分对策制导律与最优制导律的不同在于最优制导律要求精确地知道目标加速度,而微分对策制导律不需要知道目标机动加速度的精确信息,只需要知道目标的机动能力,即最大加速度,只要目标的加速度小于它的机动能力,无论采取什么样的机动方式,都能取得有保证的性能指标。因此,微分对策制导律和最优制导律相比具有更强的鲁棒性。但目前这种导引律还存在形式复杂、需要信息多等问题。首先,求解微分对策问题是一个两点边值问题,不但求解复杂,不利于实时实现,而且常碰到奇异控制,此时就更难求解了,因此这种导引律还只能用于简单的模型。其次,控制系统所测得的信息常常被噪声破坏或受到各种干扰,是不精确的,有时甚至是错误的,这便增加了这种导引律实现的难度。再次,现代作战往往是超视距的,如法国要求其未来服役的导弹都具有防区外作战的能力。而这种超视距的情况由微分对策理论定性分析可知,作战双方皆处于相持区,使继续作战无法进行下去,这显然是不符合事实的。还有,目前对微分对策制导律的研究很少涉及人的经验在其中的作用。其实人的经验对制导律的设计是很有借鉴意义的。比如微分对策制导律认为对局双方皆使用最优策略,这在对策论中是合理的。但对制导律来说,一方失误总是难免的,如果对局的另一方不能抓住对方的失误,继续采用最优策略,效果反而会较差。

4.变结构制导律

对于实际的导弹来说,由于飞行中所受的空气动力变化,以及关于目标信息测量和估计的误差,使得系统参数存在不确定性。另外不可避免地会受到扰动的影响。这就要求制导律对于不确定性应具有鲁棒性。变结构控制理论在理论上具有无可争辩的优势,特别是对参数摄动和外部扰动的鲁棒性,使得变结构控制理论在许多制导问题上获得了应用。

变结构制导(Variable Structure Guidance,VSG)是 20 世纪 50 年代提出的,它具有快速响应、对参数及外扰动变化不灵敏、物理实现简单等许多本质上的优点,这些优点使 VSG 极适用于弹体控制,但有一个重要的缺陷——抖振,这是因为 VSG 系统的高鲁棒性、高收敛速度的性能是以过大的控制动作为代价而实现的。

变结构制导的运动大致可分为两个阶段:滑动模态前的运动(称为趋近段)及达到滑动模态后的运动。变结构制导的滑动模态具有完全的鲁棒性,即对系统的摄动和外界的干扰具有完全自适应性。而导弹制导的准确度主要决定于滑动模态上的运动。对于进入滑动模态前的运动可以通过增益参数的选择来实现自适应。由于变结构控制的滑动模态具有完全的自适应性,所以不必要面面俱到地研究系统的各种摄动及干扰,而只需要考虑高速机动目标的特点:一个是机动,一个是高速(包括速度的变化)。只要对这两者实现自适应,而对其他各种干扰及偏差的影响可以在有关的增益系统上适当地加以考虑就行了。

最后需要指出的是,导引方法选择和导引律设计是一个很复杂的系统工程问题,必须综合考虑如下主要问题,并以此作为前提和约束,经过充分论证、计算,以求最优。

(1)导弹武器的战术技术要求(包括制导方式、作战空域等)。

(2)导弹测量系统特性(包括可观测状态变量、可探测空域和视场角等)。

(3)导弹性能(包括导弹最大速度及可用过载、导弹初始发射的散布度等)。

(4)目标特性(包括目标机动能力、弹目速度比等)。

(5)对制导系统的要求(包括制导精度、制导系统的工程实现等)。

(6)费效比分析。

专 题 小 结

本专题重点论述了多用于各类精确制导武器末制导的光电与雷达探测制导技术,从目标信号入手,简要介绍了目标与目标信号的定义与类型,论述了常用的目标探测模式,给出了导引头的基本原理框图;介绍了光电制导的主要类型及基本工作过程;介绍了雷达制导的主要类型与基本工作过程;结合制导系统结构,论述了遥控制导律与寻的制导律的设计思路,分析了经典的制导方法,介绍了几种现代制导律,较为系统的论述读者可以参阅文献[5-7]及[41-42]。以上制导技术与方法目前广泛应用于战术导弹如空空、空地、地空等导弹武器系统,随着研究的深入,在常规地地导弹末制导方面也具有重要的应用前景,是提高远程地地导弹打击高价值时敏目标采用的重要技术途径,也是未来各类制导武器向智能化方向发展必不可少的技术手段。

思 考 习 题

1.简述目标的基本内涵与主要类型。

2.简述目标探测的主要模式与基本原理。

3.画出典型导引头制导控制系统的原理结构图,分析其工作过程。

4.简述电视制导的主要类型与基本原理过程。

5.简述红外制导的主要类型与基本原理过程。

6.简述激光制导的主要类型与基本原理过程。

7.简述光电制导对抗的主要内容和方法。

8.简述雷达制导对抗的主要内容和方法。

9.简述雷达制导的主要类型。

10.简述雷达遥控制导的主要类型与基本原理。

11.简述雷达寻的制导的主要类型与基本原理。

12. 简述 SAR 成像制导的基本原理过程。

13. 简述激光主动成像制导的基本原理过程。

14. 简述制导律的基本内涵与主要类型。

15. 结合弹目运动学模型示意图,分析三点法导引的基本原理过程。

16. 结合弹目运动学模型示意图,分析前置角法导引的基本原理过程。

17. 结合弹目运动学模型示意图,分析追踪法导引的基本原理过程。

18. 结合弹目运动学模型示意图,分析平移接近法导引的基本原理过程。

19. 结合弹目运动学模型示意图,分析比例导引法的基本原理过程。

20. 简述寻的制导律的主要方法及特点。

21. 简述现代制导律的主要类型及基本原理。

22. 简述制导方法设计过程中应重点考虑的约束条件。

第八专题　组合导航与复合制导技术

教　学　方　案

1.教学目的

(1)掌握复合制导的基本思想与实现方式；

(2)了解常用的最优估计方法；

(3)掌握 KF 的基本思想与基本方程；

(4)了解 KF 的推导过程；

(5)掌握基于 KF 的组合导航基本方法；

(6)了解典型的复合制导体制。

2.教学内容

(1)复合制导概述；

(2)卡尔曼滤波原理；

(3)基于 KF 的组合导航；

(4)典型复合制导模式。

3.教学重点

(1)复合制导的基本原理；

(2)KF 的基本思想及方程；

(3)INS/GPS 组合导航原理。

4.教学方法

专题理论授课、多媒体教学、原理演示验证与主题研讨交流。

5.学习方法

理论学习、实物对照、仿真实验分析与动手实践操作。

6.学时要求

4～8 学时。

引　　言

随着现代化战争攻防对抗日益激烈、战场环境日趋复杂，单一的制导系统难以满足精确制导的要求，采用复合制导技术是导弹武器系统发展的必由之路。"兼听则明，偏听则暗"。复合制导正是利用具有互补特性的两种或两种以上的制导子系统，借助于计算机技术及相关理论，使各制导模式交替串接工作或并行运行,互相取长补短,弥补单一制导模式的不足,构成总体性能远优于其中任一子系统的组合系统,从而实现高精度、高突防的制导与控制。复合制导技术已成为当代制导技术的一个显著特点,主要用于提高制导系统的制导精度、作用范围及抗干扰能力。前面各专题各种制导方式的典型应用举例也正说明了复合制导技术的重要意义(见图 8-1)。

图 8-1　复合制导技术在各类导弹中的典型应用

(a)美国"侏儒"战略弹道导弹 Midgetman,采用 INS+星光+雷达末制导;(b)美国"战术战斧"Block Ⅳ,采用 INS+GPS+红外成像末制导;(c)法国"飞鱼"导弹 Exocet(岸舰、舰舰),采用惯性+主动雷达末的制导;(d)俄罗斯"白杨-M"战略弹道导弹,采用 INS+雷达景像匹配末制导;(e)俄罗斯"萨姆-12"(S300B)防空反导武器系统,采用惯性+半主动雷达寻的制导;(f)美国"爱国者"PAC(Patriot Advance Capability)防空及导弹防御系统,采用 TVM 制导系统

本专题重点论述复合制导技术的主要内容,包括其基本概念及分类形式、主要特点与实现方式;介绍最优估计法之卡尔曼滤波的基本原理和基于卡尔曼滤波的组合导航原理,在此基础上,以地地导弹为背景,具体分析几种典型的复合制导方式的工作过程。

第一节　复合制导概述

单一制导方式在特定的时间或空间具有优异的性能,对于远距离、长航时作战导弹武器系统,必须考虑在导弹飞行的各个阶段采用特定的制导方式,确保其制导性能,特别是适应复杂对抗条件下的精确打击需求,复合制导是各型导弹武器提升打击效能的关键技术手段。

一、基本概念及分类形式

复合制导(Compound /Composite/Multiple Guidance Technique)是指在导弹飞行的同一阶段或不同阶段,采用两种或两种以上制导方式组合成的制导体制。它已成为当代制导技术的一个显著特点,也是被广泛采用的一种精确制导技术。

1.基本概念

这里首先明确复合制导、组合导航与组合制导的区别及联系。可对照前面关于导航与制导概念的相关内容来理解,三者之间主要是应用对象及内涵不同。

(1)复合制导:包含同一阶段(同一时间,并联)、不同阶段(不同时间,串联)两种以上制导方式组成的体制,是针对导弹武器制导领域涵盖范围最广的表述,可以说现代远程精确制导武器都无一例外采用了复合制导体制。

(2)组合导航:主要指同一阶段(同一时间,并联)使用的两种或两种以上导航方式组合成的体制,强调同时工作,要进行导航信息融合,特别指各类通用载体的导航领域。

(3)组合制导:主要是指组合导航模式在导弹中的应用,也即导弹武器中同时使用两种或两种以上方式组合成的体制,强调在组合导航在导弹制导中的应用。

2.分类形式

从广义上说,复合制导应包括多导引头的复合制导(多模制导)、多功能融合方式的复合制导,以及多制导方式的串联、并联及串并联的复合制导。

(1)多导引头的复合制导。多导引头的复合制导,是指在一枚导弹上装上两种或多种不同种类的导引头同时制导,或采用不同的敏感测量器件,共用后面的信号处理器,两种信号分时工作的导引头的制导。采用多导引头的复合制导,例如美国研制的"地狱之火"空地导弹采用"红外+毫米波"双导引头,既有吸收红外精度高、抗电磁干扰的优点,又兼有毫米波抗烟雾、全天候工作的长处,因而可以在战场上发挥较大的威力。多导引头的复合制导通常还称为多模复合制导。

(2)多功能融合方式的复合制导。多制导方式的复合制导是指同一种自动导引头,根据需要可以选择主动式、半主动式,或者被动式等不同寻的方式的制导方法。如意大利研制的"斯帕达"地空导弹系统,它采用连续波半主动式雷达导引头制导跟踪被攻击目标,一旦被跟踪目标施放有源电子干扰,使半主动寻的无法正常工作时,该导引头可以自动变换成被动式工作,跟踪杂波源,有效地攻击目标。再如"黄蜂"空地反坦克导弹,它的毫米波导引头工作在主动式寻的方式。当离目标较近,主动式寻的产生"角闪烁"效应使得导引头难于准确发现目标位置时,"黄蜂"的导引头便自动变换到被动寻的方式,利用目标与背景辐射毫米波强度的不同,准确测定目标位置,实现精确命中。还有经常提到的前下视一体化成像制导系统,通过光路的切换使系统工作在下视或前视不同的方式下。美国"爱国者"采用的 TVM 制导方式本质上也是雷达寻的制导与遥控制导的深度融合模式。

(3)多制导方式的串联、并联及串并联的复合制导。每种制导规律都有自己独特的优点和明显的缺点,如无线电指令制导和无线电波束制导的作用距离较远,但制导精度较差,抗干扰能力较低。雷达自动导引作用距离近,但命中精度较高。因此,为达到一定的战术要求,常把各种导引规律组织起来应用,这就是多导引规律的复合制导。

1)串联型复合制导是指在导弹飞行过程中,依次从一种导引方法过渡到另一种导引方法。这种串联型复合制导应用较广泛,如采用"无线电指令+雷达半主动自导引"的"萨姆-4""马舒卡"、"无线电指令+雷达主动自导引"的"萨姆-5""波马克"、"自主制导+雷达主动自导引"的"飞鱼"等。

2)并联型复合制导是指几种导引方法同时存在的导引方法。并联型复合制导常用于地-

地导弹系统中,如在惯导过程中加无线电指令以修正弹道。在战术导弹中"TVM"制导是指令制导与半主动雷达自导引同时存在的并联复合导引。再如,苏联的"萨姆-10"也采用了指令和半主动寻的导引头同时工作,与美国"爱国者"的 TVM 相似的并联复合制导方法。

3)串并联复合制导是指在导弹的整个制导过程中,既有串联型复合制导,又有并联型复合制导的制导方式。它的典型代表是"爱国者"导弹系统。"爱国者"的制导全程分为三段:初始段,导弹按发射前装定的预定程序自主控制飞行;中段,数字式指令制导,将导弹引入作战区域;末段,TVM 制导,天地回路闭环,由地面多功能相控阵雷达自动控制制导,直至命中目标。现代大多数远程精确制导武器均是采用了多种制导方式混合型的全程综合制导模式。

串联、并联及串并联复合制导,又称纵向复合、横向复合和混合(纵-横)复合。有文献将多模制导技术与复合制导技术分开,前者包括了上面论述的(1)~(3)种情况,多用于末制导。后者复合制导技术专指导弹在飞行弹道的同一阶段或不同阶段(如中段或末段)采用两种以上制导方式(如自主制导、遥控和寻的制导)进行制导的技术。同时,结合导弹武器制导系统发展过程中采用的新技术、新策略,总体上可以将复合制导模式分为以下几种类型。

(1)串联结构。它又称纵向复合模式,在飞行器飞行的不同阶段采用不同的制导系统,分时使用,系统分立,如常用的 TERCOM+DSMAC,INS+寻的制导等模式。

(2)并联结构。它又称横向复合模式,多种制导系统在飞行器飞行过程中或在弹道的某一段上同时并用,同时使用,系统分立。如 INS/GPS,INS/CNS 等模式。

(3)融合结构。它是借助不同制导系统的工作原理,采用分时使用、系统融合的模式。如美国"爱国者"采用的 TVM 制导方式、主被动切换寻的末制导、前下视一化成像制导等方式。

(4)混合结构。它是指由以上多种方式组合成的复合制导体制。现代导弹在飞行过程中大多数采用了三种以上的制导方式,基本上均是混合结构模式,从而实现导弹武器的全程精确制导。

本书后续论述复合制导方法时重点针对并联型复合制导体制,以经典的卡尔曼滤波为基础进行基本方法介绍。

二、主要功能及关键问题

复合制导系统具备以下主要特点:

(1)综合单一制导方式优点,取长补短,更好地满足作战要求。正所谓"兼听则明,偏听则暗"。

(2)充分利用数字技术,发挥软件作用,降低硬件要求。

(3)要求小型、快速、大容量计算机和应用卡尔曼滤波技术。

然而,复合制导系统比较复杂,弹上设备体积大,成本较高,因元器件多而降低了系统的可靠性。随着惯性器件、光电器件、微型计算机、微波技术、信息处理和传输技术的发展,复合制导系统的小型化、低成本、高可靠性的问题正逐步得到解决,并将得到越来越广泛的应用。

1. 主要功能

复合制导系统的功能主要有以下三种:

(1)超越功能。组合导航系统能充分利用各个子系统的导航信息,形成单个子系统不具备的功能和精度。

(2)互补功能。由于组合导航系统综合利用了子系统的信息,所以各个子系统可以取长补短,扩大使用范围。

（3）余度功能。各个子系统感测同一信息源,使测量值充裕,提高系统的可靠性。

2.关键问题

复合制导系统的关键问题有以下四方面:

（1）复合方式的选择。主要依据是武器系统的战术技术指标要求、目标和环境特性、各种制导方式的特点及其技术基础。

（2）复合结构的设计。实现复合制导有两种基本方法:一是回路反馈法,即采用经典的回路控制方法,抑制系统误差,并使各子系统间实现性能互补;二是最优估计法,即采用卡尔曼滤波或维纳滤波,从概率统计最优的角度估计出系统误差并消除之。

（3）制导方式的转换。它包括不同制导段的衔接和不同制导段转换时对目标的交换。如合理选择中/末制导交班距离,以满足末制导对目标可靠截获的要求等。

（4）多源信息的融合。多传感器制导信息的正确融合处理,实现更可靠的决策,使导弹在飞行中处于最优制导。

三、并联复合结构实现方法

并联复合结构实质就是通常所称的组合导航模式,而且绝大多数并联复合模式均是以惯性制导为基础的,这与惯性系统所具备的突出优势密不可分,第二专题有详细论述。正是因为INS具有全空域、全天候、全时域和全频域的工作能力,以及自主性、实时性、高分辨率、提供的信息种类齐全的优良特性,决定了INS在远距离精确打击武器中的基础地位,这是其他制导方式不可比拟的,但其他制导方式在特定条件下可提供时段或瞬时高精度状态信息,可以用来弥补INS的不足。这正是以INS为基础的复合制导体制设计的原因所在。并联复合结构有两种基本复合方法,即回路反馈法和最优估计法。

1.回路反馈法

采用经典控制方法,抑制系统误差,使各子系统间实现性能互补,如图8-2所示。

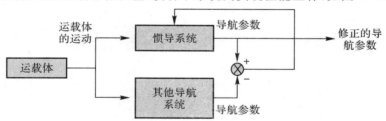

图8-2　基于回路反馈法的复合结构

这种结构通常用于区域瞬时精度较高但导航实时性较差的制导方式,如CNS用于修正INS,DSMAC用于修正INS等方式。

2.最优估计法

采用最优估计的方法,从概率统计最优的角度,估计并消除系统误差。

以上两种方法都使各子系统内的信息互相渗透,有机结合,起到性能互补的功效。但由于各子系统的误差源和量测误差都是随机的,所以第二种方法远优于第一种方法。设计复合制导系统时一般采用卡尔曼滤波。

在设计复合制导系统的卡尔曼滤波器时,首先必须列写出描述系统动态特性的系统方程和反映量测与状态关系的量测方程。如果直接以各制导子系统的制导输出参数作为状态,即直接以制导参数作为估计对象,则称实现复合制导的滤波处理为直接法滤波。如果以各子系统的误差量作为状态,即以制导参数的误差量作为估计对象,则称实现复合制导的滤波处理为间接法滤波。

(1)直接法滤波中,卡尔曼滤波器接收各制导子系统的制导参数,经过滤波计算,得到制导参数的最优估计,如图 8-3 所示。

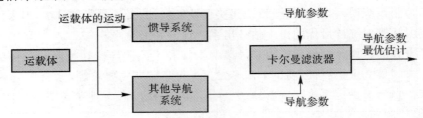

图 8-3　基于直接法滤波的复合结构

利用直接法滤波时,系统方程虽能直接描述导航参数的动态过程,较准确地反映系统的真实演变过程,但由于系统方程一般都是非线性的,需要采用非线性卡尔曼滤波方程,所以在实际应用中一般不采此法。

(2)间接法滤波中,卡尔曼滤波器接收两个制导子系统对同一制导参数输出值的差值,经过滤波计算,估计出各误差量。用惯导系统误差的估计值去校正惯导系统输出的制导参数,以得到制导参数的最优估计;或者用惯导系统误差的估计值去校正惯导系统力学编排中的相应制导参数,即将误差估计值反馈到惯导系统的内部,如图 8-4 所示。前者称为输出校正,后者称为反馈校正。

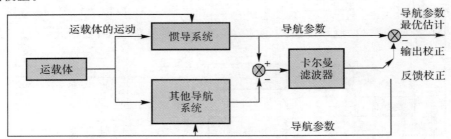

图 8-4　基于间接法滤波的复合结构

间接法滤波是指以组合系统中 INS 系统输出的导航参数 X 的误差 ΔX 为滤波器的主要状态,滤波器估值的主要部分是导航参数误差的估计值,然后用误差的估计值去校正导航参数。

从"校正方式"的角度讲,从卡尔曼滤波器得到的估计有两种利用方法:一种是将估计作为制导系统的输出,或作为惯导系统输出的校正量,这种方法称为开环法;另一种是将估计反馈到惯导系统和其余子系统中,估计出的制导参数就作为惯导力学编排方程中的相应参数,估计出的误差作为校正量,将惯导系统或其他制导设备中的相应误差量校正掉,这种方法称为闭环法。从直接法和间接法得到的估计都可以采用开环法和闭环法进行校正。

间接法估计的都是误差量,这些估计是作为校正量来利用的,因此,间接法中的开环法也称为输出校正,闭环法也称为反馈校正。

在间接法滤波中,从卡尔曼滤波器得到的估值对原系统进行校正时,如果模型系统方程和量测方程能正确反映系统本身,则输出校正和反馈校正在本质上是一样的,即估计和校正的效果是一样的。不论是输出校正还是反馈校正,实质上都是对导航参数进行校正。但是,在一般情况下,输出校正要得到与反馈校正相同的估计精度,应该采用较为复杂的模型系统方程。所以,惯导系统中常采用反馈校正。

直接法滤波和间接法滤波各有优缺点,综合起来主要体现在以下几方面。

(1)直接法的模型系统方程直接描述系统制导参数的动态过程,它能较准确地反映真实状态的演变情况;间接法的模型系统方程是误差方程,它是按一阶近似推导出来的,有一定的近似性。

(2)直接法的模型系统方程是惯导力学编排方程和某些误差变量方程(例如平台倾角)的综合。滤波器既能达到力学编排方程解算导航参数的目的,又能起到滤波估计的作用。滤波器输出的就是制导参数的估计以及某些误差量的估计。因此,采用直接法可使惯导系统避免力学编排方程的许多重复计算。但如果复合制导在转换到纯惯导工作方式时,惯导系统不用卡尔曼滤波。这时,还需要另外编排一套程序解算力学编排方程,这是不便之处。而间接法却相反,虽然系统需要分别解算力学编排方程和滤波计算方程,但在程序上也便于由复合制导方式向惯导方式转换。

(3)两种方法的系统方程有相同之处。状态中都包括速度(或速度误差)、位置(或位置误差)和平台误差角。但是,它们最大的区别在于直接法的速度状态方程中包括计算坐标系相应轴向的比力量测值以及由于平台有倾角而产生的其他轴向比力分量,而间接法的速度误差方程中只包括其他轴向比力的分量。比力量测值主要是运载体运动的加速度,它主要受运载体推力的控制,也受运载体姿态和外界环境干扰的影响。因此,它的变化比速度要快得多。为了得到准确的估计,卡尔曼滤波的计算周期必须很短,这对计算机的计算速度提出了较高的要求,而间接法却没有这种要求。间接法量测值的采样周期(一般也是滤波的计算周期)在几秒到 1 min 的范围内,基本上不影响滤波器的有效性能。

(4)直接法的系统方程一般都是非线性方程,卡尔曼滤波必须采用广义滤波。而间接法的系统方程都是线性方程,可以采用基本滤波方程。

(5)间接法的各个状态都是误差量,相应的数量级是相近的。而直接法的状态,有的是导航参数本身,如速度和位置,有的却是数值很小的误差,如姿态误差角,数值相差很大,这给数值计算带来一定的困难,且影响这些误差估计的准确性。

综上所述,虽然直接法能直接反映出系统的动态过程,但在实际应用中却还存在着不少困难。只有在空间导航的惯性飞行阶段,或在加速度变化缓慢的舰船中,惯导系统的卡尔曼滤波才采用直接法。对没有惯导系统的复合制导系统,如果系统方程中不需要速度方程,也可以采用直接法,而在飞行器的惯导系统中,目前一般都采用间接法的卡尔曼滤波。

第二节　卡尔曼滤波原理

卡尔曼英文名 Rudolf Emil Kalman,匈牙利数学家,1930 年出生于匈牙利首都布达佩斯,

1954 年于麻省理工学院分别获得电机工程学士及硕士学位,1957 年于哥伦比亚大学获得博士学位。在现代控制理论中要学习的卡尔曼滤波器,正是源于他的博士论文和 1960 年发表的论文 *A New Approach to Linear Filtering and Prediction Problems*(《线性滤波与预测问题的新方法》)。卡尔曼滤波器本身是一组数学方程,主要用于过程状态的估计,提供了一个有效的递推计算方法,以取得最小方差为准则。卡尔曼滤波器的功能是如此的强大以至于它能够在模型系统的准确性质未知的情况下完成对系统的过去、现在和将来的估计〔即卡尔曼滤波的平滑(smoothing)、滤波(filtering)和预测(prediction)功能〕。

一、常用最优估计方法

所谓估计就是根据测量得出的与状态 $X(t)$ 有关的数据 $Z(t)=H[X(t)]+V(t)$ 解算出 $X(t)$ 的计算值 $\hat{X}(t)$,其中随机向量 $V(t)$ 为量测误差,$\hat{X}$ 称为 X 的估计,Z 称为 X 的量测。因为 $\hat{X}(t)$ 是通过 $Z(t)$ 确定的,所以 $\hat{X}(t)$ 是 $Z(t)$ 的函数。若 $\hat{X}$ 是 Z 的线性函数,则 $\hat{X}$ 称为 X 的线性估计。

设在 $[t_0,t_1]$ 时间段内的量测为 Z ,相应的估计为 $\hat{X}(t)$,则

(1)当 $t=t_1$ 时,$\hat{X}(t)$ 称为 $X(t)$ 的估计;

(2)当 $t>t_1$ 时,$\hat{X}(t)$ 称为 $X(t)$ 的预测;

(3)当 $t<t_1$ 时,$\hat{X}(t)$ 称为 $X(t)$ 的平滑。

最优估计是指某一指标函数达到最值时的估计。

若以量测估计 $\hat{Z}$ 的偏差的二次方和达到最小为指标,即

$$(Z-\hat{Z})^{\mathrm{T}}(Z-\hat{Z})=\min \tag{8-1}$$

所得估计 $\hat{X}$ 称为 X 的最小二乘估计。

若以状态估计 $\hat{X}$ 的均方误差集平均达到最小为指标,即

$$E[(X-\hat{X})^{\mathrm{T}}(X-\hat{X})]=\min \tag{8-2}$$

所得估计 $\hat{X}$ 称为 X 的最小方差估计;若 $\hat{X}$ 又是 X 线性估计,则 $\hat{X}$ 称为 X 的线性最小方差估计(均方误差)。

也可用估计值出现的概率作为估计指标,这样的估计有极大验后估计、贝叶斯估计和极大似然估计。由于各种估计满足的最优指标不一样,利用的信息不一样,所以适用的对象、达到的精度和计算的复杂性各不一样。

最小二乘估计法是高斯(Karl Gauss)在 1795 年为测定行星轨道而提出的参数估计算法,适用于对常值向量估计(秦永元-卡尔曼滤波与组合导航)。由于基本最小二乘法对量测值的使用不分优劣,估计的精度会受到限制。如果对不同的量测值的质量有所了解,则可用加权的办法分别对待各量测量,精度质量高的权重取得大些,精度质量差的权重取得小些。这就是加权最小二乘估计的思路。

使用最小二乘法时,若增加不同的量测值,并根据其精度质量区别对待利用之,能有效提高估计精度。可以看出,采用批处理实现的最小二乘算法,须存储所有的量测值。若量测值数量十分庞大,则计算机必须具备巨大的存储容量,这显然是不经济的。同时,这种方法不利于在线的实时估计。递推最小二乘估计从每次获得的量测值中提取出被估计量信息,用于修正上一步所得的估计。获得量测的次数越多,修正的次数也越多,估计的精度也越高。

最小二乘法的最大优点是算法简单,特别是一般最小二乘估计,根本不必知道量测误差的

统计信息,在对被估计量和量测误差缺乏了解的情况下仍能使用,所以至今仍被大量采用。工程上的局限性主要体现在以下两点:

(1)只适用于对确定性的常值向量进行估计,无法估计随机向量的时间过程;

(2)其最优指标只保证了量测的估计均方误差之和最小,而并未确保被估计量的估计误差达到最佳,所以估计精度不高。

最小方差估计是所有估计中估计的均方误差为最小的估计。但这种最优估计只确定除了估计值是被估计量在量测空间上的条件均值这一抽象关系,即最小方差估计等于量测为某一具体实现条件下的条件均值。

一般情况下条件均值须通过条件概率密度求得,而条件概率密度的获取本身就非易事,所以按条件均值的一般求法求取最小方差估计是很困难的。

但同时可证明,当被估计量与量测向量均服从正态分布时,X 的最小方差估计不必通过对条件概率密度的积分求取,而只须知道 X 与 Z 的一、二阶矩。此时,$X_{MV}(Z)$ 是关于量测量 Z 的线性函数,所以 $X_{MV}(Z)$ 是一种线性估计。

线性最小方差估计是所有线性估计中的最优者,只有当被估计量和量测量都服从正态分布时,线性最小方差估计才与最小方差估计等同,即在所有估计中也是最优的。线性最小方差估计可适用于随机过程的估计,估计过程中只须知道被估计量和量测量的一阶和二阶矩。对于平稳过程,这些一阶和二阶矩都为常值,但对非平稳过程,一阶和二阶矩随时间而变,必须确切知道每一估计时刻的一、二阶矩才能求出估计值,这种要求是十分苛刻的。所以线性最小方差估计适用于平稳过程而难以适用于非平稳过程。估计过程中不同时刻的量测量使用得越多,估计精度就越高,但矩阵求逆的阶数也越高,计算量也越大。

极大验后估计、贝叶斯估计和极大似然估计都与条件概率密度有关,除一些特殊的分布外,如正态分布情况,计算都十分困难。这些估计常用于故障检测和识别的算法中。

维纳滤波是线性最小方差估计的一种。维纳滤波器是一种线性定常系统,适用于对有用信号和干扰信号都是零均值的平稳随机过程的处理。设计维纳滤波器时必须知道有用信号和干扰信号的自功率谱和互功率谱(自相关函数及功率谱密度)。它是一种频域滤波方法,在设计方法及适用范围等方面存在着诸多不足,但对于被估计参量较少的情况,如直升飞机悬停时仅须对高度作估计,结合使用数字滤波技术,维纳滤波仍不失为一种简单而有效的方法。

既然以上滤波方法在不同程度上存在一些应用方面的难度,那么,能否找到一种实用的线性最小方差估计算法,适用于非平稳过程,并与递推最小二乘一样,算法采用递推,从量测信息中实时提取出被估计量信息并积存在估计值中,答案是肯定的,这便是著名的卡尔曼滤波算法。在复合制导系统的设计中,卡尔曼滤波技术是基础,下面重点介绍这一滤波方法。

所谓滤波,就是从带有干扰信号的信号中得到有用的信号的准确估计值。滤波理论就是在对系统可观测信号进行观测量的基础上,根据一定的滤波准则,采用某种统计最优的方法,对系统的状态进行估计的理论和方法。从滤波理论的角度讲,在卡尔曼滤波思路的基础上,目前已形成多种滤波理论,如扩展卡尔曼滤波(Extended Karlman Filtering)、分散滤波和联邦滤波、自适应滤波如有限记忆滤波法,渐消记忆滤波方法(衰减记忆滤波法)、H_∞ 滤波、UKF(Unscented Karlman Filter)、粒子滤波 PF 等。

二、卡尔曼滤波的特点

卡尔曼滤波算法是一种线性最小方差估计。基本思想是在计算方法上采用递推形式,即在以前时刻估值的基础上,根据 t 时刻的测量值 $\boldsymbol{Z}(t)$,递推得到 t 时刻的状态估值 $\hat{\boldsymbol{X}}(t)$。由于以前时刻的估值是根据以前时刻的测量值得到的,所以按这种递推算法得到的估值 $\hat{\boldsymbol{X}}$,也可以说是综合利用 t 时刻和 t 时刻以前的所有测量信息得到的。因为卡尔曼滤波是利用状态方程和线性测量方程来描述系统和测量值的,所以它主要适用于线性动态系统。本质上是一种递推最小均方差估计(Recursive Minimum Mean-Square Estimation, RMMSE)。相比于最小二乘估计、最小方差估计和极大似然估计等几种最优估计方法,卡尔曼滤波具有下述特点。

(1)卡尔曼滤波算法是递推的,且使用状态空间法在时域内设计滤波器,所以卡尔曼滤波适用于多维随机过程的估计。同时,不同时刻的量测值不必储存起来,而是经实时处理提炼成被估计状态的信息,随着滤波步数的增加,提取出的信息浓度逐渐增加。

(2)采用动力学方程即状态方程描述被估计量的动态变化规律,被估计量的动态统计信息由激励白噪声的统计信息和动力学方程确定。由于激励白噪声是平稳过程,动力学方程已知,所以被估计量既可以是平稳的,也可以是非平稳的,即卡尔曼滤波也适用于非平稳过程。

(3)卡尔曼滤波具有连续性和离散型两类算法,离散型算法可直接在数字计算机上实现。

由于上述特点,卡尔曼滤波理论一经提出便立即受到工程届的高度重视,该理论最早被成功应用于阿波罗登月。经过几十年的发展,目前,卡尔曼滤波理论作为一种最重要的最优估计方法被广泛应用于各种领域,其中,该理论在组合导航系统设计中的应用是其成功的一个最主要方面。由于在导航计算机上进行求解运算时只能使用离散型算法,因此本书重点介绍离散型卡尔曼滤波基本方程。目前,卡尔曼滤波理论作为一种最重要的最优估计理论被广泛应用于各种领域,复合制导系统的设计是其成功应用的一个最主要方面。

三、离散卡尔曼滤波方程

在这一部分,将描述源于 Dr Kalman 的卡尔曼滤波器,会涉及一些基本的概念知识,包括概率(Probability)、随机变量(Random Variable)、高斯或正态分布(Gaussian Distribution)还有 State-space Model 等。首先,要引入一个离散控制过程的系统。该系统可用一个线性随机微分方程(Linear Stochastic Difference Equation)来描述:

设 t_k 时刻的被估计状态 $\boldsymbol{X}_k$ 受系统噪声序列 $\boldsymbol{W}_{k-1}$ 驱动,驱动机理由下述状态方程描述:

$$\boldsymbol{X}_k = \boldsymbol{\Phi}_{k,k-1}\boldsymbol{X}_{k-1} + \boldsymbol{\Gamma}_{k-1}\boldsymbol{W}_{k-1} \tag{8-3}$$

对 $\boldsymbol{X}_k$ 的量测满足线性关系,量测方程为

$$\boldsymbol{Z}_k = \boldsymbol{H}_k\boldsymbol{X}_k + \boldsymbol{V}_k \tag{8-4}$$

式中,$\boldsymbol{\Phi}_{k,k-1}$ —— $t_{k-1} \sim t_k$ 时刻的一步转移阵;

$\boldsymbol{\Gamma}_{k-1}$ —— 系统噪声驱动阵;

$\boldsymbol{H}_k$ —— 量测阵;

$\boldsymbol{V}_k$ —— 量测噪声序列;

$\boldsymbol{W}_k$ —— 系统激励噪声序列。

且 $\boldsymbol{W}_k$ 和 $\boldsymbol{V}_k$ 是互不相关的零均值白噪声序列,即高斯白噪声(White Gaussian Noise),满足:

$$\left.\begin{array}{l} E(\boldsymbol{W}_k)=0, \mathrm{Cov}(\boldsymbol{W}_k,\boldsymbol{W}_j)=E(\boldsymbol{W}_k\boldsymbol{W}_k^{\mathrm{T}})=\boldsymbol{Q}_k\delta_{kj} \\ E(\boldsymbol{V}_k)=0, \mathrm{Cov}(\boldsymbol{V}_k,\boldsymbol{V}_j)=E(\boldsymbol{V}_k\boldsymbol{V}_j^{\mathrm{T}})=\boldsymbol{R}_k\delta_{kj} \\ \mathrm{Cov}(\boldsymbol{W}_k,\boldsymbol{V}_j)=E(\boldsymbol{W}_k\boldsymbol{V}_j^{\mathrm{T}})=0 \end{array}\right\} \tag{8-5}$$

式中,$\boldsymbol{Q}_k$ —— 系统噪声方差阵;

R_k——测量噪声方差阵。

假设它们分别为非负定阵和正定阵,即 $Q_k \geqslant 0$,$R_k > 0$。δ_{kj} 是 Kroneckerδ 函数,即

$$\delta_{kj} = \begin{cases} 0,(k \neq j) \\ 1,(k = j) \end{cases}$$

则 X_k 的估计 $\hat{X}_k$ 按下述方程求解,即离散型卡尔曼滤波基本方程:

状态一步预测方程为

$$\hat{X}_{k/k-1} = \boldsymbol{\Phi}_{k,k-1} \hat{X}_{k-1} \tag{8-6a}$$

状态估值计算方程为

$$\hat{X}_k = \hat{X}_{k/k-1} + K_k(Z_k - H_k \hat{X}_{k/k-1}) \tag{8-6b}$$

滤波增益方程为

$$K_k = P_{k/k-1} H_k^{\mathrm{T}} (H_k P_{k/k-1} H_k^{\mathrm{T}} + R_k)^{-1} \tag{8-6c}$$

或

$$K_k = P_k H_k^{\mathrm{T}} R_k^{-1} \tag{8-6d}$$

一步预测均方误差方程为

$$P_{k/k-1} = \boldsymbol{\Phi}_{k,k-1} P_{k-1} \boldsymbol{\Phi}_{k,k-1}^{\mathrm{T}} + \boldsymbol{\Gamma}_{k-1} Q_{k-1} \boldsymbol{\Gamma}_{k-1}^{\mathrm{T}} \tag{8-6e}$$

估计均方误差方程为

$$P_k = (I - K_k H_k) P_{k/k-1} (I - K_k H_k)^{\mathrm{T}} + K_k R_k K_k^{\mathrm{T}} \tag{8-6f}$$

或

$$P_k = (I - K_k H_k) P_{k/k-1} \tag{8-6g}$$

或

$$P_k^{-1} = P_{k/k-1}^{-1} + H_k^{\mathrm{T}} R_k^{-1} H_k \tag{8-6h}$$

式(8-6a)～式(8-6h)即为离散型卡尔曼滤波基本方程。只要给定初值 $\hat{X}_0$ 和 P_0,根据 k 时刻的量测 Z_k,就可递推计算得 k 时刻的状态估计 $\hat{X}_k(k=1,2,\cdots)$。

在一个滤波周期内,从卡尔曼滤波在使用系统信息和量测信息的先后顺序来看,卡尔曼滤波具有两个明显的信息更新过程:时间更新过程和量测更新过程。式(8-6a)说明了根据 $k-1$ 时刻的状态估计预测 k 时刻状态估计的方法,式(8-6e)对这种预测的质量优劣作了定量描述。该两式的计算中仅使用了与系统动态特性有关的信息,如一步转移阵、噪声驱动阵和驱动噪声的方差阵。从时间的推移过程来看,该两式将时间从 $k-1$ 时刻推进到 k 时刻。所以该两式描述了卡尔曼滤波的时间更新过程。式(8-6)的其余诸式用来计算对时间更新值的修正量,该修正量由时间更新的质量优劣($P_{k/k-1}$)、量测信息的质量优劣(R_k)、量测与状态的关系(H_k)以及具体的量测值 Z_k 所确定,所有这些方程围绕一个目的,即正确合理地利用量测 Z_k,所以这一过程描述了卡尔曼滤波的量测更新过程。进一步将卡尔曼滤波的计算过程细化,可得到如图 8-5 所示流程。

图 8-5 表述与前面稍有区别,这是关于卡尔曼滤波的第二种书写形式,体现了卡尔曼滤波的两个计算回路——滤波计算回路和增益计算回路。可以看出,为了令卡尔曼滤波器开始工作,我们需要告诉卡尔曼滤波器两个零时刻的初始值,$\hat{X}_0$ 和 P_0。

若知道初始状态的统计知识,可选

$$\hat{X}_0 = E[X(0)] = m_0$$

$$P_0 = C_{X_0} = E\{[X(0) - \hat{X}_0][X(0) - \hat{X}_0]^{\mathrm{T}}\}$$

如果不了解初始状态特性,则取 $\hat{X}_0 = 0, P_0 = aI$。

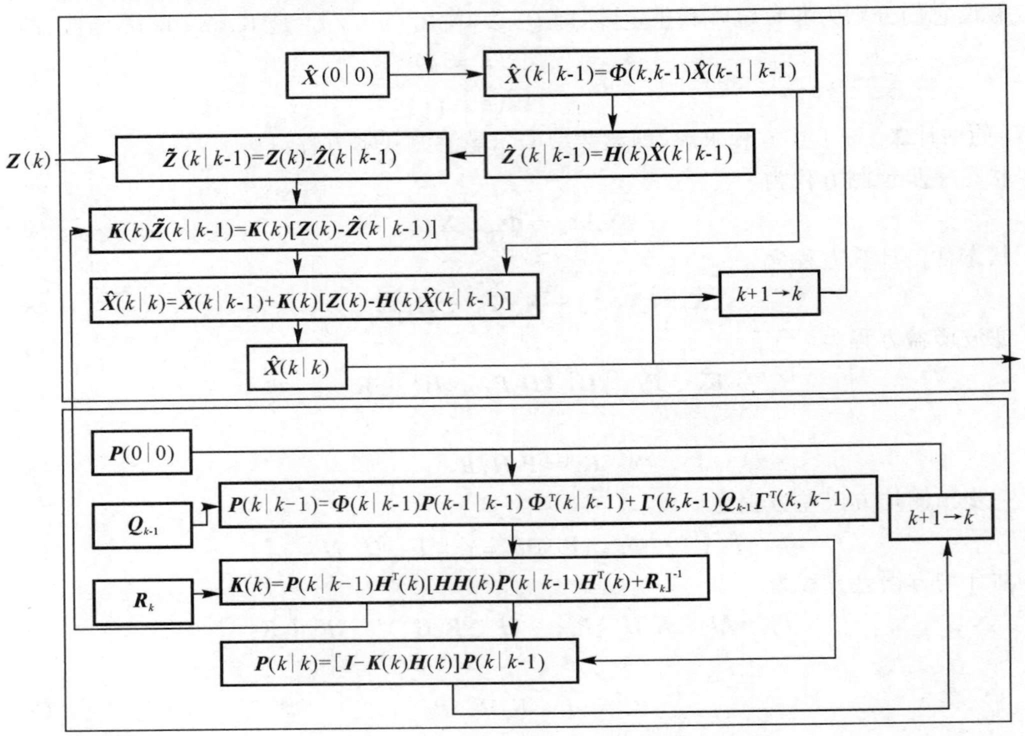

图 8-5　卡尔曼滤波流程框图

四、卡尔曼滤波方程的推导

可以按定义原理进行直观推导,也可利用正交投影定理及更新信息定理进行方程的推导。

1. 直观推导

(1)一步预测方程推导。利用"状态线性"性质将 k 时刻状态表示成 $k-1$ 时刻,再利用各参量之间性质证明。

(2)状态估计方程推导。利用 $k-1$ 时刻的预测误差及由此产生的量测误差(新息方程),将 k 时刻估计状态表示成预测状态及信息的线性方程。

(3)估计均方误差阵推导。利用均方误差阵的定义及上步给出的估计方程,将 P_k 表示为 K_k 及预测误差方差阵 $P_{k/k-1}$。

(4)增益滤波阵的推导。利用极值原理推导。证明当 K_k 取方程值时可使估计的均方误差阵达到最小,且是最佳阵。

(5)预测均方误差阵的推导。将预测误差表示为 $k-1$ 时刻的估计误差,再利用定义及参数性质推导。

2. 正交投影推导

依据正交投影定义及正交投影定理,可证明更新信息定理。进而利用更新信息定理可证明增益矩阵方程及状态估计方程。其他方程的推导和直观推导一样。详细原理过程有兴趣的读者可参考文献[46-47]。

从卡尔曼滤波理论建立到现在,如何将滤波理论的最新成果应用于导航系统就一直是研究的热点和推动滤波理论发展的动力。例如,为了解决阿波罗计划中的问题,卡尔曼提出了线性滤波理论,但由于实际系统都是非线性的,滤波初值如何取才合理,这些迫使卡尔曼作进一步思考,广义卡尔曼滤波就是在此情况下提出来的。阿波罗登月计划的导航系统最后由麻省理工学院研制完成。在卡尔曼滤波的思路上,目前已发展出以下多种滤波形式。

(1)扩展卡尔曼滤波。卡尔曼最初提出的滤波理论只适用于线性系统,后来 Bucy,Sunahara 等人提出了扩展卡尔曼滤波(Extended Karlman Filtering),将卡尔曼滤波理论进一步应用到非线性领域。EKF 的基本思想是将非线性系统进行线性化,然后进行卡尔曼滤波,因此 EKF 是一种次优滤波。其后,多种二阶广义卡尔曼滤波方法的提出及应用进一步提高了卡尔曼滤波对非线性系统的估计性能,二阶滤波方法考虑了泰勒级数展开的二次项,因此减少了由于线性化所引起的估计误差,提高了对非线性系统的滤波精度,但大大增加了运算量,因此在实际中反而没有 EKF 应用广泛。

(2)分散滤波和联邦滤波。由于卡尔曼滤波的计算量以状态维数的三次方增加,因此对于高维系统,只重视卡尔曼滤波往往不能满足实时性要求,而且还存在容错性差的缺点。为了解决这些问题,Speyer,Bierman,Kerr 等人先后提出了分散滤波的思想,Carlson 则在 1988 年提出了联邦滤波理论(Federated Filtering)。采用两级滤波结构的联邦滤波虽然是一种次优估计,但是其容错性能大大提高了。

(3)自适应滤波。为了解决卡尔曼滤波对噪声的统计特性的要求已知的问题,又出现了一些自适应滤波方法,如极大后验估计、虚拟噪声补偿、动态偏差去耦估计,这些方法在一定程度上提高了卡尔曼滤波对噪声的鲁棒性。为了抑制由于模型不准确所导致的滤波发散,又提出了诸如有限记忆滤波法、渐消记忆滤波方法(衰减记忆滤波法)。后来出于对卡尔曼滤波的鲁棒性考虑又提出了其他滤波方法,如序贯方法、H_∞ 滤波法等。

(4)UKF。近年来发展起来的 UKF(Unscented Karlman Filter)方法则直接使用系统的非线性模型,不再像 EKF 那样去线性化,也不需要像二次滤波方法那样计算雅可比或者是黑塞矩阵,且具有和 EKF 方法相同的算法结构。对于线性系统,UKF 和 EKF 有相同的估计能力;对于非线性系统,UKF 则具有更好的估计性能。

第三节　基于 KF 的组合导航

随着现代军事高科技的不断发展,弹道导弹、巡航导弹等现代高性能武器对其导航系统提出了更新、更高、更严的要求,主要体现在:①具备在长航时、高机动飞行环境下的高精度导航定位能力,以完成精确打击任务;②具备长航时全任务环境下的高容错能力,对内部故障和外界干扰能够及时进行检测与隔离,确保时刻提供具有高可靠性的导航信息;③具备机动发射能力,能够随时、快速、机动地执行打击任务;④具有高度的自主性和智能性,具备在某些恶劣环境下的正常导航定位能力。本节针对并联复合模式,从组合导航的角度详细论述基于捷联惯性技术的组合导航系统模型、方法与技术,以惯性/卫星组合导航为例进行理论分析,对于各类组合导航系统的学习研究均具有重要参考价值。

一、组合导航技术概述

20 世纪曾经常采用的单一模式或多种模式简单切换的导航制导技术已不能适应现代战争对于弹载高性能导航系统的多种要求。随着诸如卫星导航、天文导航等多种现代导航系统的研制与应用,以及现代多传感器信息融合技术的研究与发展,基于多传感器信息融合技术的组合导航系统在导弹、飞机、舰船等载体上逐步得到了研究与应用,其利用卡尔曼滤波等现代信息融合技术,将两种或两种以上的导航系统有机结合起来构成组合导航系统,充分利用来自各导航子系统的导航信息,互相取长补短,获得了任何单一导航系统所无法达到的导航精度和可靠性。

1. 组合导航基本概念

所谓组合导航(Integrated Navigation),就是用两种或两种以上的非相似导航系统对同一导航信息作测量并解算形成量测量,然后从这些量测量中计算出各导航系统的误差并校正之。而采用组合导航技术的系统就称为组合导航系统,参与组合的各导航系统称为子系统。

众所周知,惯性导航系统(Inertial Navigation System, INS)根据惯性原理工作,利用安装在载体上的惯性测量元件(陀螺仪和加速度计)测量载体相对于惯性空间的运动参数,由导航计算机算出载体的速度、位置和姿态等信息,从而实现导航任务。由于惯性是任何质量体的基本属性,所以惯导系统在工作时不需要任何外来信息,也不向外辐射任何信息,仅靠系统本身就能在全球范围内实现全天候、自主、隐蔽、连续的三维空间定位、定向,能够提供反映航行体完整运动状态的全部信息,并且能够跟踪载体的任何机动运动,抗干扰力强,短期稳定性好。这些独特的优点使惯导系统成为航空、航天和航海领域中的广泛使用的一种主要导航设备。但是,惯导系统的导航误差随时间而积累,长期稳定性差,无法进行长时间的导航,这是惯导系统的固有缺陷。

与此同时,随着现代高科技的不断发展,可以利用的导航信息源越来越多,各种导航系统也应运而生,如卫星导航系统、星光导航系统和雷达导航系统等,这些导航系统各有特色,优缺点并存。与惯性导航系统一样,上述各种导航系统在单独使用时很难满足现代高性能导航的要求,而提高导航系统整体性能的有效途径是采用组合导航技术。由于惯性导航系统具有自主性强、隐蔽性好、导航参数全面、输出及时连续、短时精度高等突出优点,所以一般将惯导系统作为组合导航系统的关键子系统,其他导航系统则作为辅助子系统,用来辅助修正惯性导航系统的误差,进而实现长时间、高精度、高性能导航。

各类导航系统所提供的信息主要是载体位置、速度和姿态。因此,根据各导航系统的输出信息,组合导航系统主要有以下三种组合形式。

(1)位置组合,就是将两个导航系统各自输出的载体位置信息进行组合,以获得载体的最优导航参数。如惯导系统与全球定位系统、惯导系统与北斗卫星定位系统、惯导系统与合成孔径雷达所构成的组合导航系统。

(2)速度组合,就是将两个导航系统各自输出的载体速度信息进行组合,以获得载体的最优导航参数。如惯导系统与全球定位系统、惯导系统与多普勒导航系统所构成的组合导航系统。

(3)姿态组合,就是将两个导航系统各自输出的载体姿态信息进行组合,以获得载体的最优导航参数。如惯导系统与星敏感器、惯导系统与磁航向仪所构成的组合导航系统。

其中,由于某些导航子系统能提供载体位置、速度等多种导航信息,如全球定位系统,其与惯导系统所构成的组合导航系统中既有位置组合,又有速度组合。不论采用哪种组合方式,经过组合以后的系统,通过充分利用各子系统的导航信息进行有机处理,形成单个子系统不具备的功能和精度;而且,各子系统能互相取长补短,使得组合导航系统的适用范围进一步扩大。此外,由于各子系统同时测量同一导航参数,测量值多,从而提高了导航信息的冗余能力,增强了组合导航系统的可靠性和容错性。

组合导航系统的发展方向是容错组合导航系统和智能导航专家系统,这些系统具有故障检测、诊断、隔离和系统重构的功能,并利用现代最优估计理论、智能信息融合理论等将多传感器、多模式工作方式、滤波及智能计算技术、自动控制系统理论结合为一个整体,形成多功能、多模式和集成化的组合导航系统。

2.组合导航技术发展现状

在欧美发达国家,对于组合导航技术的研究起步较早,早已有实际系统应用于工程。如美军 B-2 远程战略轰炸机上安装的是加州诺思罗普公司研制的 NAS-26 型星光/惯性组合导航系统,飞行 10 h 后的导航定位精度优于 324.8 m(圆概率);1970 年美国在超声速运输机上装备了星光/惯性/多普勒组合导航系统;RC-135 有人侦察机采用利登公司研制的 LN-20 Ⅷ GPS/星光/惯性组合导航系统,在无 GPS 辅助条件下 24 h 飞行的定位精度为 720 m。20 世纪 70 年代,美国在第四代战略弹道导弹——"三叉戟Ⅰ"型潜地远程弹道导弹上采用惯性/星光组合制导方式,射程为 7 400 km,命中精度为 370 m;80 年代中期美国研制射程为 11 000 km 的"三叉戟Ⅱ"型弹道导弹中除了采用惯性/星光组合制导,还可以接收 NAVSTAR 卫星导引,即采用捷联惯性/星光/卫星组合导航方式,命中精度为 90~240 m,后来曾将约翰霍普金斯大学应用物理研究室研制的 C/A 码 GPS 接收机 SATRACK 应用于该型导弹,对其进行弹道轨迹测定和导引系统评估,其测量定位精度达到 6 m;美国研制的第五代战略弹道导弹——陆基机动战略导弹"侏儒"采用惯性/星光组合制导技术,命中精度可达到 140~180 m。俄罗斯第四代潜射远程弹道导弹——SS-N-18 型也具有完善的惯性与星光组合制导系统,射程为 9 200 km,命中精度为 370 m;俄罗斯第五代洲际弹道导弹——铁路机动战略弹道导弹 SS-24 同样采用了惯性加星光修正的复合制导方式,其射程为 13 000 km,命中精度为 200~320 m。

当前,国外正在第五代战略弹道导弹的基础上,积极发展以惯性制导为主,结合星光中制导和雷达相关末制导构成的复合制导方式。可见,国外利用多传感器信息融合技术将惯导、星光、卫星等导航系统构成组合导航系统装备于远程弹道导弹上已取得了较为满意的应用效果;而且,加速星光导航、卫星导航、雷达导航等应用于战略武器的研究,发展基于多传感器信息融合技术的捷联惯导、卫星、星光及其他系统的组合导航系统是国外目前的发展趋势。

进入 21 世纪以来,我国对于基于惯性的组合导航技术也有较为深入的研究与应用,包括对基于多传感器信息融合的惯性、卫星、星光及其他系统的组合导航技术研究目前已进入试验和应用阶段。国内曾研究了将平台惯导系统、星体跟踪器与全球定位系统(GPS)进行组合的导航系统,其在系统中配置了两台瞄准线相互正交的星体跟踪器,并将星体跟踪器安装在惯导平台上,这就使得各子系统之间耦合太紧,从而系统误差的估计效果受到一定影响;而且,该系统所选用的 GPS 由于受到美国国防部直接控制,使用权受制于人,在战时使用势必会遇到很大困难;此外,整个系统的成本也较为昂贵,因此该系统很难广泛应用。

随着我国先后成功发射了 40 余颗北斗系列导航卫星,并成功研制出配套的北斗导航接收机,这就标志着我国已经拥有了绝对自主的卫星导航系统。目前,新一代的北斗卫星导航系统在定位精度、覆盖范围、抗干扰能力上已经完全可以与美国的 GPS 相媲美,从而完全可以代替 GPS 成为多传感器组合导航系统中的一个重要子系统。

与此同时,随着 CCD 星敏感器被越来越广泛地应用到飞船、卫星等空间飞行器的定姿中,基于 CCD 星敏感器的星光导航系统的研究正成为国内科研院所的研究热点之一。国内中国航天科技集团公司第五研究院第 502 研究所等单位研制的星敏感器已广泛运用于多种型号的卫星上,其相对惯性空间的定姿精度达到角秒级,故具有很高的定姿精度,经改进后可以作为惯性/星光等组合导航系统的子系统。此外,我国研究合成孔径雷达技术已有 30 年历史,分辨率从最初的几十米已发展到目前的国际先进水平,国内中国电子科技集团公司第 14 研究所等单位已成功研制出多种型号、多功能的合成孔径雷达,并广泛运用于国内诸多军用和民用领域。

因此,我国目前已经完全能够自主研制出惯性导航、卫星导航、星光导航和雷达导航等各种先进导航设备,具备了将理论研究成果转化为工程实际应用的基本条件。尽管我国部分导航设备其精度、性能与欧美发达国家还存在一定的差距,但是利用组合导航技术则完全可以使各种导航设备之间取长补短,从而全面提高组合导航系统的精度与性能,实现各导航参数的最优化。

二、捷联惯导系统误差模型

为了利用卡尔曼滤波进行组合导航系统设计,一般必须先建立各导航子系统的误差模型,以获得系统状态方程。本书以捷联惯导系统作为组合导航的主系统,系统介绍组合导航技术及其应用。因此,首先需要研究捷联惯导系统的误差模型。捷联惯导系统的误差模型在许多文献中都有比较详细的推导,根据考虑误差源的不同,误差方程的形式和繁简程度也有所不同,一般可以针对导航系统的实际需要和精度要求,对捷联惯导系统误差模型作有针对性的适当简化。捷联惯导系统的误差源有许多,本书结合组合导航系统的子系统配置情况,并为了尽量降低卡尔曼滤波器的维数,主要考虑惯性测量元件的误差及由其所带来的系统误差,具体包括惯性测量元件误差、数学平台姿态误差、速度误差和位置误差。

(一)惯性测量元件的误差方程

惯性测量元件的误差是捷联惯导系统中最基本的误差,其对捷联惯导导航解算误差产生直接的影响,是捷联惯导一切误差的误差源。惯性测量元件误差具体包括安装误差、刻度系数误差和漂移误差等项。其中,安装误差、刻度系数误差以及漂移误差中的确定性部分经过实验标定可以得到有效补偿,而剩余的随机漂移部分无法通过实验标定来确定,为此需要对其进行分析建模。因此,本书主要考虑惯性测量元件的随机漂移误差。

1.陀螺仪误差模型

陀螺仪的随机漂移大致分为三种分量:逐次启动漂移、慢变漂移和快变漂移。其中,由于慢变漂移分量相对较小,同时为了降低组合导航卡尔曼滤波器的维数,所以在组合导航设计中一般只考虑逐次启动漂移和快变漂移。

陀螺仪的逐次启动漂移取决于启动时刻的环境条件和电气参数的随机性等因素,一旦启动完成就保持在某一随机固定值上。因此,陀螺仪的逐次启动漂移 ε_{bi} 可用随机常数来描述:

$$\dot{\varepsilon}_{bi} = 0 \qquad (i = x, y, z) \qquad (8-7a)$$

陀螺仪的快变漂移表现为在逐次启动漂移基础上的杂乱无章高频跳变,相邻两个时间点

上漂移值的依赖关系十分微弱或几乎不存在。因此,陀螺仪的快变漂移 w_{gi} 可描述为白噪声过程,其满足:

$$E[w_{gi}(t)w_{gi}(\tau)]=q_{gi}\delta(t-\tau) \qquad (i=x,y,z) \tag{8-7b}$$

式中,q_{gi} 为陀螺仪白噪声的方差强度。

因此,陀螺仪的误差模型可表示为

$$\varepsilon_i=\varepsilon_{bi}+w_{gi} \qquad (i=x,y,z) \tag{8-7c}$$

2.加速度计误差模型

与陀螺仪的误差模型类似,加速度计的误差模型也可分为三种对应分量:随机常值误差、相关误差和白噪声。同样,由于相关误差分量相对较小,同时为了使组合导航卡尔曼滤波器的维数尽量低些,所以在组合导航设计中一般忽略相关误差,而只考虑随机常值误差和白噪声,即加速度计的误差模型可表示为

$$\nabla_i=\nabla_{bi}+w_{ai} \qquad (i=x,y,z) \tag{8-7d}$$

式中,∇_{bi} 为加速度计随机常值误差,其满足:

$$\dot{\nabla}_{bi}=0 \qquad (i=x,y,z) \tag{8-7e}$$

这里,w_{ai} 为加速度计白噪声,其满足 $E[w_{ai}(t)w_{ai}(\tau)]=q_{ai}\delta(t-\tau)$,其中 q_{ai} 为加速度计白噪声的方差强度。

(二)捷联惯导系统的姿态误差方程

由于惯性测量元件本身存在误差,这就导致捷联惯导系统内部及其输出的导航参数也存在一定的误差,具体包括数学平台姿态角误差、速度误差和位置误差。在前面惯性测量元件误差模型的基础上,考虑由其所带来的捷联惯导系统内部误差及导航参数误差,并结合捷联惯导系统力学编排方程,可以推导获得捷联惯导系统的误差方程,本节首先推导捷联惯导的数学平台姿态误差方程。

设捷联惯导系统的数学平台要求模拟的导航坐标系为 n 系,也就是所谓的"理想平台坐标系",而导航计算机实际建立得到的平台坐标系为 p 系。然而,由于受到惯性测量元件误差、初始对准误差、算法误差及计算误差等误差源的影响,p 系相对于要求的 n 系之间存在偏差角 $\boldsymbol{\phi}$,其满足方程:

$$\dot{\boldsymbol{\phi}}=\boldsymbol{\omega}_{iP}-\boldsymbol{\omega}_{in} \tag{8-8a}$$

选取东、北、天地理坐标系(g 系)为导航坐标系。由于地球是球体,当载体在地球表面运动时,当地水平面将发生连续转动;与此同时,地球的自转运动又带动当地水平面相对于惯性空间转动。因此,为了使捷联惯导的数学平台始终模拟当地水平面,需要通过所谓的平台指令角速度 $\boldsymbol{\omega}_{\mathrm{cmd}}^n$ 来实现。对于导航坐标系为东、北、天地理坐标系的捷联惯导系统而言,其数学平台指令角速度 $\boldsymbol{\omega}_{\mathrm{cmd}}^n$ 为

$$\boldsymbol{\omega}_{\mathrm{cmd}}^n=\boldsymbol{\omega}_{in}^n=\boldsymbol{\omega}_{ig}^g=\boldsymbol{\omega}_{ie}^g+\boldsymbol{\omega}_{eg}^g=\begin{bmatrix}-\dfrac{v_N}{R_M+h}\\[2mm]\omega_{ie}\cos L+\dfrac{v_E}{R_N+h}\\[2mm]\omega_{ie}\sin L+\dfrac{v_E}{R_N+h}\tan L\end{bmatrix} \tag{8-8b}$$

由于系统导航参数存在误差,从而导致平台的实际指令角速度 $\boldsymbol{\omega}_{\mathrm{cmd}}$ 为

$$\boldsymbol{\omega}_{\text{cmd}} = \boldsymbol{\omega}_{in}^n + \delta\boldsymbol{\omega}_{in} \tag{8-8c}$$

式中，$\delta\boldsymbol{\omega}_{in}$ 为平台指令角速度偏离理想值 $\boldsymbol{\omega}_{in}^n$ 的偏差。设陀螺仪漂移为 $\boldsymbol{\varepsilon}$，则捷联惯导数学平台的实际角速度为

$$\boldsymbol{\omega}_{ip}^p = \boldsymbol{\omega}_{in}^n + \delta\boldsymbol{\omega}_{in}^p - \boldsymbol{\varepsilon}^p = \boldsymbol{\omega}_{in}^n + \delta\boldsymbol{\omega}_{ie}^p + \delta\boldsymbol{\omega}_{en}^p - \boldsymbol{\varepsilon}^p \tag{8-8d}$$

将式（8-8a）向 n 系上投影，并经变形，可得

$$\dot{\boldsymbol{\phi}}^n = \boldsymbol{\omega}_{ip}^n - \boldsymbol{\omega}_{in}^n = \boldsymbol{C}_p^n \boldsymbol{\omega}_{ip}^p - \boldsymbol{\omega}_{in}^n \tag{8-8e}$$

式中，$\boldsymbol{C}_p^n$ 为实际平台系（p 系）到导航系（n 系）的变换矩阵。设 p 系相对于 n 系的偏差角在 n 系上的投影 $\boldsymbol{\phi}^n = [\phi_E \quad \phi_N \quad \phi_U]^T$，则

$$\boldsymbol{C}_p^n = \begin{bmatrix} 1 & -\phi_U & \phi_N \\ \phi_U & 1 & -\phi_E \\ -\phi_N & \phi_E & 1 \end{bmatrix} \tag{8-8f}$$

于是，将式（8-8d）代入式（8-8e）中，可得

$$\begin{aligned}
\dot{\boldsymbol{\phi}}^n &= \boldsymbol{C}_p^n \boldsymbol{\omega}_{in}^n + \boldsymbol{C}_p^n \delta\boldsymbol{\omega}_{ie}^p + \boldsymbol{C}_p^n \delta\boldsymbol{\omega}_{en}^p - \boldsymbol{C}_p^n \boldsymbol{\varepsilon}^p - \boldsymbol{\omega}_{in}^n = \\
&\quad \boldsymbol{C}_p^n \boldsymbol{\omega}_{in}^n + \delta\boldsymbol{\omega}_{ie}^n + \delta\boldsymbol{\omega}_{en}^n - \boldsymbol{\varepsilon}^n - \boldsymbol{\omega}_{in}^n
\end{aligned} \tag{8-8g}$$

式中

$$\delta\boldsymbol{\omega}_{ie}^n = \begin{bmatrix} 0 \\ -\omega_{ie}\sin L \delta L \\ \omega_{ie}\cos L \delta L \end{bmatrix}, \quad \delta\boldsymbol{\omega}_{en}^n = \begin{bmatrix} -\dfrac{1}{R_M+h}\delta v_N + \dfrac{v_N}{(R_M+h)^2}\delta h \\[2mm] \dfrac{1}{R_N+h}\delta v_E - \dfrac{v_E}{(R_N+h)^2}\delta h \\[2mm] \dfrac{\tan L}{R_N+h}\delta v_E + \dfrac{v_E\sec^2 L}{R_N+h}\delta L - \dfrac{v_E\tan L}{(R_N+h)^2}\delta h \end{bmatrix} \tag{8-9a}$$

$$\boldsymbol{\varepsilon}^n = \boldsymbol{C}_b^n \boldsymbol{\varepsilon}^b = \boldsymbol{C}_b^n \begin{bmatrix} \varepsilon_{bx} + w_{gx} \\ \varepsilon_{by} + w_{gy} \\ \varepsilon_{bz} + w_{gz} \end{bmatrix} \tag{8-9b}$$

将式（8-8b）（8-8f）和式（8-9）代入式（8-8g）中，经展开和整理可得捷联惯导系统的姿态误差方程如下：

$$\begin{aligned}
\dot{\phi}_E &= \phi_N\left(\omega_{ie}\sin L + \frac{v_E}{R_N+h}\tan L\right) - \phi_U\left(\omega_{ie}\cos L + \frac{v_E}{R_N+h}\right) - \frac{\delta v_N}{R_M+h} + \delta h\frac{v_N}{(R_M+h)^2} - \\
&\quad T_{11}\varepsilon_{bx} - T_{12}\varepsilon_{by} - T_{13}\varepsilon_{bz} - T_{11}w_{gx} - T_{12}w_{gy} - T_{13}w_{gz}
\end{aligned} \tag{8-10a}$$

$$\begin{aligned}
\dot{\phi}_N &= -\phi_E\left(\omega_{ie}\sin L + \frac{v_E}{R_N+h}\tan L\right) - \phi_U\frac{v_N}{R_M+h} - \delta L\omega_{ie}\sin L + \frac{\delta v_E}{R_N+h} - \delta h\frac{v_E}{(R_N+h)^2} - \\
&\quad T_{21}\varepsilon_{bx} - T_{22}\varepsilon_{by} - T_{23}\varepsilon_{bz} - T_{21}w_{gx} - T_{22}w_{gy} - T_{23}w_{gz}
\end{aligned} \tag{8-10b}$$

$$\begin{aligned}
\dot{\phi}_U &= \phi_E\left(\omega_{ie}\cos L + \frac{v_E}{R_N+h}\right) + \phi_N\frac{v_N}{R_M+h} + \delta L\left(\omega_{ie}\cos L + \frac{v_E}{R_N+h}\sec^2 L\right) + \delta v_E\frac{\tan L}{R_N+h} - \\
&\quad \delta h\frac{v_E\tan L}{(R_N+h)^2} - T_{31}\varepsilon_{bx} - T_{32}\varepsilon_{by} - T_{33}\varepsilon_{bz} - T_{31}w_{gx} - T_{32}w_{gy} - T_{33}w_{gz}
\end{aligned} \tag{8-10c}$$

式中，ϕ_E, ϕ_N, ϕ_U 为捷联惯导数学平台沿东、北、天向的姿态误差角；$\delta v_E, \delta v_N, \delta v_U$ 为捷联惯导的东、北、天向速度误差；$\delta L, \delta\lambda, \delta h$ 为捷联惯导的位置误差；$\varepsilon_{bx}, \varepsilon_{by}, \varepsilon_{bz}$ 为载体 x, y, z 轴上陀螺仪的随机常值漂移；w_{gx}, w_{gy}, w_{gz} 为载体 x, y, z 轴上陀螺仪的白噪声。$T_{ij}(i, j = 1, 2, 3)$ 是捷

联姿态矩阵 $\boldsymbol{C}_b^n$ 的第 i 行、第 j 列元素。

(三)捷联惯导系统的速度误差方程

根据捷联惯导系统的比力方程,当不考虑任何误差时,速度的理想值由下式确定:

$$\dot{\boldsymbol{v}}^n = \boldsymbol{C}_b^n \boldsymbol{f}^b - (2\boldsymbol{\omega}_{ie}^n + \boldsymbol{\omega}_{en}^n) \times \boldsymbol{v}^n + \boldsymbol{g}^n \tag{8-11a}$$

然而,在实际系统中由于各种误差的存在,捷联惯导实际计算得到的姿态矩阵 $\hat{\boldsymbol{C}}_b^n$ 所确定的导航系 n' 相对于真实导航系 n 具有姿态误差角 $\boldsymbol{\phi}^n$(认为是小角度),即

$$\hat{\boldsymbol{C}}_b^n = \boldsymbol{C}_{n'}^n \boldsymbol{C}_b^n = (\boldsymbol{I} - \boldsymbol{\phi}^n \times) \boldsymbol{C}_b^n \tag{8-11b}$$

其中,$\boldsymbol{\phi}^n \times = \begin{bmatrix} 0 & -\phi_U & \phi_N \\ \phi_U & 0 & -\phi_E \\ -\phi_N & \phi_E & 0 \end{bmatrix}$。

同样,式(8-11a)中用于计算有害加速度的角速度 $\boldsymbol{\omega}_{ie}^n$,$\boldsymbol{\omega}_{en}^n$ 也存在偏差,即实际角速度 $\hat{\boldsymbol{\omega}}_{ie}$ 和 $\hat{\boldsymbol{\omega}}_{en}$ 为

$$\hat{\boldsymbol{\omega}}_{ie} = \boldsymbol{\omega}_{ie}^n + \delta\boldsymbol{\omega}_{ie}^n \tag{8-11c}$$

$$\hat{\boldsymbol{\omega}}_{en} = \boldsymbol{\omega}_{en}^n + \delta\boldsymbol{\omega}_{en}^n \tag{8-11d}$$

而由于加速度计也存在测量误差 $\boldsymbol{V}^b$,则加速度计实际输出的比力 $\hat{\boldsymbol{f}}^b$ 为

$$\hat{\boldsymbol{f}}^b = \boldsymbol{f}^b + \boldsymbol{V}^b \tag{8-11e}$$

所以,结合式(8-11a),捷联惯导实际输出的速度 $\hat{\boldsymbol{v}}^n$ 应由下述方程确定,即

$$\dot{\hat{\boldsymbol{v}}}^n = \hat{\boldsymbol{C}}_b^n \hat{\boldsymbol{f}}^b - (2\hat{\boldsymbol{\omega}}_{ie}^n + \hat{\boldsymbol{\omega}}_{en}^n) \times \hat{\boldsymbol{v}}^n + \boldsymbol{g}^n \tag{8-11f}$$

式中,$\hat{\boldsymbol{v}}^n = \boldsymbol{v}^n + \delta\boldsymbol{v}^n$,$\delta\boldsymbol{v}^n = [\delta v_E, \delta v_N, \delta v_U]^{\mathrm{T}}$ 为捷联惯导的速度误差。

于是,将式(8-11b)~式(8-11e)代入式(8-11f)中,并略去关于误差的二阶小量,则

$$\dot{\boldsymbol{v}}^n + \delta\dot{\boldsymbol{v}}^n = \boldsymbol{C}_b^n \boldsymbol{f}^b - \boldsymbol{\phi}^n \times \boldsymbol{f}^n + \boldsymbol{C}_b^n \boldsymbol{V}^b - (2\boldsymbol{\omega}_{ie}^n + \boldsymbol{\omega}_{en}^n) \times \boldsymbol{v}^n -$$
$$(2\delta\boldsymbol{\omega}_{ie}^n + \delta\boldsymbol{\omega}_{en}^n) \times \boldsymbol{v}^n - (2\boldsymbol{\omega}_{ie}^n + \boldsymbol{\omega}_{en}^n) \times \delta\boldsymbol{v}^n + \boldsymbol{g}^n \tag{8-11g}$$

再将式(8-11g)减去式(8-11a),可得

$$\delta\dot{\boldsymbol{v}}^n = -\boldsymbol{\phi}^n \times \boldsymbol{f}^n + \boldsymbol{C}_b^n \boldsymbol{V}^b - (2\delta\boldsymbol{\omega}_{ie}^n + \delta\boldsymbol{\omega}_{en}^n) \times \boldsymbol{v}^n - (2\boldsymbol{\omega}_{ie}^n + \boldsymbol{\omega}_{en}^n) \times \delta\boldsymbol{v}^n \tag{8-11h}$$

将式(8-11h)展开,即可获得捷联惯导系统的速度误差方程为

$$\delta\dot{v}_E = -\phi_N f_U + \phi_U f_N + \delta v_E \frac{v_N \tan L - v_U}{R_N + h} + \delta v_N \left(2\omega_{ie}\sin L + \frac{v_E}{R_N + h}\tan L\right) - \delta v_U \left(2\omega_{ie}\cos L + \right.$$
$$\left. \frac{v_E}{R_N + h}\right) + \delta L \left[2\omega_{ie}(v_U\sin L + v_N\cos L) + \frac{v_E v_N}{R_N + h}\sec^2 L\right] + \delta h \frac{v_E v_U - v_E v_N \tan L}{(R_N + h)^2} +$$
$$T_{11}\nabla_{bx} + T_{12}\nabla_{by} + T_{13}\nabla_{bz} + T_{11}w_{ax} + T_{12}w_{ay} + T_{13}w_{az} \tag{8-12a}$$

$$\delta\dot{v}_N = -\phi_U f_E + \phi_E f_U - 2\delta v_E \left(\omega_{ie}\sin L + \frac{v_E}{R_N + h}\tan L\right) - \delta v_N \frac{v_U}{R_M + h} - \delta v_U \frac{v_N}{R_M + h} -$$
$$\delta L \left(\frac{v_E^2 \sec^2 L}{R_N + h} + 2v_E\omega_{ie}\cos L\right) + \delta h \left[\frac{v_N v_U}{(R_M + h)^2} + \frac{v_E{}^2 \tan L}{(R_N + h)^2}\right] + T_{21}\nabla_{bx} + T_{22}\nabla_{by} +$$
$$T_{23}\nabla_{bz} + T_{21}w_{ax} + T_{22}w_{ay} + T_{23}w_{az} \tag{8-12b}$$

$$\delta\dot{v}_U = \phi_N f_E - \phi_E f_N + 2\delta v_E \left(\omega_{ie}\cos L + \frac{v_E}{R_N + h}\right) + \delta v_N \frac{2v_N}{R_M + h} - 2\delta L v_E\omega_{ie}\sin L -$$
$$\delta h \left[\frac{v_N{}^2}{(R_M + h)^2} + \frac{v_E{}^2}{(R_N + h)^2}\right] + T_{31}\nabla_{bx} + T_{32}\nabla_{by} + T_{33}\nabla_{bz} + T_{31}w_{ax} + T_{32}w_{ay} + T_{33}w_{az}$$

$$\tag{8-12c}$$

式中，∇_{bx}，∇_{by}，∇_{bz} 为载体 x，y，z 轴上加速度计的随机常值漂移；w_{ax}，w_{ay}，w_{az} 为载体 x，y，z 轴上加速度计的白噪声。

(四)捷联惯导系统的位置误差方程

由于受到各种系统误差的影响，导致捷联惯导的东、北、天向速度分别存在误差 δv_E，δv_N，δv_U，纬度、经度和高度分别存在误差 δL，$\delta \lambda$，δh。于是，根据捷联惯导的位置解算微分方程，可得捷联惯导实际输出的位置应由下述方程确定，有

$$\dot{L} + \delta \dot{L} = \frac{v_N + \delta v_N}{R_M + h + \delta h} \quad (8-13a)$$

$$\dot{\lambda} + \delta \dot{\lambda} = \frac{v_E + \delta v_E}{(R_N + h + \delta h)\cos(L + \delta L)} \quad (8-13b)$$

$$\dot{h} + \delta \dot{h} = v_U + \delta v_U \quad (8-13c)$$

于是，对式(8.13)进行展开整理并略去关于误差的二阶小量，然后与其微分方程相减，就可以获得捷联惯导系统的位置误差方程为

$$\delta \dot{L} = \delta v_N \frac{1}{R_M + h} - \delta h \frac{v_N}{(R_M + h)^2} \quad (8-14a)$$

$$\delta \dot{\lambda} = \delta v_E \frac{\sec L}{R_N + h} + \delta L \frac{v_E \tan L \sec L}{R_N + h} - \delta h \frac{v_E \sec L}{(R_N + h)^2} \quad (8-14b)$$

$$\delta \dot{h} = \delta v_U \quad (8-14c)$$

三、捷联惯导/卫星组合导航

卫星导航系统是目前世界上使用最广泛的高精度导航定位系统，如美国的全球定位系统、俄罗斯的全球卫星导航系统以及我国的北斗卫星导航系统等。以美国的 GPS 为例，其依靠分布在空间 6 个轨道面上的 24 颗导航卫星可以在全球范围内、全天候条件下实现高精度三维定位和测速，误差不随时间积累，但 GPS 也存在着抗干扰性差、对大机动跟踪能力差、输出频率低等缺陷。显然，惯导系统与 GPS 在各自性能和误差传播特性上正好是互补的，所以可采用组合导航技术将它们有机结合起来，构成组合导航系统以提高系统的整体性能。惯导/卫星组合导航是世界公认的组合导航设计最佳方案，该组合导航系统已成功地应用在国内外诸多飞机上。

在捷联惯导/卫星组合导航系统中，首先，由捷联惯导系统(捷联惯导)和卫星导航系统对导弹的飞行参数分别进行测量；然后，将捷联惯导和卫星导航系统各自输出的对应导航参数相减作为量测，送入组合导航卡尔曼滤波器进行滤波计算，从而获得系统误差的最优估计值；接着，利用滤波估计值实时地对捷联惯导系统进行误差校正；最后，将经过校正的捷联惯导输出的导航参数作为组合导航系统的输出。因此，捷联惯性/卫星组合导航的方案结构如图 8-6 所示。

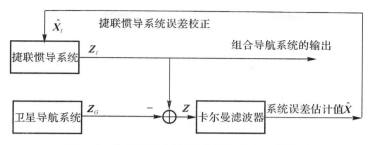

图 8-6　捷联惯导/卫星组合导航的方案结构图

(一)捷联惯导/卫星组合导航的状态方程

在组合导航设计中,根据所估计的系统状态的不同,组合导航卡尔曼滤波有直接法和间接法两种方法。在直接法滤波中,直接以导航系统输出的导航参数作为状态,卡尔曼滤波器经过计算获得导航参数的最优估计值;而在间接法滤波中,以导航子系统输出参数的误差量作为状态,卡尔曼滤波器经过计算获得各导航参数误差量的最优估计值。

在实际应用中,由于直接法滤波的系统状态方程是非线性方程,必须采用对非线性方程进行线性化的扩展卡尔曼滤波,这就给滤波器设计带来一定困难,而且参数估计的精度也不高,甚至可能导致滤波发散。因此,目前一般都采用间接法卡尔曼滤波。本书在设计组合导航卡尔曼滤波器时,也采用间接法卡尔曼滤波。为此,首先要对捷联惯导和卫星导航的系统误差分别进行分析、建模,建立捷联惯导/卫星组合导航系统的状态方程。

对于捷联惯导系统的误差在前面已作详细分析并建模,这里主要分析卫星导航系统的误差。以美国 GPS、我国北斗为代表的卫星导航系统目前已经达到很高的定位精度,民用定位精度达到 ±10 m。这样,相对于惯导系统不断发散的定位误差而言,卫星导航系统的误差完全可以看作是白噪声或相关时间很短、均方差很小的一阶马氏过程。考虑到组合导航卡尔曼滤波器的维数不宜太多,故将卫星导航的测量误差考虑为零均值的白噪声过程,不再列入系统状态。因此,仅仅将捷联惯导系统误差作为捷联惯导/卫星组合导航的状态。

于是,根据前面所建立的捷联惯导系统误差方程,选取捷联惯导/卫星组合导航系统的状态变量为捷联惯导数学平台姿态误差角 ϕ_E, ϕ_N, ϕ_U ,速度误差 $\delta v_E, \delta v_N, \delta v_U$,位置误差 δL, $\delta \lambda, \delta h$,陀螺仪随机常值漂移 $\varepsilon_{bx}, \varepsilon_{by}, \varepsilon_{bz}$,加速度计随机常值误差 $\nabla_{bx}, \nabla_{by}, \nabla_{bz}$ 。因此,捷联惯导/卫星组合导航系统状态向量 $\boldsymbol{X}_G$ 为

$$\boldsymbol{X}_G = [\phi_E \ \phi_N \ \phi_U \ \delta v_E \ \delta v_N \ \delta v_U \ \delta L \ \delta \lambda \ \delta h \ \varepsilon_{bx} \ \varepsilon_{by} \ \varepsilon_{bz} \ \nabla_{bx} \ \nabla_{by} \ \nabla_{bz}]^T \qquad (8-15a)$$

根据前面所建立的捷联惯导系统误差方程,并结合系统状态向量 $\boldsymbol{X}_G$,可列写出捷联惯导/卫星组合导航系统的状态方程为

$$\dot{\boldsymbol{X}}_G(t) = \boldsymbol{F}_G(t)\boldsymbol{X}_G(t) + \boldsymbol{G}_G(t)\boldsymbol{W}_G(t) \qquad (8-15b)$$

式中, $\boldsymbol{F}_G(t)$ 为系统状态矩阵; $\boldsymbol{G}_G(t)$ 为系统噪声驱动阵;系统噪声 $\boldsymbol{W}_G(t) = [w_{gx}, w_{gy}, w_{gz}, w_{ax}, w_{ay}, w_{az}]^T$,这里 w_{gx}, w_{gy}, w_{gz} 分别为沿载体 x, y, z 轴上陀螺仪的白噪声, w_{ax}, w_{ay}, w_{az} 分别为沿载体 x, y, z 轴上加速度计的白噪声,即 $E[\boldsymbol{W}_G(t)] = 0$ 且 $E[\boldsymbol{W}_G(t)\boldsymbol{W}_G^T(\tau)] = \boldsymbol{q}\delta(t-\tau)$, $\boldsymbol{q}$ 为 $\boldsymbol{W}_G(t)$ 的方差强度阵。

为了方便表示,不妨将 $\boldsymbol{F}_G(t)$ 记为 $\boldsymbol{F}(t)$,则系统状态矩阵 $\boldsymbol{F}(t)$ 中的非零项为

$$F(1,2) = \omega_{ie}\sin L + \frac{v_E}{R_N+h}\tan L, \ F(1,3) = -\omega_{ie}\cos L - \frac{v_E}{R_N+h}, \ F(1,5) = -\frac{1}{R_M+h},$$

$$F(1,9) = \frac{v_N}{(R_M+h)^2}, F(1,10) = -T_{11}, F(1,11) = -T_{12}, F(1,12) = -T_{13};$$

$$F(2,1) = -F(1,2), F(2,3) = -\frac{v_N}{R_M+h}, F(2,4) = \frac{1}{R_N+h}, F(2,7) = -\omega_{ie}\sin L,$$

$$F(2,9) = -\frac{v_E}{(R_N+h)^2}, F(2,10) = -T_{21}, F(2,11) = -T_{22}, F(2,12) = -T_{23};$$

$$F(3,1) = -F(1,3), F(3,2) = -F(2,3), F(3,4) = \frac{\tan L}{R_N+h}, F(3,7) = \omega_{ie}\cos L +$$

$$\frac{v_E\sec^2 L}{R_N+h}, F(3,9) = -\frac{v_E\tan L}{(R_N+h)^2}, F(3,10) = -T_{31}, F(3,11) = -T_{32}, F(3,12) = -T_{33};$$

$$F(4,2) = -T_{31}f_X^b - T_{32}f_Y^b - T_{33}f_Z^b, F(4,3) = T_{21}f_X^b + T_{22}f_Y^b + T_{23}f_Z^b, F(4,4) =$$

$$\frac{v_N\tan L - v_U}{R_N+h}, F(4,5) = 2\omega_{ie}\sin L + \frac{v_E}{R_N+h}\tan L, F(4,6) = -2\omega_{ie}\cos L - \frac{v_E}{R_N+h}, F(4,9) =$$

$$\frac{v_E v_U - v_E v_N\tan L}{(R_N+h)^2}, F(4,7) = 2\omega_{ie}(v_U\sin L + v_N\cos L) + \frac{v_E v_N}{R_N+h}\sec^2 L, F(4,13) = T_{11},$$

$$F(4,14) = T_{12}, F(4,15) = T_{13};$$

$$F(5,1) = -F(4,2), F(5,3) = -T_{11}f_X^b - T_{12}f_Y^b - T_{13}f_Z^b, F(5,4) = -$$

$$2\left(\omega_{ie}\sin L + \frac{v_E}{R_N+h}\tan L\right), F(5,5) = -\frac{v_U}{R_M+h}, F(5,6) = -\frac{v_N}{R_M+h}, F(5,7) = -$$

$$\left(2v_E\omega_{ie}\cos L + \frac{v_E^2}{R_N+h}\sec^2 L\right), F(5,9) = \frac{v_N v_U}{(R_M+h)^2} + \frac{v_E^2\tan L}{(R_N+h)^2}, F(5,13) = T_{21}, F(5,14) = T_{22},$$

$$F(5,15) = T_{23};$$

$$F(6,1) = -F(4,3), F(6,2) = T_{11}f_X^b + T_{12}f_Y^b + T_{13}f_Z^b, F(6,4) = 2\left(\omega_{ie}\cos L + \frac{v_E}{R_N+h}\right),$$

$$F(6,5) = \frac{2v_N}{R_M+h}, F(6,7) = -2\omega_{ie}v_E\sin L, F(6,9) = -\frac{v_N^2}{(R_M+h)^2} - \frac{v_E^2}{(R_N+h)^2}, F(6,13) =$$

$$T_{31}, F(6,14) = T_{32}, F(6,15) = T_{33};$$

$$F(7,5) = \frac{1}{R_M+h}, F(7,9) = -\frac{v_N}{(R_M+h)^2}, F(8,4) = \frac{\sec L}{R_N+h}, F(8,7) = \frac{v_E\tan L\sec L}{R_N+h}, F(8,$$

$$9) = -\frac{v_E\sec L}{(R_N+h)^2}, F(9,6) = 1。$$

(二)捷联惯导/卫星组合导航的量测方程

选取捷联惯导输出的载体速度、位置信息与卫星导航的对应输出信息相减作为量测,即捷联惯导/卫星组合导航的量测量 Z_G 为

$$Z_G = [v_{EI}-v_{EG} \quad v_{NI}-v_{NG} \quad v_{UI}-v_{UG} \quad L_I-L_G \quad \lambda_I-\lambda_G \quad h_I-h_G]^T \quad (8-15c)$$

式中,v_{EI}, v_{NI}, v_{UI} 为捷联惯导输出的载体东、北、天向速度;v_{EG}, v_{NG}, v_{UG} 为卫星导航输出的载体东、北、天向速度;L_I, λ_I, h_I 为捷联惯导输出的载体位置(纬度、经度和高度);L_G, λ_G, h_G 为卫星导航输出的载体位置。于是,根据捷联惯导和卫星导航输出的速度、位置信息中所含有的意义,可将量测量 Z_G 写为

$$\boldsymbol{Z}_G = \begin{bmatrix} v_{EI} - v_{EG} \\ v_{NI} - v_{NG} \\ v_{UI} - v_{UG} \\ L_I - L_G \\ \lambda_I - \lambda_G \\ h_I - h_G \end{bmatrix} = \begin{bmatrix} (v_E + \delta v_E) - (v_E + \delta v_{EG}) \\ (v_N + \delta v_N) - (v_N + \delta v_{NG}) \\ (v_U + \delta v_U) - (v_U + \delta v_{UG}) \\ (L + \delta L) - (L + \delta L_G) \\ (\lambda + \delta \lambda) - (\lambda + \delta \lambda_G) \\ (h + \delta h) - (h + \delta h_G) \end{bmatrix} = \begin{bmatrix} \delta v_E \\ \delta v_N \\ \delta v_U \\ \delta L \\ \delta \lambda \\ \delta h \end{bmatrix} - \begin{bmatrix} \delta v_{EG} \\ \delta v_{NG} \\ \delta v_{UG} \\ \delta L_G \\ \delta \lambda_G \\ \delta h_G \end{bmatrix} \qquad (8-15\text{d})$$

式中,$\delta v_{EG}, \delta v_{NG}, \delta v_{UG}$ 分别为卫星导航系统沿东、北、天向的速度误差;$\delta L_G, \delta \lambda_G, \delta h_G$ 分别为卫星导航系统的纬度、经度和高度误差,卫星导航的这些测量误差均可考虑为零均值的白噪声过程。

于是,结合前面所选取的组合导航系统状态向量 $\boldsymbol{X}_G$,根据式(8-15d)可以列写出捷联惯导/卫星组合导航的量测方程为

$$\boldsymbol{Z}_G = \boldsymbol{H}_G \boldsymbol{X}_G + \boldsymbol{v}_G \qquad (8-15\text{e})$$

式中,量测矩阵 $\boldsymbol{H}_G = [\boldsymbol{O}_{6\times 3} \quad \boldsymbol{I}_{6\times 6} \quad \boldsymbol{O}_{6\times 6}]$;$\boldsymbol{v}_G = [\delta v_{EG}, \delta v_{NG}, \delta v_{UG}, \delta L_G, \delta \lambda_G, \delta h_G]^{\mathrm{T}}$ 为卫星导航的量测白噪声,其方差强度阵为 $\boldsymbol{R}_G$。

(三)系统状态方程的离散化

获得捷联惯导/卫星组合导航系统的状态方程和量测方程以后,为了在导航计算机上实现卡尔曼滤波计算,必须对系统状态方程和量测方程进行离散化处理。由于量测方程(8-15e)本身已经是离散的,所以这时只需对连续的系统状态方程(8-15b)进行离散化处理,就可以进行捷联惯导/卫星组合导航系统的卡尔曼滤波计算了。

对于连续的系统状态方程(8-15b),为了使用离散卡尔曼滤波基本方程,必须将其离散化成如下形式:

$$\boldsymbol{X}_{k+1} = \boldsymbol{\Phi}_{k+1,k} \boldsymbol{X}_k + \boldsymbol{W}_k \qquad (8-15\text{f})$$

式中,$\boldsymbol{\Phi}_{k+1,k}$ 为一步转移矩阵;$\boldsymbol{W}_k$ 满足 $E[\boldsymbol{W}_k]=0$ 且 $E[\boldsymbol{W}_k \boldsymbol{W}_j^{\mathrm{T}}]=\boldsymbol{Q}_k \boldsymbol{\delta}_{kj}$,其中 $\boldsymbol{Q}_k$ 为等效离散系统噪声方差阵。状态方程离散化的过程,就是计算 $\boldsymbol{\Phi}_{k+1,k}$ 和 $\boldsymbol{Q}_k$ 的过程。具体算法如下:

设卡尔曼滤波周期为 $T(T=t_{k+1}-t_k)$,并记 $\boldsymbol{F}(t_k)=\boldsymbol{F}_k$。当卡尔曼滤波周期 T 较短时,一步转移阵 $\boldsymbol{\Phi}_{k+1,k}$ 的实时计算公式为

$$\boldsymbol{\Phi}_{k+1,k} = \boldsymbol{I} + T\boldsymbol{F}_k + \frac{T^2}{2!}\boldsymbol{F}_k^2 + \frac{T^3}{3!}\boldsymbol{F}_k^3 + \frac{T^4}{4!}\boldsymbol{F}_k^4 + \cdots \qquad (8-15\text{g})$$

记 $\boldsymbol{G}(t_k)=\boldsymbol{G}_k$,则等效离散系统噪声方差阵 $\boldsymbol{Q}_k$ 的实时计算公式为

$$\bar{\boldsymbol{Q}} = \boldsymbol{G}_k \boldsymbol{q} \boldsymbol{G}_k^{\mathrm{T}} \qquad (8-15\text{h})$$

$$\boldsymbol{M}_1 = \bar{\boldsymbol{Q}} \qquad (8-15\text{i})$$

$$\boldsymbol{M}_{i+1} = \boldsymbol{F}_k \boldsymbol{M}_i + (\boldsymbol{F}_k \boldsymbol{M}_i)^{\mathrm{T}} \qquad (8-15\text{j})$$

$$\boldsymbol{Q}_k = \frac{T}{1!}\boldsymbol{M}_1 + \frac{T^2}{2!}\boldsymbol{M}_2 + \frac{T^3}{3!}\boldsymbol{M}_3 + \frac{T^4}{4!}\boldsymbol{M}_4 + \cdots \qquad (8-15\text{k})$$

利用式(8-15g)~式(8-15k)就可以求出一步转移阵 $\boldsymbol{\Phi}_{k+1,k}$ 和等效离散系统噪声方差阵 $\boldsymbol{Q}_k$,从而实现对系统状态方程的离散化处理。这时,只须设定状态初值 $\hat{\boldsymbol{X}}_0$ 及其估计均方误差 $\boldsymbol{P}_0$,并结合 k 时刻的量测 $\boldsymbol{Z}_k$,就可以递推计算获得 k 时刻的状态估计 $\hat{\boldsymbol{X}}_k (k=1,2,3,4,\cdots)$。

(四)捷联惯导/卫星组合导航系统的误差校正

经过卡尔曼滤波计算,获得捷联惯导系统误差状态的最优估计值 $\hat{\boldsymbol{X}}_k$ 以后,需要对捷联惯

导系统及时进行误差校正。对于具体不同的误差状态变量,将采用不同的校正方法:对于位置、速度误差,由于位置、速度信号为数字量,可以直接将捷联惯导的位置、速度输出减去对应的误差估计值;而对于捷联姿态矩阵 C_b^n,则需要用姿态校正矩阵 C_n^n 来校正,具体校正方法如下所述。

设机体坐标系(b系)到导航坐标系(n系)的转换矩阵为 C_b^n;而导航计算实际得到的导航坐标系为 n'系,则对应的坐标转换矩阵为 $C_b^{n'}$。其中,n'系相对 n系存在误差角 $\phi = \begin{bmatrix} \phi_E & \phi_N & \phi_U \end{bmatrix}^T$。因此,根据卡尔曼滤波器输出的数学平台姿态误差角估计值 $\hat{\phi}_E, \hat{\phi}_N, \hat{\phi}_U$,可以计算出从 n'系到 n系的转换矩阵 $C_{n'}^n$,即

$$C_{n'}^n = \begin{bmatrix} 1 & -\hat{\phi}_U & \hat{\phi}_N \\ \hat{\phi}_U & 1 & -\hat{\phi}_E \\ -\hat{\phi}_N & \hat{\phi}_E & 1 \end{bmatrix} \tag{8-15l}$$

可得,真实捷联姿态矩阵 C_b^n 为

$$C_b^n = C_{n'}^n \cdot C_b^{n'} \tag{8-15m}$$

因此,利用数学平台姿态误差角的估计值 $\hat{\phi}_E, \hat{\phi}_N, \hat{\phi}_U$,并根据式(8-15l)和式(8-15m),就可实现对捷联姿态矩阵 C_b^n 的校正。

将经过系统误差校正的捷联惯导系统的输出作为捷联惯导/卫星组合导航系统的输出,其具体包括载体的姿态、速度、位置等导航信息。

四、组合导航实验验证与分析

对本节所研究的捷联惯导/卫星组合导航算法进行仿真验证。首先,设计载体的飞行运动轨迹,综合考虑载体作加速、减速、转弯、爬升、俯冲等多种机动,轨迹具体设计见表8-1。

表8-1 载体飞行轨迹设计

阶 段	飞行运动状态	起始时间 s	持续时间 s	俯仰角变化率 $\dot{\theta}$ °·s⁻¹	横滚角变化率 $\dot{\gamma}$ °·s⁻¹	航向角变化率 $\dot{\psi}$ °·s⁻¹	加速度 m·s⁻²	初始速度 m·s⁻¹
1	静止	0	10	0	0	0	0	0
2	加速上升	10	50	0	0	0	20	0
3	匀速上升	60	40	0	0	0	0	1 000
4	改平	100	10	−8	0	0	0	1 000
5	匀速平飞	110	800	0	0	0	0	1 000
6	右转弯	910	10	0	0	4	0	1 000
7	匀速平飞	920	520	0	0	0	0	1 000
8	进入俯冲	1 440	10	−8	0	0	0	1 000
9	匀速俯冲	1 450	5	0	0	0	0	1 000
10	加速俯冲	1 455	45	0	0	0	15	1 000

利用四阶龙格-库塔法对上述飞行轨迹进行计算机仿真,从而获得载体的飞行仿真轨迹如图 8-7 所示。

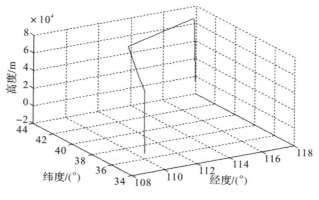

图 8-7　载体的飞行仿真轨迹

设惯性测量元件(陀螺和加速度计)的采样周期为 5 ms,捷联惯导系统的姿态更新周期、速度更新周期和位置更新周期均设计为 10 ms;卫星导航的数据更新周期为 1 s,组合导航卡尔曼滤波周期为 1 s,仿真时间为 1 500 s;设陀螺仪常值漂移为 0.01°/h,随机游走为 $0.001°/\sqrt{h}$;加速度计常值误差为 $10^{-4}g$,随机游走为 $10^{-5}\ g\cdot\sqrt{s}$;捷联惯导初始水平对准误差为 1′,方位对准误差为 10′;初始速度误差为 0.1 m/s,初始位置误差为 20 m;卫星导航的位置精度为 25 m,速度误差为 0.1 m/s。

在仿真过程中,利用组合导航卡尔曼滤波估计出的数学平台姿态误差角、速度误差和位置误差实时对捷联惯导进行误差校正,并将经过校正后捷联惯导系统输出的载体姿态、速度、位置信息与载体飞行轨迹中真实姿态、速度、位置之间的差值作为组合导航的姿态误差、速度误差和位置误差,并在相应的误差曲线中显示出来。

基于上述载体飞行仿真轨迹及仿真条件,对捷联惯导/卫星组合导航进行计算机仿真,仿真结果如图 8-8~图 8-10 所示。

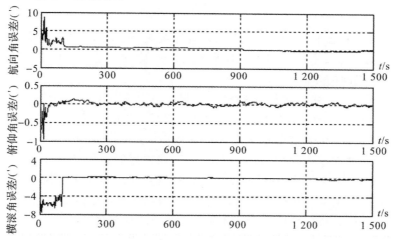

图 8-8　捷联惯导/卫星组合导航的姿态误差

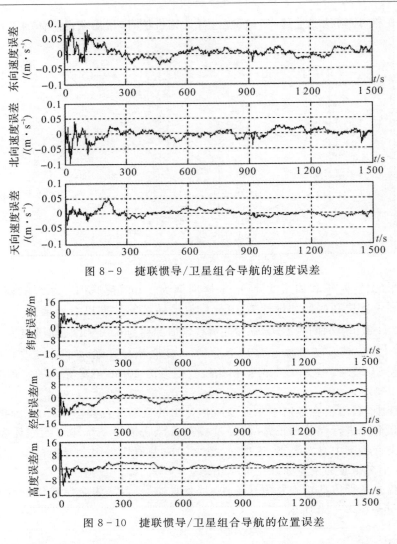

图 8-9　捷联惯导/卫星组合导航的速度误差

图 8-10　捷联惯导/卫星组合导航的位置误差

　　在上述仿真结果曲线中,捷联惯导/卫星组合导航的姿态误差、速度误差、位置误差是指经过误差校正后的捷联惯导系统输出的载体姿态、速度、位置信息与载体真实姿态、速度、位置(载体轨迹参数值)之间的差值。

　　由图 8-8~图 8-10 可以看出,将捷联惯导与卫星构成组合导航系统以后,捷联惯导的导航参数误差获得了显著的收敛:经过 1 500 s 的仿真时间,航向角误差稳定在 ±0.7′ 以内,俯仰角误差稳定在 ±0.2′ 以内,横滚角稳定在 ±0.3′ 以内;东向、北向和天向速度误差均稳定在 ±0.04 m/s 以内;纬度误差控制在 ±6 m 以内,经度误差控制在 ±5 m 以内,高度误差则控制在 ±4 m 以内。可见,捷联惯导/卫星组合导航具有较高的定姿和定位精度,而且导航误差不随时间发散,其充分利用卫星导航系统的量测信息,通过组合导航技术有效地克服了纯惯导系统导航误差随时间积累的致命缺陷,并显著提高了系统的导航精度。

　　然而,根据图 8-8 也可以发现,捷联惯导/卫星组合导航的航向角精度(±0.7′)相对于俯仰角(±0.2′)和横滚角(±0.3′)要低一些,这是由于捷联惯导/卫星组合导航系统中航向角误差项的可观测性较弱所引起的。

可见,捷联惯导/卫星组合导航不仅有效克服了纯惯导系统导航误差随时间而积累的致命缺陷,而且显著提高了系统的整体导航精度,具有较高的定姿、定位和测速精度。但是,捷联惯导/卫星组合导航仍然存在着航向角精度相对较低的问题。

SINS/GPS组合导航系统是自20世纪80年代以来受到广泛重视并已成功应用的组合导航系统。GPS虽然采用了抗干扰性极强的扩展频谱技术,但其民用C/A码乃至军用P码的抗干扰、反欺骗能力越来越受到强有力的挑战,而且GPS的完整性问题也没有得到很好的解决。因此SINS/GPS组合导航系统利用了GPS和SINS的互补性,使组合导航系统不仅具有两个独立系统各自的诸多优点,且在导航性能方面互相弥补,互为利用,使系统的综合性能得到极大提高。

国内外对SINS/GPS组合导航系统进行了多年的研究,在很多领域已经得到了广泛的应用。SINS/GPS组合通常有两种组合模式,即松散组合(位置与速度组合)及深组合(伪距与伪距率组合)。松散组合直接利用GPS接收机输出的位置、速度与惯性导航系统进行组合,解算信息,对SINS的长时间导航积累误差进行滤波修正;深组合则是从GPS接收机中提取原始伪距和伪距变化率数据,通过观测卫星的星历算法,把SINS的积累误差映射成用户至卫星的视距误差,即伪距残差,并根据伪距和伪距变化率残差的观测方程进行滤波,对SINS的误差进行估计和修正。

(1)松散组合的优点包括GPS和SINS保持了各自的独立性,其中任何一个出现故障时,系统仍能继续工作;组合导航系统结构简单,便于设计;GPS接收机和SINS的开发和调试独立性强,便于系统的故障检测和隔离;组合系统的开发周期短。其缺点是组合后GPS接收机的抗干扰能力和动态跟踪能力没有得到任何改善,组合系统的导航精度没有深组合模式高。

(2)深组合模式的优点包括GPS接收机向SINS提供精确的位置和速度信息,克服SINS的长时间漂移误差积累;SINS同时向GPS接收机提供实时的位置和速度信息,辅助GPS接收机内部的码/波跟踪回路,提高GPS接收机的抗干扰能力和动态跟踪能力;辅助后的GPS接收机可以接收到更多的卫星信息,而综合滤波器可以利用尽可能多的卫星信息以提高滤波修正的精度,能够对GPS接收机的信息完整性进行监测。其缺点是GPS与SINS的硬件和软件都必须进行统筹规划、联合设计和调试,对系统时钟的同步性要求较高,组合系统的结构比较复杂。

分析可知,SINS/GPS组合系统具有以下优点:

(1)抑制了SINS的时间累积漂移,GPS接收机提供了一个足够稳定的高精度参照系,用来抑制、修正SINS固有的误差积累特性;

(2)提高了GPS接收机的抗干扰能力、信号的动态跟踪特性、开机时信号的快速捕获能力,以及由于姿态机动引起信号丢失之后的再捕获能力;

(3)提高了整个系统的容错性能,GPS和SINS为检测系统的硬、软故障提供了非相似余度,而且GPS能使SINS具有动基座、空中对准的能力,大大提高了整个系统的快速反应能力;

(4)减轻了GPS卫星不良配置和少于4颗可见导航星时的性能恶化程度;

(5)SINS能够提供更为精确的姿态信息。

与此同时,还应注意到SINS/GPS组合导航系统具有以下的缺点:在低高度(特别是在丘陵地带和山区)由于观察到的导航卫星少而难以达到完善的星座几何配置,其导航精度将明显降低。加之 GPS 系统可以人为地加入误差量,从而导致较隐蔽的欺骗误差,也使其可信度和精度受到质疑。

总之,随着组合技术水平的不断提高,组合导航系统可获得更优异的综合性能,但对两者硬件的一体化程度、数据访问能力、实时解算速度等要求也越来越高,这也是后续要重点关注的研究内容。

第四节 典型复合制导体制

本节依据前面各专题介绍的单一制导方式原理特点,结合复合制导结构及 KF 的基本应用原理,针对典型导弹武器精确制导应用,介绍几种常用的复合制导方式,包括惯性/天文、惯性/图像、多模复合寻的制导等方式,重点分析惯性/天文组合导航模式的原理过程。其中,部分组合导航与复合制导方式在远程精确制导武器中得到了成功的应用并体现出重要的发展前景。

一、INS/CNS 组合制导

惯性导航系统(Inertial Navigation System,INS)是在陀螺仪确立的基准坐标系(惯性坐标系)下,利用加速度计测得载体的运动加速度,实时解算载体位置、速度和姿态的一种自主导航系统。它通常由惯性测量单元和处理单元组成。惯性测量单元包括加速度计和陀螺仪,陀螺仪测量载体的转动运动,加速度计测量载体的平移运动加速度;处理单元根据测得的加速度信号和角运动信号解算载体的速度、位置和姿态数据,完成载体导航信息的输出。它完全依靠惯性器件自主地完成导航任务,同外界不发生联系,具有短时精度高、输出连续、抗干扰能力强,可同时提供位置、姿态信息等优点;但缺点是导航误差随时间积累,长时间工作的误差很大。天文导航系统 CNS(Celestial Navigation System)是一种利用天体敏感器测得的天体方位信息进行载体位置计算的导航系统。它利用天体作为导航信息源,隐蔽性好、自主性强,不仅能够提供位置信息,而且能够提供高精度的姿态信息,但输出信息不连续、易受环境影响。

将捷联惯性导航系统与天文导航系统组合,利用星光信息修正姿态误差、陀螺常值漂移等误差,可大大提高导航系统的精度。捷联惯性/天文组合导航系统与精度相当的平台惯性相比,不仅成本低、体积小、质量轻,而且具有较高的容错能力,目前已成为导弹和飞机导航技术的重要发展方向。尤其对于机动发射或水下发射的弹道导弹,由于可以利用星光信息修正发射点位置误差,SINS/CNS 组合导航系统更具有明显的优势。

1.惯性/天文组合导航系统的工作模式

前面讲过,从惯性导航系统的结构上来说,可分为平台惯性导航系统和捷联惯性导航系统。平台惯性导航系统按照惯导平台模拟的坐标系不同,又可分为当地水平惯性导航系统和空间稳定惯性导航系统。目前平台惯性导航系统是中远程导弹和飞机广泛采用的导航系统,虽然精度很高,但是其成本昂贵。捷联惯性导航系统器件固联在载体上,用计算机平台代替物理平台,具有结构简单、成本低、可靠性高的优点,但其精度不高。近年来,随着陀螺精度的不断提高,捷联惯导导航技术取得了快速发展,但是其精度仍难以满足中远程导弹和飞机制导的要求。将惯性导航系统与天文导航系统组合,利用星光信息修正惯性器件的误差,可大大提高导航系统的精度。

惯性/天文组合导航系统有多种工作模式,根据惯性器件和星敏感器安装方式的不同,可分为以下三种。

(1)全平台模式。全平台模式采用平台式惯导,星敏感器安装在惯导的三轴稳定平台上,比较典型的是美国"三叉戟Ⅰ"C4导弹所用的MK5惯性测量组合和"三叉戟Ⅱ"D5导弹所用的MK6惯性测量组合。其特点是星敏感器工作在相对静态的环境中,测星精度较高。但因星敏感器安装在平台上,给平台结构设计造成了很大困难,同时该模式的信息输入、输出方式及驱动电路等也都比较复杂,在目前国内的技术条件下,难以满足其制造要求。

(2)惯导平台与星敏感器捷联模式。该工作模式采用平台式惯导,星敏感器捷联安装于载体上,没有安装在平台上,因而对平台结构无要求。其特点是对原有的惯导平台系统不须作任何发动,便可实现惯性、天文导航系统的组合。这种方案的星敏感器的光轴方向与载体固联,随载体姿态的变化而变化。在用星敏感器观测星时,必须精确地转动载体,以使捷联安装其上的星敏感器能准确对星。由于对星、测量时间比较长,所以该模式对于运行时间长的飞船比较适合,而对于短时间工作的弹道导弹却不适用。该模式由于星敏感器捷联安装,以及载体自身机动和各种扰动产生的振动问题,使星敏感器工作在动态环境中,影响其测星精度,对星敏感器的动态性能要求较高,且其初始安装误差不易精确补偿。另外,由于采用平台惯导,具有体积大、成本高的缺点。

(3)全捷联模式。全捷联模式即惯导系统和星敏感器都采用捷联方式安装,是最灵活的工作模式。捷联惯导系统由计算机完成实时的捷联矩阵修正来模拟平台坐标系,与平台系统相比有成本低、可靠性高等多方面的优越性;但对陀螺和加速度计的性能要求较高。随着各种新型陀螺及加速度计的出现,捷联惯导系统更具有竞争力。捷联方式对星敏感器的动态性能要求较高,20世纪90年代初CMOS APS星敏感器的出现使这一问题的解决成为可能。

从未来发展趋势看,全捷联工作模式的组合导航系统更有发展前景,为此将以全捷联模式为例,介绍SINS/CNS组合导航系统的基本原理。

2.惯性/天文组合导航系统的组合方法

惯性/天文组合模式一般可分为惯性/天文简单组合模式和基于最优估计的惯性/天文组合模式。

(1)基于直接校正的简单组合方式。该模式是最简单、最成熟的惯性/天文组合方式,如图8-11所示。惯性导航系统独立工作,提供姿态、速度、位置等各种导航数据;天文导航系统解算出天文位置和姿态,对惯性导航系统的位置、姿态数据进行校正。这种组合模式在国内外已得到广泛的应用,如国内潜艇组合导航系统和美国B2等大型轰炸机上的NAS-26系列惯性/天文组合导航系统都采用此组合模式。

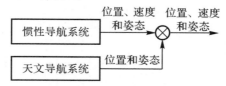

图8-11　基于校正惯性/天文简单组合方式

(2)基于最优估计的惯性/天文组合。该模式采用天文导航系统的量测信息,通过最优估计的方法来精确补偿陀螺漂移,原理过程如图8-12所示。

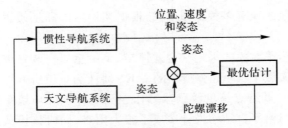

图 8 - 12　基于最优估计的惯性/天文组合方式

其原理是天文导航系统利用星敏感器,对实时拍摄的星空信息进行星图识别,精确地提供航行载体坐标系相对于惯性坐标系的高精度姿态信息。而捷联惯导利用陀螺组件敏感载体相对惯性空间的角速度,通过积分求出载体坐标系相对于惯性坐标系的姿态信息;但由于陀螺漂移的存在,精度随时间增长而降低。因此用最优估计方法处理天文量测数据,对惯导系统进行补偿,来提高组合导航系统的精度。

3. 天文量测信息修正惯性器件误差原理

惯性/天文组合导航系统比纯惯导系统的精度高是因为在惯性空间里恒星的方位基本保持不变,尽管星敏感器的像差、地球极轴的进动和章动以及视差等因素使恒星方向有微小的变化,但是它们所造成的姿态误差小于 $1''$,因此星敏感器就相当于没有漂移的陀螺,所以可以用天文量测信息修正惯性器件误差。

在全捷联工作模式下,由星敏感器输出的姿态信息可以得到载体的三轴姿态信息(俯仰角 φ、偏航角 Ψ、滚动角 γ),而惯性导航系统通过惯导解算也会给出载体的三轴姿态信息(俯仰角 φ_0、偏航角 Ψ_0、滚动角 γ_0),因此将两者相减可得到载体的三轴姿态误差 $\Delta\boldsymbol{\varepsilon}$ 为

$$\Delta\boldsymbol{\varepsilon}=\begin{bmatrix}\varepsilon_\varphi\\\varepsilon_\Psi\\\varepsilon_\gamma\end{bmatrix}=\begin{bmatrix}\varphi-\varphi_0\\\Psi-\Psi_0\\\gamma-\gamma_0\end{bmatrix} \tag{8-16}$$

由于惯导系统的误差模型为数学平台误差角方程,所以需要将姿态误差角转换成数学平台误差角才能作为卡尔曼滤波的观测量。将姿态误差角转换成数学平台误差角表达式为

$$\Delta\boldsymbol{\varepsilon}'=\boldsymbol{M}\times\Delta\boldsymbol{\varepsilon}$$

式中,$\boldsymbol{M}=\begin{bmatrix}0&\cos\varphi&-\cos\Psi\sin\varphi\\0&\sin\varphi&\cos\Psi\cos\varphi\\1&0&\sin\Psi\end{bmatrix}$ 为姿态误差角转换矩阵。

在组合导航系统中将 $\Delta\boldsymbol{\varepsilon}'$ 作为观测建立系统的量测模型,通过最优估计的方法实时估计导航系统中惯性器件的误差,并以此对组合导航系统进行修正。其解算框图如图 8 - 13 所示。

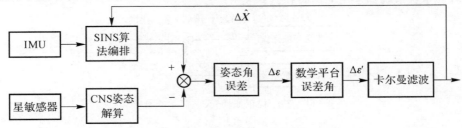

图 8 - 13　SINS/CNS 组合导航系统解算框图

一般星敏感器数据的输出频率比惯导系统采集角增量、比力等原始数据的频率低，所以通常在捷联惯导子系统计算若干周期以后，再将解算结果同星敏感器数据一起输入最优估计滤波器进行滤波处理，并进行适当校正。

4. 捷联惯导/星光组合导航建模与实验验证

捷联惯导/星光组合导航充分利用星敏感器自主性强、输出高精度姿态信息的特点，实时对捷联惯导的数学平台姿态误差进行修正，有效提高导航系统的精度，具有很高的自主性和隐蔽性，在军事上具有重要意义，特别适用于核潜艇、高空远程导弹和战略轰炸机等一些具有特殊战略战术要求的武器装备。在捷联惯导/星光组合导航中，捷联惯导输出载体的位置、速度和姿态等信息，星敏感器输出惯性坐标系相对于星敏感器坐标系的变换矩阵 $\tilde{\boldsymbol{C}}_i^{CCD}$。首先，利用捷联惯导输出的载体位置和姿态信息计算出惯性坐标系相对于载体坐标系的变换矩阵 $\hat{\boldsymbol{C}}_i^b$；然后，将捷联惯导计算出的变换矩阵 $\hat{\boldsymbol{C}}_i^b$ 与星敏感器输出的变换矩阵 $\tilde{\boldsymbol{C}}_i^{CCD}$ 相减作为量测，送入组合导航卡尔曼滤波器进行滤波计算，从而获得系统误差的最优估计值，并利用该估计值实时地对捷联惯导进行误差校正；最后，将经过校正的捷联惯导输出的导航参数作为组合导航系统的输出。因此，捷联惯导/星光组合导航的结构图如图 8－14 所示。

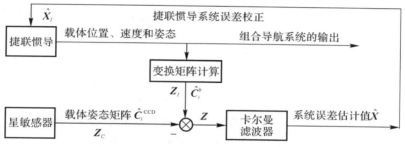

图 8－14 捷联惯导/星光组合导航的方案结构图

（1）捷联惯导/星光组合导航建模分析。尽管 CCD 星敏感器是目前精度最高的姿态敏感器，但是必须对星敏感器的安装误差进行严格标定，以确保星敏感器的测量精度。特别是星敏感器在载体飞行过程中由于受到外界温度、地面标定精度等因素的影响，其实际安装矩阵和实验室标定参数将产生较大误差，这将严重影响星敏感器的定姿精度。因此，必须对星敏感器的安装误差进行严格的实时标定，其安装误差的实时标定与修正是确保星敏感器测量精度的关键。为此，本书在分析星敏感器的误差源时，主要考虑星敏感器的安装误差，可以将星敏感器沿载体 x,y,z 三个方向上的安装误差 δA_i 考虑为随机常值，即

$$\delta \dot{A}_i = 0 \quad (i = x, y, z) \tag{8-17}$$

由于 CCD 星敏感器的测量精度很高，在考虑并标定了星敏感器的安装误差以后，CCD 星敏感器本身的测量误差可以考虑为零均值的白噪声过程。因此，将捷联惯导的系统误差项和星敏感器的安装误差项列入组合导航系统的状态，即捷联惯导/星光组合导航系统的状态向量 $\boldsymbol{X}_C$ 为

$$\boldsymbol{X}_C = [\phi_E\ \phi_N\ \phi_U\ \delta v_E\ \delta v_N\ \delta v_U\ \delta L\ \delta \lambda\ \delta h\ \varepsilon_{bx}\ \varepsilon_{by}\ \varepsilon_{bz}\ \nabla_{bx}\ \nabla_{by}\ \nabla_{bz}\ \delta A_x\ \delta A_y\ \delta A_z]^T \tag{8-18}$$

于是，根据前面所建立的捷联惯导系统误差方程，以及星光导航的系统误差方程式（8－17），并结合捷联惯导/星光组合导航系统状态向量 $\boldsymbol{X}_C$，可列写出捷联惯导/星光组合导航的状态方程为

$$\dot{\boldsymbol{X}}_C(t) = \boldsymbol{F}_C(t)\boldsymbol{X}_C(t) + \boldsymbol{G}_C(t)\boldsymbol{W}_C(t) \tag{8-19}$$

式中，$\boldsymbol{F}_C(t)$ 为系统状态阵；$\boldsymbol{G}_C(t)$ 为系统噪声驱动阵；系统噪声 $\boldsymbol{W}_C(t) = [w_{gx}, w_{gy}, w_{gz}, w_{ax}, w_{ay}, w_{az}]^{\mathrm{T}}$，这里 w_{gx}, w_{gy}, w_{gz} 为载体 x, y, z 轴上陀螺仪的白噪声，w_{ax}, w_{ay}, w_{az} 为载体 x, y, z 轴上加速度计的白噪声，即 $E[\boldsymbol{W}_C(t)] = 0$ 且 $E[\boldsymbol{W}_C(t)\boldsymbol{W}_C^{\mathrm{T}}(\tau)] = \boldsymbol{q}\delta(t-\tau)$，$\boldsymbol{q}$ 为 $\boldsymbol{W}_C(t)$ 的方差强度阵。

设惯性坐标系相对于载体坐标系的变换矩阵为 $\boldsymbol{C}_i^b$，CCD 星敏感器输出的惯性坐标系相对于星敏感器坐标系的变换矩阵为 $\tilde{\boldsymbol{C}}_i^{\mathrm{CCD}}$，而利用捷联惯导输出的载体位置、姿态等信息构造计算得到惯性坐标系相对于载体坐标系的变换矩阵为 $\hat{\boldsymbol{C}}_i^b$。于是，将捷联惯导构造计算出的变换矩阵 $\hat{\boldsymbol{C}}_i^b$ 与星敏感器实际输出的变换矩阵 $\tilde{\boldsymbol{C}}_i^{\mathrm{CCD}}$ 相减作为量测，记为 $\boldsymbol{Z}_{3\times3}$，即

$$\boldsymbol{Z}_{3\times3} = \hat{\boldsymbol{C}}_i^b - \tilde{\boldsymbol{C}}_i^{\mathrm{CCD}} \tag{8-20}$$

假设捷联惯导输出的载体姿态矩阵为 $\hat{\boldsymbol{C}}_n^b$，载体位置矩阵为 $\hat{\boldsymbol{C}}_e^n$，利用时间基准计算得到惯性坐标系与地球坐标系之间的变换矩阵为 $\boldsymbol{C}_i^e$，则捷联惯导构造计算出的惯性坐标系相对于载体坐标系的变换矩阵 $\hat{\boldsymbol{C}}_i^b$ 为

$$\hat{\boldsymbol{C}}_i^b = \hat{\boldsymbol{C}}_n^b\hat{\boldsymbol{C}}_e^n\boldsymbol{C}_i^e = \boldsymbol{C}_n^b(\boldsymbol{I} + (\boldsymbol{\phi}\times)) \cdot (\boldsymbol{I} - \delta\boldsymbol{P})\boldsymbol{C}_e^n \cdot \boldsymbol{C}_i^e \tag{8-21}$$

式中，$\boldsymbol{\phi} = [\phi_E \quad \phi_N \quad \phi_U]^{\mathrm{T}}$ 为捷联惯导的数学平台姿态误差角；$\delta\boldsymbol{P}$ 为捷联惯导的位置误差矩阵，则有

$$\boldsymbol{\phi}\times = \begin{bmatrix} 0 & -\phi_U & \phi_N \\ \phi_U & 0 & -\phi_E \\ -\phi_N & \phi_E & 0 \end{bmatrix}, \quad \delta\boldsymbol{P} = \begin{bmatrix} 0 & -\delta\lambda\sin L & \delta\lambda\cos L \\ \delta\lambda\sin L & 0 & \delta L \\ -\delta\lambda\cos L & -\delta L & 0 \end{bmatrix} \tag{8-22}$$

将式（8-21）展开，并忽略关于误差项的二阶及二阶以上小量，经整理可得变换矩阵 $\hat{\boldsymbol{C}}_i^b$ 为

$$\hat{\boldsymbol{C}}_i^b = \boldsymbol{C}_n^b\boldsymbol{C}_e^n\boldsymbol{C}_i^e + \boldsymbol{C}_n^b(\boldsymbol{\phi}\times)\boldsymbol{C}_e^n\boldsymbol{C}_i^e - \boldsymbol{C}_n^b\delta\boldsymbol{P}\boldsymbol{C}_e^n\boldsymbol{C}_i^e \tag{8-23}$$

式中

$$\boldsymbol{C}_n^b\boldsymbol{C}_e^n\boldsymbol{C}_i^e = \boldsymbol{C}_i^b = \boldsymbol{C}_{\mathrm{CCD}}^b\boldsymbol{C}_i^{\mathrm{CCD}} = (\boldsymbol{I} + \delta\boldsymbol{A})\boldsymbol{C}_i^{\mathrm{CCD}} = \boldsymbol{C}_i^{\mathrm{CCD}} + \delta\boldsymbol{A}\boldsymbol{C}_i^{\mathrm{CCD}} \tag{8-24}$$

式中，$\delta\boldsymbol{A}$ 为星敏感器的安装误差矩阵，$\delta\boldsymbol{A} = [\delta A_x \quad \delta A_y \quad \delta A_z]^{\mathrm{T}}$，$\delta A_i (i=x,y,z)$ 为星敏感器沿载体 x, y, z 轴三个方向上的安装误差角，则有

$$\delta\boldsymbol{A} = \begin{bmatrix} 0 & \delta A_z & -\delta A_y \\ -\delta A_z & 0 & \delta A_x \\ \delta A_y & -\delta A_x & 0 \end{bmatrix} \tag{8-25}$$

于是，将式（8-24）代入式（8-23）中，可得

$$\hat{\boldsymbol{C}}_i^b = \boldsymbol{C}_i^{\mathrm{CCD}} + \delta\boldsymbol{A}\boldsymbol{C}_i^{\mathrm{CCD}} + \boldsymbol{C}_n^b(\boldsymbol{\phi}\times)\boldsymbol{C}_e^n\boldsymbol{C}_i^e - \boldsymbol{C}_n^b\delta\boldsymbol{P}\boldsymbol{C}_e^n\boldsymbol{C}_i^e \tag{8-26}$$

由于 CCD 星敏感器的测量精度很高，除了其安装误差以外，星敏感器自身的测量误差可以考虑为零均值的白噪声过程。因此，在考虑了星敏感器的安装误差以后，星敏感器输出的惯性坐标系相对于星敏感器坐标系的变换矩阵 $\tilde{\boldsymbol{C}}_i^{\mathrm{CCD}}$ 可认为是真实变换矩阵 $\boldsymbol{C}_i^{\mathrm{CCD}}$ 与量测白噪声阵 $\boldsymbol{V}_{3\times3}$ 的叠加，这里 $\boldsymbol{V}_{3\times3} = [V_{ij}](i,j=1,2,3)$，即

$$\tilde{\boldsymbol{C}}_i^{\mathrm{CCD}} = \boldsymbol{C}_i^{\mathrm{CCD}} + \boldsymbol{V}_{3\times3} \tag{8-27}$$

于是，将式（8-26）和式（8-27）代入式（8-20）中，可以得到量测 $\boldsymbol{Z}_{3\times3}$ 为

$$\boldsymbol{Z}_{3\times3} = \delta\boldsymbol{A}\boldsymbol{C}_i^{\mathrm{CCD}} + \boldsymbol{C}_n^b(\boldsymbol{\phi}\times)\boldsymbol{C}_e^n\boldsymbol{C}_i^e - \boldsymbol{C}_n^b\delta\boldsymbol{P}\boldsymbol{C}_e^n\boldsymbol{C}_i^e - \boldsymbol{V}_{3\times3} \tag{8-28}$$

设量测 $\boldsymbol{Z}_{3\times3} = [Z_{ij}](i,j=1,2,3)$，则将其展开成列向量形式为

$$Z_C = [Z_{11} Z_{12} Z_{13} Z_{21} Z_{22} Z_{23} Z_{31} Z_{32} Z_{33}]^T \qquad (8-29)$$

列向量 Z_C 即为捷联惯导/星光组合导航卡尔曼滤波器的量测量。结合式(8-22)、式(8-25),对式(8-28)中关于误差 $\delta A, \phi, \delta P$ 的项进行整合,并将式(8-28)左右两边矩阵的对应元素写成列向量形式,结合前面所选取的系统状态向量 X_C,可列写出捷联惯导/星光组合导航的量测方程为

$$Z_C = H_C X_C + V_C \qquad (8-30)$$

式中,$H_C(9\times18)$ 为量测矩阵;$V_C = [V_{11} V_{12} V_{13} V_{21} V_{22} V_{23} V_{31} V_{32} V_{33}]^T$ 为 CCD 星敏感器的量测白噪声序列,其方差强度阵为 R_C。

与前面捷联惯导/卫星组合导航相似,获得捷联惯导/星光组合导航系统的状态方程和量测方程以后,需要对其进行离散化处理。由于量测方程(8-30)本身已经是离散的,此时只需对连续的系统状态方程(8-19)进行离散化处理,具体方法与前面所述离散化方法完全相同,这里不再赘述。经过卡尔曼滤波计算获得捷联惯导系统误差状态的最优估计值 $\hat{X}_C$ 以后,需要对捷联惯导系统及时进行误差校正,具体的误差校正方法也与前面捷联惯导/卫星组合导航系统的误差校正方法相同。最后,将经过系统误差校正的捷联惯导系统输出作为捷联惯导/星光组合导航系统的输出,具体包括载体的姿态、速度、位置等导航信息。

(2)捷联惯导/星光组合导航算法验证。对本节所研究的捷联惯导/星光组合导航算法进行仿真验证。惯性测量元件采样周期、捷联惯导系统解算周期、惯性测量元件精度、捷联惯导初始对准精度均与前面捷联惯导/卫星组合导航时的条件完全一样。CCD 星敏感器沿三个轴方向的测量精度均为 $10''$,其沿载体 x, y, z 三个轴上的安装误差分别为 $1', 1', 1.5'$(随机设定)。星光导航的数据更新周期为 1 s,卡尔曼滤波周期为 1 s,仿真时间仍为 1 500 s。对捷联惯导/星光组合导航进行计算机仿真,仿真结果如图 8-15~图 8-17 所示。

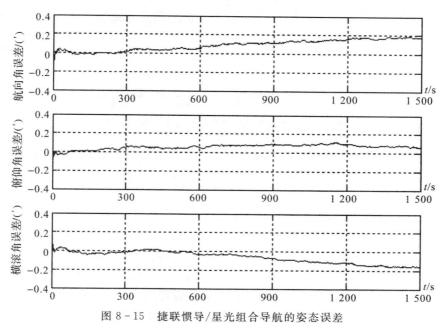

图 8-15 捷联惯导/星光组合导航的姿态误差

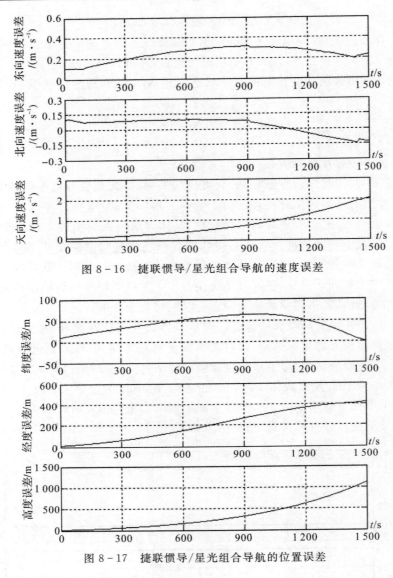

图 8-16 捷联惯导/星光组合导航的速度误差

图 8-17 捷联惯导/星光组合导航的位置误差

在上述仿真结果曲线中,捷联惯导/星光组合导航的姿态误差、速度误差、位置误差是指经过误差校正后的捷联惯导系统输出的载体姿态、速度、位置信息与载体真实姿态、速度、位置(载体轨迹参数值)之间的差值。

根据图 8-15 可以看出,将捷联惯导系统与星光导航系统构成组合导航系统以后,载体姿态误差获得了非常显著的收敛效果:经过 1 500 s 的仿真时间,航向角误差控制在±0.2′以内,俯仰角误差控制在±0.1′以内,横滚角控制在±0.15′以内。这是因为 CCD 星敏感器能够提供高精度的三维定姿信息作为组合导航卡尔曼滤波器的量测,从而使得捷联惯导的姿态误差项具有较强的可观测性,能够被有效地估计出来并进行校正。与前面捷联惯导/卫星组合导航的定姿结果(见图 8-8)相比,捷联惯导/星光组合导航的定姿精度要明显高于捷联惯导/卫星的定姿精度(航向角误差±0.7′,俯仰角误差±0.2′,横滚角误差±0.3′)。

由图 8-16、图 8-17 可以看出,在 1 500 s 的仿真时间内,捷联惯导/星光组合导航的速度误差和位置误差均未能获得有效收敛:东向速度误差最大达到 0.32 m/s,北向速度误差最大达到 0.14 m/s,天向速度误差发散则更快,最大达到 2.05 m/s;同样,纬度误差最大达到 65 m,经度误差最大达到 420 m,高度误差发散较快,最大达到 1 115 m。但是,相比较而言,捷联惯导/星光组合导航的天向速度误差项、高度误差项发散更为明显,这是由于惯导系统高度通道发散所引起的;而东向和北向速度误差、纬度和经度误差尽管未能获得有效估计,但是相对于前面纯捷联惯导的速度误差、定位误差而言,捷联惯导/星光组合导航的效果还是比较显著的,特别是这种组合导航方式能够合理解决在局部地区或时段内卫星导航完全失效时的系统定位问题。

根据上面的分析可以得出以下结论:①捷联惯导/星光组合导航具有很高的定姿精度,捷联惯导姿态误差项的可观测性较强;②捷联惯导/星光组合导航的定位和测速精度较差,特别是天向速度误差、高度误差发散更为明显,但在一定时间段内可以解决局部地区或时段内卫星导航失效时的系统定位问题。可见,捷联惯导/星光组合导航所具有的这些特性恰好与捷联惯导/卫星组合导航的性能恰好构成互补。因此,利用联邦滤波技术将捷联惯导/星光与捷联惯导/卫星结合起来构成捷联惯导/星光/卫星组合导航系统,就能互相取长补短,全面提高组合导航系统的综合性能,实现系统各导航参数的最优化。

5.惯性/天文组合导航技术的发展趋势

天文导航技术以其自主性强、可靠性高等特点,受到航空航天领域的广泛关注和高度重视;随着现代战争对武器系统机动发射和精确打击的高要求,目前国内外已掀起了研究惯性/天文组合导航技术的新高潮。采用惯性/天文组合导航模式可以显著提高导航系统的性能,但增加了系统的复杂性,如何进一步提高导航精度,增强系统的可靠性和实时计算能力,并将先进的理论方法应用于实际系统中,达到显著提高武器装备导航精度的目的是当前迫切需要解决的核心问题。

(1)惯性/天文组合导航系统的导航精度研究。提高组合导航系统的精度首先需要建立精确的组合导航系统模型。一般需要在深入研究每个导航子系统模型的基础上,针对武器装备快速启动和降低成本的要求,可重点研究组合导航系统非线性建模技术,如目前一种新的提高系统实时性的 UKF+EKF 组合滤波技术。但是,在对实际导航系统的研究中,常常存在难以对误差精确建模的问题,或者误差模型在系统运行过程中是时变的。误差模型的不准确必然影响系统精度,基于神经网络、遗传算法和蚁群算法等智能方法,在线估计误差模型,在滤波中存储并选择不同的误差模型,是解决此类问题的有效手段,可大大提高组合导航系统的滤波精度。总之,在组合导航技术的研究领域,追求更高精度的打击能力将是武器系统永远追求的目标。

(2)惯性/天文组合导航系统的实时性研究。精确建模的系统一般具有较高的状态变量维数,系统计算量很大,如何在保证精度的前提下提高系统实时性对于系统的实现非常重要。目前较流行的方法有基于集结矩阵变换的系统降阶方法、基于改进奇异值分解可观测度分析的系统变量删除降阶方法等,它们能自适应地根据载体运动选择不同的降维方案,可大大减小系统的计算量,显著提高系统实时性。但随着新技术战争的需求,对组合导航技术实时性的研究将会提出更高的要求。

(3)惯性/天文组合导航系统的可靠性研究。组合导航方式不可避免地增加了系统的复杂程度,如何保证系统的可靠性成为一项重要研究内容。解决此问题的方法主要有利用有限记忆信息在线预测方差的突变故障检测方法、利用残差及残差变化率计算子滤波器观测品质的渐变故障容错方法、基于联邦滤波结构的多个子滤波器相同状态变量残差 x^2 故障检测方法等,都可从整体上提高组合导航系统的可靠性。目前新兴的基于小波技术和智能信息融合技术的故障检测法,对系统的可靠性具有强而有效的保障作用,是此领域研究发展的方向。

(4)惯性/天文最优组合导航模式研究。20 世纪,惯性/天文组合只能采用系统级的简单组合导航模式,天文导航系统接收惯导系统输出的水平姿态信息,定期对惯导系统的漂移进行校正。采用这种模式的主要原因是,星体检测只限于在不同时刻、不同姿态下完成对不同星体的检测。到了 20 世纪 90 年代中后期,由于大视场星体快速检测技术的发展,天文导航系统能完成某一时刻的多星同步检测,且在不需要任何外部初始信息(包括水平基准)的前提下确定载体坐标相对惯性坐标系的姿态信息(与陀螺输出的姿态信息相同)。因此,以补偿惯导陀螺漂移和核心的惯性/天文最优组合模式在理论和工程上都是完全可以实现的。利用多星同步测量和瞬时确定载体惯性姿态原理,发展传感器级、高精度惯性/天文组合导航模式,以取代传统的系统级、粗略惯性/天文组合导航模式,是惯性/天文最优组合导航系统的主要研究方向。

(5)惯性/天文最优组合导航各子系统的精确建模、标定及补偿技术研究。组合导航系统各子系统的量测噪声分布特性各不相同,为建立准确的组合导航系统模型需要对各子系统进行机理分析,结合各子系统的精度和组合导航系统实时性要求,采用基于统计理论、智能优化算法等建立精确的子系统模型。在实际工程应用中,系统的误差主要分为系统的器件误差(占总误差的 90% 左右)和随机误差(占 10% 左右),器件的误差主要通过对器件的标定和补偿进行去除,因此器件的标定与补偿技术也是至关重要的,这关系着组合导航系统的总的误差水平。

(6)弹载环境下的高带宽、高精度控制技术研究。弹载平台相比舰载平台具有频带宽、随机角振动大等特点。因此,惯性/天文组合导航系统应用于弹载平台,首先要解决如何有效抑制基座的高频随机振动这项关键技术。根据弹载动态环境,结合天文导航系统所需的稳定跟踪能力和星体测量精度,要求系统的各级伺服控制器对任意轴方向的随机振动的综合抑制能力为在 $1\sim100$ Hz 频带内,平台的残余角振动均方根值小于 $20''$。平台的随机振动一般表现为平衡随机过程,要设计适合某环境的高性能随机振动抑制器,必须采用参数辨识和功率谱密度估计等方法来测量、分析平台的振动特性,以此作为天文导航系统的输入信息,设计出满足系统性能要求的各级伺服控制器。

二、INS/IMNS 复合制导

广义上讲,图像匹配导航系统(Image Matching Navigation System,IMNS)包括了各类以阵列数据匹配处理为基础的探测匹配制导方式,如地形匹配、景像匹配、地磁匹配及重力梯度匹配等模式,这些匹配制导方式通常用来辅助惯性制导,修正惯性系统的初始定位误差、运行积累误差等。本节重点介绍 INS/TERCOM,INS/DSMAC,INS/SAR 三种形式的基本复合制导结构及原理过程。

1. INS/TERCOM 复合制导

结合惯性制导与地形匹配制导原理,图 8-18 给出了一种经典的 INS/TERCOM 复合结构模式。

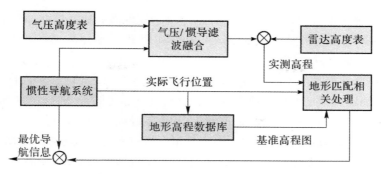

图 8-18　INS/TERCOM 组合结构示意图

参考第五专题地形匹配制导技术原理,图 8-18 中利用惯性系统进行了气压绝对高度的滤波优化,提高了实时高程的获取精度,同时利用惯性的粗略位置信息,在地形高程数据库中载入基准高程数据,提高了运算效率,通过地形相关匹配得到载体的高精度定位信息,采用回路反馈法或最优估计法,与惯导系统的导航信息进行融合,实现最佳导航信息的计算。

2.INS/DSMAC 复合制导

第六专题对景像匹配制导方式进行了详细介绍,下视景像匹配主要用于飞行过程中载体的导航定位,实现飞行航迹修正,前视景像匹配主要用于弹道末段的目标的探测识别,实现目标感知与跟踪。在之前介绍的基本原理基础上,图 8-19 给出了一种地地导弹多信息惯性组合导航方案模式。

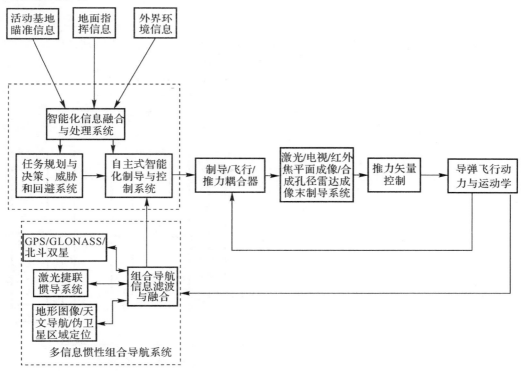

图 8-19　多信息惯性组合导航系统原理方块图

多信息组合导航系统以激光捷联惯性导航系统为主导航系统,具有输出信息丰富、速率高等性能,能适应各种大推力大机动的飞行环境,中高精度的激光捷联惯性导航系统在一定的时间内,定位精度高,且不受外界干扰的影响;充分利用其他子导航系统的信息,包括 GPS/GLONASS、北斗双星定位、图像导航、伪卫星无线电区域定位和天文导航等,采用最优信息融合技术,与激光捷联惯性导航系统构成多信息组合导航系统,为导弹提供高性能的导航信息;地地导弹可以从固定或活动发射基地完成发射地点对目标的瞄准,并将瞄准参数及指令送入自主智能制导系统和智能化信息融合处理系统;系统除瞄准指令外,还接受来自地面的指挥信息并感知外界环境信息,以及通过自主式多信息组合导航系统获取导弹自身的运动状态信息,对这些信息进行智能化实时处理,送入任务规划与决策威胁回避系统;控制系统根据收信到的信息利用专家决策系统(或模糊逻辑推理系统,相当于人的大脑)实时给出决策指令,并将指令送入飞行轨迹生成与控制系统;控制系统通过制导与推力矢量耦合器送出飞行控制指令信号操纵飞行控制系统和推力矢量控制系统,控制导弹的飞行。

若外界环境感知系统发现有拦截导弹飞来,或发现敌方火力威胁,则控制系统将可实时做出改变飞行航迹的指令,该指令通过飞行/推力耦合器送入导弹飞行控制系统和推力矢量系统,控制导弹按新的指令轨迹飞行,实现变轨迹飞行。

应当指出,若导弹感知到外部环境有敌方导弹拦截,实时生成的新的飞行航迹可能要求导弹具有超机动飞行的能力,因此对导弹外形和动力设计也提出了新的要求。在距离地面一定高度或距目标一定距离处,导弹的图像末制导启动,随后将导引头(激光/电视/红外焦平面成像/合成孔径雷达成像)观察到的图像与存储在导引头中的图像进行比较,通过轨控系统控制弹头变轨机动,直接以高速俯冲精确攻击目标。

3. INS/SAR 复合制导

结合前视景像匹配原理过程,图 8-20 所示为一种 INS/SAR 的组成原理框图。

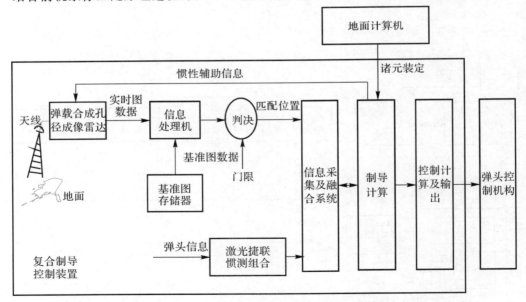

图 8-20　INS/SAR 末制导系统组成示意

制导系统中的关键组成部分为复合制导控制装置,它主要由激光捷联惯性组合、弹载合成孔径成像雷达景像匹配导引头、制导计算机(含信息处理机)三部分组成,制导控制系统以惯性制导为主,弹载合成孔径成像雷达景像匹配导引头对惯性定位精度进行修正。

弹载成像雷达景像匹配导引头由合成孔径成像雷达、数字参考图、匹配处理软件、相关处理计算机等部分组成。合成孔径成像雷达实时获取地面雷达图像,负责对实时图和基准图进行配准比较,当带噪声的实时图与基准图中大小相等的某一部分匹配时,利用门限判决法来确定导弹的当时位置,并产生在修正点的位置误差借以产生指令,进行弹头的位置修正,从而减小由惯性元件、重力异常以及其他未知因素所积累的误差,提高弹头的命中精度。系统的工作原理框图如图8－21所示。

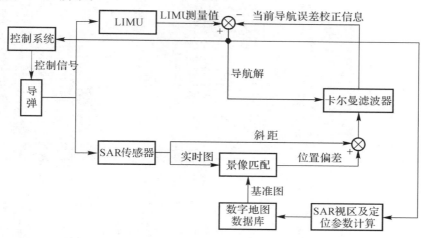

图8－21　INS/SAR末制导工作原理示意图

由于再入环境十分恶劣,严重的气动力、过载、气动加热以及高温气体等离子鞘环境给末段导引头研制带来极大的困难,并使目标、背景图像严重畸变,为了回避上述问题,雷达景像匹配导引头将在再入大气层前工作,完成弹头在目标坐标系的定位,进入大气层后采用纯惯性制导。

制导控制系统的主要工作过程如图8－22所示。

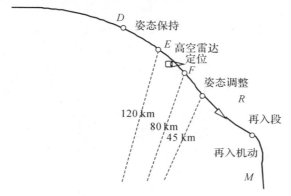

图8－22　INS/SAR制导系统工作过程示意图

姿态保持段(DE):根据合成孔径雷达景像匹配导引头的要求,调整弹头姿态,使雷达天线对准预定区域进行扫描;

导引头工作段(FR):合成孔径雷达工作,导引头利用合成孔径雷达扫过地面获得的雷达实时图像,与预先装定的基准图进行相关计算,对弹头相对目标的位置进行精确定位。

再入机动段(RM):导弹进行机动控制,按照固定目标位置与导弹当前位置以及再入突防机动的要求,按最优导引律控制弹头飞行,修正导弹制导误差,准确击中目标。

据称俄罗斯"白杨-M"即采用了雷达景像匹配末制导技术,如图8-23所示。

图8-23　俄罗斯"白杨-M"(SS-27)导弹及其发射瞬间

"白杨-M"导弹系统之所以引起世人的关注,主要是因为它所拥有的战术技术性能优势。导弹射程10 500 km,CEP 350 m,弹长22.7 m,弹径1.86 m,俄罗斯战略导弹部队称,"白杨-M"的命中精度优于美国陆基战略导弹中命中精度最高的MX。据称"白杨-M"应用了战略弹道导弹机动弹头末制导技术。该机动弹头采用景像匹配精确制导体制,进行景像匹配的探测雷达是大功率毫米波雷达,雷达天线位于弹头侧边。雷达天线与弹头之间用导轨连接,天线与弹头分离时利用轴向力从导轨滑出,以防止产生影响弹头精度的脉冲干扰力。机动末制导弹头和导弹母体的分离方式与一般惯性弹头相同,弹头飞行到120 km高度时,雷达天线开始工作,利用打击目标附近(最大距离约100 km)特征显著的地形、地物,如河流、湖泊、金属桥和铁塔等实现目标地图匹配。目标匹配完成后,以高压气瓶为动力源的控制系统对弹头进行调姿和位置修正,然后抛掉弹上雷达天线及高压气瓶,此时弹头位于飞行高度约90 km的再入点。弹头再入后可直接飞向目标,也可进行突防机动飞行。不进行突防机动时,弹头的命中精度为CEP≤60 m;进行突防机动时,弹头命中精度为CEP≤100 m。"白杨-M"的总体设计特点反映了国外战略弹道导弹发展的新趋势。20世纪70—80年代中期,苏联和美国主要发展大型多弹头洲际导弹,如SS-18,SS-24和MX导弹;80年代中期—90年代初,则重点发展小型洲际导弹,如苏联的小型固体机动洲际导弹和美国的"侏儒"导弹。20世纪90年代以前,国外陆基战略弹道导弹的新发展一般表现为研制总体设计有很大变化的全新型号。但是90年代以后,国外战略弹道导弹现代化发展的主要途径已不是研制总体设计全新的型号,而是通过在推进、弹头、制导和发射等分系统上采用新的技术成果,全面提高现有型号或改进型号的打击能力、突防能力、生存能力,延长使用寿命,增强可靠性和安全性。

与"白杨-M"的发展途径极为相近,21世纪美国主要陆基战略型号"民兵-3"改进型也是通过制导系统更新、推进系统更新、发控系统的快速瞄准与作战三个分系统改进计划实现现代化,提高战术技术性能。这表明采用总体设计改变不大,通过分系统改进提高性能的途径是当前国外战略弹道导弹发展的一个新趋势。

三、多模复合寻的制导

随着精确制导武器攻击过程中遇到的对抗层次越来越多,对抗手段越来越复杂,再加上目标的隐身、掠地(海)进攻和高速突防攻击及多方位饱和攻击战术的使用,精确制导武器采用的非成像的单一寻的制导方式已不能完成作战使命,必须在发展成像寻的制导技术的同时,大力发展多模复合寻的制导技术,以便在充分利用现有寻的探测技术的基础上,通过数据融合提高寻的装置的智能。

多模制导技术是指采用由两种以上不同机理的传感器,如光学与射频组合,或相同机理而不同频段的传感器,如光学中紫外与红外的组合,或不同制导体制(主动、半主动或被动)采用多种传感器组合进行导引的技术。多模导引可以充分发挥多频段或各制导体制的自身优势,互相弥补各自的不足,大大提高作战效能和生存能力。以国内外目前重点发展的红外成像和主动毫米波寻的双模制导为例,它同时具有 4 项优势,即全天时、全天候工作能力,抗各种电子干扰、光电干扰和反隐身目标的能力,复杂环境下识别目标能力,对目标精确定位能力等。

1. 单一寻的制导模式性能比较

表 8-2 简要总结比较了单一寻的制导模式的基本性能。

表 8-2　单一寻的制导模式的性能比较表

寻的模式	探测与制导优势	缺陷与使用局限性
主动雷达寻的	全天候探测,有距离信息,可全向攻击,发射后不管	易被发现,易受电子干扰,易受电子欺骗
半主动雷达寻的	全天候探测,探测距离较远,弹上设备简单	易被发现和干扰,不能实现发射后不管
被动雷达寻的	隐蔽工作,全向攻击,发射后不管	无距离信息、易受电子欺骗
红外(点源)寻的	角精度高,隐蔽探测,抗电子干扰	无距离信息,不能全天候工作,易受红外诱饵欺骗
电视寻的	角精度高,隐蔽探测,目标识别能力强,抗电子干扰	无距离信息,不能全天候工作,易受红外诱饵欺骗
激光寻的	角精度高,不受电子干扰,主动式可测距,目标检测精度高	大气衰减大,探测距离近,易受烟雾干扰,半主动方式易被发现,不能实现发射后不管
毫米波寻的	角精度高,可测距,全天候探测,抗干扰能力强,有目标成像和识别能力	只有四个频率窗口可用,作用距离目前较近,成像分辨率不高
红外成像制导	角精度高,抗多种电子干扰,目标成像和识别能力强	无距离信息,不能全天候工作,距离较近

多模寻的复合制导利用了同一目标的两种以上的目标特性,信息量充分,便于发挥各自优势来解决单一制导所难以解决的难题。多模复合寻的制导有以下优点:

(1)有效地增大了末制导作用距离;

（2）提高了导弹的突防能力和生存能力；

（3）提高导弹战术使用的灵活性，可根据作战需求预编程自动切换两种导引头的工作状态；

（4）提高抗干扰能力，能有效地对抗箔条干扰和诱饵干扰；

（5）提高对复杂战场环境的适应能力，多个工作波段可相互补充，实现全天候作战；

（6）提高制导系统的可靠性；

（7）反隐身能力强，目前隐身材料难以覆盖两个工作波段。

2.多模复合原则

多模寻的复合绝不是简单意义上单模寻的的加减。各种模式复合的首要前提是要考虑作战目标和电子、光电干扰的状态，根据作战对象选择、优化模式的复合方案。从技术角度出发，优化多模复合方案，还应有一些复合原则供遵循。

（1）模式的工作频率，在电磁频谱上相距越远越好。多模复合是一种多频谱复合探测。使用什么频率、占据多宽频谱，主要依据探测目标的特征信息和抗电子、光电干扰的性能决定。参与复合的寻的模式工作频率在频谱上距离越大，敌方的干扰手段要占领这么宽的频谱就越困难；否则，就逼迫敌方的干扰降低干扰电平。当然，在考虑频率分布时，还应考虑它们的电磁兼容性。

（2）参与复合的模式制导方式应尽量不同，尤其当探测的能量为一种形式时，更应注意选用不同制导方式进行复合，如主动/被动复合、主动/半主动复合、被动/半主动复合等。

（3）参与复合模式间的探测器口径应能兼容，便于实现共孔径复合结构。这是从导弹的空间、体积、质量限制角度出发的。目前经研究可实现的有毫米波/红外复合寻的制导系统，它利用不同波段的目标信息进行综合探测。它们的共径复合结构可以有4种：卡塞格伦光学系统/抛物面天线复合系统、卡塞格伦光学系统/卡塞格伦天线复合系统、卡塞格伦光学系统/单脉冲阵列天线复合系统、卡塞格伦光学系统/目控阵天线复合系统。

（4）参与复合的模式在探测功能和抗干扰功能上应互补。只有这样才能提高导弹在恶劣作战环境中的精确制导和突防能力。

（5）参与复合的各模式的器件、组件、电路实现固态化、小型化和集成化，满足复合后导弹空间、体积和质量的要求。从这个角度出发，最适宜参与复合的模式有$\lambda=2$的主动、被动寻的雷达，毫米波主、被动寻的雷达，红外寻的器，激光和紫外光探测系统等。

多模复合寻的制导技术增加了系统的复杂性，提高了成本，总体设计的核心问题是要确保所花费的代价能有效地增强作战效能。应综合考虑战术导弹的作战使命、弹体结构、导弹尺寸、目标特性及效费等因素来确定方案，如选择导引头模式，确定工作频段、复合方式和技术参数等。

专 题 小 结

本专题针对导弹武器制导应用，综合介绍了复合制导的基础性概念与关键性问题，特别结合并联复合结构模式，详细论述了卡尔曼滤波原理、基于卡尔曼滤波的组合导航技术。除了文中介绍的几种典型复合制导方式外，还有多种类型的串、并联复合制导方式，如 INS/CNS/GPS，INS/TERCOM/GPS，INS/GNSS/BDS 等，其工作原理是建立在双模复合方式的基础上的,可以对比理解。重要的是,在导弹武器中采用复合的思想策略,不仅仅对于提高武器的制导精度具有直接作用,在改善武器系统的综合性能方面也具有重要价值。主要表现在以下方面。

(1)提高武器系统制导精度。这是复合制导的基本功能,所有的制导系统的核心任务首先是保证武器系统的制导精度。

(2)扩展制导方式作用距离。通过多制导方式的串联工作,提高武器系统的打击范围及作用距离。

(3)提高制导系统的可靠性。通过多种制导方式的并联工作,可以提高武器系统制导信息的冗余度,增强制导系统可靠性。

(4)提高制导系统的抗干扰能力。通过采用多种不同频段制导方式的冗余工作,可以提高制导系统的抗干扰能力。

(5)提高武器系统环境适应能力。采用地形、地磁、景像等适应不同地理环境的制导方式,可以综合提高武器系统在不同环境的制导适应性。

(6)增强武器系统的突防能力。利用新型制导方式可以实现飞行机动与弹道优化,增强武器系统的弹道突防能力。

(7)扩展武器系统目标选择能力。采用智能化的目标探测与识别导引头,可以实现目标的分类识别,瞄准点与易损点的选择,增强武器系统的智能化打击能力。

(8)增强武器系统的快速反应能力。通过弹上制导系统性能的优化提升,减少发射前地面相关工作,如大地测量、初始对准及车辆保障等,增强武器系统的随机无依托发射能力,提高反应速度。

思 考 习 题

1.简述复合制导的主要类型。

2.简述复合制导的基本功能与关键问题。

3.简述并联复合结构的基本实现方法。

4.简述现有复合制导系统均是以惯性制导系统为基础的原因。

5.试画出基于直接法滤波与间接法滤波的并联复合结构示意图,分析其优缺点。

6.简述最优估计的基本概念及常用方法。

7.简述卡尔曼滤波的主要特点。

8.列写离散卡尔曼滤波方程组并简述其基本原理过程。

9.简述离散卡尔曼滤波方程的直观推导思路。

10.简述组合导航、复合制导、组合制导等概念的区别与联系。

11.简述组合导航系统的常用组合形式。

12.简述捷联惯导系统的主要误差模型。

13.简述惯性测量元件的主要误差模型。

14.简述捷联惯导系统的姿态误差模型。

15.简述捷联惯导系统的速度误差模型。

16.简述捷联惯导系统的位置误差模型。

17. 画出捷联惯导/卫星组合导航的基本方案示意图,分析其工作过程。

18. 简述捷联惯导/卫星组合导航状态方程的建立过程。

19. 简述捷联惯导/卫星组合导航量测方程的建立过程。

20. 简述捷联惯导/卫星组合导航系统误差校正的基本原理。

21. 简述惯性/天文组合导航的主要工作模式。

22. 简述天文量测信息修正惯性器件误差的基本原理。

23. 简述惯性/图像组合制导的主要类型及特点。

24. 简述多模复合寻的制导的主要优点。

25. 简述多模复合寻的的基本原则。

26. 简述采用复合制导技术对于导弹武器系统综合性能提升的重要意义。

第九专题　编队控制与协同制导技术

教学方案

1. 教学目的

(1)了解编队控制基本概念和常见的编队控制策略；

(2)了解协同制导的发展过程及主要类型；

(3)认识导弹编队协同作战的应用背景和实际意义；

(4)掌握一致性编队控制策略的基本思想；

(5)掌握弹群攻击时间协同制导律的设计方法。

2. 教学内容

(1)多弹协同控制技术概述；

(2)弹群协同编队控制律；

(3)无领弹弹群协同制导律；

(4)领弹-从弹弹群协同制导律。

3. 教学重点

(1)Lyapunov 函数法；

(2)无领弹弹群和领弹-从弹结构的建模以及分析；

(3)应用仿真实验与分析。

4. 教学方法

专题理论授课、多媒体教学、原理演示验证与主题研讨交流。

5. 学习方法

理论学习、仿真验证。

6. 学时要求

4~8 学时。

引　言

信息化条件下的战场环境日益复杂,体系对抗成为基本形态,精确打击成为主要形式,协同作战成为必备能力。以美国为例,其目前已建成了世界上最全面的弹道导弹防御系统,按照敌方弹道导弹的飞行区段,其种类覆盖拦截助推段/上升段的标准 3 舰载导弹,实施中段拦截的地基中段防御系统以及能对末段和再入段进行拦截的萨德系统、爱国者 PAC-3、海基末段防御系统。面对各类日趋完善的导弹防御系统以及现代反导技术的不断升级,矛与盾的关系此消彼长。导弹突防难度日益增大,各类导弹防御系统以其全方位多层次的情报搜集能力、不断增强的战场拦截能力和主动干扰等能力,致使单枚导弹在作战中面临巨大威胁,传统导弹作战模式逐渐暴露出其在未来战争中的缺陷。

协同控制起源于自然界中的生物集群现象,如鸟类编队飞行以减少阻力、鱼类群聚以抵御天敌等。多智能体间的协调与合作将极大提高个体行为的智能化程度,一个内部具备协同能力的智能体群系统能够完成单个智能体无法完成的任务,这样的系统具有高效率、高容错性等诸多优点。协同控制的优越性使其成为当前控制领域的研究热点之一,多水下航行器、多无人机〔见图9-1(a)〕、多机器人系统〔见图9-1(b)〕等都是对协同控制理论的应用。

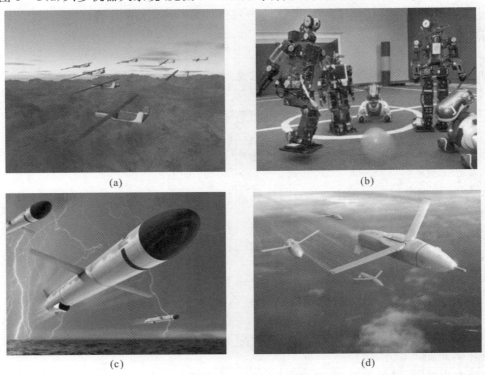

(a)　　　　　　　　　　　(b)

(c)　　　　　　　　　　　(d)

图 9-1　多无人系统协同示意图
(a)多无人机系统;(b)多机器人系统;(c)多巡航导弹协同攻击系统;(d)多弹协同攻击系统

采用编队控制与协同制导技术,使得传统单一导弹作战模式转变为相互之间具备协调合作的导弹群作战模式,可有效提高导弹作战效能。同时逼近目标的众多导弹使得敌方反导防御系统的拦截能力处于饱和甚至崩溃状态,即便有部分导弹被拦截,总会有部分未被拦截的导弹仍然可以保证打击任务的顺利完成,这可以有效提高导弹的突防能力、打击效能,比如多巡航导弹协同攻击,如图9-1(c)和图9-1(d)所示。此外,协同弹群的飞行航迹往往更加复杂和难以预测,增加了敌方反导防御系统的拦截难度,进一步降低协同弹群被拦截的概率。

本专题首先介绍编队控制基本理论和协同制导技术的发展和特点;之后,重点介绍和分析基于一致性方法的无领弹弹群的编队控制、无领弹弹群的协同制导律和领弹-从弹弹群协同制导律,分别建立无领弹弹群的飞行动态模型和领弹-从弹结构弹群飞行动态模型,并通过仿真案例对其效果进行验证分析。

第一节　编队控制和协同制导概述

在现代高科技信息化条件下,战争的特点规律和制胜机理发生了深刻变化,导弹、无人机及各类型作战飞机等飞行器武器系统已成为夺取制空权、制电磁权、制信息权的重要手段,是实现"远距离""大纵深""点穴式"打击的首选方式。民用领域,多飞行器协同在环境监测、森林防火、城市巡查等任务场合也体现出广阔的发展应用前景。协同条件下,多飞行器系统执行任务可以充分利用各飞行器自身的性能特点,通过功能互补、信息共享,实现相互间的战术与技术配合,有效提高目标探测、识别与制导精度,并完成单个飞行器无法完成的任务。比如,如果多飞行器同时攻击目标,通过定点集结、编队飞行、饱和攻击等任务协同(见图9-2),会对敌方防御系统造成极大的压力,因为后者不能对所有的飞行器进行反应,从而有效提高突防能力。而且,多飞行器协同作战还能够完成单个飞行器无法完成的任务,如扩展感知范围、实现战术隐身、增强电子对抗能力和对慢速运动目标的搜捕识别能力等。随着多智能体系统理论研究的不断深入,如何将理论成果应用到工程实际中,实现多飞行器协同工作得到了研究人员的广泛关注,成为了新兴的热点研究方向。

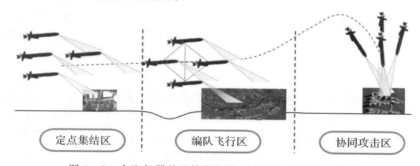

定点集结区　　编队飞行区　　协同攻击区

图9-2　多飞行器编队控制与协同制导任务流程示意图

多飞行器协同可分为两类:静态协同方式和动态协同方式。静态协同方式是指在多飞行器执行任务前,控制人员利用任务规划系统为每架飞行器分配任务和确定航迹,在飞行器起飞后,按照预先装定的程序执行作战任务,中途不对任务环境的动态变化进行响应。在1991年的海湾战争中,美军发射了两枚"斯拉姆"(AGM-84E)空射防区外导弹对伊拉克一座水力发电站进行攻击,第一枚导弹穿透了电站的防护墙,在墙上形成了一个大洞,第二枚导弹准确地从该洞穿过击毁了发电站的核心装置,这就是静态协同方式的典型案例。在实际任务执行过程中,任务环境涉及多种因素,随着时间的推移动态变化。在这种情况下,静态协同方式不再有效,需要通过动态协同方式执行任务。动态协同建立在飞行器智能化基础上,是对静态协同过程的补充和完善,飞行器间通过信息共享、分工协作、能力互补,可以实时地对作战计划进行修改。俄罗斯"花岗岩Ⅱ-700"可实现动态协同工作,其中,领弹在较高弹道飞行,可以融合陆、海、空基传感器信息和卫星数据信息,解算目标数据,进行飞行任务规划,从弹在低弹道飞行,根据领弹的指令完成攻击。

本节首先介绍编队控制的基本概念和常见的编队控制策略,在此基础上讲述协同制导的相关基础问题。

一、编队控制

编队控制(Formation Control)是指多智能体为形成或保持某一特定状态(队形)模式,采用一定的方法或策略,实现群体状态的一致,从而满足特定的任务要求。编队控制问题在过去数十年中得到了广泛的研究,并形成了丰富的理论成果。根据编队中个体之间的拓扑结构和信息交互形式,编队的控制可以分为集中式、分散式和分布式控制。其中,集中式控制要求编队控制器接收所有个体的状态信息,统一处理并给每个受控个体发送相应指令,其控制算法比较简单,控制器通常集中在一个地面站上,信息交互量和计算量随着编队规模的增加会快速增大,因此对编队控制器的运算能力等要求很高,系统容错率较低。分散式控制中的编队无需个体间的信息交互,只要求每个个体保持其与特定点的相对关系,控制结构简单,信息交互量和计算量小,但由于缺乏个体间信息交互,所以难以保证避撞等要求,控制效果不易保证。分布式编队算法设计相对较难,具备通信关系的相邻个体之间有信息交互,每个个体的运动控制器都参与编队控制,通过获取相邻个体的运动信息来控制自身运动状态。这样,每个个体的实际信息交互量和运算量都不大,同时也利用了局部信息,能达到较好的控制效果。尽管实际的编队任务要求的运动比较复杂,但编队运动的基本要求还是队形的保持。目前,应用得比较普遍的编队控制算法主要有领航-跟随法、虚拟结构法、基于行为的方法、人工势场法和基于一致性的方法等。在解决实际问题时,研究者们往往会将多种方法结合使用,并且针对一些不得不考虑的现实问题去提出更具体的策略与算法,如考虑个体间通信的延迟、丢包,考虑航迹规划和避撞等问题。

1. 领航-跟随法

领航-跟随法(Leader-Following Approach)在多智能体的协同控制中应用得比较普遍,其基本控制策略为确定编队中的一个或者多个智能体为领航者,其他智能体则为跟随者。在编队飞行过程中,领航者跟踪编队的参考轨迹飞行,跟随者则通过传感器测量和机间信息交互等方式获取领航者的运动信息,从而与领航者保持特定的相对位置关系,整个编队通过这种方式实现轨迹跟踪和队形保持。因此,领航者在编队中的作用至关重要,一旦其出现故障将直接影响整个编队的运动。

根据跟随者保持自身与领航者相对位置的方式,可以将领航-跟随的控制方法分为 $l-l$ 控制和 $l-\varphi$ 控制,如图 9-3 所示。$l-l$ 控制要求对于一个跟随者需要有两个领航者,编队运动过程中通过控制跟随者的运动保持其与两个领航者的距离不变,这样就能确保它们的相对位置不变。$l-\varphi$ 控制中对于一个跟随者只需要一个领航者,编队运动过程中通过控制跟随者的运动使其与领航者的距离和方位角保持不变来保持恒定的相对位置关系。根据控制层数,可以将领航-跟随的控制方法分为单层控制和串级控制。单层控制只有一级领航者和一级跟随者,串级控制中上一层的跟随者是下一层的领航者,通常串级控制更适合个体数量较多的情况,但控制误差也容易在各级之间传递和放大。

编队的领航-跟随控制算法主要包括轨迹跟踪控制器和队形保持控制器两部分。假设编队需要跟踪的参考轨迹为 L,设计轨迹跟踪控制器的目的是让领航者在运动过程中快速、准确地跟踪参考轨迹,设计队形保持控制器的则是让跟随者在编队飞行过程中与领航者保持相对位置不变。

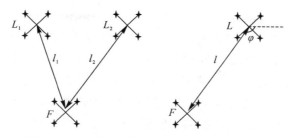

图 9-3　l-l 控制(左)和 l-φ 控制(右)示意图

2.虚拟结构法

编队在运动时,通常都要求保持队形,此时编队是一个固定结构的整体,而编队中每个个体在这个整体中的位置是确定的,基于这种特点可以得到虚拟结构控制器的设计思路:首先根据要求的编队队形确定一个虚拟的刚性结构体,每一个智能体在结构体中都有对应的虚拟点。如图 9-4 所示,编队运动过程中,整个刚性结构体跟踪编队的参考轨迹进行运动,而所有智能体 F_i 都必须跟踪结构体中对应的虚拟点 V_i,由于虚拟点之间的相对位置固定,这样每个智能体的相对位置也保持不变,从而实现了编队队形的保持。

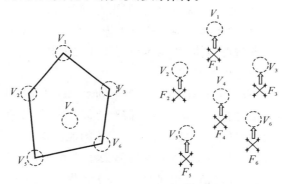

图 9-4　虚拟结构法原理示意图

虚拟结构法(Virtual Structure Approach)的编队控制中没有领航者,每个智能体跟踪的是各自对应的虚拟点,因此这种编队策略不用考虑领航者出现故障时对跟随者的影响。同时,虚拟结构法实际上是一种集中式编队控制策略,由于缺乏机间信息交互,每个智能体对相邻个体的运动状态缺乏感知,如果各智能体跟踪对应的虚拟点精度不够,易引发编队中智能体相互干扰甚至碰撞等事故。

3.基于行为的方法

自然界中常见的群体运动,在宏观上都表现出一定的复杂性,但通常都可以分解为一些简单运动行为的组合。以常见的四旋翼无人机编队控制为例,四旋翼无人机由于其特定的机械结构和动力系统,其基本的位置运动包括垂直上升和下降以及水平方向的前、后、左、右运动,其基本的姿态运动包括俯仰运动、滚转运动和偏航运动,其中俯仰运动和滚转运动会引起相应的水平运动。单架无人机的任何飞行动作都是这些基本动作的组合。同样,对于无人机编队而言,飞行实验和任务中各种复杂运动也可以分解为若干种基本行为,如向目标的趋近、避障绕行、编队防碰和队形保持等。

基于行为的编队控制(Behavior-Based Formation Control)的基本思想是对编队进行分析后确定编队的基本行为,为每一种基本行为赋予各自的权重,编队实际的运动行为是赋权后基本行为的组合。通过对权值的调整,可以改变编队实际的行为。设计基于行为的编队控制器的目的是让编队按照一定的规则,根据外界输入生成相应的权值,从而组合成相应的编队行为,即生成编队的输出指令,完成编队运动。常见的行为选择机制包括行为抑制法、加权平均法以及模糊逻辑法。行为抑制法根据不同的场景下为各个行为划分优先级,当某种场景下存在行为冲突的情况时,按照该场景下行为的优先级来确定应执行的行为;加权平均法为不同场景下各个行为配以一定的权重,然后计算各种行为输出的矢量和,权重的大小与编队所处环境下各行为的重要性相关,实际上,这种方法会造成行为之间相互干扰的问题;模糊逻辑法需要制定模糊规则,然后根据模糊规则来确定编队的运动,而这种模糊规则本质上是换一种形式的加权平均法。

基于行为的编队控制方法是完全分布式控制方法,具有较好的实时性和可扩展性。但通常难以对应用该方法的控制系统进行数学描述和稳定性的分析与证明。

4. 人工势场法

天体的运动与天体间的引力作用密切相关,类比力与运动关系的基本思想,有学者提出可以通过构造引力场来实现多智能体编队队形的自组织。该方法的主要思想是在目标点与智能体之间构造引力场,在障碍点与智能体、智能体与智能体之间构造斥力场,从而控制智能体向目标点趋近,避开障碍物和防止机间的碰撞。

尽管人工势场法(Artificial Potential Field Approach)的原理易于理解,并且能够为编队规划出光滑的路径,但该方法也存在明显的问题需要克服。例如,当在某一点处智能体受到的引力场和斥力场作用恰好相互抵消时,只要此时智能体的速度也趋于零,那么该智能体很可能陷入"死锁"状态,无法正常向目标运动,即出现局部最小值问题。在某些情况下,智能体还可能出现振荡状态。为了解决这种局部最优问题,一些学者提出了改进策略。例如,研究者针对传统人工势场法存在目标不可达、局部极小值等问题,设计了一种基于模糊逻辑的改进人工势场法,在避障算法的局部极小值附近,基于模糊逻辑给予移动机器人辅助控制力,帮助机器人逃离局部极小值点,避免机器人在避障过程中陷入局部极小值点的问题,并且优化路径。

5. 基于一致性的方法

多智能体系统的一致性(Consensus)是指在多智能体系统中,没有中央协调控制或者全局通信的情况下,随着时间的推移,智能体之间通过局部的耦合作用,最终使得所有的智能体在某些状态上趋于一致。因此,多智能体的基本要素有三个,分别是具有动力学特征的智能体个体,智能体之间用于信号传输的通信拓扑,智能体个体对输入信号的响应,即一致性协议。

随着对生物群体自组织行为模式研究的逐步深入,一致性理论在近几年得到了很大的发展,并被广泛地应用到基于个体动力学的编队控制问题中。在多智能体的编队运动控制问题中,一致性编队控制的主要目标是通过设计分布式协议,使得多个具有自治能力的智能体以协同的方式运动,最终围绕一个中心形成特定的几何结构。一致性编队控制对控制器性能没有严格的要求,对个体资源约束、通信范围有限等问题具有较好的适应性。本专题正是基于一致性理论设计了多弹编队的协同制导律。

二、协同制导

协同制导（Cooperative Guidance）特指多飞行器（导弹）为形成或保持特定队形模式，采用一定的方法或策略，导引和控制个体飞行轨迹，实现群体协作任务的过程。显然，采用协同制导的多飞行器在感知能力、对抗能力、突防能力和毁伤能力等方面相比单一飞行器有大幅提升。

制导是飞行器可靠、精确完成预定任务的核心问题，是指依据自身、目标或环境的实时状态信息，结合各种约束条件，导引和控制飞行器按照预定的飞行路线或规律，到达预定区域、完成预定任务的过程。相比单一飞行器制导控制的研究内容，多飞行器协同工作时增加了一些新的挑战性的研究课题，主要包括协同结构建模与分析、协同目标状态估计、动态协同制导律设计等方面的理论、方法与技术问题。

现有协同制导研究成果存在攻击时间收敛速度较慢、收敛效果不佳的问题，直接影响弹群协同作战效能，因此需要研究攻击时间快速收敛的协同制导。多导弹协同是通过多枚同种导弹或者单枚（或多枚）不同导弹之间相互配合、协作，共同执行作战任务来实现的。在 2008 年 Mclain 等人首次提出了 coordination variables 的概念，利用这个被译为"协调变量"的概念而提出的协同控制方法，被认为是一种解决多智能体协同控制问题的通用方法。在多无人机的协同控制中，利用基于协调变量的协同控制理论已被证实发挥了重要作用。在多导弹的协同制导问题中，使用了基于协调变量的多导弹协同制导方法。可见协调变量在整个协同任务中发挥着关键作用，大量此类关于多导弹协同制导问题的文献中都可以看到协调变量的身影，尽管并非所有都被称作协调变量，但其在协同任务中发挥的作用与协调变量基本相当，在此将其笼统概括为协调信息。而导弹的诸如速度、位置、视线角、前置角等状态量一致称为导弹的状态信息。

在协同制导律的分类中，依据不同的约束条件，其中基于弹着时间约束的协同制导律是将时间作为协调信息，而终端角度约束类型中则是将角度作为协调信息，可见不同协同制导律的区别之处在于对不同的协调信息进行约束，所以可以将约束条件作为分类的本质。针对协调信息的不同可以分为两类：独立式协同制导和综合式协同制导。

(一)独立式协同制导律

独立式协同制导（Independent Cooperative Guidance）最本质的特征是协调信息的确定仅仅依靠自身状态信息。导弹之间不存在任何通信，各自的状态信息不能为其他任何导弹所感知和利用，飞行中的每一枚导弹各自按照预先设定好的制导律独立地飞行。协同作战效果能够实现，依靠的是各枚导弹的制导律协调信息中，存在某一约束的相同预设期望值，在协调信息的调节下促使各枚参战导弹的相应状态信息共同趋向一致，最终实现状态一致。

2006 年 Jeon 等人以多反舰导弹齐射攻击为背景，提出了任意指定飞行时间的 ITCG（Impact-Time-Control Guidance）制导律，为多导弹协同制导问题率先提出了尝试性的解决方法。经过近似和线性化简化后的 ITCG 加速度控制指令表达式为

$$a = a_B + a_F = NV\dot{\lambda} + K_\varepsilon \varepsilon_T \qquad (9-1)$$

式中，$\varepsilon_T = \overline{T}_{go} - \dot{T}_{go}$ 为剩余时间误差反馈，$\overline{T}_{go} = T_d - T$ 为期望剩余飞行时间，T 是当前时刻，T_d 为 ITCG 的关键要素——期望攻击时间，$\dot{T}_{go}$ 为以比例导引估计出的实际剩余飞行时间。

被本书作为分类依据的协调信息是 ε_T，而 $T, \dot{T}_{go}$ 是构成 ε_T 的状态信息。协调信息 ε_T 的生成仅仅依赖于一个共同并预先确知的 T_d，以及 T 和 $\dot{T}_{go}$ 这两个自身状态量，不涉及任何其他导弹的状态信息。在协调信息的反馈补偿下，每枚导弹的攻击时间各自独立地趋向于 T_d，时间协同的实现仅依靠 T_d 的所有元素取值一致。

为了取得更好的作战效果，一般要求同时到达目标的导弹还能以不同角度入射。为此 Jeon 等人在 2007 年又提出了带有角度约束的攻击时间控制导引律 ITACG(Impact-Time and Angle Control Guidance)，其时间协同方式与 ITCG 基本类似。二者是解决多导弹协同制导问题理论研究领域较典型且有效的范例，诸多学者得以在其基础上展开更为深入的探索。但期望攻击时间有效范围如何确定、过度线性化简化等问题都导致其实际应用尚存在困难。

在这里介绍一种基于双圆弧原理的协同制导律设计，通过航路动态规划实现协同制导飞行全程规划的航路均为直线或圆弧，如图 9-5 所示，是当前工程中较易实现的一种多导弹协同制导方法。角度协同的实现根据各自的导弹位置 (x_i, y_i) 和航向角 a_i 两个状态信息，给定期望攻击角 θ_i 后可确定出作为协调信息的轨迹圆弧半径 R，而后依靠双圆弧原理可得到导引其进入期望攻击角所需的控制指令。时间协同的原理与 ITCG 基本类似，都是通过各自状态量生成协调信息，独立地逼近一个预设期望攻击时间。与 ITCG 不同的是具体控制导弹的机动方式，直线和圆弧状的规则航迹决定了基于双圆弧原理的协同制导，是目前时间和角度同时约束的协同制导律中最易于作战实现的。

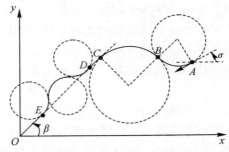

图 9-5　导弹动态航路规划示意图

然而由于上述制导律作用下时间与角度的协同分时进行，在一定程度上影响了协同的效果；而简单的加速度指令和规则的飞行航路都在一定程度上增加了导弹被拦截的概率。在大部分独立式协同制导方法中，还存在的一个普遍问题是协调信息依赖于一个需提前确定好的期望值。诸多文献都需要提前确定出期望攻击时间 t^* 或期望攻击角度 q^*。一方面这样的确定不是必需的，时间协同攻击仅需满足导弹同时到达目标；另一方面，可以保证协同制导律有效、突防打击效能最佳或能耗最小的协调信息期望值的有效范围是未知的。摆脱确定期望值对多导弹协同制导作战应用的束缚，是独立式协同制导技术向前发展的必经之路。

为了摆脱需要提前确定期望值的束缚，介绍一种基于"领弹-从弹"策略的多导弹时间协同制导，如图 9-6 所示。领弹采用经典比例导引，从弹采用经典比例导引附加机动控制，通过机动控制对领弹的状态信息进行跟踪，取代以往的某一固定期望值。从弹能够根据领弹攻击目标、状态的不同在线改变到达时间和攻击角度。通过使用类似方法，这一策略也可被扩展到三维空间。控制指令仅含有领弹和一枚从弹二者的相关状态信息，可知每枚从弹与领弹之间都有单向信息连通；而众多从弹之间仍没有通信联系，对领弹的跟踪各自独立完成。这决定了基于"领弹-从弹"策略的协同制导方法仍受限于独立式协同制导的局限性,任意一枚从弹对领弹的跟踪失效都将直接导致协同作战效果变差,而一旦领弹出现故障,整个协同任务都将失败。

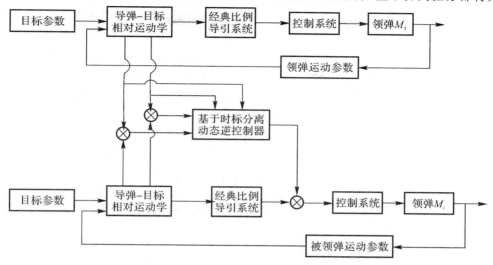

图 9-6　时间协同制导框图

独立式协同制导中协调信息来源的独立性,从本质上决定了这样的协同是局限的。尽管以上文献所提出的时间协同和角度协同能够实现,但协调信息无法反映当前时刻协同作战导弹集群整体状态信息的事实,决定了这样的协调信息仅能用于低级层面的协调。一枚导弹的协同功能出现问题,其状态信息势必发生改变,但导弹集群中任何一个其他导弹得到的协调信息都无法反映其变化,更加无法做出相应调整。所以独立式协同制导是较低级层面的协同,存在协同效果不佳、鲁棒性较差的问题。

(二)综合式协同制导律

综合式协同制导(Integrated Cooperative Guidance)区别于独立式协同制导之处在于,每枚导弹的协调信息融入了除自身以外的状态信息。或相邻或所有参与协同作战导弹的状态信息,通过一定方式的综合共同确定了协调信息。这反映出此种协同方式具备真正意义上的协同基础,每枚导弹都能够根据其他导弹的实时状态相应地及时调整自身控制指令,以实现飞行过程中的动态协同。根据协调信息形成和配置的方式不同,综合式协同制导方法存在集中式和分布式两类区别较为明显的协同方式,各有优缺点。

1.集中式协同制导

协调信息统一形成、集中配置的综合式协同制导方法简称为集中式协同制导。集中式协同制导(Centralized Cooperative Guidance)中所有参战导弹的相应状态信息被发送至某一信息集中协调单元,共同形成一个唯一的协调信息并分发至所有参战导弹。信息集中协调单元可为地面站、预警机,也可为"领弹-从弹"中的领弹,甚至是存在于一枚普通导弹中的一个运算单元。集中式协同制导最显著的特征即是协调信息由集中协调单元统一配置给所有参战导弹,用于时间、角度等约束,以达到状态一致的目的。

在设计协调变量的多导弹协同制导时,根据多导弹协同攻击的特点和要求,可以使用一种具有双层协同制导结构的集中式协同制导律,如图 9-7 所示,其底层导引控制指令直接采用

ITCG 制导律。但是协调信息中的收敛目标由单一固定给定值,变为了一个综合所有参战导弹剩余飞行时间估计的值。每枚导弹的飞行时间向所有导弹剩余飞行时间估计的加权平均值这一目标收敛,状态信息交流和共享及协调信息的配置通过集中协调单元完成。以上列举的协同制导方法存在假设导弹速度恒定用以对剩余飞行时间估计的过程。然而在实际作战情况下,导弹飞行速度不可能恒定,以此估计出的剩余飞行时间误差较大,协同效果受较大影响。对此,为了解决弹目距离和攻击时间的协同,考虑到导弹速度可变且避开对剩余飞行时间的估计,经常采用时标分离原理和动态逆系统理论,设计一种弹目距离协同制导律,促使弹目距离 r 渐近收敛于期望弹目距离 $\bar{r} = \frac{1}{n}\sum_{i=1}^{n}r_i$。作为收敛目标,$\bar{r}$ 是所有参与协同作战导弹的实际弹目距离平均值,用这样带有全局状态信息的期望弹目距离去协调每一枚导弹的状态,导弹能够根据协调信息反映出其他导弹状态的实时变化,灵活地调整自身状态。

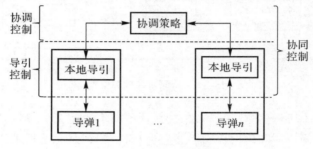

图 9-7　双层协同制导结构

类似以上两种采用集中式结构获取状态信息、配置协调信息的协同制导方法,一方面具备结构简单易于实现、信息获取充分,能得到最优解、计算速度快等优点。但另一方面,要使集中协调单元获取其他所有导弹的状态信息,这对通信的要求非常高;而集中协调单元的存在,一旦受到破坏则将导致协同的彻底失效,抗干扰性能较差。

2.分布式协同制导

分布式协同制导(Distributed Cooperative Guidance)是指通过相邻导弹间的局部通信,渐近实现对协同目标认知一致的协同制导方法。每枚导弹的控制指令协同部分都涉及了所有能与其通信的导弹(一般为相邻导弹)的状态信息,尽管单枚导弹协调信息反映的集群状态不如集中式协同制导充分,但通过通信网络的互联,状态信息同样可以间接地实现共享。其中每枚导弹的地位平等,不再存在一个统一分发协调信息的集中协调单元,取而代之的是分散在各枚导弹中的分布式协调信息运算单元。分布式协同制导以其分布式结构特有的优势,使多导弹协同制导具有通信要求低、抵御外界干扰能力强、可扩展性和协同效果好等突出优点,是未来协同制导方法发展的主要方向。而在分布式协同制导的众多研究成果中基于一致性原理设计协同制导律还便于综合考虑导弹之间的耦合和协同关系。一致性原理作为分布式解决协同制导问题的独特方法,基于其设计协同制导律的问题受到了该领域学者的广泛关注。

参与协同攻击的导弹除需准确命中目标外,还需满足同时击中目标。这使得设计制导律时不仅需要考虑单枚导弹到目标的导引问题,还需额外考虑对到达目标时间的控制。为了保证最终能够完成协同攻击效果,弹群内各枚导弹的攻击时间必须在到达目标前已完成收敛一致,这对攻击时间的收敛速度提出了一定要求。而且,具备攻击时间快速收敛性能的协同制导弹群在飞行过程受干扰后,能够更快恢复攻击时间一致,确保协同攻击任务仍能顺利完成。但是现有协同制导律研究成果中,大多存在攻击时间收敛速度较慢的情况,而部分收敛速度较快的研究成果则需要较大的加速度控制输出。另外,协同制导方式在独立式协同制导中通过预设期望攻击时间完成,在综合式协同制导中通过综合弹群内不同导弹的状态信息实现。相比仅使用比例导引的导弹,协同制导导弹的这一本质属性必然使得其制导规律更加复杂,由此获得更加不规则的飞行航迹。因此敌方反导系统更难掌握及预测协同制导导弹的制导模型,降低了被拦截概率,进一步提升了协同制导弹群突防能力。然而在现有大部分协同制导律的作用下,弹群攻击时间获得收敛一致后时间协同不再继续进行,弹间通信减少或基本消失,弹群制导律由协同制导逐渐退化为纯比例导引,此时协同制导弹群被拦截的概率提高。

基于此,设计一种具备攻击时间快速收敛性能,而在敌方防御系统有较大威胁的环境下,又能够根据其威胁范围灵活调节协同时间的制导律,无疑有利于提高协同制导任务的完成效能。现有协同制导律一般仅考虑协同弹群的攻击时间能否收敛一致,协同效果较好的基于一致性原理设计的分布式协同制导律考虑了不同导弹模型或在各种干扰环境等约束条件下获得攻击时间一致所需满足的条件,但是攻击时间快速收敛以及收敛速度调节问题目前较少有学者研究。

在协同制导技术的应用中,收敛速度的快慢直接影响系统的性能,成为评价一致性控制协议在多智能体系统中发挥性能好坏的重要指标。尤其对于大规模复杂网络,由于收敛过程涉及庞大的个体数目,收敛速度必会受到一定制约。抑或系统运行在高动态环境下,将对收敛速度提出更高要求,故对收敛速度的研究显得尤为重要。然而在大部分多导弹实际应用系统中,收敛速度的提高需要相应大小的控制强度或能量消耗等,这意味着收敛速度并不是越快越好。尽管目前有很多提高一致性收敛速度的研究,但却鲜有针对其进行精确、灵活控制的相关文献。收敛速度的提高固然有利,然而其付出的代价是拓扑结构的重组、巨大的通信负担或控制器的超负荷工作等。因此收敛速度的过分提高显然是不利的,在综合考虑通信、能量等因素的前提下通过一定手段的控制使得收敛速度相对较快又不至于代价过高显得更为合理。

对于一致性原理在协同制导律设计中的运用,具备快速收敛性能的一致性协议能够确保导弹攻击时间尽快收敛一致,或在受到干扰后迅速恢复攻击时间一致,确保协同攻击任务的顺利完成。而在敌方反导防御系统覆盖范围较大的情况下,收敛速度可调节一致性协议能够使得弹群灵活改变获得收敛一致的时间,使弹群在反导威胁下尽可能持久地保持弹间不间断协同,降低了导弹被拦截的概率。这样的协同制导律势必将进一步提高弹群协同作战性能,具有较高的研究价值。

本专题将弹群建模为一个多导弹体系统,对于收敛速度可调节的一致性控制方法进行重点论述分析,并由此讲述弹群攻击时间协同制导律的设计方法。

第二节　弹群协同编队控制律

在协同作战的任务过程中,弹群从载弹平台发射后需要飞行一段距离,到达一定区域后再实施打击。为提高作战效能,弹群需要在发射后形成特定编队队形并稳定飞行,并且具备根据任务要求变换队形的能力,因此对弹群的编队控制有较高的要求。本节研究无领弹弹群的编队控制问题,通过基于一致性的编队控制策略完成弹群协同编队控制律的设计。首先建立无领弹弹群的动力学模型,接着设计编队控制协议,最后通过仿真实验说明弹群协同编队控制律的控制效果。

一、弹群模型建立

在三维空间中,N 枚相同型号的导弹参与协同攻击一固定目标 T,对攻击过程作如下定义:导弹 $M_i(i=1,2,\cdots,N)$ 被视为质点,M_i 的速度大小为 v_i,θ_i 为导弹 M_i 的弹道偏角,φ_i 为导弹 M_i 的弹道倾角。设空间直角坐标系 $O-XYZ$ 为惯性坐标系,(x_i,y_i,z_i) 为导弹 M_i 在惯性系中的位置坐标,则导弹的速度与相关角度关系如图 9-8 所示。

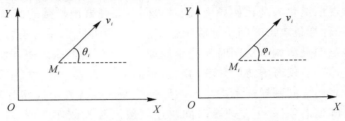

图 9-8 导弹的速度与弹道偏角、弹道倾角的关系

(一)导弹动力学模型

在编队控制问题中,采用下面简化的导弹模型:假设编队中每枚导弹有标准的闭环自动驾驶仪,因此,导弹通过控制它们各自的马赫数保持自动驾驶仪、弹道偏角保持自动驾驶仪和弹道倾角保持自动驾驶仪的参考信号来飞行,允许建立简化的一阶运动学方程,有

$$\left. \begin{aligned} \dot{v}_i &= \frac{1}{\tau_v}(v_{ic}-v_i) \\ \dot{\theta}_i &= \frac{1}{\tau_\theta}(\theta_{ic}-\theta_i) \\ \dot{\varphi}_i &= \frac{1}{\tau_\varphi}(\varphi_{ic}-\varphi_i) \end{aligned} \right\} \tag{9-2}$$

式中,$\tau_v,\tau_\theta,\tau_\varphi$ 分别为导弹马赫数自动驾驶仪的时间常数、弹道偏角自动驾驶仪的时间常数和弹道倾角自动驾驶仪的时间常数,各时间常数的取值均大于零且认为所有导弹的各时间常数对应相等;$v_{ic},\theta_{ic},\varphi_{ic}$ 分别为导弹速度指令、弹道偏角指令和弹道倾角指令。

惯性坐标系下导弹质心运动的速度满足关系式:

$$\left. \begin{aligned} v_{ix} &= v_i\cos\theta_i\cos\varphi_i \\ v_{iy} &= v_i\sin\theta_i\cos\varphi_i \\ v_{iz} &= v_i\sin\varphi_i \end{aligned} \right\} \tag{9-3}$$

式中,v_x,v_y,v_z 分别表示导弹速度在三个坐标方向对应的分量。

惯性坐标系下导弹质心运动的位置满足关系式

$$\left. \begin{aligned} x_i(t) &= x_0 + \int_0^t v_x(\tau)\mathrm{d}\tau \\ y_i(t) &= y_0 + \int_0^t v_y(\tau)\mathrm{d}\tau \\ z_i(t) &= z_0 + \int_0^t v_z(\tau)\mathrm{d}\tau \end{aligned} \right\} \tag{9-4}$$

式中,x_0,y_0,z_0 表示导弹初始位置的坐标值。

(二)基于图论的弹群模型

弹群编队飞行中,每枚导弹除了完成自身的闭环控制之外,也受到其他个体的影响。为了方便表示这种个体间的相互影响,使用图的结构来描述弹群之间的关系。

1.图论的基本概念

多智能体系统的作用拓扑可以用一个拓扑图(Topology Graph)来表示。一个拓扑图 $G=G(V,\varepsilon,W)$ 可以用三个要素来描述:节点集合 $V=\{v_1,v_2,\cdots,v_N\}$,边集合 $\varepsilon\subseteq\{(v_i,v_j),i\neq j,v_j\in V\}$ 和邻接矩阵 $W=[w_{ij}]_{N\times N}\in R^{N\times N}$。符号 $v_i(i\in I_N)$ 表示拓扑图的第 i 个节点,有限自然数集 $I_N=\{1,2,\cdots,N\}$ 表示编号集。符号 (v_j,v_i) 表示 v_j 到 v_i 的一条边,其中 v_j 被称为父节点,v_i 被称为子节点。邻接矩阵 W 的元素满足 $w_{ij}\geq 0$ 和 $w_{ii}=0$,并且当且仅当 $(v_i,v_j)\in\varepsilon$ 时 $w_{ij}>0$。节点 v_i 的邻居集定义为 $N_i=\{v_j\in V:(v_j,v_i)\in\varepsilon\}$。节点 v_i 的入度定义为 $\deg_{in}(v_i)=\sum_{j\in N_i}w_{ij}$,节点 v_i 的出度定义为 $\deg_{out}(v_i)=\sum_{j\in N_i}w_{ji}$。图 G 的入度矩阵定义为对角矩阵 $D=\mathrm{diag}\{\deg_{in}(v_1),\deg_{in}(v_2),\cdots,\deg_{in}(v_N)\}$,图 G 的出度矩阵定义为对角矩阵 $D_{out}=\mathrm{diag}\{\deg_{out}(v_1),\deg_{out}(v_2),\cdots,\deg_{out}(v_N)\}$。图 G 的拉普拉斯矩阵定义为 $L=L(G)=D-W$。

如果图 G 的邻接矩阵 W 中的所有元素满足 $w_{ij}=w_{ji},(\forall i,j\in I_N)$,那么称图 G 为无向图(Undirected Graph)。反之,则称图 G 为有向图(Directed Graph)。对于无向图 G,如果没有孤立节点,那么称无向图 G 是连通的(Connected)。图 G 的一条有向路径是指存在一组节点 $v_1,v_2,\cdots,v_l$ 使得 $(v_{i-1},v_i)\in\varepsilon,i=2,3,\cdots,l$。如果有向图 G 中有一个节点至少存在一条有向路径到其他所有节点,那么称有向图 G 包含生成树(Spanning Tree)。如果有向图 G 中任意两个节点之间至少存在一条有向路径,那么称有向图 G 是强连通的(Strong Connected)。如果一个图 G 中每个节点的入度等于出度,那么称该图是平衡的(Balanced)。

多智能体系统的作用拓扑可以用拓扑图 G 来描述,每个节点表示一个智能体,每条边代表两个智能体之间的作用通道,边的权重表示两个智能体之间的作用强度。在利用图论对多智能体系统一致性控制问题进行数学分析时,作用拓扑由拉普拉斯矩阵 L 在数学模型中体现。可见,L 是在研究多智能体系统一致性控制问题时一个非常重要的矩阵。图 9-9 所示为一个不连通的无向图,其邻接矩阵 W、入度矩阵 D 和拉普拉斯矩阵 L 分别为

$$W=\begin{bmatrix}0&1&0&0&1&1\\1&0&0&0&0&0\\0&0&0&0&0&0\\0&0&0&0&1&0\\1&0&0&1&0&1\\1&0&0&0&0&0\end{bmatrix},\quad D=\begin{bmatrix}3&0&0&0&0&0\\0&1&0&0&0&0\\0&0&0&0&0&0\\0&0&0&1&0&0\\0&0&0&0&3&0\\0&0&0&0&0&2\end{bmatrix},\quad L=\begin{bmatrix}3&-1&0&0&-1&-1\\-1&1&0&0&0&0\\0&0&0&0&0&0\\0&0&0&1&-1&0\\-1&0&0&-1&3&-1\\-1&0&0&0&-1&2\end{bmatrix}$$

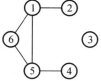

图 9-9 拓扑图例

下述引理说明了图 9-9 的拉普拉斯矩阵的基本性质。

引理 9.1: 设 $L \in \mathbf{R}^{N \times N}$ 是无向图 G 的拉普拉斯矩阵,则有

(1) L 至少有一个 0 特征值,即 $L\mathbf{1}_N = 0$,其中 $\mathbf{1}_N = [11 \cdots 1]^T \in \mathbf{R}^N$;

(2) 若 G 连通,则 0 是 L 的单一特征值,且其余 $N-1$ 个特征值均为正实数,即所有特征值满足 $0 = \lambda_1 \leqslant \lambda_2 \leqslant \cdots \leqslant \lambda_N$;

(3) 若 G 不连通,则 L 至少有两个 0 特征值,且特征值 0 的几何重度等于代数重度。

引理 9.2: 设 $L \in \mathbf{R}^{N \times N}$ 是有向图 G 的拉普拉斯矩阵,则有

(1) L 至少有一个 0 特征值,即 $L\mathbf{1}_N = 0$,其中 $\mathbf{1}_N = [11 \cdots 1]^T \in \mathbf{R}^N$;

(2) 如果 G 包含生成树,那么 0 是 L 的单一特征值,且其余 $N-1$ 个特征值均具有正实部,即 $0 = \lambda_2 < \mathrm{Re}(\lambda_2) \leqslant \mathrm{Re}(\lambda_3) \leqslant \cdots \leqslant \mathrm{Re}(\lambda_N)$,$\mathrm{Re}(\cdot)$ 表示取复数的实部;

(3) 如果 G 不包含生成树,那么 L 至少有两个 0 特征值,且特征值 0 的几何重度不小于 2。

2. 基于图论的弹群结构描述

将弹群中的所有导弹描述为顶点集 $S = \{s_1, s_2, \cdots, s_N\}$,其中每一枚导弹 i 对应图中的节点 s_i。导弹 i 对导弹 j 的影响对应于图中的一条边 $e_{ij} = (s_i, s_j)$,弹群中全部影响关系对应图中的边集 $\varepsilon \subseteq \{(s_i, s_j) : s_i, s_j \in S\}$。导弹相互之间的影响强度由图中的邻接矩阵 $W = [w_{ij}] \in \mathbf{R}^{N \times N}$ 描述。W 的每个元素 w_{ij} 描述导弹 j 对导弹 i 的影响强度,w_{ij} 非负。$w_{ij} > 0$ 对应 $e_{ij} \in \varepsilon$,即导弹导弹 j 对导弹 i 存在影响的情形,而导弹 j 对导弹 i 无影响时 $w_{ij} = 0$。对任意 $i \in \{1, 2, \cdots, N\}$,$w_{ij} = 0$。综上,$N$ 阶图的三元组 $G = \{S, \varepsilon, W\}$ 描述了 N 枚导弹构成的弹群内相互作用的关系。

本节中定义导弹的邻居为所有对其产生影响的导弹,即 $N_i = \{s_j \in S : (s_j, s_i) \in \varepsilon\}$。图中每个节点 i 的入度为 $\mathrm{deg}_{\mathrm{in}}(s_i) \sum_{j=1}^{N} w_{ij}$,入度矩阵为 $D = \mathrm{diag}\{\mathrm{deg}_{\mathrm{in}}(s_i), i = 1, 2, \cdots, N\}$,拉普拉斯矩阵 $L = D - W$。

当图中存在一个节点,到其他所有节点均有有向路径,则称该图包含一个生成树。关于这类图,引理 9.1 给出了本书中要用到的结论。本书中,针对实际弹群系统,一般导弹弹群的拓扑图 G 均包含生成树。定义 $\lambda_i (i = 1, 2, \cdots, N)$ 为相应拉普拉斯矩阵 L 的特征值,且约定 $\lambda_1 = 0 < \mathrm{Re}(\lambda_2) \leqslant \cdots \leqslant \mathrm{Re}(\lambda_N)$。

本专题中,导弹之间的相互影响通过无线通信来实现。实验测试表明,通过合理地配置导弹间距离和网络中的数据量,基本可以保证 W 和 L 与预先的设计一致而避免受弹群状态影响,从而更好地验证算法。

3. 弹群建模

根据前面对导弹动力学模型的分析,每枚导弹有位置和角度等多个输出变量。然而,在弹群编队飞行问题中,关注的是导弹之间通过协调相对位置、速度,在空间中形成的编队的形态以及整体运动。各枚导弹的姿态则不是编队中的关注重点,不必要相互进行协调,并且由于通信带宽有限而姿态环时间常数较小,也难以进行实时的相互协调。因此,这里在分析编队问题时,仅考虑各枚导弹在空间中的位置。进一步地,导弹姿态控制环的时间常数远小于位置控制环的时间常数,一般情形下导弹在作位置控制时可以忽略姿态控制的动态过程。因此,类似地,编队控制中也可以合理地忽略姿态控制的动态过程。图 9-10 所示为导弹编队控制的双环结构图,每枚导弹独立进行姿态控制,而进行编队控制时每枚导弹获取自身和邻居的位置及

速度信息,并通过姿态控制实现编队所需的控制输出。

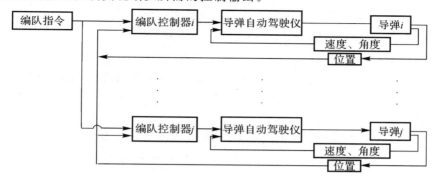

图 9-10 编队控制双环结构图

对于弹群中导弹 i 的相关的变量,$i \in (1,2,\cdots,N)$,用下标 i 表明。单枚导弹的动力学模型已在前面给出。对于导弹 i,将其中与位置相关的部分写成状态空间模型,即

$$
\left.
\begin{aligned}
\dot{x}_i &= v_{ix} \\
\dot{v}_{ix} &= \frac{\mathrm{d}(v_i \cos\theta_i \cos\varphi_i)}{\mathrm{d}t} \\
\dot{y}_i &= v_{iy} \\
\dot{v}_{iy} &= \frac{\mathrm{d}(v_i \sin\theta_i \cos\varphi_i)}{\mathrm{d}t} \\
\dot{z}_i &= v_{iz} \\
\dot{v}_{iz} &= \frac{\mathrm{d}(v_i \sin\varphi_i)}{\mathrm{d}t}
\end{aligned}
\right\}
\tag{9-5}
$$

定义系统的控制输入为

$$
\left.
\begin{aligned}
u_{ix} &= \frac{\mathrm{d}(v_i \cos\theta_i \cos\varphi_i)}{\mathrm{d}t} \\
u_{iy} &= \frac{\mathrm{d}(v_i \sin\theta_i \cos\varphi_i)}{\mathrm{d}t} \\
u_{iz} &= \frac{\mathrm{d}(v_i \sin\varphi_i)}{\mathrm{d}t}
\end{aligned}
\right\}
\tag{9-6}
$$

导弹的速度、弹道偏角和弹道倾角的随时间的变化律由式(9-2)给出。

定义状态空间模型(9-5)中导弹 i 的状态为 $\boldsymbol{\chi}_i^{\mathrm{T}} = [\boldsymbol{p}_i^{\mathrm{T}} \ \boldsymbol{v}_i^{\mathrm{T}}]^{\mathrm{T}}$,其中 $\boldsymbol{p}_i = [x_i \ y_i \ z_i]^{\mathrm{T}}$,$\boldsymbol{v}_i = [v_{ix} \ v_{iy} \ v_{iz}]^{\mathrm{T}}$。定义导弹 i 的控制输入向量为 $\boldsymbol{U} = [U_1 \ U_2 \cdots U_N]^{\mathrm{T}}$,则弹群系统的状态空间模型为

$$
\dot{\boldsymbol{\chi}} = (\boldsymbol{I}_N \otimes \boldsymbol{A})\boldsymbol{\chi} - (\boldsymbol{I}_N \otimes \boldsymbol{B})\boldsymbol{U}
\tag{9-7}
$$

式中,$\boldsymbol{A} = \begin{bmatrix} 0 & 1 \\ 0 & 0 \end{bmatrix}$,$\boldsymbol{B} = \begin{bmatrix} 0 \\ 1 \end{bmatrix}$。

二、弹群协同编队控制器设计

采用分布式控制方法解决弹群的自主编队飞行,强调弹群中个体的自主性。弹群中所有个体地位对等,任何一枚导弹不能获取全局的信息,也不存在通过收集所有个体的信息来实现

对弹群的集中式控制的全局控制器。每枚导弹可获得自身编队指令和需要的邻居信息,据此进行自身的控制,进而在整体上产生编队飞行的效果。

弹群编队指令为 $l(t)=[l_1^T(t)l_2^T(t)\cdots l_N^T(t)]^T$,其中 $l_i(t)=[x_{li}^T y_{li}^T z_{li}^T]^T$, $i\in\{1,2,\cdots,N\}$。考虑对位置和速度均施加编队控制时,对于导弹 i,在 X,Y,Z 三个方向上的编队指令分量分别为 $l_{ih}(t)=[l_{ihp}(t)l_{ihv}(t)]^T$,包括位置和速度分量。考虑到实际物理意义,一般有 $l_{ihp}(t)=l_{ihv}(t)$。定义 n 为编队飞行中所考虑的空间维数,例如在空中 X,Y,Z 三个方向上同时进行编队时,$n=3$。

自主编队的主要目的是使个体间的相对位置、速度收敛到指令值。因此,形成编队并不要求 $\lim_{t\to\infty}\chi_i(t)=l_i(t)$,而是要求对任意 $i,j\in(1,2,\cdots,N)$,$\lim_{t\to\infty}[\chi_i(t)-\chi_j(t)]=l_i(t)-l_j(t)$。因此这里给出如下编队的定义。

定义 9.1:弹群形成指定的编队 $l(t)$,当且仅当对弹群任意有界初始状态,存在向量函数 $c(t)\in \mathbf{R}^{2n}$,使得
$$\lim_{t\to\infty}[\chi_i(t)-l(t)-c(t)]=0 \tag{9-8}$$
式中,$i\in\{1,2,\cdots,N\}$。

当编队指令 $l(t)$ 恒为零向量时,编队问题退化为一致性问题。这里给出如下定义。

定义 9.2:弹群系统实现一致,当且仅当对弹群任意有界初始状态,存在向量函数 $c(t)\in\mathbf{R}^{2n}$,使得
$$\lim_{t\to\infty}[\chi_i(t)-c(t)]=0 \tag{9-9}$$
式中,$i\in\{1,2,\cdots,N\}$。

显然,为了避免碰撞,导弹编队飞行时不可能令 $l(t)$ 为零向量。然而,通过适当的代换可以将编队飞行问题转换为一致性问题,从而加以解决。本章中关注的重点是各枚导弹之间是否形成指定的编队。当然,弹群整体的运动情况对于编队飞行来说也是很重要的。

将弹群空间位置分布表示为 $P=[p_1^T p_2^T\cdots p_2^T]^T$,其中 $p_i=[x_i y_i z_i]^T$ 表示导弹 i 的位置。导弹位置与期望的编队位置状态差为 $\varepsilon_i(t)=p_i(t)-l_i$,在考虑编队控制问题时导弹 i 和导弹 j 之间的状态差可以表示为
$$\delta_{ij}(t)=[\delta\varepsilon_{ij}^T(t)\delta v_{ij}^T(t)]^T \tag{9-10}$$
式中,$\delta\varepsilon_{ij}(t)=\varepsilon_j(t)-\varepsilon_i(t)$,$\delta v_{ij}(t)=v_j(t)-v_i(t)$,因此,这里在进行编队控制时只考虑对位置设置编队指令,实际上满足了队形编队的基本要求。

设计的自适应弹群协同编队控制协议:
$$\left.\begin{array}{l}u_i(t)=K_u\sum_{j\in N_i}w_{ij}\delta_{ij}(t)\\[2mm]\dot{w}_{ij}(t)=\delta_{ij}^T(t)K_w\delta_{ij}(t)\\[2mm]J_r=\dfrac{1}{N}\sum_{i=1}^N\sum_{j=1}^N\int_0^{+\infty}\delta_{ij}^T(t)Q\delta_{ij}(t)\mathrm{d}t\end{array}\right\} \tag{9-11}$$
式中,矩阵 K_u,K_w 为系数矩阵且有 $K_w=K_w^T\geqslant0$,N_i 表示与导弹 M_i 互相通信的导弹的集合,$w_{ij}(t)$ 为弹间时变权重函数,表征从导弹 j 到导弹 i 的作用强度大小,$\dot{w}_{ij}(t)$ 为其变化率函数。由 $\dot{w}_{ij}(t)$ 的表达式可知 $w_{ij}(t)$ 是一个非减函数,且其变化规律与邻弹间的状态差相关,状态差越大则 $\dot{w}_{ij}(t)$ 越大,以得到更大作用强度去调整邻弹间的状态差,当邻弹间的状态差逐渐减小

到 0 时,对应的权重 $w_{ij}(t)$ 不再变化。各相邻导弹间作用强度 $w_{ij}(t)$ 还存在各自上界 w_{ijm},即 $\lim_{t\to\infty}[w_{ij}(t)-w_{ijm}]=0$。因此,通过该控制协议,弹群能够"自主"地实现一致性:当导弹之间存在状态差时,通过该协议可知导弹之间的作用强度不为零,存在不为零的控制量使导弹的状态趋于一致;随着状态差的减小,导弹之间的作用强度的变化率减小,且控制量也减小;因此导弹之间的状态会减缓地趋于一致,实现一致性。由定义 9.1 和定义 9.2 可知,当 $\boldsymbol{\delta}_{ij}(t)$ 趋于零时,弹群实现期望的编队。在评价编队控制过程中的一致性性能时,通常用协议中的 J_r 来表示,通过其表达式可知,J_r 与状态差的绝对值在时间上的积分成正比。如果系统能够较快地实现一致性(实现编队),那么显然状态差的绝对值在时间上的积分值较小,此时认为系统的一致性性能较好,即 J_r 较小代表性能较好。

对于编队协议(9-11),这里不加证明地给出下述定理。

定理 9.1: 对于任意给定的调节系数 $\gamma>0$,如果存在一个对称正定矩阵 $\boldsymbol{M}$ 使得 $\boldsymbol{MA}+\boldsymbol{A}^{\mathrm{T}}\boldsymbol{M}-\gamma\boldsymbol{MBB}^{\mathrm{T}}\boldsymbol{M}+2\boldsymbol{Q}\leqslant 0$,则系统(9-7)可以在控制协议(9-11)下实现自适应编队。此时,系数矩阵 $\boldsymbol{K}_u=\boldsymbol{B}^{\mathrm{T}}\boldsymbol{M}$,$\boldsymbol{K}_w=\boldsymbol{MBB}^{\mathrm{T}}\boldsymbol{M}$。系统的保性能成本为

$$J_r^* = \boldsymbol{\omega}^{\mathrm{T}}(0)\left[\left(\boldsymbol{I}_N-\frac{1}{N}\boldsymbol{1}_N\boldsymbol{1}_N^{\mathrm{T}}\right)\otimes\boldsymbol{M}\right]\boldsymbol{\omega}(0)+\gamma\int_0^{+\infty}\boldsymbol{\omega}^{\mathrm{T}}(t)\left[\left(\boldsymbol{I}_N-\frac{1}{N}\boldsymbol{1}_N\boldsymbol{1}_N^{\mathrm{T}}\right)\otimes\boldsymbol{MBB}^{\mathrm{T}}\boldsymbol{M}\right]\boldsymbol{\omega}(t)\mathrm{d}t$$

通过定理 9.1,在已知调节系数 γ 和矩阵 $\boldsymbol{Q}$ 的情况下,利用 LMI 技术可以得到矩阵 $\boldsymbol{M}$。

联立式(9-2)、式(9-3)和式(9-11),可以得到使弹群实现编队的导弹的速度指令、弹道偏角指令和弹道倾角指令,即得到弹群实现自适应保性能编队控制律。

三、应用仿真算例与分析

为了检验上述编队控制协议的控制效果,下面开展数值仿真实验对其进行验证。考虑一个由 4 枚同型号导弹组成的弹群的编队控制问题。假设这 4 枚导弹完全相同,即可以用完全一样的物理模型来描述。弹群间的通信拓扑结构如图 9-11 所示,弹群的初始位置和期望编队等状态参数见表 9-1。

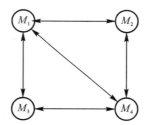

图 9-11　导弹通信拓扑结构

表 9-1　弹群状态参数表

导弹编号	初值位置/km	初始速度/(km · s⁻¹)	期望编队/km
导弹 M_1	$(-1,1,1)$	$(0,0,0)$	$(-2,0,2)$
导弹 M_2	$(-1,0,2)$	$(0,0,0)$	$(-1,1,2)$
导弹 M_3	$(1,0,2)$	$(0,0,0)$	$(1,0,1)$
导弹 M_4	$(1,1,1)$	$(0,0,0)$	$(2,1,1)$

设定参数:

$$Q = \begin{bmatrix} 0.8 & 0 & 0 & 0 & 0 & 0 \\ 0 & 0.8 & 0 & 0 & 0 & 0 \\ 0 & 0 & 0.8 & 0 & 0 & 0 \\ 0 & 0 & 0 & 0.8 & 0 & 0 \\ 0 & 0 & 0 & 0 & 0.8 & 0 \\ 0 & 0 & 0 & 0 & 0 & 0.8 \end{bmatrix}, \quad \gamma = 5$$

仿真实验的结果如图 9-12～图 9-15 所示。

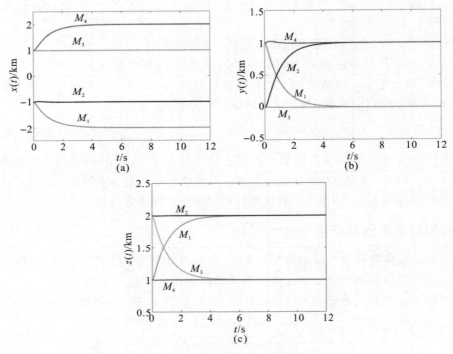

图 9-12 弹群位置-时间曲线

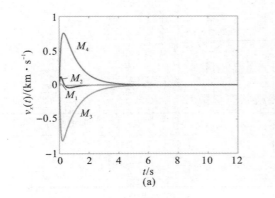

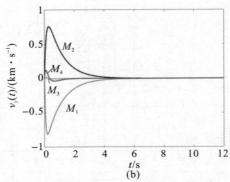

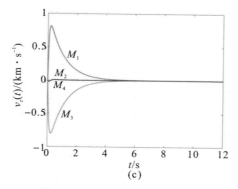

图 9-13　弹群速度-时间曲线

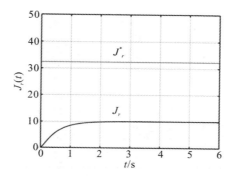

图 9-14　弹群的保性能函数及其成本值曲线

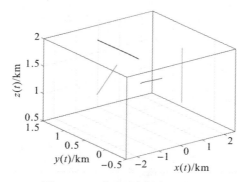

图 9-15　弹群的运动轨迹曲线

图 9-12 所示为弹群的位置-时间曲线,通过观察,4 枚导弹位置的三个分量均在较短时间内收敛至期望值;图 9-13 所示为速度-时间曲线,可以看出 4 枚导弹的速度在较短时间内收敛至零。图 9-14 中,J_r 为保性能函数曲线,J_r^* 为保性能成本。图 9-15 所示为弹群的运动轨迹曲线,可以看出弹群形成了期望的编队队形。

第三节　无领弹弹群协同制导律设计与仿真

弹群的协同制导方式非常多样,基于一致性原理设计的时间协同制导律具有较好的分布式特性和鲁棒性,这样的特点使得一致性原理在协同制导律设计中更受青睐。本节介绍使用无领弹的时间协同制导律设计问题。针对无领弹模式,首先建立弹群的基本动力学模型,为后续协同制导律设计建立基础,而后说明弹群在该协同制导律作用下能实现对目标的攻击及攻击时间的协同。

一、无领弹弹群模型建立

在二维空间中,N 枚导弹参与协同攻击一固定目标 T,对攻击过程作如下定义:导弹 M_i $(i=1,2,\cdots,N)$ 与目标 T 都被视为质点,M_i 的速度大小为 $v_i(i=1,2,\cdots,N)$,速度方向与水平线的夹角 θ_i 为其航向角,由导弹 M_i 指向目标 T 的连线与水平线的夹角为视线角,记为 q_i,导弹速度方向到弹目连线之间的夹角为导弹 M_i 的飞行前置角 φ_i,导弹 M_i 的飞行速度 v_i 仅受垂直于其方向的法向加速度 a_i 的作用,r_i 为导弹 M_i 到目标 T 的距离,上述变量可通过图 9-16 直观展示。

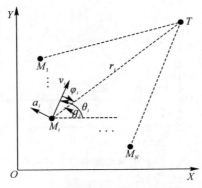

图 9-16　无领弹弹群飞行几何关系图

根据飞行力学知识可得以下等式:

$$\dot{r}_i = -v_{ir} = -v_i\cos\varphi_i \tag{9-12}$$

$$\dot{\varphi}_i = \dot{q}_i - \dot{\theta}_i = v_i\frac{\sin\varphi_i}{r_i} - \frac{a_i}{v_i} \tag{9-13}$$

式中,v_{ir} 为速度 v_i 在弹目连线方向上的分量。

上述无领弹弹群最显著的特点是所有参与协同攻击的导弹属性相同、作用一致、地位平等,攻击时间的协同以弹间信息交流为基础,所有邻居导弹间进行平等的相互通信。在导弹时间协同制导任务中,弹间信息交流的内容一般是指导弹估计总攻击时间 $T_{impi}(i=1,2,\cdots,N)$,通过对各导弹总攻击时间 T_{impi} 的协调解算使所有导弹的攻击时间达到一致,以此实现同时攻击到目标,完成协同攻击。在此,将导弹 $M_i(i=1,2,\cdots,N)$ 视作多智能体系统中的节点,将该节点集合记为 V。用 l_{ij} 代表从 M_j 到 M_i 的边,则 l_{ij} 可反映导弹 M_j 到导弹 M_i 间的通信连通情况。若从导弹 M_j 到导弹 M_i 间的通信连通,M_j 的状态信息能被 M_i 接收,则 $l_{ij}=1$,否则 $l_{ij}=0$。记由所有导弹节点集合构成的作用拓扑图为 G,以 $\boldsymbol{L}$ 表示作用拓扑 G 的拉普拉斯矩阵。

二、无领弹弹群协同制导律

下面,基于上述模型进行无领弹弹群协同制导律设计与实际情况下的可协同性分析。

1. 无领弹弹群协同制导律设计

根据时间协同制导的要求,一方面要确保导弹能够准确到达目标,另一方面又要使导弹到达目标的时间相同,因此对应地,设计结构的时间协同制导律,有

$$a_i = a_{Bi} + a_{ei} \tag{9-14}$$

式中,a_i 为导弹 M_i 的法向加速度指令,其分别由目标导引项 a_{Bi} 和时间协调项 a_{ei} 两部分组成,各自对应目标导引与时间协同两方面的制导要求。本书中目标导引项 a_{Bi} 使用比例导引律,表达式为

$$a_{Bi} = K_i v_i \dot{q}_i \tag{9-15}$$

式中,K_i 为比例导引律的比例系数,影响着弹道的曲率,一般为 3～5 之间的一个常数,在此将其取为 3。时间协调项 a_{ei} 的设计基于一致性原理,其表达式为

$$a_{ei} = \varepsilon_i \cos\varphi_i \tag{9-16}$$

式中,ε_i 为时间一致性控制项,为了实现较快的攻击时间收敛速度,使得系统在更加苛刻的约束条件下仍然具备较短的收敛时间,在协同制导律时间协调项中,时间一致性控制项 ε_i 采用无领弹的 γ 自适应一致性原理设计,具体形式为

$$\varepsilon_i = -\gamma\varphi_i \sum_{j=1}^{N} \left[l_{ij} w_{ij}(t)(T_{\text{impj}} - T_{\text{impi}}) \right] \tag{9-17}$$

$$\dot{w}_{ij}(t) = \gamma(T_{\text{impj}} - T_{\text{impi}})^2 \tag{9-18}$$

该协同制导律的设计直接利用了无领弹的 γ 自适应一致性协议,并将其称为无领弹弹群 γ 自适应一致性协同制导律。其中 γ 为自适应增益,$w_{ij}(t)$ 为弹间时变权重函数,表征从导弹 M_j 到导弹 M_i 的作用强度大小,$\dot{w}_{ij}(t)$ 为其变化率函数。由 $\dot{w}_{ij}(t)$ 的表达式可知 $w_{ij}(t)$ 是一个非减函数,且其变化规律与邻弹间的攻击时间差相关,时间差越大则 $w_{ij}(t)$ 增长率越快,以得到更大作用强度去调整邻弹间的攻击时间差,当邻弹间的攻击时间差逐渐减小到 0 时,对应的权重 $w_{ij}(t)$ 不再变化。其初值 $w_{ij}(0)=1$,各相邻导弹间作用强度 $w_{ij}(t)$ 还存在各自上界 w_{ijm},即 $\lim\limits_{t \to \infty}[w_{ij}(t) - \omega_{ijm}]=0$。

将式(9-14)～式(9-16)代入式(9-17),可得

$$\dot{\varphi}_i = \frac{(1 - K_i)v_i \sin\varphi_i}{r_i} - \frac{\varepsilon_i \cos\varphi_i}{v_i} \tag{9-19}$$

剩余攻击时间 T_{goi} 是指导弹 M_i 在当前时刻距离到达目标所需要的时间,在以比例制导为基本导引律的协同制导问题中,一般采用以下方式估计:

$$\dot{T}_{goi} = \frac{\left[1 + \dfrac{(\theta_i - q_i)^2}{10} \right] r_i}{v_i} \tag{9-20}$$

然而这样的估计仅在前置角 φ_i 较小的情况下较精确。在不考虑 φ_i 大小的情况下,实际剩余攻击时间可表达成以下形式,有

$$T_{goi} = \dot{T}_{goi} + \Delta T_{goi} \tag{9-21}$$

其中 ΔT_{goi} 用以抵消前置角较大时剩余攻击时间估计的误差。分别对 $\dot{T}_{goi}$ 及 ΔT_{goi} 关于时间求导,有

$$\frac{\mathrm{d}\dot{T}_{goi}}{\mathrm{d}t} = g_{1i}(r_i, v_i, \varphi_i) + b_{1i}\alpha_{ei} \tag{9-22}$$

$$\frac{\mathrm{d}\Delta T_{goi}}{\mathrm{d}t} = g_{2i}(r_i, v_i, \varphi_i) + b_{2i}\alpha_{\varepsilon i} \qquad (9-23)$$

式中 $g_{1i}(r_i, v_i, \varphi_i)$ 和 $g_{2i}(r_i, v_i, \varphi_i)$ 为不包含 $a_{\varepsilon i}$ 的项,同时 b_{1i} 及 b_{2i} 独立于 $a_{\varepsilon i}$。故实际攻击时间 T_{goi} 关于时间求导,可得

$$\dot{T}_{goi} = g_{1i}(r_i, v_i, \varphi_i) + g_{2i}(r_i, v_i, \varphi_i) + (b_{1i} + b_{2i})a_{\varepsilon i} \qquad (9-24)$$

在导弹协同攻击中,每枚导弹的估计总攻击时间 T_{impi} 为

$$T_{impi} = T_{goi} + t_i + c_i \qquad (9-25)$$

式中,t_i 为导弹 M_i 从发射开始计算到当前时刻 t 所经历的飞行时间;c_i 为从第一枚导弹发射开始到第 i 枚导弹发射的时间间隔,以此适应导弹不同时发射的情况。时间协同制导最终要完成的目标即是所有导弹尽可能同时地到达目标,通过发射间隔时间常数 c_i 的加入,无论对于同时发射还是间隔发射的导弹群系统,都能统一为使估计总攻击时间 $T_{impi}(i=1,2,\cdots,N)$ 一致即能获得时间协同攻击。

对式(9-25)关于时间求导,有

$$\dot{T}_{impi} = \dot{T}_{goi} + 1 \qquad (9-26)$$

将式(9-24)代入式(9-26),可得

$$\dot{T}_{impi} = 1 + g_{1i}(r_i, v_i, \varphi_i) + g_{2i}(r_i, v_i, \varphi_i) + (b_{1i} + b_{2i})a_{\varepsilon i} \qquad (9-27)$$

由于当 $a_{\varepsilon i} = 0$ 时,意味着导弹 M_i 的总攻击时间 T_{impi} 不再需要调节,即 $\dot{T}_{impi} = 0$,由于 $g_{1i}(r_i, v_i, \varphi_i)$ 和 $g_{2i}(r_i, v_i, \varphi_i)$ 都是不包含 $a_{\varepsilon i}$ 的函数,故式(9-27)可简化为

$$\dot{T}_{impi} = b_i \varepsilon_i \cos\varphi_i \qquad (9-28)$$

式中,$b_i = b_{1i} + b_{2i}$。

将时间一致性控制项 ε_i 的表达式(9-17)代入式(9-28),可得

$$T_{impi} = b_i \varepsilon_i \cos\varphi_i = -\gamma b_i \varphi_i \cos\varphi_i \sum_{j=1}^{N} [l_{ij} w_{ij}(t)(T_{impj} - T_{impi})] \qquad (9-29)$$

将各导弹的攻击时间以向量形式表示为 $\boldsymbol{T}_{imp} = [T_{imp1} \ T_{imp2} \cdots T_{impN}]^{\mathrm{T}}$,将 $b_i \varphi_i \cos\varphi_i$ 称为导弹 M_i 在接受邻居导弹通信调节作用时的附加作用强度,记 $\boldsymbol{B} = \mathrm{diag}\{b_1\varphi_1\cos\varphi_1, b_2\varphi_2\cos\varphi_2, \cdots, b_N\varphi_N\cos\varphi_N\}$ 为由通信调节附加作用强度构成的对角阵,记由弹间通信作用拓扑构成的拉普拉斯矩阵为 $\boldsymbol{L}_{M,w(t)}$,$l_{M,w(t),ij}$ 为拉普拉斯矩阵 $\boldsymbol{L}_{M,w(t)}$ 的元素,则导弹攻击时间系统的向量形式可表示为

$$\dot{\boldsymbol{T}}_{imp} = \gamma \boldsymbol{B} \boldsymbol{L}_{M,w(t)} \boldsymbol{T}_{imp} \qquad (9-30)$$

在时间协同制导过程中,对于弹群中的任一枚导弹 M_i,必然存在这样的性质:当导弹 M_i 的估计总攻击时间 T_{impi} 较大时,为了达到攻击时间一致效果,必须使 T_{impi} 减小,表现为需满足 $\mathrm{d}T_{impi}/\mathrm{d}t < 0$。在飞行速度不变的前提下,能够使得飞行时间减少的方式仅有缩短飞行航迹长度,即控制导弹飞行航向角 θ_i 与弹目视线角 q_i 之间的夹角不断减小,此时当导弹飞行前置角 $\varphi_i > 0$ 时,记由时间协调项引起的前置角变化量为 $\Delta\varphi_i$,则需有 $\mathrm{d}\Delta\varphi_i/\mathrm{d}t < 0$。而当前置角 $\varphi_i < 0$ 时,需有 $\mathrm{d}\Delta\varphi_i/\mathrm{d}t > 0$。反之,当总攻击时间 T_{impi} 较小时,只有使得 T_{impi} 增大才有可能达到攻击时间协同一致,表现为需满足 $\mathrm{d}T_{impi}/\mathrm{d}t > 0$。通过控制导弹飞行航向角 θ_i 与弹目视线角 q_i 之间的夹角使其不断增大,可使飞行航迹长度得到增加,从而延长飞行时间,若此时导弹飞行前置角 $\varphi_i > 0$,则对于 $\Delta\varphi_i$ 需满足 $\mathrm{d}\Delta\varphi_i/\mathrm{d}t > 0$,而当前置角 $\varphi_i < 0$ 时,需满足 $\mathrm{d}\Delta\varphi_i/\mathrm{d}t < 0$。

上述性质可总结为以下不等式:

$$\varphi_i \frac{\mathrm{d}T_{\mathrm{imp}i}}{\mathrm{d}t} \frac{\mathrm{d}\Delta\varphi_i}{\mathrm{d}t} > 0 \tag{9-31}$$

根据式(9-19)可知,前置角 φ_i 的变化由两部分引起,一是比例导引项,其次是时间协调项,故由式(9-19)可直接得到时间协调项引起的对应前置角变化率为

$$\frac{\mathrm{d}\Delta\varphi_i}{\mathrm{d}t} = -\frac{\varepsilon_i \cos\varphi_i}{v_i} \tag{9-32}$$

将式(9-30)、式(9-32)代入不等式(9-31)可得

$$b_i \varphi_i < 0 \tag{9-33}$$

基于上述协同制导律结构,接下来对其进行可协同性分析,依次说明弹群内所有导弹能否准确命中目标,以及弹群内各枚导弹攻击时间一致性收敛效果。

2.无领弹弹群协同制导律可协同性分析

多导弹时间协同制导过程一般需要考虑两方面的问题,一是在协同制导律作用下,各导弹能否依然准确命中目标,即对于所有导弹 $M_i(i=1,2,\cdots,N)$,当 $t\to\infty$ 时是否都满足 $r_i(t)\to 0$ $(i=1,2,\cdots,N)$;二是弹群在协同制导律作用下,所有导弹到达目标的攻击时间能否收敛至一致。

现在介绍攻击时间协同问题,对攻击时间协同作以下说明:

对于一个无领弹协同攻击弹群系统,如果存在一个攻击时间 T_f,对于任意初始状态的 $\boldsymbol{T}_{\mathrm{imp}}(0)$ 都能使得 $\lim\limits_{t\to\infty}(T_f - T_{\mathrm{imp}i})=0(i=1,2,\cdots,N)$ 成立,那么称无领弹协同攻击弹群可获得攻击时间一致。

下面的定理给出了保证所有导弹准确命中目标所需条件。

定理 9.2:弹群中所有导弹都按式(9-21)所描述的加速度指令 a_i 控制飞行,若导弹 $M_i(i=1,2,\cdots,N)$ 飞行前置角初值 $\varphi_i(0)$ 满足 $|\varphi_i(0)|<\pi/2$,那么导弹必将到达目标。

在满足飞行前置角初值 $|\varphi_i(0)|<\pi/2$ 条件下, $\dot{r}_i$ 始终为负且与加速度指令 a_i 无关。由此可知,在协同制导律(9-14)~(9-18)的作用下,导弹必将到达目标。

所有导弹到达目标的攻击时间收敛一致问题见下述定理。

定理 9.3:在无领弹弹群 γ 自适应一致性协同制导律作用下,如果导弹间相互作用拓扑连通,且满足自适应增益 $\gamma>0$,则参与协同攻击弹群能够获得攻击时间一致。

事实上, γ 自适应一致性协同制导律在解决攻击时间协调一致问题时,完全使用了无领弹的 γ 自适应一致性协议。然而,在单纯的智能体系统中智能体状态仅受一致性控制输入 u_i 的影响,但在弹群协同制导飞行过程中待协调的攻击时间状态量除受一致性控制输入 ε_i 的作用外,还时刻受 $b_i,\cos\varphi_i$ 的影响。通过攻击时间状态方程(9-30)可知,这些在多智能体系统中不存在的影响以通信附加作用强度矩阵 $\boldsymbol{B}$ 的形式存在。这使得攻击时间系统(9-30)与无领弹的 γ 自适应一致性稍有不同之处,无法直接应用此结论作为攻击时间可收敛一致的依据,但二者在本质上并无差异。

由于协同制导过程的约束条件比一般的制导律设计更加复杂多样,现有大部分协同制导律研究对加速度饱和约束都不进行专门讨论。但是协同制导律设计是为了直接应用于导弹协同作战,而导弹推力发动机、摆动喷管或方向舵的性能总存在一个上限,具有非常强的工程应用背景,故协同制导律设计及分析过程中对加速度饱和约束问题进行考虑是十分必要的。下面对导弹法向加速度存在饱和约束时的攻击时间可一致性性进行分析。

假设每枚参与协同攻击导弹的性能全部相同,记其法向加速度绝对值上限为 $a_{\max}$。当 $a_i \geqslant a_{\max}$ 时,由于加速度输出的饱和限制,实际加速度输出值为

$$a_{iH^+} = a_{\max} \tag{9-34}$$

并将此时的加速度为称为正饱和。当 $a_i \leqslant -a_{\max}$ 时,同样由于加速度输出将达到饱和,所以实际输出加速度为

$$a_{iH^-} = -a_{\max} \tag{9-35}$$

此时的加速度输出称为负饱和。下面根据实际输出的加速度大小进行分类讨论。

加速度 $a_i \geqslant a_{\max}$ 时,由于加速度输出的饱和限制,根据时间协同制导律结构式(9-14)可知,加速度时间协调项始终有

$$a_{\varepsilon iH^+} = a_{\max} - a_{Bi} \tag{9-36}$$

由此根据加速度时间协调项(9-16)可知,时间一致性控制项为

$$a_{iH^+} = \frac{a_{\varepsilon iH^+}}{\cos\varphi_i} = \frac{a_{\max} - a_{Bi}}{\cos\varphi_i} \tag{9-37}$$

根据式(9-28)所示的攻击时间变化率,以及在加速度指令正饱和时的时间一致性控制项(9-37),共同得到加速度正饱和时攻击时间变化律为

$$T_{\mathrm{imp}iH^+} = b_i\varepsilon_{iH^+}\cos\varphi_i = b_i\cos\varphi_i\frac{a_{\max} - a_{Bi}}{\cos\varphi_i} = b_i(a_{\max} - a_{Bi}) \tag{9-38}$$

而根据式(9-32)所示的由加速度时间协调项引起的对应前置角变化率公式,以及在加速度指令正饱和时的时间一致性控制项(9-37),共同得到新的加速度时间协调项引起的对应前置角变化率如下:

$$\frac{\mathrm{d}\Delta\varphi_i}{\mathrm{d}t} = -\frac{\varepsilon_{iH^+}\cos\varphi_i}{v_i} = -\frac{a_{\max} - a_{Bi}}{\cos\varphi_i}\frac{\cos\varphi_i}{v_i} = -\frac{a_{\max} - a_{Bi}}{v_i} \tag{9-39}$$

将式(9-38)、式(9-39)代入不等式(9-31),得到以下不等式:

$$b_i(a_{\max} - a_{Bi})\frac{-(a_{\max} - a_{Bi})}{v_i}\varphi_i > 0 \tag{9-40}$$

由于导弹飞行速度 v_i 恒为正常数,以上不等式简化为

$$b_i\varphi_i < 0 \tag{9-41}$$

而当加速度 $a_i \leqslant -a_{\max}$ 时,根据时间协同制导律结构式(9-14)以及加速度输出的饱和限制,加速度时间协调项始终为

$$a_{\varepsilon iH^-} = -a_{\max} - a_{Bi} \tag{9-42}$$

由此根据加速度时间协调项(9-16)可知,时间一致性控制项为

$$\varepsilon_{iH^-}\frac{a_{\varepsilon iH^-}}{\cos\varphi_i} = \frac{-a_{\max} - a_{Bi}}{\cos\varphi_i} \tag{9-43}$$

根据式(9-28)所示的攻击时间变化率,以及在加速度指令负饱和时的时间一致性控制项(9-43),共同得到加速度负饱和时攻击时间变化律为

$$T_{\mathrm{imp}iH^-} = b_i\varepsilon_{iH^-}\cos\varphi_i = b_i\cos\varphi_i\frac{-a_{\max} - a_{Bi}}{\cos\varphi_i} = -b_i(a_{\max} + a_{Bi}) \tag{9-44}$$

而根据式(9-32)所示的由加速度时间协调项引起的对应前置角变化率公式,以及在加速度指令负饱和时的时间一致性控制项(9-43),共同得到新的加速度时间协调项引起的对应前置角变化率为

$$\frac{\mathrm{d}\Delta\varphi_i}{\mathrm{d}t} = -\frac{\varepsilon_{iH} - \cos\varphi_i}{v_i} = \frac{a_{\max} + a_{Bi}}{\cos\varphi_i}\frac{\cos\varphi_i}{v_i} = \frac{a_{\max} + a_{Bi}}{v_i} \qquad (9-45)$$

将式(9-44)、式(9-45)代入不等式(9-31)，得到以下不等式：

$$-b_i(a_{\max} + a_{Bi})\frac{(a_{\max} + a_{Bi})}{v_i}\varphi_i > 0 \qquad (9-46)$$

由于导弹飞行速度 v_i 恒为正常数，以上不等式简化为

$$b_i\varphi_i < 0 \qquad (9-47)$$

综上可见，无论加速度指令处于正饱和或是负饱和状态，最终都能得到

$$b_i\varphi_i < 0 \qquad (9-48)$$

由于 $\cos\varphi_i$ 始终为正，所以 b_i 与 φ_i 的关系决定了式(9-47)的正负以及攻击时间最终能否收敛一致。式(9-48)得出的这一结论与加速度未达到饱和时完全相同，由此可知，在攻击时间一致性协同制导律(9-14)的作用下，即使考虑加速度饱和约束，只要满足定理9.2中的充分条件，就能保证所有导弹的攻击时间可收敛一致。

通过上述对弹目距离 r_i 的稳定性及攻击时间 T_{impi} 收敛性两方面的证明，从理论角度说明了无领弹弹群 γ 自适应一致性协同制导律具备时间协同制导效果。由于无领弹的 γ 自适应一致性原理的应用，该协同制导律相比其他协同制导律具备更快的攻击时间收敛速度，通过调节增益 γ 理论上可以改变攻击时间收敛速度。

三、应用仿真算例与分析

为了说明上述理论推导的正确性，证明使用无领弹的 γ 自适应一致性设计的协同制导律能够保证导弹准确命中目标，并且具有较好的时间协同效果，下面进行数值仿真对其进行验证。首先在此作如下规定：选定所有导弹的比例导引部分的比例系数 $K_i(i=1,2,\cdots,N)$ 全为3，限制导弹的最大法向加速度 $a_{i\max} = 5g$ 其中 g 为重力加速度，$1g = 9.8 \text{ m/s}^2$ 假定当导弹距离目标的直线距离 $r_i(i=1,2,\cdots,N) \leqslant 3 \text{ m}$ 时即认为导弹已攻击到目标，仿真步长为 0.01 s，导弹的各项参数见表9-2。导弹间的通信拓扑结构由图9-17描述，相互作用权重初值全为1。

图9-17　无领弹弹群通信拓扑结构

表9-2　无领弹弹群初始状态参数表

导弹编号	初值位置/m	速度/(m·s⁻¹)	初始航向/(°)	比例制导下攻击时间/s
导弹 M_1	(-12 000, -4 000)	270	60	49.31
导弹 M_2	(-10 000, -8 000)	290	55	44.52
导弹 M_3	(-8 000, -11 000)	250	15	56.92
导弹 M_4	(-5 000, -12 000)	300	30	45.18

将式(9-18)中权重变化自适应增益 γ 设置为0而式(9-17)中一致性协议增益 γ 设置为1的一致性协议称为标准一致性协议，此时该协议不再如 γ 自适应一致性协议一般具备权重自适应变化的能力。通过对基于标准一致性协议设计的协同制导律作用下弹群飞行效果进行仿真，以供和无领弹弹群 γ 自适应一致性协同制导律进行比较。理论上两种协同制导律都将对弹群齐射攻击起协调作用。图9-18所示为弹群依据标准一致性协议设计的协同制导律制

导效果。通过制导仿真效果图可以明显发现,依据其设计的协同制导律能够使得导弹准确攻击到目标,但是时间协同效果较差。由图9-18(b)可知,当导弹M_2最先到达目标时,所用的总攻击时间为45.171 2 s,而此时导弹M_3预计的总攻击时间为55.386 1 s,弹群到达目标的最大攻击时间差达到了10.214 9 s,而单纯使用比例导引时弹群到达目标最大攻击时间差为12.56 s。对比之下,使用标准一致性协议设计的协同制导律具备一定的时间协调能力,但其效果较差。

根据式(9-17)可知,时间一致性控制项ε_i的大小直接受导弹飞行前置角φ_i及以导弹攻击时间为状态变量的一致性控制输入的影响,而其又直接决定了加速度时间协调项的大小。由图9-18说明使用标准一致性协议无法设计攻击时间有效协调一致的协同制导律。

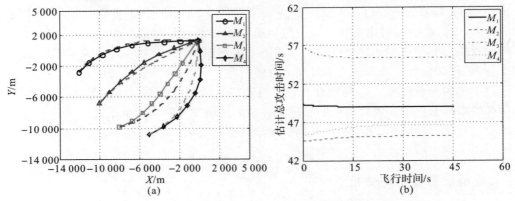

图9-18 无领弹弹群标准一致性协同制导律作用下弹群制导效果
(a)飞行轨迹;(b)总攻击时间

而基于无领弹的γ自适应一致性的弹群协同制导律较好地解决了这一问题,制导效果如图9-19和图9-20所示。弹群飞行轨迹和其余制导效果图证实了导弹集群在无领弹弹群γ自适应一致性协同制导律作用下良好的时间协同效果。在图9-19中,各枚导弹在无领弹弹群γ自适应一致性协同制导律作用下的飞行轨迹与以虚线表示的纯比例制导下的飞行轨迹有显著差异。为了进行时间协调一致,各枚导弹都做了适当的机动以调整其当前的攻击时间,并最终全部击中目标。如图9-20(a)和图9-20(b)所示,所有导弹的总攻击时间在大约10 s时基本完全收敛一致,并在此后飞行过程中能够继续保持这种较好的收敛效果。在这种弹间相互联系的制导律作用下形成的不规则飞行航迹有利于提高导弹的生存率。

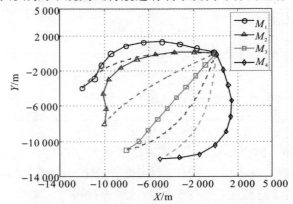

图9-19 无领弹弹群γ自适应一致性协同制导律作用下弹群飞行轨迹

在弹群攻击时间基本收敛一致,即大约 10 s 后,由于一致性原理的特性,控制输入随状态差的减小而减小,反映在协同过程中即为图 9 - 20(c)中时间协调项加速度指令迅速减小,即在没有外部干扰的情况下,弹群攻击的时间一旦收敛至一致状态后,导弹基本以比例导引的方式飞向目标。

调整自适应增益 γ 后发现弹群攻击时间收敛速度发生了明显变化。自适应增益越小,攻击时间协调过程越长,如图 9 - 21 所示。将协同飞行过程称为不规则飞行,将协同过程结束后导弹以纯比例制导飞行过程称为规则飞行。自适应增益的减小使得不规则飞行占整个协同过程的比例增加,对于存在反导系统威胁的情况,导弹被拦截的概率相应地降低。由于导弹加速度的饱和限制,机动控制能力无法如理想状态中的智能体模型一般无限制输出,过小的自适应增益又将使得攻击时间协同效果无法满足作战要求,因此存在一个攻击时间收敛速度的有效调节范围。根据侦察获取的敌方反导防御系统工作范围的情报信息,预先计算并设置好自适应增益将进一步降低弹群被拦截的概率。

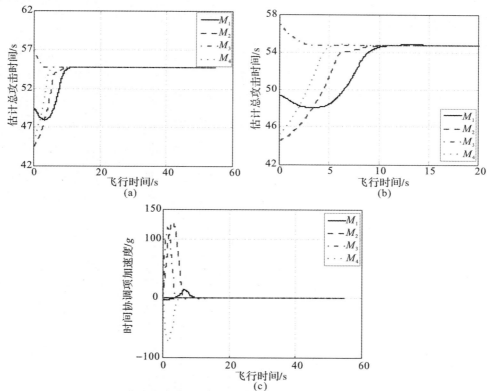

图 9 - 20　无领弹弹群 γ 自适应一致性协同制导律作用下弹群制导效果
(a)导弹总攻击时间;(b)导弹总攻击时间初始阶段局部放大图;(c)时间协调项加速度指令

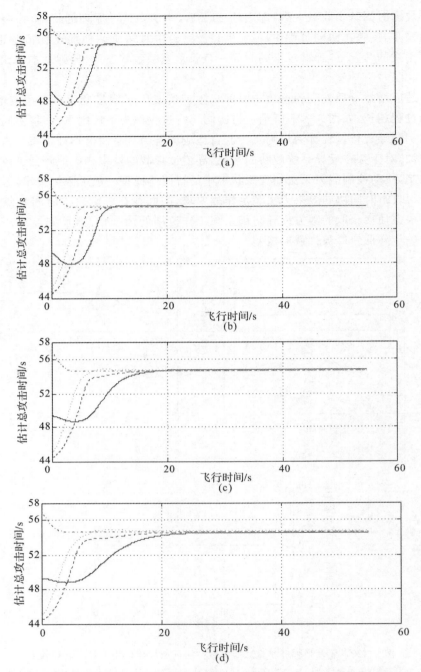

图 9-21 无领弹弹群 γ 自适应一致性协同制导律作用下不同自适应增益对比

(a)$\gamma=2$,$T_c=8.70$ s;(b)$\gamma=1$,$T_c=10.43$ s;(c)$\gamma=0.5$,$T_c=17.92$ s;(d)$\gamma=0.38$,$T_c=34.27$ s

γ 自适应一致性快速收敛特性的本质在于,智能体间相互作用强度会根据状态差的大小不同程度地快速增长。据此设计的协同制导律中,智能体的状态由导弹估计总攻击时间表征,攻击时间协调后以时间一致性控制项 ε_i 反映在加速度指令 a_i 中,以此间接达到协调攻击时间的功能。此时,时间一致性控制项 ε_i 在攻击时间差较大的情况下随相互作用权重的增大而迅速增大。相应地,加速度指令 a_i 也将迅速增大直至达到上限。相比使用标准一致性协议设计协同制导律,无领弹弹群 γ 自适应一致性协同制导律特殊的协同机理充分发挥了导弹的控制性能,提高了各枚导弹估计总攻击时间的一致性收敛速度,保证弹群在到达目标前的较短时间内即已获得攻击时间一致。

第四节　领弹-从弹弹群协同制导律设计与仿真

领弹-从弹结构是导弹协同作战的一种重要形式,具有实现简单、成本较低等优势。但是不同于无领弹弹群协同,在领弹-从弹结构弹群内,领弹按照自身设定制导律独立飞行,从弹对领弹或邻居从弹的某些状态信息进行跟踪,从而使得弹群系统实现协同。由于协同方式的不同,无法将无领弹弹群的协同制导律直接应用到领弹-从弹结构弹群中,必须根据领弹-从弹结构弹群的特点重新设计新的时间协同制导律。

一、领弹-从弹弹群模型建立

考虑由 $N+1$ 枚导弹组成一个时间协同齐射攻击弹群,在二维空间中以领弹-从弹的结构协同攻击一固定目标 T。其中 M_0 表示领弹,$M_i(i=1,2,\cdots,N)$ 表示从弹,领弹、从弹及目标在该协同攻击过程中都被视为质点。$v_i(i=0,1,2,\cdots,N)$ 表示各导弹的速度,θ_i 表示对应的速度方向与水平线的夹角,称之为航向角,q_i 为导弹 M_i 的视线角,对应导弹 M_i 指向目标 T 的连线与水平线的夹角,φ_i 为导弹 M_i 的飞行前置角,对应导弹速度方向到弹目连线之间的夹角。在该协同弹群中,所有导弹的飞行速度大小不变,速度方向仅由垂直于飞行速度 v_i 的法向加速度 a_i 调节,导弹 M_i 到目标 T 的距离为 r_i。各变量之间的关系可通过图 9-22 所示的领弹-从弹弹群飞行几何得到展示。

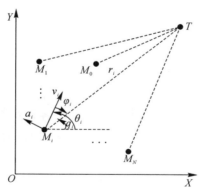

图 9-22　领弹-从弹弹群飞行几何图

同样地,依据基本飞行力学知识可快速得到下面的等式,该模型反映的导弹飞行运动规律是普遍和基本的,对于领弹和从弹同样适用,有

$$\dot{r}_i = -v_{ir} = -v_i\cos\varphi_i \tag{9-49}$$

$$\dot{\varphi}_i = \dot{q}_i - \dot{\theta}_i = \frac{v_i\sin\varphi_i}{r_i} - \frac{a_i}{v_i} \tag{9-50}$$

式中,v_{ir} 为速度 v_i 在弹目连线方向上的分量。

领弹-从弹结构弹群区别于无领弹弹群的特点是存在两种或两种以上属性的导弹参与协同攻击,它们各自的作用不同、分工有异、地位不等。领弹-从弹结构弹群中攻击时间的协同同样以弹间信息交流为基础,但信息交流的方式与无领弹弹群有较大区别,具体表现在领弹-从弹结构弹群中区分领弹及从弹,分别由 M_0 及 $M_i(i=1,2,\cdots,N)$ 代表,领弹和从弹间仅存在单向通信。在此,将导弹 $M_i(i=1,2,\cdots,N)$ 视作多智能体系统中的节点,将该节点集合记为 V,用 l_{ij} 代表从节点 M_j 到节点 M_i 的边,则 l_{ij} 可反映导弹 M_j 到导弹 M_i 间的通信连通情况。若从导弹 M_j 到导弹 M_i 间的通信连通,M_j 的状态信息能被 M_i 接收,则 $l_{ij}=1$,否则 $l_{ij}=0$。领弹 M_0 以自身固定的制导律飞行,不接收其他任何导弹的状态信息,飞行轨迹不受其他任何导弹影响,$l_{0i}=0$。部分从弹 $M_i(i=1,2,\cdots,N)$ 能够接收领弹的状态信息,若 $l_{i0}=1$,则将这部分从弹 M_i 称为重点从弹,若 $l_{i0}=0$,则说明该从弹无法获取领弹状态信息,将该部分从弹 M_i 称为非重点从弹。而在从弹间,所有的通信都是双向的。弹间信息交流的内容同样为导弹估计总攻击时间 $T_{impi}(i=1,2,\cdots,N)$,通过重点从弹对领弹总攻击时间 T_{imp0} 的跟踪及从弹内部的总攻击时间 $T_{impi}(i=1,2,\cdots,N)$ 协调解算,所有从弹的攻击时间逐渐趋向于领弹的攻击时间 T_{imp0},以此实现同时到达目标,完成协同攻击。记由所有导弹节点集合构成的作用拓扑图为 G,以 $\boldsymbol{L}_{ff}$ 表示从弹构成的图的拉普拉斯矩阵,$\lambda_1,\lambda_2,\cdots,\lambda_N$ 为 $\boldsymbol{L}_{ff}$ 依次从小到大排列的特征值。

二、领弹-从弹弹群协同制导律

基于上述领弹-从弹结构弹群模型进行 γ 自适应一致性协同制导律设计与可协同性分析。

1. 领弹-从弹弹群 γ 自适应一致性协同制导律设计

由于领弹和从弹在协同攻击中发挥的作用不同,所以时间协同制导律的设计应区分领弹和从弹。领弹独立地对目标进行攻击,仅需设计目标导引项使领弹准确到达目标。从弹的制导律设计与无领弹弹群既有类似也有差异,类似之处在于都需要确保所有导弹能够准确到达目标,差异之处在于需使所有从弹到达目标的时间与领弹相同。对应设计以下结构的时间协同制导律,有

$$a_0 = a_{B0} \tag{9-51}$$
$$a_i = a_{Bi} + a_{\varepsilon i}(i=1,2,\cdots,N) \tag{9-52}$$

式中,a_0 为领弹 M_0 的加速度指令,仅包含目标导引项 a_{B0}。a_i 为从弹 M_i 的法向加速度指令,其分别由目标导引项 a_{Bi} 和时间协调项 $a_{\varepsilon i}$ 两部分组成,各自对应目标导引与时间协同两方面的制导要求。本书中目标导引项 $a_{Bi}(i=0,1,2,\cdots,N)$ 使用比例导引律,表达式为

$$a_{Bi} = K_i v_i \dot{q}_i \tag{9-53}$$

式中,K_i 为比例导引律的比例系数,影响着弹道的曲率,一般为 3~5 之间的一个常数,在此将其取为 3。时间协调项 $a_{\varepsilon i}$ 的设计基于一致性原理,表达式为

$$a_{\varepsilon i} = \varepsilon_i \cos\varphi_i \tag{9-54}$$

式中,ε_i 为时间一致性控制项,为了获得较快的攻击时间收敛速度,使得系统在更加苛刻的约束条件下仍然具备较短的收敛时间,在协同制导律时间协调项中,时间一致性控制项 ε_i 采用领弹-从弹的 γ 自适应一致性原理设计,表达式为

$$\varepsilon_i = -\gamma\varphi_i l_{i0} w_{i0}(t)(T_{imp0}-T_{impi}) - \gamma\varphi_i \sum_{j=1}^{N}[l_{ij}(T_{impj}-T_{impi})] \tag{9-55}$$
$$\dot{w}_{i0}(t) = \gamma(T_{imp0}-T_{impi})^2 \tag{9-56}$$

需要注意的是,在上两式中 $i,j\in\{1,2,\cdots,N\}$。通过这样的设计将重点从弹和非重点从弹的协同制导律统一起来。另外,γ 为自适应增益,$w_{i0}(t)$ 为领弹和从弹间时变权重函数,$\dot{w}_{i0}(t)$ 为其变化率函数。

对领弹而言,将式(9-51)、式(9-53)代入式(9-50)可得领弹的前置角变化率函数为

$$\dot{\varphi}_0 = \frac{(1-K_i)v_i\sin\varphi_i}{r_i} \qquad (9-57)$$

对从弹而言,将式(9-52)~式(9-54)代入式(9-50)可得从弹的前置角变化率函数为

$$\dot{\varphi}_i = \frac{(1-K_i)v_i\sin\varphi_i}{r_i} - \frac{\varepsilon_i\cos\varphi_i}{v_i} \qquad (9-58)$$

剩余攻击时间 T_{goi} 是指导弹 M_i 在当前时刻距离到达目标所需的时间。由于领弹仅以比例导引律进行制导,飞行过程不受其他导弹的影响,故其总攻击时间 $T_{imp0}=T_c$ 在发射时就已确定。故对以纯比例制导为导引律的领弹,其剩余攻击时间为

$$T_{go0} = T_c - t_0 \qquad (9-59)$$

对于从弹而言,由于除过比例制导外,加速度指令中还附加了攻击时间协调项,所以其剩余攻击时间是一个不确定的值,在以比例制导为基本导引律的时间协同制导问题中,一般采用如下方式对剩余攻击时间进行估计,有

$$\hat{T}_{goi} = \frac{\left[1+\frac{(\theta_i-q_i)^2}{10}\right]r_i}{v_i} \qquad (9-60)$$

然而这样的估计仅在前置角 φ_i 较小的情况下较精确,在不考虑 φ_i 大小的情况下,实际剩余攻击时间可表达为

$$T_{goi} = \hat{T}_{goi} + \Delta T_{goi} \qquad (9-61)$$

其中 ΔT_{goi} 用以抵消从弹前置角 φ_i 较大时对剩余攻击时间估计的误差。分别对 $\hat{T}_{goi}$ 及 ΔT_{goi} 关于时间求导,有

$$\frac{\mathrm{d}\hat{T}_{goi}}{\mathrm{d}t} = g_{1i}(r_i,v_i,\varphi_i) + b_{1i}a_{ei} \qquad (9-62)$$

$$\frac{\mathrm{d}\Delta T_{goi}}{\mathrm{d}t} = g_{2i}(r_i,v_i,\varphi_i) + b_{2i}a_{ei} \qquad (9-63)$$

其中 $g_{1i}(r_i,v_i,\varphi_i)$ 和 $g_{2i}(r_i,v_i,\varphi_i)$ 为不包含 a_{ei} 的项,同时 b_{1i} 及 b_{2i} 独立于 a_{ei}。故从弹实际攻击时间 T_{goi} 关于时间求导可得

$$\dot{T}_{goi} = g_{1i}(r_i,v_i,\varphi_i) + g_{2i}(r_i,v_i,\varphi_i) + (b_{1i}+b_{2i})a_{ei} \qquad (9-64)$$

在整个弹群协同攻击中,领弹和从弹的估计总攻击时间 T_{impi} 可表示为

$$T_{impi} = T_{goi} + t_i + c_i \qquad (9-65)$$

式中,t_i 为导弹 M_i 从发射开始计算到当前时刻 t 所经历的飞行时间,c_i 为从第一枚导弹发射开始到第 i 枚导弹发射的时间间隔,以此适应导弹不同时发射的情况。若导弹 M_i 率先发射,则 $c_i=0$。时间协同制导最终要完成的目标是所有导弹尽可能同时地对目标进行攻击,加入发射间隔时间常数 c_i 后,无论对于同时发射还是间隔发射的弹群系统,都能统一为使估计总攻击时间 $T_{impi}(i=0,1,2,\cdots,N)$ 尽可能一致。

对式(9-65)关于时间求导,可得

$$\dot{T}_{impi} = \dot{T}_{goi} + 1 \qquad (9-66)$$

将式(9-64)代入式(9-65),可得

$$\dot{T}_{goi}=1+g_{1i}(r_i,v_i,\varphi_i)+g_{2i}(r_i,v_i,\varphi_i)+(b_{1i}+b_{2i})a_{ei} \tag{9-67}$$

由于已知当加速度指令协调项a_{ei}时,意味着导弹M_i的总攻击时间T_{impi}不再需要调节,即有$\dot{T}_{impi}=0$成立,由于$g_{1i}(r_i,v_i,\varphi_i)$和$g_{2i}(r_i,v_i,\varphi_i)$都是不包含$a_{ei}$的函数,所以式(9-67)可以简化为

$$\dot{T}_{impi}=b_ia_{ei} \tag{9-68}$$

其中$b_i=b_{1i}+b_{2i}$。

将加速度时间协调项a_{ei}的表达式(9-54)代入式(9-68),可得

$$\dot{T}_{impi}=b_i\varepsilon_i\cos\varphi_i=-\gamma b_i\varphi_i\cos\varphi_il_{i0}w_{i0}(t)(T_{imp0}-T_{impi})-\gamma b_i\varphi_i\cos\varphi_i\sum_{j=1}^{N}\left[l_{ij}(T_{impj}-T_{impi})\right] \tag{9-69}$$

将各从弹攻击时间以向量形式表示为$\boldsymbol{T}_{imp}=[T_{imp1}\ T_{imp2}\cdots T_{impN}]^T$,记$\boldsymbol{\zeta}_{w(t),fl}=\mathrm{diag}\{l_{10}w_{10}(t),l_{20}w_{20}(t),\cdots,l_{N0}w_{N0}(t)\}$为领弹对从弹$M_i$在通信过程中的作用强度对角阵,将$b_i\varphi_i\cos\varphi_i$称为邻居导弹对从弹$M_i$的通信调节附加作用强度,$\boldsymbol{\eta}=\mathrm{diag}\{b_1\varphi_1\cos\varphi_1,b_2\varphi_2\cos\varphi_2,\cdots,b_N\varphi_N\cos\varphi_N\}$为由通信调节附加作用强度构成的对角阵,则攻击时间导数的向量形式可表示为

$$\dot{\boldsymbol{T}}_{imp}=-\gamma\boldsymbol{\eta}\boldsymbol{\zeta}_{w(t),fl}(T_{imp0}\boldsymbol{1}_N-\boldsymbol{T}_{imp})+\gamma\boldsymbol{\eta}\boldsymbol{L}_{ff}\boldsymbol{T}_{imp} \tag{9-70}$$

在时间协同制导过程中,对于弹群中的所有从弹M_i,必然存在这样的性质:当重点从弹M_i的估计总攻击时间T_{impi}比领弹的估计总攻击时间T_{imp0}大或非重点从弹M_i比邻居从弹的估计总攻击时间大时,为了实现弹群攻击时间协调一致效果,必须使T_{impi}减小,表现为需满足$\mathrm{d}T_{impi}/\mathrm{d}t<0$,在飞行速度大小无法改变的前提下,能够使得飞行时间减少的方式仅有缩短飞行航迹长度,即控制从弹M_i飞行航向角θ_i与弹目视线角q_i之间的夹角不断减小,此时当导弹飞行前置角$\varphi_i>0$时,记由时间协调项引起的前置角变化量为$\Delta\varphi_i$,则需有$\mathrm{d}\Delta\varphi_i/\mathrm{d}t<0$,而当前置角$\varphi_i<0$时,需有$\mathrm{d}\Delta\varphi_i/\mathrm{d}t>0$;反之,当重点从弹$M_i$的估计总攻击时间$T_{impi}$比领弹的估计总攻击时间$T_{imp0}$小或非重点从弹$M_i$比邻居从弹的估计总攻击时间小时,只有使得$T_{impi}$增大才有可能使得从弹$M_i$的攻击时间与领弹的攻击时间达到协同一致,表现为需满足$\mathrm{d}T_{impi}/\mathrm{d}t>0$,通过控制从弹$M_i$飞行航向角$\theta_i$与弹目视线角$q_i$之间的夹角使其不断增大,可使飞行航迹长度得到增加,从而延长飞行时间,若此时导弹飞行前置角$\varphi_i>0$,则对于$\Delta\varphi_i$需满足$\mathrm{d}\Delta\varphi_i/\mathrm{d}t>0$,而当前置角$\varphi_i<0$时,需满足$\mathrm{d}\Delta\varphi_i/\mathrm{d}t<0$。

对于从弹M_i的上述性质,可总结为以下不等式:

$$\varphi_i\frac{\mathrm{d}T_{impi}}{\mathrm{d}t}\frac{\mathrm{d}\Delta\varphi_i}{\mathrm{d}t}>0 \tag{9-71}$$

根据式(9-58)可知,从弹M_i的前置角φ_i的变化由两部分引起:比例导引项a_{Bi}和时间协调项a_{ei}。故由式(9-58)可直接得到关于从弹M_i的时间协调项引起的对应前置角变化率为

$$\frac{\mathrm{d}\Delta\varphi_i}{\mathrm{d}t}=-\frac{\varepsilon_i\cos\varphi_i}{v_i} \tag{9-72}$$

将式(9-68)和式(9-72)代入不等式(9-71)可得以下结论:

$$b_i\varphi_i<0 \tag{9-73}$$

基于上述对领弹-从弹弹群的特性分析和协同制导律设计,接下来对其进行可协同性分析,依次说明弹群内所有从弹能否准确命中目标,以及从弹的攻击时间能否与领弹的攻击时间协调一致,达到攻击时间协同的效果。

2.领弹-从弹弹群 γ 自适应一致性协同制导律可协同性分析

领弹-从弹结构的弹群时间协同制导过程一般需要考虑如下两方面的问题:一是在协同制导律作用下,导弹能否准确命中目标,即对于所有导弹 $M_i(i=0,1,2,\cdots,N)$,当 $t\to\infty$ 时是否都满足 $r_i(t)\to0(i=0,1,2,\cdots,N)$;二是在协同制导律作用下,从弹 M_i 到达目标的攻击时间能否与领弹 M_0 的攻击时间收敛一致,即要说明对于所有 $M_i(i=1,2,\cdots,N)$ 都有 $\lim\limits_{t\to\infty}(T_{impi}-T_{imp0})=0$。

现在对领弹-从弹攻击时间协同问题展开研究,首先对领弹-从弹攻击时间协同作如下说明:

对于一个领弹-从弹协同攻击弹群系统,如果所有从弹的攻击时间 T_{impi} 最终都能与领弹的攻击时间 T_{imp0} 收敛一致,即对于任意初始状态的 $\boldsymbol{T}_{imp}(0)$ 都能使得 $\lim\limits_{t\to\infty}(T_{imp0}-T_{impi})=0(i=1,2,\cdots,N)$ 成立,那么称弹群获得领弹-从弹攻击时间一致。

下述定理给出了保证领弹与从弹准确实现时间协同攻击目标需满足的条件。

定理 9.4:弹群中领弹按照式(9-51)和式(9-53)描述的加速度指令 a_0 飞行,从弹按照式(9-52)~式(9-56)描述的加速度指令 a_i 飞行,如果所有导弹 $M_i(i=0,1,2,\cdots N)$ 的飞行前置角初值 $\varphi_i(0)$ 都满足 $|\varphi_i(0)|<\pi/2$,那么当 $t\to\infty$ 时对于所有 $i\in\{0,1,2,\cdots,N\}$ 都有 $r_i(t)\to0$,即所有导弹必将到达目标。

该定理说明在满足定理 9.4 所需的飞行前置角初值 $|\varphi_i(0)|<\pi/2$ 的条件下,无论是仅以比例导引为制导律的领弹,还是以比例导引与时间一致性协调项结合为制导律的从弹,其弹目距离变化率 $\dot{r}_i$ 始终为负且与加速度指令 a_i 及时间一致性控制项 ε_i 无关。由此证明,在协同制导律(9-51)~(9-56)的作用下,所有导弹必将准确到达目标。

接下来对领弹-从弹结构弹群系统到达目标的攻击时间一致性进行分析。

定理 9.5:在领弹-从弹弹群 γ 自适应一致性协同制导律(9-51)~(9-56)的作用下,如果从弹间的相互作用拓扑平衡连通,且满足自适应增益 $\gamma>0$,则参与协同攻击的各枚从弹的攻击时间 T_{impi} 将与领弹的攻击时间 T_{imp0} 收敛至一致。

事实上,领导-从弹弹群 γ 自适应一致性协同制导律在解决从弹与领弹的攻击时间协调一致问题时,完全使用了领弹-从弹的 γ 自适应一致性协议。然而,在单纯的领弹-从弹多导弹体系统中,跟随者智能体状态仅受一致性控制输入 u_i 的影响,但在从弹跟踪领弹的协同制导飞行过程中待协调的攻击时间状态量除受一致性控制输入 ε_i 的作用外,还时刻受 $b_i,\cos\varphi_i$ 的影响。通过攻击时间状态方程(9-70)可知,这些原本在领弹-从弹多导弹体系统中不存在的影响以通信附加作用强度矩阵 $\boldsymbol{B}$ 的形式存在。这使得攻击时间系统(9-70)与领弹-从弹的 γ 自适应一致性的稳定性分析稍有不同之处,无法直接应用此结论作为攻击时间可一致的依据,但二者在本质上并无差异。

通过以上定理可以得知领弹-从弹弹群 γ 自适应一致性协同制导律具备齐射攻击效果。由于领弹-从弹的 γ 自适应一致性原理的应用,基于 γ 自适应一致性的领弹-从弹协同制导律相比其他同等条件下的协同制导律具备更快的攻击时间收敛速度,通过调节增益 γ 可以加快或减慢从弹对领弹的攻击时间跟踪速度。

三、应用仿真算例与分析

为了验证上述理论的正确性,证明基于领弹-从弹多导弹体系统 γ 自适应一致性原理设计

的协同制导律能够应用于领弹-从弹结构下的导弹齐射攻击,下面就领弹-从弹时间协同飞行过程进行数值仿真。为了顺利完成仿真实验,得到科学、准确的仿真结果,需要在仿真前对一些关键的前提及必要的数据作如下规定:领弹-从弹及目标全部视为质点,由其构成的系统在二维平面中运动,所有导弹的加速度指令中,比例导引部分的比例系数 $K_i(i=0,1,2,\cdots,N)$ 全部取为3,所有导弹仅存在法向的加速度且其指令存在上限,所能提供的最大法向加速度绝对值 $|a_{i\max}|=5g$,其中 g 为重力加速度,$1g=9.8$ m/s^2。当导弹距离目标直线距离 $r_i(i=0,1,2,\cdots,N) \leqslant 3$ m 时认为导弹已到达目标点 $(0,0)$。仿真步长为 0.01 s,导弹飞行前各项初始参数见表9-3。

表 9-3 领弹-从弹弹群初始状态参数表

导弹编号	初值位置/m	速度/$(m \cdot s^{-1})$	初始航向/$(°)$	比例制导下攻击时间/s
领弹 M_0	$(-9\,000, -10\,000)$	260	80	53.36
从弹 M_1	$(-12\,000, -4\,000)$	270	60	49.31
从弹 M_2	$(-11\,000, -6\,000)$	290	55	44.12
从弹 M_3	$(-6\,000, -11\,000)$	250	30	51.62
从弹 M_4	$(-3\,000, -12\,000)$	300	30	43.88

导弹间的通信拓扑结构由图9-23描述,从弹内部邻居间的相互作用权重全为1,重点从弹被规定为 M_2 和 M_3,领弹 M_0 对其作用权重初值也为1。

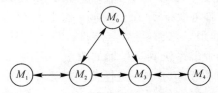

图 9-23 领弹-从弹弹群通信拓扑结构

为了充分说明使用 γ 自适应一致性原理设计协同制导律对领弹-从弹结构的齐射弹群系统具有良好的时间协同效果,在依据上述同等条件下,对权重变化增益为0时的协同制导情况进行仿真以作参照。此种情况下领弹 M_0 对重点从弹 M_2,M_3 的边的权重不再自适应变化,发挥加速攻击时间收敛作用的 γ 自适应一致性协议被简化为标准一致性协议,并称此时的协同制导律为领弹-从弹弹群标准一致性协同制导律。为了验证说明领弹-从弹弹群 γ 自适应一致性协同制导律较好的时间协同性能,以下依次对领弹-从弹结构的标准一致性和 γ 自适应一致性协同制导律进行弹群时间协同制导仿真。

在领弹-从弹弹群标准一致性协同制导律作用下,尽管弹群飞行轨迹〔见图9-24(a)〕显示所有导弹的轨迹最终都集结到了目标点,即依据标准一致性协议设计的协同制导律能够使得所有导弹准确命中目标。然而通过图9-24(b)可知,弹群内从弹 M_1,M_2,M_3,M_4 对领弹 M_0 攻击时间的跟踪效果较差。初始时刻领弹 M_0 与从弹 M_4 的攻击时间差最大,为9.37 s。目标攻击阶段从弹 M_2 最先命中目标,领弹 M_0 最后命中目标,中间间隔的攻击时间差仍达到5.06 s,如此大的最终攻击时间误差势必无法满足时间协同攻击的要求。从弹的攻击时间无法跟踪上领弹的原因在于,如图9-24(f)所示温和的加速度时间协调项使得法向加速度指令基本由比例导引项组成与主导。从弹飞行航向角未能及时有效地向着增加或减小飞行航迹长度的方向变化,反映在图 9-24(c)中前置角大小在比例导引主导的法向加速度的作用下不断减小。

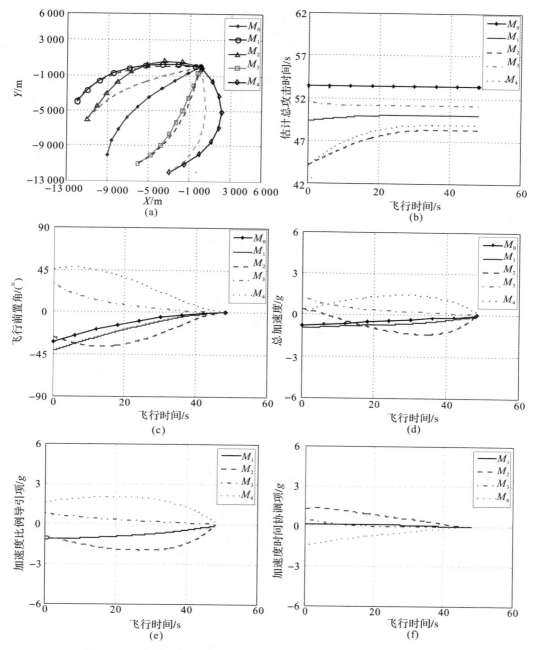

图 9-24　领弹-从弹弹群标准一致性协同制导律作用下弹群制导效果

(a)飞行轨迹;(b)总攻击时间;(c)前置角;(d)法向加速度;(e)加速度比例导引项;(f)加速度时间协调项

而在领弹-从弹弹群 γ 自适应一致性协同制导律作用下,如图 9-25 及图 9-26(a)、图 9-26(b)所示,齐射弹群内所有导弹都能准确对目标实施攻击,同时所有从弹的攻击时间都能快速且准确地与领弹的攻击时间收敛一致。在 4.90 s 时,领弹与从弹间的最大攻击时间误差第一次减小到极小值 0.09 s,这是领弹 M_0 与从弹 M_4 间的攻击时间误差。此后经历一小段时间的波动性增长后到达最大攻击时间误差的极大值 0.12 s,并于 6.22 s 开始不断减小直至弹群内所有从弹与领弹同时攻击到目标,此时的最大攻击时间误差减小为 0 s。

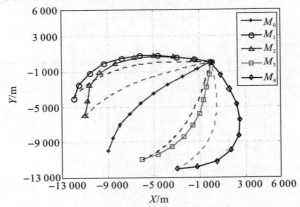

图 9-25　领弹-从弹弹群 γ 自适应一致性协同制导律作用下弹群飞行轨迹

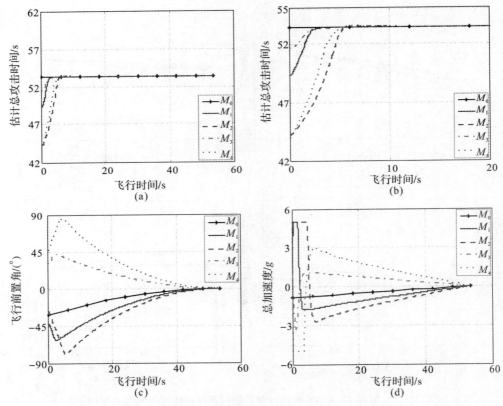

图 9-26　领弹-从弹弹群 γ 自适应一致性协同制导律作用下弹群制导效果

(a)估计总攻击时间;(b)估计总攻击时间局部放大;(c)前置角;(d)法向加速度

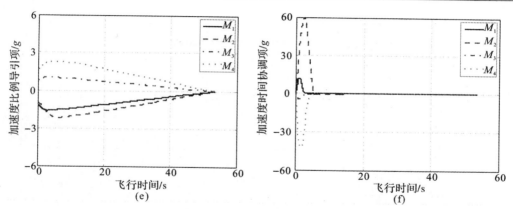

续图 9-26　领弹-从弹弹群 γ 自适应一致性协同制导律作用下弹群制导效果

(e)加速度比例导引项；(f)加速度时间协调项

数值仿真发现，在领弹-从弹弹群 γ 自适应一致性协同制导律的作用下，调整自适应增益 γ 可使从弹跟踪上领弹攻击时间的速度发生变化，较小的自适应增益将使攻击时间协调过程延长，如图 9-27 所示。根据敌方反导防御系统工作范围的情报信息，通过设置合适的自适应增益将进一步降低弹群被拦截的概率。

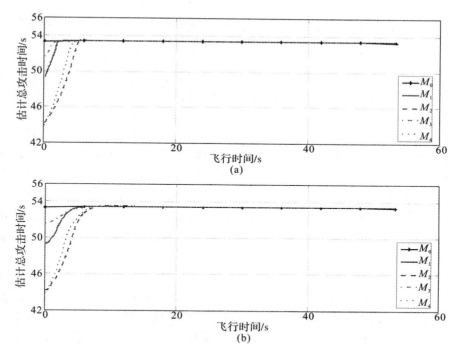

图 9-27　领弹-从弹弹群 γ 自适应一致性协同制导律作用下不同自适应增益对比

(a)$\gamma=1.5$，$T_c=5.32$ s；(b)$\gamma=0.5$，$T_c=7.32$ s

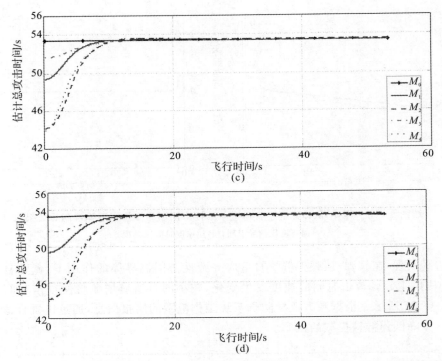

续图 9 - 27 领弹-从弹弹群 γ 自适应一致性协同制导律作用下不同自适应增益对比

(c)$\gamma=0.3$,$T_c=23.65$ s;(d)$\gamma=0.25$,$T_c=28.93$ s

专 题 小 结

本专题在领航-跟随法和一致性等编队控制方法的基础上,针对导弹协同作战中的攻击时间快速收敛协同制导律设计问题进行了介绍。分别介绍了应用于无领弹弹群协同作战和领弹-从弹弹群协同作战的攻击时间协同制导律,重点分析了各协同制导律作用下获得攻击时间一致的判据。总结如下。

(1)介绍分析了无领弹弹群的协同编队控制律。首先建立了无领弹弹群的基本动力学模型,在一致性理论的基础上设计了自适应保性能编队控制协议,通过仿真实验验证编队控制器的控制效果。

(2)介绍并分析了无领弹弹群协同制导律。针对导弹集群时间协同作战问题,建立了无领弹弹群飞行动力学模型。分析并总结了导弹估计总攻击时间 T_{impi} 和飞行前置角 φ_i 在时间协同攻击中具备的性质,对在 γ 自适应一致性协同制导律作用下导弹能否准确命中目标问题进行了证明,而后构造了攻击时间误差向量,利用李雅普诺夫函数法分析了其可协同性,证明所有导弹的攻击时间最终将收敛至一致值。

(3)介绍并分析了领弹-从弹弹群协同制导律。针对领弹-从弹时间协同作战问题的特殊性,建立了领弹-从弹结构的弹群飞行动力学模型以及弹间通信模型。讲述了从弹时间一致性控制项和加速度指令时间协调项的设计。说明从弹在 γ 自适应一致协同制导律作用下能够准确命中目标,构造了领弹-从弹攻击时间误差向量,设计了包含该向量的李雅普诺夫函数,依据李雅普诺夫函数法得到了从弹得以跟踪上领弹攻击时间的充分条件。

结合实际应用,还需要重点关注以下具体问题研究。

(1)本专题中研究介绍的系统通信拓扑是无向的,而实际中弹群(机群、蜂群)间的通信通常是有向方式。有向作用拓扑的拉普拉斯矩阵不具有对称性,因此需要针对有向拓扑开展编队控制和协同制导律的分析与设计研究。

(2)实际飞行中,导弹的攻击时间还受到其飞行前置角时变、加速度饱和等因素的影响。在考虑上述约束后导弹攻击时间的收敛速度调节问题有待更深入的分析论证。

(3)协同打击任务中,还要考虑敌方的电磁攻击、目标防护等干扰对抗手段,弹群之间的通信质量在战时难以保证,因此需要关注通信延时或数据丢包等干扰条件下的协同问题。

思　考　习　题

1. 简述导弹编队协同作战的重要意义。

2. 简述编队控制的基本概念和常见的编队控制方法。

3. 简述协同制导的基本概念和主要类型。

4. 简述自适应保性能编队控制方法的基本思想。

5. 比较独立式协同制导和综合式协同制导并简述其优缺点。

6. 比较集中式协同控制和分布式协同控制并简述其优缺点。

7. 分析并建立无领弹弹群的飞行动力学模型以及弹间通信模型。

8. 分析并建立领弹-从弹弹群的飞行动力学模型以及弹间通信模型。

9. 简述构造 γ 自适应一致性协议的基本思想。

10. 分析各协同制导律作用下获得攻击时间一致的判据。

11. 分析无领弹弹群协同制导律的仿真实验结果。

12. 分析领弹-从弹弹群协同制导律的仿真实验结果。

附　录

附录 I　缩略词与术语英汉对照表

Abbreviations and Terms*

缩略词	英文描述	含义
A		
A2/AD	Anti-Access/Area Denial	反介入/区域拒止
AAM	Air to Air Missile	空空导弹
AAS	Adaptive Antenna System	自适应天线系统
AB	Air Base	空军基地
	Absorptivity	吸收率
ABC	Atomic，Biological，Chemical	原子、生物、化学（武器）
ABCA	Artificial Bee Colony Algorithm	人工蜂群算法
ABCD	Artificial Bee Colony Designer	人工蜂群设计师
ABL	Airborne Laser	机载激光（武器）
ABM	Anti-Ballistic Missile	反弹道导弹的
ACA	Ant Colony Algorithm	蚁群算法
ACA	Adaptive Consensus Algorithm	自适应一致性算法
ACC	Autonomous Cooperative Control	自主协同控制
	Accelerometer	加速度计
ACLS	Automatic Carrier Landing System	自动着舰系统
	Active array	有源阵列
	Active homing guidance	主动寻的制导
	Actuator	执行机构
AD	Absolute Difference	绝对差（算法）
A/D	Analog-to-Digital	模数
	Additive noise	加性噪声
	Adaptive filtering	自适应滤波
ADC	Analog to Digital Converter	模数转换器
ADC	Air Defense Command	防空司令部

---

* 附表中列出了书中用到的相关缩略词或术语，部分是与引文相关的，均可查阅到其详细论述。

ADOCS	Advanced Digital Optical Control System	先进数字光学控制系统
	Adverse weather	恶劣天气
AE	Absolute Error	绝对误差(同 AD)
	Aegis	"宙斯盾"武器系统(美)
	Aerial image	航空照片
	Aerial picket	空中预警机
	Aero-bomb	航空炸弹
	Aerodynamic missile	飞航导弹
AESA	Active Electronically Scanned Array	有源电子扫描(阵列)
AEW	Air Early Warning	空中预警
	Affiliation training	协同训练
	Affine distortion	仿射畸变
AFB	Air Force Base	空军基地(美)
AFSA	Artificial Fish Swarm Algorithm	人工鱼群算法
AGC	Automatic Gain Control	自动增益控制
AGM	Air to Ground Missile	空地导弹
AGNC	Adaptive Guidance Navigation and Control	自适应制导、导航与控制
AGV	Automatic Guided Vehicle	自动导引运输车
AHRS	Attitude Heading Reference System	航向姿态参考系统
AI	Artificial Intelligence	人工智能
AICBM	Anti-InterContinental Ballistic Missile	反洲际弹道导弹的
	Aid navigation	辅助导航
AIM	AirIntercept Missile	空中拦截导弹
	Airborne brigade	空降旅
	Aircraft carrier	航空母舰
	Airport surveillance radar	机场监视雷达
AIS	Artificial Immune System	人工免疫系统
ALBM	Air-Launched Ballistic Missile	空射弹道导弹
ALCM	Air-Launched Cruise Missile	空射巡航导弹
	Alignment	对准、校正
	Algorithm fusion	算法级融合
	All-weather	全天候
ALS	Advanced Launch System	先进发射系统
	Altimeter	高度表
	Altitude	高度
AM	Amplitude Modulation	调幅
AMF	Adaptive Matched Filter	自适应匹配滤波器
	Ammunition	弹药
	Amphibious force	两栖部队
	Amplifier	放大器
ANN	Artificial Neural Network	人工神经网络
	Angular frequency	角频率

ANSER	Autonomous Navigation and Sensing Environment Research	自主导航与环境感知研究
	Antenna	天线（雷达）
	Antitank helicopter	反坦克直升机
	Antitank mine	反坦克地雷
	Antiterrorism	反恐
	Antisubmarine	反潜
AOA	Angle of Attack	攻角
AOB	Angle of Bank	侧滑角
APF	Artificial Potential Field	人工势能场
API	Application Programming Interface	应用（程序）编程接口
AR	Augmented Reality	增强现实
ARCAS	Aerial Robotics Cooperative Assembly System	空中机器人协同装配系统
	Array	阵列、数组
ARM	Advanced RISC Machines	先进精简指令机器
ARM	Anti-Radiation Missile	反辐射导弹
	Armed helicopter	武装直升机
	Armored forces	装甲部队
	Arms control	军备控制
ASIC	Application Specific Integrated Circuit	专用集成电路
ASCII	American Standard Code for Information Interchange	美国信息交换标准码
ASM	Air to Surface Missile	空地（舰）导弹
ASROC	Anti-Submarine Rocket	反潜火箭
	Assembly	组件
	Assembly language	汇编语言
ASW	Anti-Submarine Warfare	反潜战
ATACMS	Army Tactical Missile System	陆军战术导弹系统
ATIRCM	Advanced Threat Infrared Counter Measures	先进威胁红外对抗系统
ATA	Automatic Target Acquisition	自动目标截获
ATBM	Anti-Tactical Ballistic Missile	反战术弹道导弹
	Atomic weapon	原子武器
ATR	Automatic Target Recognition	自动目标识别
	Attitude angle	姿态角
	Attribute	属性、特性
AVI	Audio Visual Interleaved	视听交错（文件格式）
AVN	Autonomous Vision Navigation	自主视觉导航
AUM	Air-to-Underwater Missile	空对水下导弹
	Authorization	授权
AWACS	Airborne Warning and Control System	机载告警与控制系统
AWCS	Airborne Weapon Control System	机载武器控制系统
	Azimuth angle	方位、方位角
	Azimuth-elevation coordinates	方位-俯仰坐标系

B

	Backup device	备份(用)设备
	Ballistic missile	弹道导弹
	Ballistics	弹道学
BALT	Barometric Altimeter	气压高度表
	Barrage jamming	阻塞(压制)式干扰
	Battlefield surveillance	战场监视
	Bayes' rule	贝叶斯公式
	Bayesian decision-making	贝叶斯决策
BBFC	Behavior-Based Formation Control	基于行为的编队控制
BCU	Bus Control Unit	总线控制器
	Beam rider/riding guidance	波束制导
	Bearing	方位(方位角)
	Bending distortion	弯曲畸变
	Bernoulli experiment	伯努利实验
	Bilinear interpolation	双线性插值
	Binary	二进制
	Binary edge	二值边缘
	Binary image	二值图像
	Binary morphology	二值形态学
	Biological warfare	生物战
	Biometrics recognition	生物特征识别
BIOS	Basic Input/ Output System	基本输入输出系统
BMEWS	Ballistic Missile Early Warning System	弹道导弹预警系统(美)
BMP	Bitmap	位图(文件格式)
BP	Back Propagation	反向传播(网络算法)
	Booster phase	助推阶段
	Boundary tracking	边界跟踪
BVR	Beyond Visual Range	超视距

C

CA	Certificate Authority	身份认证(网络)
CAD	Computer Aided Design	计算机辅助设计
CALCM	Conventional Air Launched Cruise Missile	常规空射巡航导弹
CALNS	Common Air Launched Navigation System	通用空中发射导航系统
	Camera calibration	摄像机标定
	Canny edge detector	坎尼边缘检测算子
CASOM	Conventional Attack Stand-Off Missile	常规弹头防区外导弹
CAST	Chinese Academy of Space Technology	中国空间技术研究院
	Cauchy-Schwarz inequality	柯西-施瓦茨不等式
CBR	Chemical, Biological, Radiological	化学、生物、放射性
CBU	Cluster Bomb Unit	集束炸弹

CC	Correlation Coefficient	相关系数
CCD	Charge Coupled Device	电荷耦合器件
CDF	Cumulative Distribution Function	累积分布函数
CDMA	Code Division Multiple Access	码分多址访问(通信)
CEA	Co-Evolutionary Algorithm	共同进化算法
	Center of gravity	重心
	Center of mass	质心
CEO	Chief Executive Officer	首席执行官(执行总裁)
CEP	Circular Error Probability	圆概率偏差
	Celestialguidance	天文制导
C/F	Chaff/Flare	箔条干扰器
CFF	Coordinated Formation Flight	协调编队飞行
CFS	Continuous Fourier Series	连续傅里叶级数
CFT	Continuous Fourier Transform	连续傅里叶变换
CGS	Cooperative Guidance System	协同制导系统
CGT	Cooperative Game Theory	合作博弈理论
	Chamfer matching	角点匹配
CID	Charge Injection Device	电荷注入器件
CISC	Complex Instruction Set Computer	复杂指令集计算机
C⁴ISR	Command, Control, Communication, Computer, Information, Surveillance, Reconnaissance	指挥、控制、通信、计算机、情报、监视与侦察
	City block distance	城市街区距离
	Classification	分类
	Clockwise	顺时针
	Closing	闭合(形态学运算)
	Clutter	杂波(雷达)
	Cluster analysis	聚类分析
	Cluster bomb unit	子母弹、集束炸弹装置
	Closed loop	闭环
CMPC	Centralized Model Predictive Control	集中式模型预测控制
CMWS	Common Missile Warning System	通用导弹告警系统
CMY	Cyan-Magenta-Yellow	青–品红–黄
CNI	Communication Navigation and Identification	通信导航与识别
CNN	Convolutional Neural Networks	卷积神经网络
CNR	Clutter-to-Noise Ratio	杂噪比
CNS	Celestial Navigation System	天文导航系统
CNSA	China National Space Administration	中国航天局
COMS	Complementary Metal-Oxide Semiconductor	互补金属氧化物半导体
	Column	列(数据库)
	Command guidance	指令制导
	Consensus	一致性
	Contrast stretch	对比度扩展

	Convolution theorem	卷积定理
	Convolution kernel	卷积核
Co-OODA	Cooperation Observe-Orient-Decide-Act	协同观察-判断-决策-执行
	Coordinate systems/frames	坐标系
	Correlation length	相关长度
	Correlation matching surface	相关匹配曲面
	Correlation peak feature	相关峰特征
COS	Common Operation System	通用作战系统
CP	Control Points	控制点
CPLD	Complex Programmable Logic Device	复杂可编程逻辑器件
CPU	Central Processor Unit	中央处理器
CRC	Cyclic Redundancy Checking	循环冗余校验
C/S	Client/Server	客户/服务器
CS	Control Strategy	控制策略
CS	Cooperative System	协同系统
CSI	Cauchy-Schwartz Inequality	柯西-施瓦茨不等式
CT	X-ray computed tomography	X射线计算机断层扫描成像
	Contours	轮廓
	Counterclockwise	逆时针
	Covariance	协方差
	Cruise missile	巡航导弹
CUDA	Compute Unified Device Architecture	计算统一设备架构（NVIDIA公司提出的并行运算技术）
	Curvature	曲率
	Curve fitting	曲线拟合
CV	Computer Vision	计算机视觉
CW	Continuous Wave	连续波
CWAR	Continuous Wave Acquisition Radar	连续波截获雷达

D

3D	3 Dimensions	三维
4D	Dull, Dirty, Dangerous, and Deep	枯燥、恶劣、危险、纵深
D/A	Digital-to-Analog	数模
DACC	Distributed Autonomous Cooperative Control	分布式自主协同控制
	Data grayscalize	数据灰度化
	Data fusion	数据融合
	Data mining	数据挖掘
	Dataset	数据集
	Data updating rate	数据更新率
DARPA	Defense Advanced Research Projects Agency	国防高级研究计划局（美）
DBS	Doppler Beam Sharpening	多普勒波束锐化（图像）
DBT	Detection Before Tracking	检测后跟踪
DCP	Distortion Control Point	畸变控制点

DDS	Direct Digital Synthesis	直接数字合成
	Decapitation strike	斩首行动
	Deceleration	减速
	Deception jamming	欺骗性干扰
	Decibel(dB)	分贝
	Decoy	诱饵
	Decrypt	解密,脱密
	Deflection distortion	偏扭畸变
	Delta force	三角洲部队
DEM	Digital Elevation Models	数字高程模型
	Destination	目的地
	Destroyer	驱逐舰
	Determinant	行列式
DEW	Directed Energy Weapons	定向能武器
DFS	Discrete Fourier Series	离散傅里叶级数
DFT	Discrete Fourier Transform	离散傅里叶变换
DGPS	Differential GPS	差分 GPS
DHD	Direction Hausdorff Distance	有向豪斯多夫距离
DHEW	Directed High Energy Weapons	定向高能武器
	Differential game guidance	微分对策制导
	Digital image	数字图像
	Digital image processing	数字图像处理
	Dilation	膨胀(形态学运算)
DIMN	Dynamic Image Matching Navigation	动态图像匹配导航(制导)
DKF	Distributed Kalman Filter	分布式卡尔曼滤波
	Directed energy weapon	定向能武器
	Directional gyro	定向陀螺仪
	Distortion model	畸变模型
	Distributed computing	分布式计算
	Dithering	颤振
DL	Deep Learning	深度学习
DLL	Dynamic Link Library	动态链接库
DM	Data Mining	数据挖掘
DMA	Defense Mapping Agency	国防测绘局(美)
DMA	Direct Memory Access	直接内存访问
DMPC	Distributed Model Predictive Control	分布式模型预测控制
DNS	Domain Name System	域名系统
DOD	Department of Defense	国防部
DOF	Degree of freedom	自由度
DOM	Digital Ortho-photo Map	正射影像
DP	Dynamic Programming	动态规划
DR	Dead Reckoning	航位推算(系统)

	Drag	阻力（导弹）
	Drift/yaw angle	偏航角
D-S	Dempster-Shafer	登普斯特-谢菲（证据理论）
DSM	Digital Surface Model	数字地表模型
DSMAC	Digital Scene Matching Area Correlator	数字式景像匹配区域相关器
DSP	Digital Signal Processor	数字信号处理器
DSTA	Dynamic Swap Targets Algorithm	动态交换目标算法
DSS	Digital Signature Standard	数据签名标准
DTFT	Discrete Time Fourier Transform	离散时间傅里叶变换
DVD	Digital Video Disk	数字化视频光盘
	Dynamic programming	动态规划
	Dynamicrange	动态范围
	Dynamic scene matching	动态景像匹配

E

EA	Electronic Attack	电子攻击
EA	Evolutionary Algorithm	进化算法
	Early warning	预警
ECG	Electrocardiogram	心电图
ECI	Earth Centered Inertial(Coordinate System)	地心惯性（坐标系）
ECM	Electronic Counter Measures	电子对抗措施
ECCM	Electronic Counter-Counter Measures	电子反对抗措施
ED	Euclidean Distance	欧几里得（欧氏）距离
	Edge detection	边缘检测
	Edge density	边缘密度
	Edge enhancement	边缘增强
	Edge linking	边缘连接
	Edge operator	边缘算子
	Edge strength	边缘强度
EDV	Edge Density Value	边缘密度值
EHF	Extremely High Frequency	极高频
	Eigenvalue	特征值
EKF	Extended Kalman Filter	扩展卡尔曼滤波
EKV	Exo-atmospheric Kill Vehicle	外大气层杀伤拦截器
	Elastic matching	弹性匹配
	Electronic deception	电子欺骗
	Electrostatic	静电
	Elevation angle	仰角
EM	Electromagnetic (wave)	电磁（波）
EMC	Electromagnetic Compatibility	电磁兼容性
EMD	Earth Mover's Distance	地球移动距离
EMD	Electromagnetic Disturbance	电磁骚扰
EMI	Electromagnetic Interference	电磁干扰

EMP	Electro-Magnetic Pulse	电磁脉冲
EMS	Electromagnetic Spectrum	电磁频谱
	Entropy	熵
EOCE	Electro-Optical Counter Equipment	光电对抗装备
EOTS	Electro-Optical Targeting System	光电目标定位（瞄准）系统
EP	Electronic Protection	电子防护
ER	Extended Range	增程
	Erosion	腐蚀（形态学运算）
ES	Electronic Support	电子支援
ESM	Electronic Support Measure	电子支援措施
	Euclidean space	欧几里得（欧氏）空间
EW	Electronic Warfare	电子战
	Exchanger	交换器
	Explicit guidance	显示制导

F

FAAD	Forward Area Air Defense	前沿地域防控
	Face recognition	人脸识别
FAF	Fire and Forget	发射后不管
FAR	False Alarm Rate	虚警率
FAQ	Frequently Asked Questions	常见问题
FBM	Fleet Ballistic Missile	舰载弹道导弹
FCR	Fire Control Radar	火控雷达
FCS	Flight Control System	飞行控制系统
FDI	Fault Detection and Isolation	故障检测与隔离
FDIR	Fault Detection，Isolation and Recovery	故障检测、隔离与修复
FDMA	Frequency Division Multiple Access	频分多址访问（通信）
FEA	Finite Element Analysis	有限元分析
	Feature extraction	特征提取（检测）
	Feature selection	特征选择
	Feature space	特征空间
	Feature vector	特征向量
FFT	Fast Fourier Transform	快速傅里叶变换
FFC	Flight Formation Control	飞行编队控制
FGC	Formation Geometry Center	编队几何中心
	Fiber-optic	光纤
FLIR	Forward Looking Infrared	前视红外
FM	Frequency Modulation	调频
FMEA	Failure Modes and Effects Analysis	故障（失效）模式及影响分析
FMECA	Failure Modes，Effects，and Criticality Analysis	故障（失效）模式、影响及危害性分析
	Foot	英尺
FOV	Field of View	视场（视野）
	Fourier transform	傅里叶变换

	Fractal geometry	分形几何
	Frequency response	频率响应
FPGA	Field-Programmable Gate Array	现场可编程门阵列
	Fractal theory	分形理论
FS	Fusion Strategy	融合策略
FSI	Feature Sequence Image	特征序列图像
FTA	Fault Tree Analysis	故障树分析
FTP	File Transfer Protocol	文件传输协议
	Fuzzy sets	模糊集

G

GA	Genetic Algorithm	遗传算法
GAN	Generative Adversarial Networks	生成对抗网络
GAN	Gravity Aided Navigation	重力辅助导航
GAM	Guided Aircraft Missile	机载导弹
	Gas-floated	气浮
	Gaussian noise	高斯噪声
GBAS	Ground BasedAugmentation System	陆基增强系统
GBI	Ground Based Interceptor	地基拦截器
GBU	Guided Bomb Unit	制导炸弹
GCSS	Global Combat Support System	全球作战支援系统
GDOP	Geostationary Dilution of Precision	几何精度因子
	Generic	通用的、泛华
GEO	Geostationary Earth Orbit	地球静止轨道
	Geodesic satellite	测地卫星
	Geomagnetic navigation	地磁导航
	Geometric distortion	几何畸变
	Geometric rectification	几何校正
	Geosynchronous satellite	同步轨道卫星
GGMG	Gravity Gradient Matching Guidance	重力梯度匹配制导
GIF	Graphics Interchange Format	图形交换格式
GIS	Geographic Information System	地理信息系统
GLCM	Ground Launch Cruise Missile	陆基(射)巡航导弹
	Global feature	全局特征
GLONASS	Global Navigation Satellite System	全球导航卫星系统(俄)
GMN	Gravity Matching Navigation	重力匹配导航
GMT	Greenwich Mean Time	格林尼治标准时间
GNSS	Global Navigation Satellite System	全球导航卫星系统
GP	Ground Plane	地平面
GPRS	General Packet Radio Service	通用分组无线电业务
GPS	Global Position System	全球定位系统(美)
GPU	Graphics Processing Unit	图形处理器
	Gravity matching navigation	重力匹配导航

		Grayscale distortion	灰度畸变
		Grayscale interpolation	灰度插值
		Greedy algorithm	贪婪算法
	GSM	Global System for Mobile Communication	全球移动通信系统
	GTRS	Grayscale，Translation，Rotation and Scaling	灰度、平移、旋转及缩放
	GUI	Graphic User Interface	图形用户界面
		Guidance device	制导装置
		Guided landmine	制导地雷
		Guided projectile	制导炮弹
		Guided torpedo	制导鱼雷
		Gulf war	海湾战争
H			
	HALE	High-Altitude Long-Endurance	高空长航时（无人机）
		Hamiltonian matrix	哈密顿矩阵
		Hamming distances	汉明距离
	HARM	High-speed Anti-Radiation Missile	高速反辐射导弹
	HCB	High Capacity Bomb	高能炸弹
		Heading	航向
	HD	Hausdorff Distance	豪斯多夫距离
	HDOP	Horizontal Dilution of Precision	平面（水平）位置精度因子
	HDVI	High-Definition Vector Imaging	高精度矢量成像
	HEL	High-Energy Laser	高能激光器
	HF	High Frequency	高频
		Hibert space	希尔伯特空间
		H infinite norm	H ∞范数（鲁棒控制）
		Histogram equalization	直方图均衡化
		Homing guidance	寻的制导，自导引
		Hough transform	霍夫变换
	HPM	High Power Microwave	高能微波
	HSI	Hue-Saturation-Intensity	色调-饱和度-强度
	HST	Hubble Space Telescope	哈勃太空望远镜
	HTTP	Hypertext Transfer Protocol	超文本传输协议
		Hydrogen bomb	氢弹
		Hypersonic aerodynamics	高超声速空气动力学
I			
	ICA	Independent Component Analysis	独立分量分析
	ICBM	Inter-Continental Ballistic Missile	洲际弹道导弹
	ICCD	Intensified CCD	增强型 CCD
	ICF	Information Consensus Filter	信息一致性滤波
	IDE	Integrated Development Environment	集成开发环境
	IDFT	Inverse DFT	离散傅里叶逆变换
	IDS	Image Database Sub-system	影像库子系统

IEEE	Institute of Electrical and Electronic Engineers	电子和电气工程师学会
IF	Information Filter	信息滤波
IF	Intermediate Frequency	中频
IFF	Identification Friend or Foe	敌我识别器
IFSAR	Interferometric SAR	干涉 SAR
IFWC	Integrated Flight and Weapon Control	飞行-武器一体化控制
IM	Image Matching	图像匹配
IMA	Image Matching Algorithm	图像匹配算法
	Image compression	图像压缩
	Image coding	图像编码
	Image enhancement	图像增强
	Image database	影像数据库
	Image mosaic	图像镶嵌（拼接）
	Image reconstruction	图像重构
	Image registration	图像配准
	Image restoration	图像复原（恢复）
	Image segmentation	图像分割
	Image sequence analysis	图像序列分析
	Image warping	图像变形
IMEI	International Mobile Equipment Identity	国际移动设备标识
IMMF	Interacting Multiple Models Filter	交互多模型滤波
IMN	Image Matching Navigation	图像匹配导航
IMU	Inertial Measurement Unit	惯性测量装置
	Inertial guidance	惯性导航
INS	Inertial Navigation System	惯性导航系统
INSAR	Interferometric SAR	干涉合成孔径雷达
	Intensity	强度
	Interest point	兴趣点
	Interpolation	插值
	Invariant feature	不变特征
	Invariant moments	不变矩
IPN	Independent Pixel Number	独立像元数
IQM	Image-Quality Metric	图像质量因数
IR	Infrared	红外
IRBM	Intermediate-Range Ballistic Missile	中远程弹道导弹
IRCM	Infrared Countermeasure	红外电子对抗
IRFPA	Infrared Focal Plane Array	红外焦平面阵列
IRVAT	Infrared Video Automatic Tracking	红外视频自动跟踪
ISAR	Inverse-SAR	逆合成孔径雷达
ITCG	Impact-Time-Control Guidance	攻击时间控制制导

J

JASSM	Joint Air to Surface Standoff Missile	联合空对地防区外导弹

JAST	Joint Advanced Strike Technology	联合先进攻击技术
JCS	Joint Chief of Staff	参谋长联席会议(美)
JDAM	Joint Direct Attack Munition	联合直接攻击弹药
	Joint entropies	联合熵
	Joint operation	联合作战
JPEG	Joint Photographic Experts Group	JPEG(联合图像专家组)图像格式
JPL	Jet Propulsion Laboratory	喷气推进实验室
JSOW	Joint Stand-Off Weapon	联合防区外武器(美)
JSTARS	Joint Surveillance and Target Attack Radar System	联合监视与目标攻击雷达系统

K

KEW	Kinetic Energy Weapon	动能武器
KF	Kalman Filtering	卡尔曼滤波
	Kill probability	杀伤概率,毁伤概率
KKV	Kinetic Kill Vehicle	动能杀伤拦截器
	Knowledge-based	基于知识的

L

LADAR	Laser Detection and Ranging	激光雷达
LAM	Land Attack Missile	对陆攻击导弹
LAN	Local Area Network	局域网
	Laser guided weapon	激光制导武器
	Laser seeker	激光导引头/寻的头
LASM	Land Attack Standard Missile	对陆攻击标准导弹
	Laplacian operator	拉普拉斯算子
	Latitude/longitude	纬度/经度
LC	Landing Craft	登陆艇
LCD	Liquid Crystal Display	液晶显示器
LDA	Linear Discriminant Analysis	线性判别分析
	Lead angle method	前置角法
LED	Light Emitting Diode	发光二极管
LEO	Low Earth Orbit	低地球轨道
LF	Low Frequency	低频
LFA	Leader-Following Approach	领航-跟随法
LGB	Laser Guided Bomb	激光制导炸弹
LIDAR	Laser Intensity Direction and Ranging	激光雷达
	Linear accelerometer	线性加速度计
	Linear equations	线性方程组
	Linear programming	线性规划
	Linear transformation	线性变换
	Liquid-floated	液浮
LLE	Local Linear Embedding	局部线性嵌入
LNS	Land-based Navigation System	陆基无线电导航系统
LMI	Linear Matrix Inequality	线性矩阵不等式

LMS	Least Mean Square	最小均方	
LOBL	Lock on Before Launch	发射前锁定	
LOCAAS	Low Cost Autonomous Attack System	低成本自主攻击系统	
	Local feature	局部特征	
	Localizer	定位器	
LOG	Laplace of Gaussian	拉普拉斯高斯	
LORAN-C	Long Range Navigation-C	罗兰－C(远程导航系统)	
LOS	Line of Sight	视线	
	Lossless image compression	无失真图像压缩	
LQG	Linear Quadratic Gaussian	线性二次高斯	
LRCM	Long-Range Cruise Missile	远程巡航导弹	
LRPA	Long-Range Patrol Aircraft	远程巡逻机	
LSE	Least Squares Estimation	最小二乘估计	
LSIC	Large Scale Integration Circuit	大规模集成电路	
LT	Laplace Transform	拉普拉斯变换	
LTDS	Laser Target Designating System	激光目标指示系统	
LVC	Lyapunov Vector Control	李雅普诺夫向量控制	
LWIR	Long Wave Infrared	长波红外	
	Lyapunov function	李雅普诺夫函数	

M

M.	Mach	马赫	
MA	Matching Adaptability	匹配适应度	
MAD	Mean Absolute Difference	平均绝对差(算法)	
MAE	Mean Absolute Error	平均绝对误差	
	Marginal entropies	边缘熵	
MAGCOM	earth Magnetic field Contour Matching guidance	地球磁场轮廓匹配导航(地磁匹配制导)	
MALD	Miniature Air-Launched Decoy	小型空射诱饵	
MANS	Microcosm Autonomous Navigation System	麦氏自主导航系统	
	Markov random field	马尔科夫随机场	
MARV	Maneuvering Reentry Vehicle	机动再入飞行器	
MAS	Multi-Agent System	多智能体系统	
	Mask	掩模(模板)	
	Matching algorithm	匹配算法	
	Matching precision	匹配精度	
	Matching probability	匹配概率	
	Matching simulation	匹配仿真	
	Matching time	匹配时间	
	Matrix multiplication	矩阵乘法	
	Mathematical morphology	数学形态学	
	Maximum effective range	最大有效射程	
MCMC	Markov Chain Monte Carlo	蒙特卡罗-马尔科夫链	

MDS	Multi-Dimensional Scaling	多维缩放
ME	Matching Error	匹配误差
	Measurement space	度量空间
	Median filter	中值滤波器
	Median filtering	中值滤波
MEMS	Micro-Electro-Mechanical System	微机电系统
MEO	Middle(Medium) Earth Orbit	中地球轨道
MGM	Multiple to Ground Missile	多平台（发射）对陆攻击导弹
MHD	Modified Hausdorff Distance	改进的豪斯多夫距离
MI	Mutual Information	共性信息
	Microwave imaging radiometer	微波成像辐射计
	Midcourse phase	弹道中段
MIL	Man in Loop	人在回路
MIMD	Multiple Instruction Multiple Data	多指令多数据
MIMO	Multiple Input Multiple Output	多输入多输出
	Mini-max rule	最小最大规则
MIRV	Multiple Independently Reentry Vehicle	多弹头分导再入飞行器
	Missile control system	导弹控制系统
	Missile guidance system	导弹制导系统
ML	Machine Learning	机器学习
MLE	Maximum Likelihood Estimation	极大似然估计
MM	Matching Margin	匹配裕度
MMW	Millimeter Wave	毫米波
	Modulation	调制（信号）
	Module	舱段（航天）
	Moment estimates	矩估计
	Monopulse radar	单脉冲雷达
MOPSO	Multi-Objective Particle Swarm Optimization	多目标粒子群优化
	Morphological operations	形态学运算
	Motion trajectories	运动轨迹
MP	Matching Probability	匹配概率
MPEG	Motion Picture Experts Group	MPEG(运动图像专家组)视频格式
MPP	Massively Parallel Processing	大规模并行处理
MRBM	Medium-Range Ballistic Missile	中程弹道导弹
MRF	Markov Random Field	马尔可夫随机场
MRI	Magnetic Resonance Imaging	磁共振成像
MRV	Multiple Reentry Vehicle	多弹头再入飞行器
MS	Matching Strategy	匹配策略
MSD	Mean Square Difference	均方差（算法）
MSE	Mean Square Error	均平方误差（同 MSD）
	Minimum Square Error	最小平方误差（估计）
MTBF	Mean Time Between Failure	平均故障间隔时间

MTBM	Mean Time Between Maintenance	平均维修间隔时间
MTCR	Missile Technology Control Regime	导弹及其技术控制制度
MTD	Moving-Target Detection	动目标检测
MTI	Moving-Target Indication	运动目标指示(雷达)
MTTR	Mean Time to Repair	平均修复时间
MTTS	Mean Time to Service	平均维护时间
	Multi-modal	多模
	Multiple matching	多次匹配
	Multiplicative noise	乘性噪声
	Multi-spectral image	多光谱图像
	Multi-source	多源
	Munition	军火,弹药
MV	Machine Vision	机器视觉
MVM	Minimum-Variance Method	最小方差方法
MWIR	Medium Wave Infrared	中波红外

N

NASA	National Aeronautics and Space Administration	航空航天管理局(美国)
	Nautical miles	海里
NAVWAR	Navigation Warfare	导航战
NBCD	Nuclear，Biological，and Chemical Defense	核、生、化防御
NCC	Normalized Cross Correlation	归一化积相关(同 NProd)
NE	Nash Equilibrium	纳什均衡
	Neighborhood averaging	邻域均值(平均)
NEMP	Nuclear Electro-Magnetic Pulse	核电磁脉冲
NETD	Noise Equivalent Temperature Difference	噪声等效温差
NGC	Navigation Guidance and Control	导航、制导与控制
NGJ	Next Generation Jammer	新一代电子干扰机
NMD	National Missile Defense	国家导弹防御(系统)
NMI	Normalized Moment of Inertia	归一化转动惯量(特征)
NN	Nearest Neighbor	最近邻
NNC	Neural Network Control	神经网络控制
	Noise reduction	噪声抑制
	Nominal system/model	标称系统/模型
	Nonlinear optimization	非线性优化
	Non-uniformity noise	非均匀性噪声
	Norm	范数
NProd	Normalized Product correlation	归一化积相关
	Nuclear rocket engine	核火箭发动机
	Nuclear powered	核动力
	Numerical problems	数值问题

O

	Object recognition	目标识别

OCR	Optical Character Recognition	光学字符识别
OEM	Original Equipment Manufacturer	原始设备制造商
OODA	Observation，Orientation Decision，Action	观察、判断、决策、行动
	Opening	开启（形态学运算）
	Open loop	开环
	Optical image	光学图像
	Optimal estimation	最优估计
	Orbital maneuver	轨道机动
	Orbital module	轨道舱
	Origin	原点（坐标系）
	Orthogonal matrix	正交矩阵
	Orthogonal transform	正交变换
OS	Operating System	操作系统
OTAR	Over the Air Rekeying	无线密钥注入
OTS	Optical Tracking System	光学跟踪测量系统
	Optimal guidance law	最优制导规律
P		
PAC	Patriot Advanced Capability	改进型爱国者（先进能力）
	Parallel navigation	平行导引（平移接近法）
	Parameters estimation	参数估计
	Passive	无源的、被动的
	Passive homing guidance	被动寻的制导
	Patriot missile	爱国者导弹
	Pattern classification	模式分类
	Pattern recognition	模式识别
PC	Phase Correlation	相位相关
PCA	Principle Component Analysis	主分量（成份）分析
PCS	Projection and Camera Sub-system	投影摄像子系统
PD	Pulse Doppler	脉冲多普勒
PDE	Partial Differential Equations	偏微分方程
PDF	Probability Density Function	概率密度函数
PDOP	Position Dilution of Precision	位置几何精度因子
	Pendulous accelerometer	摆式加速度计
	Penetrating bomb	钻地弹
	Penetration aids	突防装置
	Pentagon	五角大楼（美）
	Perspective transformation	透视变换
	Perturbation guidance	摄动制导
PES	Performance Evaluation Sub-system	性能评估子系统
PF	Particle Filter	粒子滤波
PGM	Precision Guidance Munition	精确制导弹药
PHD	Partial Hausdorff Distance	部分豪斯多夫距离

	Phased array radar	相控阵雷达
	Phase correlation	相位相关
PID	Proportional-Integral-Differential	比例微分积分（控制）
PINS	Platform Inertial Navigation System	平台式惯性导航系统
	Pitch angle	俯仰角
	Pixel	像素
PLD	Programmable Logic Device	可编程逻辑器件
PLL	Phase-Locked Loop	锁相环
PM	Preventive Maintenance	预防性维修
PN	Proportional Navigation	比例导引
PN	Pseudo random Number	伪随机码
PNT	Positioning，Navigation and Timing	定位导航与授时
	Policy function	策略函数
	Polynomial	多项式
	Pooling	池化
	Power projection	力量投送
PPR	Peak-to-Peak Ratio	峰峰比
PPS	Precision Positioning Service	精密定位服务
	Precision guided weapon	精确制导武器
	Pre-processing	预处理
	Prewitt operator	普瑞维特算子
	Probability distribution	概率分布
PROJ	Projection measurement	投影度量
	Projector	投影仪
	Protocol	协议
PSD	Power Spectral Density	功率谱密度
	Pseudo code	伪码
PSF	Point-Spread Function	点扩展函数
PSNR	Peak Signal to Noise Ratio	峰值信噪比
PSO	Particle Swarm Optimization	粒子群优化
PSR	Peak-to-Sidelobe Ratio	峰肋比
PVT	Position，Velocity and Time	位置、速度和时间
	Pyramid	金字塔

Q

QBE	Query by Example	示例查询
QBIC	Query by Image Content	图像内容查询
QTM	Quaternary Triangular Mesh	四元三角网
	Quantization error	量化误差
	Quaternion	四元数

R

RA	RadioAltitude	无线电高度
RADAR	Radio Direction and Ranging	雷达

RACTG	Radar Area Correlation Terminal Guidance	雷达区域相关末制导
RALT	Radar Altimeter	雷达高度表
RAM	Radar Absorbing Material	雷达吸波材料
RAM	Reliability，Availability，Maintainability	可靠性、可用性、维修性
RAM	Rolling Airframe Missile	滚动弹体导弹
	Ramjet engine	冲压发动机
	Ramp edge	斜坡边缘
RANSAC	Random Sample Consensus	随机抽样一致
RAR	Real-Aperture Radar	实孔径雷达
RCM	Reliability Centered Maintenance	以可靠性为中心的维修
RCS	Radar Cross Section	雷达散射截面
RCP	Reference Control Point	基准控制点
	Real-time/Sensing Image	实时图
	Recognition	识别
	Reconnaissance satellite	侦察卫星
	Recoverable satellite	返回式卫星
	Rectangular coordinate	直角坐标系
	Recursion	递归
	Reference image	基准图
	Reference frame	参考坐标系
	Region growing	区域增长
	Relaxation	松弛
	Remote sensing satellite	遥感卫星
	Repetitive spatial patterns	重复模式
	Resolution	分辨率
	Reusable launch vehicle	重复使用运载火箭
RF	Radio Frequency	无线电频率
RGB	Red-Green-Blue	红-绿-蓝
RGT	Reliability Growth Test	可靠性增长试验
	Riccati equation	里卡蒂方程
	Right-handed set	右手定则
RIP	Reference Image Preparation	基准图制备
RISC	Reduced Instruction Set Computer	精简指令集计算机
RL	Reinforcement Learning	增强(强化)学习
RMS	Reliability，Maintainability，Supportability	可靠性、维修性、保障性
RMSE	Root Mean Square Error	均方根误差
ROI	Region of Interest	感兴趣区域
RPC	Reverse Power Control	反向功率控制
RPS	Refer-image Production Sub-system	基准图制备子系统
	Roberts operator	罗伯特算子
	Robust control	鲁棒控制
	Robustness	鲁棒性

	Robust performance	鲁棒性能
	Robust stability	鲁棒稳定性
	Rocket-assisted torpedo	火箭助推鱼雷
	Roll angle	滚动角
	Rotation	旋转
	Rough sets	粗糙集
	Route planning	航迹规划
	Row	行（数据库）
RSP	Repetitive Spatial Patterns	重复模式（图像）
R/T	Receiver/Transmit	接收/发送
RTK	Real Time Kinematic	实时动态（测量）
	Run length	行程（游程）
	Run length encoding	行程编码

S

SA	Selective Availability	选择可用性政策（美）
SA	Simulated Annealing	模拟退火（算法）
SAA	See and Avoid	感知与规避
SAC	Strategic Air Command	战略空军司令部（美）
SAD	Sum of Absolute Differences	绝对差和（同 AD）
SAE	Sum of Absolute Error	绝对误差和（同 AD）
	Salt and pepper noise	椒盐噪声
SAM	Surface-to-Air Missile	面（地、舰）空导弹
	Sampling theorem	采样定理
SAR	Synthetic Aperture Radar	合成孔径雷达
	Satellite image	卫星图像（影像）
SC	Supervisory Control	监督控制
SCA	Sneak Circuit Analysis	潜通路分析
	Scalar	标量
	Scaling	缩放
SD	Square Difference	平方差（算法）
SDB	Small Diameter Bomb	小直径炸弹
SDK	Software Development Kit	软件开发包
SDI	Strategic/Space Defense Initiative	战略/空间防御计划
SE	Square Error	平方误差（同 SD）
	Seeker	导引头
	Selection rules	选定准则
	Self-matching number	自匹配数
	Semi-active homing guidance	半主动寻的制导
	Sensitivity	灵敏度
	Sensor	传感器
SEP	Spherical Error Probabl	球概率偏差
SFTS	Space Flight Training Simulator	航天飞行训练模拟器

SGS	Stellar Guidance System	星光制导系统
SI	Swarm Intelligence	集群智能
	Shape invariants	形状不变量
SHF	Super High Frequency	超高频
	Shock wave	冲击波
	Side-looking airborne radar	机载侧视雷达
SIFFT	Short Inverse FFT(Algorithm)	短傅里叶逆变换(算法)
SIFT	Scale Invariant Feature Transform	尺度不变特征变换
SIMD	Single Instruction Multiple Data	单指令多数据
	Simulation system	仿真系统
	Situation awareness	态势感知
SINS	Strapdown Inertial Navigation System	捷联惯导系统
SITAN	SandiaInertial Terrain Aided Navigation	桑地亚惯性地形辅助导航
SLAM	Simultaneous Localization and Mapping	同步定位与地图构建
SLAM	Stand-off Land Attack Missile	防区外对陆攻击导弹(美)
SLBM	Submarine Launched Ballistic Missile	潜射弹道导弹
SLN	Similarity Length Number	相似长度(数)
SM	Scene Matching	景像匹配
SM	Similarity Measurement	相似性度量
SMA	Scene Matching Algorithm	景像匹配算法
SME	Self-Matching Error	自匹配误差
SMN	Scene Matching Navigation	景像匹配导航
SMN	Self-Matching Number	自匹配数
SMP	Self-Matching Probability	自匹配概率
	Smoothing	平滑
SNE	Stochastic Neighbor Embedding	随机临近嵌入
SNR	Signal-to-Noise Ratio	信噪比
SNS	Satellite Navigation System	卫星导航系统
	Sobel operator	索贝尔算子
SONAR	Sound Navigation and Ranging	声音导航与测距
	Solid propellant rocket engine	固体火箭发动机
	Sorting	排序
	Source code	源代码
	Spacecraft	航天器
	Spaceship	宇宙飞船
	Space sextant	空间六分仪
	Spacesuit	航天服
	Space shuttle	航天飞机
	Space transformation	空间变换(图像)
	Speckle noise	斑点噪声
SPS	Standard Positioning Service	标准定位服务
SRAM	Short Range Attack Missile	进程攻击导弹

SRBM	Short Range Ballistic Missile	进程弹道导弹
SS	Searching Strategy	搜索策略
SSD	Sum of Squared Differences	平方差和(同 SD)
SSDA	Sequential Similarity Detection Algorithm	序贯相似性检测算法
SSE	Sum of Squared Error	平方误差和(同 SD)
SSI	Space Sequence Image	空间序列图像
SSM	Surface to Surface Missile	地地(舰舰)导弹
SSM	Sequence Scene Matching	序列景像匹配
SSNR	Similarity Signal Noise Ratio	相似信噪比
	Stability	稳定性
	Stable margin	稳定裕度
	Standard deviation	标准差
	Stand-off	防区外
	Star tracker	星跟踪器
	Star map recognition	星图识别
START	Strategic Arms Reduction Treaty	战略武器消减条约
	State estimation	状态估计
	State feedback control	状态反馈控制
	Statically unstable	静不稳定
	Statistical approach	统计方法
STCS	Spacecraft Tracking，telemetering and Control System	航天测控系统
	Stealthy technique	隐身技术
	Stereo vision	立体视觉
	Step edge	阶跃边缘
STK	Satellite Tool Kit	卫星工具包(美国)
STOL	Short Take Off and Land	短距起降
	Straight lines fitting	直线拟合
	Strategic bomber	战略轰炸机
	String	字符串
	Sub-pixel	亚像素级
	Sub-reference image	基准子图
	Subset	子集
	Superconductive	超导
SURF	Speed Up Robust Feature	加速鲁棒特征
	Surgical strikes	外科手术式打击
	Surveillance	监视
SVD	Singular Value Decomposition	奇异值分解
SVM	Support Vector Machine	支持向量机
	Symmetric matrix	对称矩阵
SWIR	Short Wave Infrared	短波红外
T		
TA	Task Allocation	任务分配

TAC	Tactical Air Command	战术空军司令部
TACAN	Tactical Air Navigation	战术空中导航（塔康系统）
	Tactical specification	战术指标
	Tail fin	尾翼
	Take-off	起飞
TAN	Terrain Aided Navigation	地形辅助导航
TAOS	Technology for Autonomous Operational Survivability	自主运行生存技术
	Target detection	目标检测
TAS	Target Analysis and Simulation	目标分析与模拟
	Taylor expansion	泰勒展开
TBD	Tracking Before Detection	跟踪后检测
TCDL	Tactical Common Data Link	战术通用数据链
TCP/IP	Transmission Control Protocol/Internet Protocol	传输控制协议/网际协议
TCT	Time Critical Target	时敏目标
TDOP	Time Dilution of Precision	时间精度因子
	Technical specification	技术指标
	Television guidance	电视制导
	Television remote control	电视遥控（制导）
	Template matching	模板匹配
TERCOM	Terrain Contour Matching	地形轮廓匹配
	Terrain following system	地形跟踪系统
	Terrain reference guidance	地形参考制导
	Texture feature	纹理特征
TDM/3DM	Three-Dimensional Model	三维模型
TF	Transfer Function	传递函数
THAAD	Terminal High-Altitude Area Defense	末段高空区域防御（系统）
	Thinning	细化
	Three-dimensional	3D（坐标）
	Three-point method	三点法
	Threshold	阈值（门限值）
TIFF	Tag Image File Format	标记（光栅）图像文件格式
	Time-of-flight	飞行时间
	Time-to-go	剩余时间
TIRM	Treaty of Intermediate-Range Missile	中导条约
TL	Transfer Learning	迁移学习
TLAM	Tomahawk Land Attack Missile	战斧对陆攻击导弹
TM	Thematic Mapper	专题制图仪
TMD	Theater Missile Defense	战区导弹防御（系统）
	Topological characteristic	拓扑特征
	Tradeoff	折中
	Trajectory	飞行弹道
	Transfer-function	传递函数

	Translation	平移（位移）
TRS	Translation，Rotation and Scaling	平移、旋转及缩放
TRT	Target Recognition and Tracking	目标识别与跟踪
TS	Task Scheduling	任务调度
TSI	Time Sequence Image	时间序列图像
TSSAM	Tri-Service Stand-off Attack Missile	三军防区外攻击导弹（美）
TST	Time Sensitive Target	时敏目标
TVC	Thrust Vector Control	推力矢量控制
TVM	Transmit Via Missile	经由导弹

U

UACO	Unmanned Autonomous Collaborative Operations	无人自主协同作战
UAV	Unmanned Aerial Vehicle	无人机（飞行器）
UCAV	Unmanned Combat Aerial Vehicle	无人作战飞行器
UFO	Unidentified Flying Object	不明飞行器
UGV	Unmanned Ground Vehicle	地面无人平台
UHF	Ultra High Frequency	特高频
UKF	Unscented Kalman Filter	无色卡尔曼滤波
	Uncertainty	不确定性
	Unmanned aircraft	无人机
UPS	Uninterruptable Power Source	不间断电源
USB	Universal Serial Bus	通用串行总线
UT	Universal Time	世界时
UTC	Universal Time Coordinated	协调世界时
UT	Unscented Transformation	无色变换
UUV	Unmanned Undersea Vehicle	无人潜航器

V

	Value function	价值函数
	Variable	变量
	Variance of image	图像方差
VCD	Video Compact Disk	视频高密光盘
VDOP	Vertical Dilution of Precision	高程（垂直方向）精度因子
VE	Virtual Environment	虚拟环境
VGA	Versatile Graphic Adapter	彩色图形适配器
VHF	Very High Frequency	甚高频
VIO	Visual-Inertial Odometry	视觉-惯性里程计
	Visibility	能见度
VLF	Very Low Frequency	甚低频
VLS	Vertical Launch System	垂直发射系统
VO	Visual Odometry	视觉里程计
	Voxel	体素
VR	Virtual Reality	虚拟现实
VRML	Virtual Reality Modeling Language	虚拟现实建模语言

VSA	Virtual Structure Approach	虚拟结构法
VSG	Variable Structure Guidance	变结构制导
VTOL	Vertical Take Off and Land	垂直起降
VVA	Verification，Validation，Accreditation	校核、验证与确认

W

WAN	Wide Area Network	广域网
WAAS	Wide Area Augmentation System	广域增强系统
WASM	Wide Area Search Munitions	广域搜索弹药
	Watershed	分水岭
	Wavelength	波长
	Wavelets translation	小波变换
	Weather model	天候模型
	Weighted average	加权平均值
	Well-posed	适定的
WGS-84	World Geodetic System defined in 1984	世界大地测量坐标系（1984年定义）
WHD	Weight Hausdorff Distance	加权豪斯多夫距离
WLAN	Wireless Local Area Network	无线局域网络
WMD	Weapons of Mass Destruction	大规模杀伤性武器
WMF	Window Median Filter	加窗中值滤波器
WVR	Within Visual Range	视距内

X

| | X-axis | X 轴,坐标横轴 |

Y

	Y-axis	Y 轴,坐标纵轴
	Yaw angle	偏航角
YOS	Years of Service	服役年限

Z

| ZL | Zero Line | 零位线,基准线 |
| | Z-time | 格林尼治平均时 |

附 录 Ⅱ 常用制导坐标系及符号表示

（1）惯性坐标系（简称 i 系）——$x_i y_i z_i$。以地球中心为坐标原点，x_i 轴和 y_i 轴在地球赤道平面内，x_i 轴指向春分点，z_i 轴指向地球极轴，也就是地球中心惯性坐标系。可以近似看作固定于惯性空间的坐标系，是惯性元件测量的参考基准。导航中常用惯性坐标系作为参考坐标系，根据使用要求的不同，可选择不同指向的惯性坐标系，除了地心惯性坐标系，还有地球卫星轨道惯性坐标系和起飞点惯性坐标系等。但我们通常所使用的惯性坐标系，如果没有特殊说明，指的就是地心惯性坐标系。

（2）地球坐标系（简称 e 系）——$x_e y_e z_e$。以地球中心为坐标原点，x_e 轴和 y_e 轴在赤道平面内。x_e 轴指向本初子午线，y_e 轴指向东经90°方向，z_e 轴沿地球极轴指向北极。该坐标系相对地球是静止的，通常作定位用。

（3）地理坐标系（简称 g 系）——$x_g y_g z_g$。以载体重心为原点，x_g 轴指向东，即 E；y_g 轴指向北，即 N；z_g 轴指向天顶，即 U。很多文献中记为 ENU 坐标系。该坐标系在欧美国家多选北西天方向，或者北东地。通常，轴向的确定与使用习惯以及所处的东西半球等情况有关，但是从导航计算的角度来讲，它们的差别并不大。

（4）平台坐标系（简称 p 系）——$x_p y_p z_p$。在平台式惯导系统中，该坐标系所描述的是真实平台（物理平台）所指向的坐标系；在捷联式惯导系统中，由于没有真实的物理平台，该坐标系所描述的是数学平台。x_p 轴和 y_p 轴总是在水平面内，而 z_p 轴则指向天向。平台坐标系是导航计算于姿态参考的重要坐标系，如果平台无误差，指向正确，那么这样的平台坐标系就称之为理想平台坐标系。因此，根据方案设计它可以是地理坐标系或其他一些坐标系。

（5）机体坐标系（简称 b 系）——$x_b y_b z_b$。以机体重心为坐标原点，x_b 轴沿机体横轴向右，y_b 轴沿机体纵轴向前，z_b 轴沿机体竖轴向上，即右前上坐标系。该坐标系固定在机体上，时刻随着机体的运动而运动。

（6）导航坐标系（简称 n 系）——$x_n y_n z_n$。惯导系统在求解导航参数时所采用的坐标系称为导航坐标系。对于平台式惯导系统来说，理想的平台坐标系就是导航坐标系；对于捷联惯导系统来说，由于它的导航参数求解不在机体坐标系内，因此必须将加速度计的信号在某个计算导航参数较为方便的坐标系内进行分解，然后进行导航计算，这个坐标系就是导航坐标系。导弹通常采用的导航坐标系为地理坐标系，即 ENU 坐标系。

（7）R_e 和 e。R_e 为地球长半轴，$R_e = 6\,378.137$ km，e 为地球的椭圆度，$e = 1/298.257$。

（8）L，λ 和 h。分别表示飞行器所处的纬度、经度和高度。

（9）ω_{ie} 和 g。ω_{ie} 为地球自转的角速度，$\omega_{ie} = 15.041\,1°/h = 7.292\,12 \times 10^{-5}$ rad/s。g 为重力加速度，它是引力加速度和离心加速度的合成，其大小随纬度 φ 变化而变化。对于国际椭球体，一般采用的重力公式为

$$g = g_0(1 + 0.005\,288\,4\sin^2\varphi - 0.000\,000\,59\sin^2 2\varphi)$$

式中，$g_0 = 978.049$ cm/s² ≈ 9.8 m/s²。

在地球表面附近，如忽略离心加速度的影响则可以简化为

$$g = g_0 \frac{R^2}{(R+h)^2} \approx g_0\left(1 - \frac{2h}{R}\right)$$

（10）R_M 和 R_N。在导航计算中把地球近似看成一个参考椭球体，那么在地球表面任一点的曲率半径就不再是一个定值了。R_M 表示当地子午面内主曲率半径，则有

$$R_M \approx R_e(1 - 2e + 3e \sin^2 L)$$

或表示为

$$\frac{1}{R_M} = \frac{1}{R_e}(1 + 2e - 3e \sin^2 L)$$

R_N 为和子午面垂直的法线平面内的主曲率半径，则有

$$R_N \approx R_e(1 + e \sin^2 L)$$

或表示为

$$\frac{1}{R_N} = \frac{1}{R_e}(1 - e \sin^2 L)$$

参 考 文 献

[1]雷虎民.导弹制导与控制原理[M].北京:国防工业出版社,2006.

[2]夏国洪,王东进,等.智能导弹[M].北京:中国宇航出版社,2008.

[3]张鹏,周军红.精确制导原理[M].北京:电子工业出版社,2009.

[4]刘兴堂,戴革林.精确制导武器与精确制导控制技术[M].西安:西北工业大学出版社,2009.

[5]SIOURIS G M.导弹制导与控制系统[M].张天光,王丽霞,宋振峰,等,译.北京:国防工业出版社,2010.

[6]郭建国,刘莹莹,卢晓东,等.飞行器导航、制导与控制技术(英文)[M].北京:国防工业出版社,2011.

[7]江加和.导弹制导原理(英文)[M].北京:北京航空航天大学出版社,2012.

[8]杨军,朱学平,张晓峰,等.弹道导弹精确制导与控制技术[M].西安:西北工业大学出版社,2013.

[9]胡昌华,周涛,郑建飞,等.自主航行技术[M].西安:西北工业大学出版社,2014.

[10]胡生亮,贺静波,刘忠.精确制导技术[M].北京:国防工业出版社,2015.

[11]张年松,曹兵.弹药制导与控制系统基础[M].北京:北京理工大学出版社,2015.

[12]TITTERTON D H,WESTON J L.捷联惯性导航技术[M].张天光,王秀萍,王丽霞,等,译.北京:国防工业出版社,2007.

[13]刘洁瑜,余志勇,汪立新,等.导弹惯性制导技术[M].西安:西北工业大学出版社,2010.

[14]王新龙.惯性导航基础[M].西安:西北工业大学出版社,2013.

[15]王宏力,单斌,杨波,等.导弹应用力学基础[M].西安:西北工业大学出版社,2015.

[16]刘建业,曾庆化,赵伟,等.导航系统理论与应用[M].西安:西北工业大学出版社,2010.

[17]房建成,宁晓琳.天文导航原理及应用[M].北京:北京航空航天大学出版社,2006.

[18]王宏力,陆敬辉,崔祥祥,等.大视场星敏感器星光制导技术及应用[M].北京:国防工业出版社,2015.

[19]李跃,邱致和.导航与定位[M].2版.北京:国防工业出版社,2008.

[20]吴杰,安雪滢,郑伟.飞行器定位与导航技术[M].北京:国防工业出版社,2015.

[21]赵琳,丁继成,马雪飞.卫星导航原理及应用[M].西安:西北工业大学出版社,2011.

[22]谢钢.全球卫星导航系统原理[M].北京:电子工业出版社,2013.

[23]中华人民共和国国务院新闻办公室.中国北斗卫星导航系统白皮书[M].北京:人民出版社,2016.

[24]李言俊,张科.景象匹配与目标识别技术[M].西安:西北工业大学出版社,2009.

[25]杨小冈,陈世伟,席建祥.飞行器异源景像匹配制导技术[M].北京:科学出版社,2016.

[26]张天序,王岳环,钟胜,等.飞行器光学寻的制导信息处理技术[M].北京:国防工业出版社,2014.

[27]于起峰,尚阳.摄影测量学原理与应用研究[M].北京:科学出版社,2009.

[28]毕开波,杨兴宝,陆永红,等.导弹武器及其制导技术[M].北京:国防工业出版社,2013.

[29]卢晓东,周军,刘光辉,等.导弹制导系统原理[M].北京:国防工业出版社,2015.

[30]张红梅.红外制导系统原理[M].北京:国防工业出版社,2015.

[31]SULLIVAN R J.成像与先进雷达技术基础[M].微波成像技术国家重点实验室,译.北京:电子工业出版社,2009.

[32]CUMMING I G, WONG F H.合成孔径雷达成像:算法与实现[M].洪文,胡东辉,等译.北京:电子工业出版社,2007.

[33]周立伟,刘玉岩.目标探测与识别[M].北京:北京理工大学出版社,2008.

[34]张合,江小华.目标探测与识别技术[M].北京:北京理工大学出版社,2015.

[35]李军伟,陈伟力,徐文斌,等.红外偏振成像技术与应用[M].北京:科学出版社,2017.

[36]童志鹏.电子战和信息战技术与装备[M].北京:原子能出版社,2003.

[37]李云霞,马丽华.光电对抗原理与应用[M].西安:西安电子科技大学出版社,2009.

[38]付小宁,王炳健,王荻.光电定位与光电对抗[M].北京:电子工业出版社,2012.

[39]杨超.雷达对抗基础[M].成都:电子科技大学出版社,2012.

[40]赵国庆.雷达对抗原理[M].西安:西安电子科技大学出版社,2015.

[41]肖龙旭,王顺宏,魏诗卉.地地弹道导弹制导技术与命中精度[M].北京:国防工业出版社,2009.

[42]郑志强,耿丽娜,李鹏,等.精确制导控制原理[M].长沙:国防科技大学出版社,2011.

[43]YANUSHEVSKY R.现代导弹制导[M].薛丽华,范宇,宋闯,译.北京:国防工业出版社,2013.

[44]方洋旺,伍友利,王洪强,等.导弹先进制导与控制理论[M].北京:国防工业出版社,2015.

[45]高社生,李华星.INS/SAR 组合导航定位技术与应用[M].西安:西北工业大学出版社,2007.

[46]张国良,曾静.组合导航原理与技术[M].西安:西安交通大学出版社,2008.

[47]高社生,何鹏举,杨波,等.组合导航原理及应用[M].西安:西北工业大学出版社,2012.

[48]沈林成,牛轶峰,朱华勇.多无人机自主协同控制理论与方法[M].北京:国防工业出版社,2013.

[49]席建祥,钟宜生,刘光斌.群系统一致性[M].北京:科学出版社,2014.

[50]GUERRORO J A, LONANO R.飞行编队控制[M].李静,左斌,晋玉强,译.北京:国防工业出版社,2014.

[51]吴森堂.导弹自主编队协同制导控制技术[M].北京:国防工业出版社,2015.

[52]唐雪梅,蔡洪,杨华波,等.导弹武器精度分析与评估[M].北京:国防工业出版社,2015.